Göschens Lehrbücherei

1. Gruppe

Reine und angewandte Mathematik

Band 16

Elementargeometrie
der Ebene und des Raumes

Von

Professor Dr. Max Zacharias

Walter de Gruyter & Co.
vormals G. J. Göschen'sche Verlagshandlung
J. Guttentag, Verlagsbuchhandlung — Georg
Reimer — Karl J. Trübner — Veit & Comp.
Berlin W 10 und Leipzig
1930

Elementargeometrie
der Ebene und des Raumes

Von

Professor Dr. Max Zacharias
in Berlin

Mit 196 Figuren

Walter de Gruyter & Co.
vormals G. J. Göschen'sche Verlagshandlung
J. Guttentag, Verlagsbuchhandlung — Georg
Reimer — Karl J. Trübner — Veit & Comp.
Berlin W 10 und Leipzig
1930

Druck von Metzger & Wittig in Leipzig

Vorwort.

Die Elementargeometrie wird in dem vorliegenden Buche nicht vom Standpunkte des Schulunterrichts, sondern von dem der Wissenschaft aus behandelt. Die Bekanntschaft mit dem elementargeometrischen Unterricht der höheren Schulen wird vorausgesetzt. Ausgangspunkt ist das (an einigen Stellen etwas modifizierte) Axiomensystem der Hilbertschen Grundlagen. Bei der ungeheuren Fülle an interessanten Einzeltatsachen, die sich in der Elementargeometrie darbieten, mußte der Stoff stark gesichtet werden; inhaltliche Vollständigkeit konnte und sollte nicht erstrebt werden. Zwei Momente treten in den Vordergrund: Die geschichtliche Entwicklung und die prinzipielle Begründung der einzelnen Gebiete. Didaktisches kommt nicht in Frage.

Die Begrenzung und die Art der Behandlung des Stoffes schließt sich im wesentlichen an die Darstellung in meinem Artikel „Elementargeometrie" in der Enzyklopädie der mathematischen Wissenschaften (III AB 9) an. Die neuere Dreiecks- und Tetraedergeometrie und die elementargeometrische Kegelschnittslehre mußten ihres großen Umfangs wegen ganz beiseite gelassen werden. Ebenso schied aus räumlichen Gründen die elementargeometrische Behandlung der isoperimetrischen Aufgaben aus. Auch auf die algebraisch-zahlentheoretischen Ergänzungen der Elementargeometrie (Unmöglichkeitsbeweise, Kreisteilungsgleichung, Transzendenz von π) wurde verzichtet. Die geometrischen Konstruktionen werden in einem besonderen Bande dieser Sammlung behandelt.

Das Literaturverzeichnis am Schluß des Buches weist besonders auf solche zusammenfassenden Veröffentlichungen hin, die die vorliegende Darstellung ergänzen. Auch hier kann aus der Fülle des Vorhandenen nur das Wichtigste genannt werden. Weitere Literaturangaben, insbesondere die vollständigen Belege für die geschichtlichen Bemerkungen, finden sich in dem Enzyklopädieartikel.

Berlin, im September 1929.

Max Zacharias.

Inhalt.

A. Einleitung.

Erster Abschnitt. Grundlagen, Kongruenz.

Erstes Kapitel.
Punkt, gerade Linie und Ebene. Die Axiome der Verknüpfung und Anordnung.

Zweites Kapitel. Die Kongruenz.

Drittes Kapitel. Die Stetigkeit.

Viertes Kapitel. Das Parallelenaxiom.

Fünftes Kapitel. Parallelogramm, Trapez, Dreieck, Kreis und regelmäßige Vielecke.

Zweiter Abschnitt. Ähnlichkeitslehre.

Sechstes Kapitel. Der Hauptsatz der Ähnlichkeitslehre.

Siebentes Kapitel. Die Ähnlichkeitssätze und ihre Anwendungen.

Achtes Kapitel. Ähnliche Figuren.

Neuntes Kapitel. **Pol und Polare; Inversion. Eulersche Gerade; Feuerbachscher Kreis.**

Dritter Abschnitt. **Flächeninhalt.**

Zehntes Kapitel. **Flächeninhalt ebener Vielecke.**

Elftes Kapitel. **Flächeninhalt des Kreises.**

Vierter Abschnitt. **Körperlehre.**

Zwölftes Kapitel. **Systematische Stereometrie. Beziehungen zwischen Geraden und Ebenen. Ecken.**

Dreizehntes Kapitel. **Der Eulersche Satz und die regelmäßigen Vielflache.**

Vierzehntes Kapitel. **Rauminhalt der Vielflache.**

Fünfzehntes Kapitel. **Bewegung. Symmetrie.**

Sechzehntes Kapitel. **Das Möbiussche Vorzeichenprinzip für Flächen- und Rauminhalte.**

Siebzehntes Kapitel. **Rauminhalt und Oberfläche des Zylinders, des Kegels und der Kugel.**

Achtzehntes Kapitel. **Sphärik. Stereographische Projektion.**

A. Einleitung.

Der Begriff der Elementargeometrie und seine geschichtlichen Wandlungen.

Den Begriff der Elementargeometrie allgemein befriedigend zu definieren, ist schwierig, wenn nicht unmöglich. Diese Frage soll daher zunächst zurückgestellt werden. Wir wollen statt dessen an der Hand einiger besonders charakteristischer Lehrbücher der Elementargeometrie festzustellen suchen, was zu verschiedenen Zeiten als Elementargeometrie angesehen worden ist. Dieser geschichtliche Überblick wird uns bemerkenswerte Wandlungen des Begriffs zeigen. Statt die Frage zu beantworten, was Elementargeometrie sei, fragen wir also zunächst: Was verstanden die Alten unter Elementargeometrie, was die beginnende Neuzeit, was das beginnende 19. Jahrhundert, und was der Ausgang dieses Jahrhunderts?

Die Elementargeometrie der Alten finden wir in den 13 Büchern der Elemente des Eukleides (um 300 v. Chr.) zusammengefaßt. Es sei daher kurz der Inhalt der 13 Bücher angegeben. Die ersten 4 Bücher behandeln die Grundgebilde (Strecke, Winkel, Inhalt usw.) und die Eigenschaften der einfachsten geometrischen Figuren (Dreieck, Parallelogramm, Kreis, regelmäßige Vielecke usw.) der Planimetrie. Das 5. Buch enthält die wahrscheinlich von Eudoxos von Knidos (350 v. Chr.) herrührende geometrische Proportionenlehre. Im 6. Buche wird die Ähnlichkeit auf Grund der Proportionenlehre des vorhergehenden Buches dargestellt. Die Bücher 7—10 kommen für die Elementargeometrie nicht in Betracht: Sie bringen die Lehre von den ganzen Zahlen in geometrischer Form und die geometrische Klassifikation der durch Quadratwurzeln dargestellten Irrationalitäten. Die letzten Bücher 11—13 behandeln die Stereometrie bis zu dem Nachweis der Existenz der fünf regelmäßigen (platonischen) Körper.

Dreierlei, was wir unbestritten zur Elementargeometrie rechnen, fehlt bei Eukleides: a) Eukleides gibt keine einzige Berechnung einer Länge, eines Flächeninhalts oder eines Rauminhalts; er verschmäht die Anwendung der Arithmetik auf die Geometrie. b) Eukleides geht nicht auf die Anwendungen der Geometrie ein. Das geht so weit, daß sogar Lineal und Zirkel nicht einmal erwähnt werden. Die durch sie ausführbaren Konstruktionen werden nur rein theoretisch als möglich postuliert. c) Es fehlen gewisse, schon den Alten wohlbekannte und von ihnen ausführlich behandelte höhere Kurven, insbesondere die Kegelschnitte. Dagegen wissen wir, daß Eukleides selbst ein verlorenes Buch über die Kegelschnitte geschrieben hat.

Das Fehlen der arithmetischen Berechnungen und der Anwendungen erklärt sich aus der besonderen Bestimmung der Eukleidischen Elemente: Sie sind kein Schulbuch für Anfänger, sondern akademische Vorlesungen, die als Vorbereitung (im Sinne Platons) für philosophische Studien dienen sollten. Sie behandeln die Elementargeometrie als Wissenschaft, nicht als Unterrichtsfach, sie sind ein systematisches, nicht ein methodisches Werk. Bis zum 16. Lebensjahre lernten die Griechen Geometrie nicht nach Eukleides' Elementen, sondern propädeutisch. Aus dieser philosophischen Bestimmung der Elemente erklärt sich auch ihre Form, das strenge Herausarbeiten der logischen Zusammenhänge.

Das Fehlen der Kegelschnitte und der höheren Kurven zeigt, daß diese Gegenstände von Eukleides nicht zu den Elementen, d. h. den für die höhere allgemeine Bildung notwendigen Grundlagen gerechnet wurden. Sie bildeten die höhere Geometrie im Gegensatze zu den Elementen.

Das Mittelalter benutzte die eukleidischen Elemente als Lehrbuch für den ersten Geometrieunterricht, für den sie ihrer ganzen Art und Anlage nach nicht bestimmt waren. Die Erkenntnis, daß die Elemente dieser Aufgabe infolge ihrer rein systematisch-logischen Form nicht entsprachen, zeitigte im Beginne der Neuzeit verschiedene methodische Unterrichtsbücher, die sich mehr oder weniger von der starren Form des Eukleides losmachten und auch inhaltlich nach verschiedenen Richtungen hin eine Erweiterung der Elementargeometrie brachten. Seit 1500 etwa treten die praktischen Anwendungen in der Elementargeometrie gegenüber dem logischen Interesse stärker in den Vordergrund. Das praktische Messen, die Meß- und Zeicheninstrumente (Lineal, Zirkel, rechter Winkel) und die Meßmethoden werden berücksichtigt. Der Franzose Pierre de la Ramée (Petrus Ramus) nennt in seinem Werke Arithmeticae libri duo, geometriae septem et viginti, Basel 1569, die Geometrie geradezu die ars bene metiendi. In Deutschland vertrat Albrecht Dürer einen ähnlichen Standpunkt. Auch bei Clairaut, Elémens de géométrie 1741, bilden praktische Aufgaben des Feldmessens den Ausgangspunkt.

Für den Anfang des 19. Jahrhunderts sind in der Elementargeometrie die Elemente von Legendre (1794) kennzeichnend. Er macht bewußt Gebrauch von der elementaren Arithmetik und rechnet zu den Elementen auch die ebene und die sphärische Trigonometrie. Welches sind nun die bemerkenswertesten inhaltlichen Vermehrungen bei Legendre im Vergleich zu Eukleides? Er bringt die Berechnung von π und den Nachweis, daß π (was schon Lambert 1770 bewiesen hatte) und π^2 irrational sind. Die Sphärik, die Geometrie auf der Kugelfläche (ohne trigonometrische Funktionen) wird ausführlich behandelt. Die symmetrischen Figuren auf der Kugelfläche und im Raume werden untersucht. Er leitet die wichtigsten isoperimetrischen Sätze für die Ebene, die Kugelfläche und den Raum ab. Er beweist den Eulerschen Polyedersatz mit gewissen Folgerungen. Er bringt die gesamte ebene und sphärische Trigonometrie, einschließlich der Reihenentwicklungen für die trigonometrischen Funktionen und die Exponentialfunktion. Endlich hat er ausführliche Untersuchungen über das Parallelenaxiom aufgenommen. Axiomatische Fragen werden also jetzt zu den Elementen der Geometrie gerechnet. Es fehlen bei Legendre ebenso wie bei Eukleides immer noch die Kegelschnitte. Anderseits aber zeigt sich bei ihm das Bestreben, neue elementargeometrische Entdeckungen (wie den Eulerschen Satz und die Isoperimetrie) in die Elemente aufzunehmen.

Im ersten Drittel des 19. Jahrhunderts erscheinen die zahlreichen elementargeometrischen Arbeiten von Gergonne und seinen Mitarbeitern in Gergonnes Annalen und von Jacob Steiner in derselben Zeitschrift sowie im Crelleschen Journal. Als Beispiel einer Darstellung der Elemente, in die diese neuen Entdeckungen hineingearbeitet worden sind, verdienen die Elemente der Geometrie von van Swinden, übersetzt von C. F. A. Jacobi, Jena 1834, hervorgehoben zu werden. Die nach der 2. Auflage der Urschrift (1816) gearbeitete Übersetzung, ein außerordentlich inhaltreiches Buch, ist besonders wertvoll durch die Anhänge des Übersetzers, in denen die Sätze und Aufgaben aus den Arbeiten deutscher und französischer Mathematiker aus Gergonnes Annalen und dem Crelleschen Journal verarbeitet worden sind. So enthält der Anhang zum 5.—7. Buche (Planimetrie) die Transversalentheorie, die Anfänge der neueren Dreiecksgeometrie, die Polarentheorie für den Kreis, die Ähnlichkeitspunkte der Kreise, die Sätze von Pascal und Brianchon für den Kreis, die Lehre von den Potenzlinien, bizentrische Vierecke, das Taktionsproblem des Apollonios, die Aufgaben von Malfatti und von Castillon. Der Anhang zum 10.—12. Buche (Stereometrie) bringt zahlreiche neue Anwendungen und Folgerungen zu Eulers Polyedersatz nach Cauchy, Steiner, Gergonne und Grunert, Anfänge der neueren Tetraedergeometrie (z. B. über rechtkantige und gleichkantige Tetraeder), Inhaltsausdrücke für das allgemeine Tetraeder, Sätze über die Berührungskugeln und die Höhen eines Tetraeders, die Polarentheorie für die Kugel, Ähnlichkeitspunkte und Potenzebenen der Kugeln, die Polarentheorie für den Kreiskegel, endlich neue Sätze der elementaren Sphärik.

Als Beispiel für das, was gegen das Ende des 19. Jahrhunderts zu den Elementen der Geometrie gerechnet wird, betrachten wir Rouché et de Comberousse, Traité de Géometrie, 1. Band, Ebene Geometrie 1864, 2. Band 1866, seitdem in mehreren Auflagen erschienen (wir zitieren den 1. Band nach der 7. Auflage 1900, den 2. nach der 8. Auflage 1912). Die aufeinanderfolgenden Auflagen dieses (natürlich nicht als Schulbuch für den elementaren Anfangsunterricht anzusehenden) Werkes verarbeiten allmählich eine immer größere Fülle von Stoff. Gegen van Swinden finden wir hauptsächlich folgende Vermehrungen: Im 1. Bande das Möbiussche Vorzeichenprinzip für Strecken und Inhalte, einen Abschnitt von Neuberg über neuere Dreiecksgeometrie und Tetraedergeometrie, die projektive Geometrie in weitem Umfange, die Kreisbüschel, Beweise für die Transzendenz von e und π nach Hilbert, einen Abschnitt von Lemoine über Geometrographie. Im 2. Bande finden wir regelmäßige Sternpolyeder, die Verallgemeinerung der Eulerschen Formel für „nichteulersche Polyeder", die Transformation durch reziproke Radien, das räumliche Taktionsproblem des Apollonios, die Kegelschnitte in elementargeometrischer und in projektiver Behandlung, die Flächen 2. Ordnung in synthetischer Behandlung, die Anwendung der Determinanten in Inhaltsformeln, einen von Poincaré beigesteuerten Abschnitt über nichteuklidische Geometrie.

In Deutschland enthalten übrigens die etwa derselben Zeit angehörenden Elemente der Geometrie von Baltzer (1861) und das Unterrichtswerk von Gallenkamp ebenfalls einen großen Teil der projektiven Geometrie der Kurven und Flächen 2. Ordnung.

Wenn wir vom Standpunkte der Gegenwart auf die angeführten geometrischen Lehrbücher der früheren Zeiten zurückblicken, so werden wir sagen müssen, daß in den Elementen von Eukleides und von Legendre vieles von dem fehlt, was wir heute unbedingt zur Elementargeometrie rechnen. Im van Swinden-Jacobi finden wir einen großen Teil der Ergebnisse der neueren elementargeometrischen Forschungen aufgenommen. Von dem Traité von Rouché und de Comberousse, sowie von den Werken von Baltzer und Gallenkamp dagegen müssen wir sagen, daß wir manches in ihnen dargestellte auch heute noch nicht zu den Elementen der Geometrie rechnen (Flächen 2. Ordnung, projektive Geometrie, analytische Betrachtungen über das Wesen von e und π).

Wir kommen nach diesem geschichtlichen Überblick wieder auf die am Anfange zurückgestellte Frage zurück: Wie definieren wir den Begriff der Elementargeometrie? Die uns bekannten Versuche einer theoretischen Definition des Begriffs scheinen alle teils zu weit, teils zu eng gefaßt.

Felix Klein setzt an einer Stelle seiner Vorlesungen über Elementarmathematik vom höheren Standpunkte (2. Band, Geometrie, 3. Auflage, Berlin 1925, S. 173) Elementargeometrie = Geometrie des Maßes und stellt sie damit der vom Maßbegriff unabhängigen Geometrie der Lage gegenüber. Würden wir diese gelegentliche Bemerkung zum Range einer Definition erheben, so wäre diese zu weit: Es würde danach auch die gesamte höhere metrische Geometrie, die Maßgeometrie der höheren ebenen und räumlichen Kurven und der höheren Flächen zur Elementargeometrie gehören. Anderseits würde sie aber auch gewisse einfache Sätze der Geometrie der Lage, die man unbedenklich zur Elementargeometrie rechnen kann, von dieser ausschließen (z. B. den Desarguesschen Satz über perspektive Dreiecke). Man muß also wohl richtiger in der Geometrie des Maßes ebenso wie in der Geometrie der Lage je einen elementaren Teil von den höheren, weiterführenden Betrachtungen trennen.

Max Simon führt gelegentlich einmal die Definition an (die er aber selber als zu eng verwirft): Elementargeometrisch ist, was mit Zirkel und Lineal konstruierbar ist. Diese Definition ist ebenso wie die bisweilen gehörte: Elementargeometrisch ist, was ohne Grenzbegriff behandelt werden kann, zu eng. Beide Definitionen würden Gegenstände der Elementargeometrie aus dieser ausschließen, die man schon seit den Zeiten der Griechen zu ihr rechnete, wie die Kreisquadratur und die Berechnung des Rauminhalts der Pyramide.

Max Dehn betrachtet (Vorlesungen über neuere Geometrie von Moritz Pasch, 2. Auflage, mit einem Anhang: Die Grundlegung der Geometrie in historischer Entwicklung von Max Dehn, Berlin 1926, S. 262) diejenigen Teile der Geometrie als elementar, die sich ohne den Schluß der vollständigen Induktion behandeln lassen. Da sich dieser Schluß bei einer strengen Behandlung schon der einfachsten Fälle der Inhaltslehre mit Notwendigkeit einstellt, so erklärt er (S. 210), „daß nur ein bescheidener Teil der Inhaltslehre allenfalls noch zur Elementargeometrie gerechnet werden kann". Wir ziehen es vor, aus dieser Tatsache umgekehrt zu schließen, daß sich auch die Dehnsche Definition der Elementargeometrie als zu eng erweist.

J. Sommer sagt in der Einleitung seines Artikels „Elementargeometrie vom Standpunkte der neueren Analysis aus" (Encyklopädie der mathematischen Wissenschaften III AB 8, S. 773), man verstehe unter Elementarmathematik konventionell die Teile der Mathematik, die sich mit den einfachsten Grundbegriffen unter Benutzung spezieller Methoden beschäftigen. Es bleibt aber dann eben Sache der Übereinkunft, was man unter den einfachsten Grundbegriffen und den speziellen Methoden verstehen will. Eine klare Abgrenzung ist also damit, wie Sommer selbst hervorhebt, nicht hergestellt. Er kommt schließlich für seine Darstellung zu der rein praktischen Abgrenzung: Elementargeometrie ist die euklidische Geometrie, sofern sie sich mit Geraden, Ebenen, Kreisen und Kugeln in endlicher Anzahl befaßt, ferner ebene und sphärische Trigonometrie.

Man wird Sommer darin zustimmen müssen, daß eine völlig befriedigende theoretische Definition des Begriffs Elementargeometrie zur Zeit jedenfalls nicht möglich ist, daß wir uns vielmehr mit einer praktischen Abgrenzung des Gebietes begnügen müssen, ein Ergebnis, zu dem übrigens auch Max Simon in der Einleitung seiner „Entwicklung der Elementargeometrie im 19. Jahrhundert" kommt. Wenn wir uns aber mit Sommer auf die genannten geometrischen Gebilde in endlicher Anzahl beschränken, so schließen wir Teile der geometrischen Forschung aus, die praktisch zur Elementargeometrie gerechnet werden müssen (Kreisbüschel, ähnliche Punktreihen, ebene und räumliche ähnliche Systeme), wenn wir manche Probleme wissenschaftlich behandeln und zum Abschluß bringen wollen.

Für die im vorliegenden Buche gewählte Abgrenzung des Stoffes sei daher eine ganz allgemeine Formel gegeben, die jede solche besondere Festlegung, wie sie Sommer für die Zwecke seines Enzyklopädieartikels vornimmt, vermeidet. Wir sagen, einer Anregung von Felix Klein folgend, es handle sich in der hier behandelten wissenschaftlichen Elementargeometrie um die geometrische Forschung im Stile und im Anschluß an die Fragestellungen der Alten, mit den Weiterbildungen der neueren Zeit, die zur Abrundung wesentlich erscheinen.[1])

---

[1]) Vgl. Enzykl. d. math. Wiss. III AB 9, S. 862.

Erster Abschnitt.

Grundlagen, Kongruenz.

Erstes Kapitel.

Punkt, gerade Linie und Ebene. Die Axiome der Verknüpfung und der Anordnung.

§ 1. Die Begriffe der geraden Linie und der Ebene.[1])

1. Unter den Grundbegriffen der Elementargeometrie, Punkt, gerade Linie und Ebene, haben die der geraden Linie und der Ebene seit dem Altertume die Kritik wacherhalten. Eine Klärung der auf diese Begriffe bezüglichen Fragen ist erst der neueren Zeit zu verdanken. Die Eukleidischen Definitionen der geraden Linie und der Ebene sind dunkel. Die gerade Linie ist nach Eukleides die Linie, die zu ihren Punkten gleichmäßig liegt, die Ebene die Fläche, die zu ihren Geraden gleichmäßig liegt. Hinsichtlich der philologischen Untersuchungen, die sich an den griechischen Wortlaut dieser Erklärungen anknüpfen, sei auf Max Simon, Euklid und die sechs planimetrischen Bücher, Leipzig 1901, und auf T. L. Heath, The thirteen books of Euclids Elements, with introduction and commentary, Cambridge 1908, Vol. 1, S. 153ff., verwiesen, wo die weitere Literatur darüber angegeben ist. Eukleides macht nirgends den Versuch, aus seinen Definitionen irgendwelche Eigenschaften der geraden Linie oder der Ebene abzuleiten.

Nach Eukleides sind verschiedene andere Definitionen der geraden Linie aufgestellt worden, die darauf hinauskommen, die gerade Linie auf einen anderen, für einfacher gehaltenen Grundbegriff zurückzuführen. Hierher gehört die Definition von Heron, die Gerade ist die Linie, die ihre Lage nicht ändert, wenn man sie um zwei ihrer Punkte, die festgehalten werden, dreht. Daran knüpft die Definition von Gauss an, die Gerade ist die Linie, in der alle Punkte liegen, die während der Umdrehung eines Körpers um zwei feste Punkte ihre Lage unverändert beibehalten. Beide Definitionen setzen als Grundbegriff die Bewegung voraus. Wenn die gerade Linie von Legendre als die kürzeste Verbindung

[1]) Vgl. Enzykl. III AB 9, S. 874.

zweier Punkte oder von Grassmann als die Linie definiert wird, die ein Punkt durchläuft, der bei seiner Bewegung stets dieselbe Richtung beibehält, so wird hier der Begriff der Gerade einerseits auf den Begriff der Länge oder Entfernung, anderseits auf den Begriff der Richtung zurückgeführt.

Die Begriffe Bewegung, Länge, Richtung sind sicher nicht einfacher als der Begriff der geraden Linie selbst, den sie erklären sollen. Darum sind diese Definitionsversuche in der Gegenwart auch ziemlich allgemein aufgegeben worden, und man betrachtet den Begriff der geraden Linie als einen Grundbegriff, der einer Zurückführung auf einfachere Begriffe nicht fähig ist.

2. Anders liegt es bei dem Begriff der Ebene. Hier haben die Bemühungen, den Begriff der Ebene auf den Begriff der geraden Linie in Verbindung mit einer Anzahl anderer Grundbegriffe und Grundsätze zurückzuführen, in neuerer Zeit zu einem Erfolge geführt.

Die dunkle und unergiebige Eukleidische Definition der Ebene wurde von Theon von Smyrna (1. Jahrh. n. Chr.) durch die Definition ersetzt, die Ebene sei die Fläche, die jede Gerade, die zwei Punkte mit ihr gemein hat, ganz enthält, eine Definition, die von Robert Simson in seinen Elementen des Eukleides 1756 wieder aufgenommen wurde und daher meist als die Simsonsche Definition bezeichnet wird.

In neuerer Zeit definierte Fourier (1768—1830) die Ebene als den Ort aller geraden Linien, die auf einer gegebenen Gerade in einem gegebenen Punkte senkrecht stehen. Dieser Versuch, den Begriff der Ebene auf den des rechten Winkels zurückzuführen, leidet an der Schwierigkeit, den rechten Winkel unabhängig von der Ebene zu definieren. Fourier nahm daneben auch die Definition von Leibniz wieder auf, der die Ebene als den Ort der Punkte erklärt hatte, die von zwei festen Punkten gleichen Abstand haben, womit der Begriff des Abstandes als Grundbegriff eingeführt wird. Eine andere Definition von Leibniz erklärt die Ebene als die Fläche, die den Raum in zwei kongruente Teile teilt. Dem gegen diese Definition erhobenen Einwande, daß man sich auch eine wellenförmige Fläche denken könne (etwa vom Profil einer Sinuslinie), die den Raum in zwei kongruente Teile teilt, kann man nach Beez (1888) dadurch begegnen, daß man die Bedingung hinzufügt, die Fläche müsse so beschaffen sein, daß der eine Teil des Raumes längs dieser Fläche an dem andern gleiten könne (ein Gedanke, der nach Heath schon auf Heron zurückgeht).

Den ersten Gedanken von Leibniz, die Ebene als Ort der Punkte gleichen Abstandes von zwei festen Punkten zu definieren, haben Wolfgang Bolyai (der Vater des einen Entdeckers der nichteukleidischen Geometrie) und Lobatschefskij (der andere Entdecker der nichteukleidischen Geometrie) wieder aufgenommen und weiter ausgeführt. (Vgl. hierzu auch die Darstellung in J. Frischaufs Elementen der absoluten

Geometrie, Leipzig 1876, S. 8ff.): Um zwei feste Punkte werden Paare von gleichen Kugeln beschrieben. Je zwei gleiche Kugeln schneiden sich in einem Kreise. Der Ort dieser Kreise ist die Ebene. O. Rausenberger (Die Elementargeometrie des Punktes, der Geraden und der Ebene, systematisch und kritisch behandelt, Leipzig 1887, S. 14) hat mit Recht betont, es fehle in dieser Definition der Nachweis, daß zwei Kugeln sich in einer einfachen Linie, nicht etwa in mehreren Linien schneiden. Es fehlt zurzeit noch an einer Untersuchung darüber, durch was für Axiome diese Leibnizsche Definition ergänzt werden müßte, damit jener Fall ausgeschlossen sei. Das Fehlen einer derartigen Untersuchung beeinträchtigt auch die Darstellung bei Strohal, der in seinem lesenswerten Buche „Die Grundbegriffe der reinen Geometrie in ihrem Verhältnis zur Anschauung", Leipzig 1925, S. 20ff., bei der Aufsuchung der geometrischen Elementarbegriffe von der Leibniz-Lobatschefskijschen Definition ausgeht.

3. Die erfolgreiche Lösung der Aufgabe, die Ebene zu definieren, d. h. auf andere Grundbegriffe zurückzuführen, ist durch die Kritik angeregt worden, die Gauss an der Theon-Simsonschen Definition der Ebene geübt hat. Gauss bemerkte, daß eine Ebene schon durch die Geraden bestimmt sei, die einen gegebenen Punkt A mit den Punkten einer gegebenen geraden Linie g verbinden. Wenn man also einen Punkt A und eine Gerade g annimmt und festsetzt, daß alle Geraden, die den Punkt A mit den Punkten von g verbinden, ganz in der Ebene liegen sollen, so kann man von jeder anderen Gerade, die zwei Punkte der so bestimmten Ebene verbindet, beweisen, daß sie ebenfalls ganz in der Ebene liegt. Die Definition enthalte also zu viel. Crelle hat auf Grund dieser Bemerkungen von Gauss in einer 1834 in der Berliner Akademie gelesenen Abhandlung, die in Crelles Journal 45 (1853), S. 15, wieder abgedruckt ist, die Ebene als den Ort der Geraden definiert, die durch einen gegebenen Punkt A und eine gegebene Gerade BC im Raume gelegt werden können. Wegen der Parallele durch A zu BC, die ebenfalls der Ebene angehört, aber bei dieser Definition nicht mit erhalten wird, war noch eine ergänzende Stetigkeitsbetrachtung nötig, auf die Veronese in seinen Fondamenti di Geometria eingeht, eine Betrachtung, die darum schwierig ist, weil die drei Fälle des eukleidischen und der beiden nicht-eukleidischen Parallelenaxiome zu unterscheiden sind. Die Frage nach der Form dieser Stetigkeitsbetrachtungen ist auch von Veronese nicht völlig befriedigend erledigt worden.

Während M. Pasch in seinen Vorlesungen über Neuere Geometrie, Leipzig 1882, 2. Auflage 1926, auf eine Zurückführung der Ebene auf die Grundbegriffe des Punktes und der geraden Linie verzichtete, zeigte Peano in seinen Prinzipien der Geometrie, Turin 1889, daß man die Ebene aus den Grundbegriffen des Punktes und der geraden Linie in der Tat befriedigend herleiten kann. Um die Schwierigkeiten hinsichtlich der

Parallelen, an denen die Crellesche Definition vorläufig gescheitert war, zu umgehen, hat man die Ebene als die Gesamtheit der Punkte der Geraden zu definieren, die jeden von drei nicht in einer Gerade liegenden Punkten A, B, C mit den Punkten der durch die beiden anderen Punkte bestimmten Strecke verbinden. Man muß jedoch (in Berücksichtigung der kritischen Bemerkungen von Gauss und Crelle) noch durch Axiome sicherstellen, daß die von B nach der Strecke AC hingehenden Geraden dieselbe Ebene bestimmen, wie die von A nach BC hinführenden Geraden.

§ 2. Die Axiome der Verknüpfung und der Anordnung.

1. Wenn man die Begriffe des Punktes und der geraden Linie als Grundbegriffe der Elementargeometrie benutzt, so entsteht die Aufgabe, die Grundsätze oder Axiome anzugeben, durch die der Gebrauch der Grundbegriffe geregelt werden soll. Ob diese Axiome aus der Erfahrung oder aus einer reinen räumlichen Anschauung mit Notwendigkeit hervorgehen, oder ob sie rein übereinkunftsgemäß ausgewählt worden sind, ist eine Frage, die nicht der Elementargeometrie als solcher, sondern dem Grenzgebiet zwischen Mathematik und Philosophie angehört.[1])

Aus den Grundbegriffen werden durch logische Definitionen unter Hinzunahme von Grundsätzen neue elementargeometrische Begriffe abgeleitet. Die Beziehungen, in denen diese neuen Begriffe zueinander und zu den Grundbegriffen stehen, werden in Lehrsätzen ausgesprochen, die mittels logischer Schlüsse auf die Grundbegriffe und Grundsätze zurückgeführt (deduziert) werden. Insofern diese Grundsätze ihrerseits nicht auf andere Sätze zurückgeführt werden, sondern als unabhängige Grundlage für den Aufbau der Elementargeometrie verwendet werden, besitzen sie hypothetischen Charakter, und das System der elementargeometrischen Sätze (Grund- und Lehrsätze) kann als ein hypothetisch-deduktives System bezeichnet werden. Die Elemente des Eukleides stellen bei aller logischen Strenge keineswegs ein derartiges System dar; denn Eukleides hat nur eine geringe Zahl der notwendigen Axiome ausgesprochen und benutzt bei seinen Beweisen häufig stillschweigend Beziehungen, die der Anschauung entnommen sind.

2. Erst in der ersten Hälfte des vorigen Jahrhunderts hat die Kritik der axiomatischen Grundlagen auch in der Elementargeometrie eingesetzt. Gauss erkennt, daß auch in den einfachsten Sätzen über die Anordnung von Punkten in der Gerade oder in der Ebene unausgesprochene Axiome liegen, und er schreibt 1832 in einem Briefe an W. Bolyai: Bei einer vollständigen Durchführung müssen solche Worte wie „zwischen" auch erst auf klare Begriffe gebracht werden, was sehr gut angeht, was ich aber nirgends geleistet finde. C. L. Gerling betont (J. f. Math. 20,

[1]) Vgl. H. Weyl, Philosophie der Mathematik und Naturwissenschaft.

1847, S. 332) bei einer Untersuchung über den Begriff der Ebene, daß z. B. in dem von Eukleides bei der Halbierung einer Strecke stillschweigend benutzten Satze, daß eine innerhalb eines Winkels durch den Scheitel gezogene Gerade die Verbindungslinie zweier beliebiger Punkte der beiden Schenkel schneidet, eine axiomatische Voraussetzung enthalten sei. Man bemerkte ferner, daß Eukleides die Möglichkeit der Bewegung geometrischer Figuren stillschweigend der Anschauung entnimmt, ohne die in dieser Annahme liegenden Axiome klar herauszustellen. Bei M. Pasch (Vorlesungen über neuere Geometrie 1882, 2. Auflage 1926) findet sich die moderne kritische Auffassung zum ersten Male in voller Klarheit ausgesprochen. Er ist der erste, der die Forderung (S. 4) „Alles, was zur Begründung der Lehrsätze gehört, muß sich ohne Ausnahme in den Grundsätzen niedergelegt finden", bis ins kleinste ernstlich und erfolgreich durchführt. Pasch kennzeichnet auch zum ersten Male das Wesen des hypothetisch-deduktiven Systems der Geometrie, wenn er (S. 98) sagt, daß jeder Lehrsatz, der aus den Axiomen durch richtige Schlüsse abgeleitet worden ist, richtig bleiben muß, wenn man die durch die Axiome miteinander verknüpften Begriffe durch andere ersetzt, zwischen denen dieselben Verknüpfungen bestehen, daß also die Geometrie in gewisser Weise unabhängig von dem Sinne der geometrischen Begriffe eine reine Beziehungslehre darstellt.

3. In strenger Durchführung seiner Forderung beginnt Pasch mit der Aufstellung eines vollständigen Systems von projektiven Axiomen, d. h. von Grundsätzen, die sich einerseits auf die gegenseitige Verknüpfung der Grundbegriffe, anderseits auf die Anordnung der Punkte in der geraden Linie, der Punkte und Geraden in der Ebene, der Punkte, Geraden und Ebenen im Raume beziehen, dagegen nichts über die metrischen Begriffe der Entfernung und der Winkelgröße enthalten. David Hilbert hat in seinen Grundlagen der Geometrie (1899, 6. Auflage 1923) diese projektiven Axiome, die bei Pasch nicht weiter eingeteilt sind, in die beiden Gruppen der Axiome der Verknüpfung (Gruppe I) und der Anordnung (Gruppe II) geschieden. In Anlehnung teils an Hilbert, teils an die Arbeiten von Peano und Ingrami sollen hier folgende Axiome der Verknüpfung (I) und der Anordnung (II) aufgestellt werden:

Fig. 1.

I 1. Zwei voneinander verschiedene Punkte A und B bestimmen stets eine Gerade a.

I 2. Irgend zwei voneinander verschiedene Punkte einer Gerade bestimmen diese Gerade.

I 3. Auf einer Gerade gibt es stets wenigstens zwei Punkte.

I 4. Außerhalb einer Gerade gibt es mindestens einen Punkt.

II 1. Wenn A, B, C Punkte einer Gerade sind, und B zwischen A und C liegt, so liegt B auch zwischen C und A (Fig. 1).

Die Tatsache, daß B mit A und C in einer Gerade und zwar zwischen A und C liegt, soll im folgenden kurz durch (ABC) ausgedrückt werden. Der Inhalt von II 1 kann dann in folgender Form wiedergegeben werden: Gilt (ABC), so gilt auch (CBA), oder aus (ABC) folgt (CBA).

II 2. Wenn A und C zwei Punkte einer Gerade sind, so gibt es stets wenigstens einen Punkt B, so daß (ABC), und wenigstens einen Punkt D, so daß (ACD) ist (Fig. 2).

II 3. Unter irgend drei Punkten einer Gerade gibt es stets einen und nur einen, der zwischen den beiden andern liegt.

II 4. Gelten für vier Punkte einer Gerade die Beziehungen (ABD) und (ACD), so gilt entweder (ACB) oder (BCD) (Fig. 3).

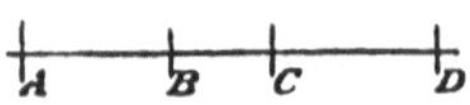

Fig. 2.

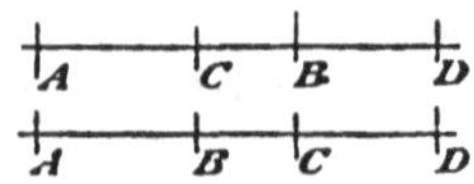

Fig. 3.

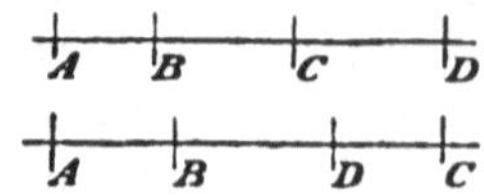

Fig. 4.

II 5. Gelten für vier Punkte einer Gerade (ABD) und (ACB) oder (ABD) und (BCD), so gilt auch (ACD).

II 6. Gelten für vier Punkte einer Gerade die Beziehungen (ABC) und (ABD), so gilt entweder (BCD) oder (BDC) (Fig. 4).

II 7. Sind A, B, C drei nicht in einer Gerade liegende Punkte, und gelten (BDC) und (AED), so gibt es stets einen Punkt F, der (AFB) und (CEF) genügt (Fig. 5).

II 8. Sind A, B, C drei nicht in einer Gerade liegende Punkte, und gelten (BDC) und (AFB), so gibt es stets einen Punkt E, der (AED) und (CEF) genügt.

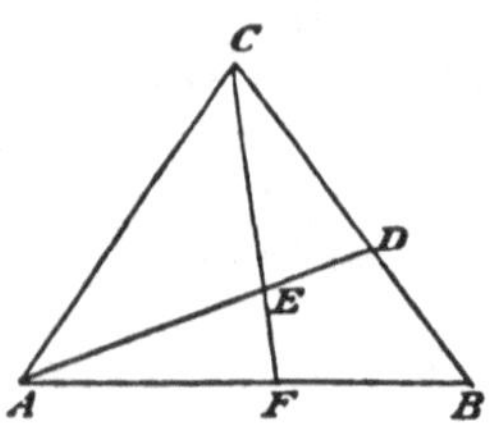

Fig. 5.

Nach Einführung des abgeleiteten Begriffs der Ebene kommen noch zwei weitere Anordnungsaxiome hinzu:

II 9. Außerhalb einer Ebene gibt es mindestens einen Punkt.

II 10. Zwei Ebenen haben entweder keinen Punkt oder zwei Punkte gemein.

§ 3. Der Begriff der Ebene und die ersten grundlegenden Sätze über Punkte, gerade Linien und Ebenen.

1. Aus I 1 folgt sofort, daß *zwei verschiedene gerade Linien a und b entweder einen oder keinen Punkt gemein haben;* hätten sie nämlich zwei Punkte gemein, so müßten sie in der einen durch diese beiden Punkte bestimmten Gerade zusammenfallen.

2. Aus I 3, II 2 und II 3 kann man schließen, *daß es auf jeder Gerade a unbegrenzt viele Punkte gibt:* Nach I 3 gibt es auf *a* zunächst

zwei Punkte A und B. Nach II 2 gibt es dann wenigstens einen Punkt C, so daß (ACB) gilt. Nun kann man ebenso weiter schließen, daß es wenigstens einen Punkt D gibt, für den (ADC) gilt. Nach der Erklärung des Zeichens (ADC) ist D von A und C verschieden. Wäre $D = B$, so beständen gleichzeitig (ACB) und (ABC), was nach II 3 unmöglich ist. Also ist D auch von B verschieden. Durch Fortsetzung dieses Schlußverfahrens beweist man, daß es auf a unbegrenzt viele Punkte gibt.

Greift man aus den Punkten von a irgend zwei Punkte A und B heraus, so heißt die Gesamtheit der Punkte C, für die (ACB) gilt, mit den Punkten A und B zusammen die Strecke AB oder BA. Die Punkte A und B heißen die Endpunkte der Strecke. Alle übrigen Punkte von a liegen außerhalb der Strecke AB. Die Punkte D von a, für die (ABD) gilt, liegen auf der Verlängerung von AB über B hinaus; gilt (EAB), so liegt E auf der Verlängerung von AB über A hinaus.

3. Mit Hilfe von I 4 kann bewiesen werden, *daß es außerhalb einer Gerade unbegrenzt viele Punkte gibt.* Der eine Punkt, der nach I 4 außerhalb der Gerade vorhanden ist, bestimmt mit jedem Punkte von a eine Gerade b, die unbegrenzt viele Punkte enthält.

4. Verbindet man von drei nicht in einer Gerade liegenden Punkten A, B, C den einen, A, mit den Punkten der Strecke BC durch Strecken, so liegen die Punkte dieser Verbindungsstrecken auch auf den Strecken, die B mit den Punkten der Strecke AC oder die C mit den Punkten der Strecke AB verbinden (II 7).

Die Gesamtheit der Punkte aller derartigen Verbindungsstrecken heißt Dreieck ABC, die Verbindungsstrecken AB, BC, CA heißen die Seiten, alle drei Seiten zusammen heißen der Umfang des Dreiecks.

Die Gesamtheit der Punkte der geraden Linien, die die Ecken eines Dreiecks ABC mit den Punkten der Gegenseiten verbinden, heißt die Ebene ABC. (Zu diesen Verbindungsgeraden gehören auch die Geraden AB, BC, CA.)

5. *Verbindet man in dem Dreieck ABC einen Punkt D der Seite AB mit einem Punkte E der Seite BC, so sind alle Punkte der Strecke DE Punkte des Dreiecks ABC* (Fig. 6). Denn in dem Dreieck ACD trifft jede Gerade durch C und einen Punkt F von DE die Gegenseite AD in einem Punkte G (II 7). Nach II 5 gehört G der Strecke AB an. Als Punkt von CG liegt F in dem Dreieck ABC (4).

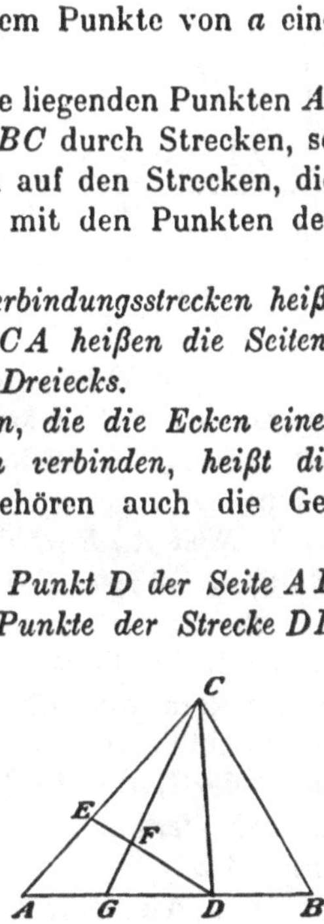

Fig. 6.

6. *Verbindet man eine Ecke des Dreiecks ABC mit einem Punkte einer Verlängerung der Gegenseite durch eine Gerade, so liegen die Punkte dieser Gerade in der Ebene ABC.* Ist nämlich D ein Punkt, für den (BCD) gilt, und gilt a) (AED) (Fig. 7), so liegt E auf einer Gerade, die B mit einem Punkte F der Strecke AC verbindet (II 8, Dreieck ABD).

Gilt b) (ADG) (Fig. 7), so trifft die Verlängerung von GC die Strecke AB in einem Punkte H (II 7, Dreieck ABG). Gilt endlich c) (DAI) (Fig. 7), so trifft die Gerade CI die Strecke AB in einem Punkte K (II 8, Dreieck IBD). Jeder Punkt E, G oder I der Gerade AD liegt also auf einer Gerade, die eine Ecke des Dreiecks ABC mit einem Punkte der Gegenseite verbindet, d. h. in der Ebene ABC.

7. *Trifft eine gerade Linie zwei Seiten eines Dreiecks ABC, so liegt sie ganz in der Ebene ABC.* Trifft z. B. die Gerade a (Fig. 8) die Seite AB in D und die Seite BC in E, so sind: 1. zunächst alle Punkte der Strecke DE (nach 5) Punkte des Dreiecks und damit auch der Ebene ABC. 2. Ist F ein Punkt, für den (DEF) gilt, so bestimmen BE und AF einen Punkt G (II 7, Dreieck ABF). a) Ist (BGC), so ist F ein Punkt der Ebene ABC nach der Erklärung der Ebene (4). b) Ist (BCG), so ist F ein Punkt der Ebene ABC nach 6. c) (GBC) ist un-

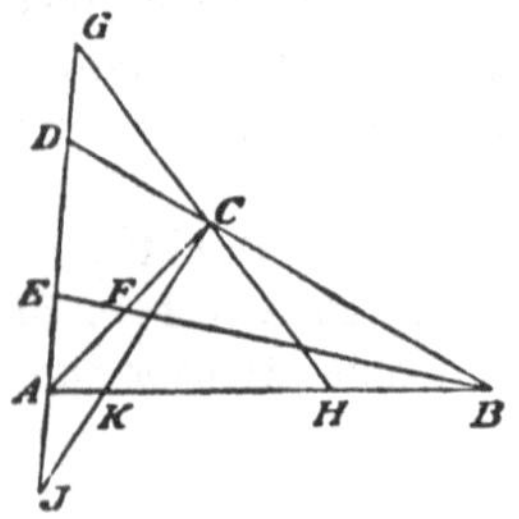

Fig. 7.

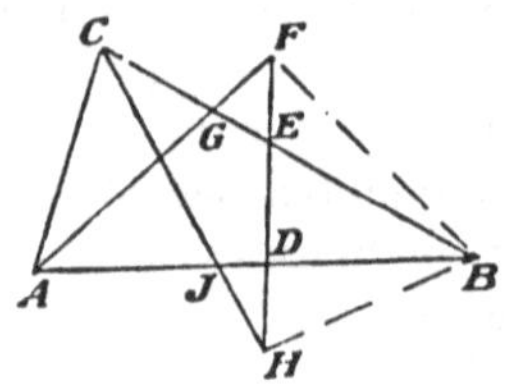

Fig. 8.

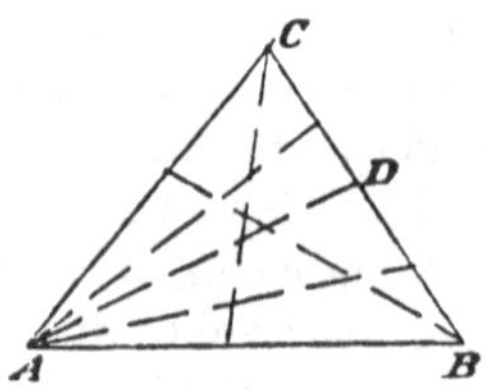

Fig. 9.

möglich, weil (GBC) nur mit einer der Beziehungen (BEC) und (BEG) zusammen bestehen kann (II 4). 3. Ist endlich (EDH), so treffen sich BD und CH in einem Punkte I (II 7, Dreieck BCH). Ebenso wie für F kann für I gezeigt werden, daß er der Ebene ABC angehört.

8. *Sind A, B, C drei nicht in einer Gerade liegende Punkte, und gilt (BDC), so ist jeder Punkt der Ebene ABC auch ein Punkt der Ebene ABD* (Fig. 9). Das gilt zunächst ohne weiteres für die Punkte der Geraden, die A mit den Punkten von BD verbinden. Für die Geraden, die A mit den Punkten von DC verbinden, folgt es aus 6. Die Geraden, die B mit den Punkten von AC verbinden, treffen AD nach II 8 und gehören nach 4 der Ebene ABD an. Die Geraden endlich, die C mit den Punkten von AB verbinden, treffen AD nach II 8 und liegen nach 7 in der Ebene ABD.

Auch das Umgekehrte ist richtig: *Jeder Punkt der Ebene ABD ist ein Punkt der Ebene ABC.* Das gilt zunächst ohne weiteres von den Punkten der Geraden, die A mit den Punkten von BD verbinden. Für die Punkte der Geraden, die B mit den Punkten von AD verbinden, folgt es aus II 7. Für die Punkte der Geraden, die D mit den Punkten der Strecke AB verbinden, ergibt es sich aus 7.

Sind A, B, C drei nicht in einer Gerade liegende Punkte, und ist D ein Punkt, für den (BDC) *gilt, so ist also die Ebene ABC identisch mit der Ebene ABD.*

9. *Sind A, B, C drei nicht in gerader Linie liegende Punkte, und ist D ein vierter Punkt der Ebene ABC, der nicht der Gerade AB angehört, so ist die Ebene ABC identisch mit der Ebene ABD.* Das folgt zunächst, wenn D einer der Seiten AC oder BC angehört, ohne weiteres aus 8. Ist D ein innerer Punkt des Dreiecks ABC (Fig. 10), und schneiden sich AD und BC in E, so ist nach 8 die Ebene ABC identisch mit der Ebene ABE und diese wiederum mit der Ebene ABD. Ist D ein Punkt der Ebene ABC, der nicht dem Dreieck ABC angehört, beispielsweise ein Punkt einer Gerade, die A mit einem Punkte E der Strecke BC verbindet (Fig. 11), so ist nach 8 die Ebene ABC identisch ABE und diese identisch ABD. Liegt D auf der Verlängerung einer Strecke, die

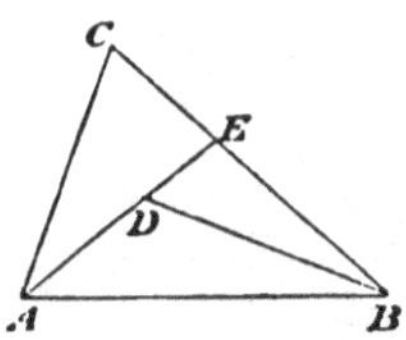

Fig. 10.

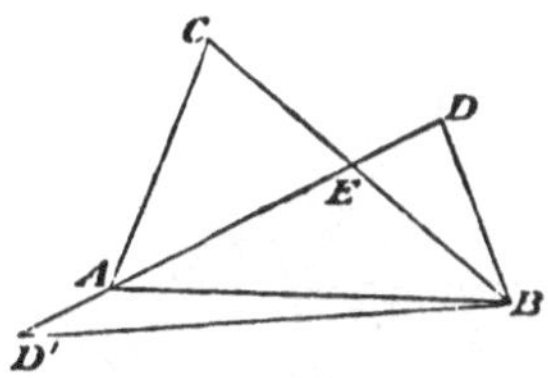

Fig. 11.

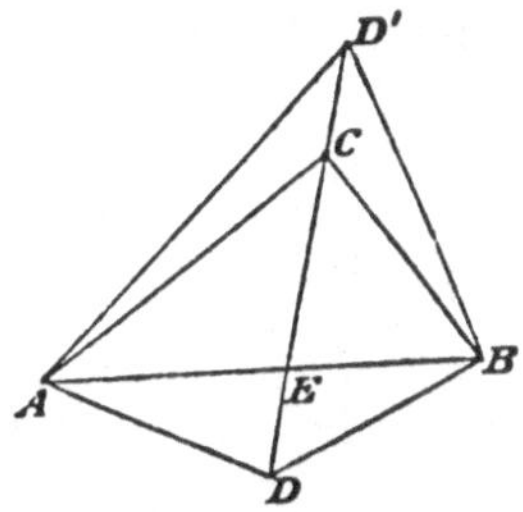

Fig. 12.

C mit einem Punkte E von AB verbindet (Fig. 12), so ist nach 8 die Ebene ABC identisch AEC, diese identisch ACD und AED, und diese endlich identisch ABD.

10. Nach diesen Vorbereitungen ergibt sich leicht, *daß eine Ebene ABC durch irgend drei ihrer Punkte, die nicht in einer Gerade liegen, eindeutig bestimmt ist.* Sind D, E, F irgend drei nicht in einer Gerade liegende Punkte der Ebene ABC, so können nicht alle drei Punkte D, E, F der Seite AB des Dreiecks ABC angehören. Gehört etwa D nicht der Seite AB an, so ist nach 9 die Ebene ABC identisch mit der Ebene ABD. E und F können nicht beide der Gerade AD angehören. Gehört etwa E nicht der Gerade AD an, so ist die Ebene ABD identisch mit der Ebene ADE. Da endlich F nicht der Gerade DE angehören kann, so ist die Ebene ADE identisch mit der Ebene DEF. Die Ebene ist also durch die drei beliebig gewählten, nicht in einer Gerade liegenden Punkte D, E, F eindeutig bestimmt.

Da immer durch zwei von den drei Punkten D, E, F eine Gerade bestimmt ist, so kann man auch folgern, *daß eine Ebene durch eine Gerade und einen Punkt außerhalb derselben oder durch zwei sich schneidende Geraden bestimmt ist.* Ferner folgt sofort der Satz, *daß eine Gerade, die zwei Punkte mit einer Ebene gemein hat, ganz in der Ebene liegt.* Denn man kann durch das Dreieck aus den beiden Punkten und einem dritten, nicht der Gerade angehörenden Punkte der Ebene α eine Ebene β bestimmen (4); diese enthält ihrerseits nach der Definition der Ebene die ganze gerade Linie und ist anderseits identisch mit der Ebene α.

Eine Ebene und eine nicht in ihr liegende Gerade haben demnach entweder keinen oder einen Punkt gemein.

Zwei Ebenen haben entweder keinen Punkt oder eine Gerade gemein. Nach II 10 haben sie nämlich entweder keinen Punkt oder zwei Punkte gemein. Im zweiten Falle liegt die durch diese beiden Punkte bestimmte Gerade (I 1) ganz in den beiden Ebenen (**10**).

11. Eine Gerade a, die ganz in der Ebene ABC liegt, treffe den Umfang des Dreiecks in einem Punkte D von AB und gehe durch keine Ecke des Dreiecks. Man kenne von der Gerade a noch einen zweiten Punkt E, der nicht dem Umfang des Dreiecks angehört.

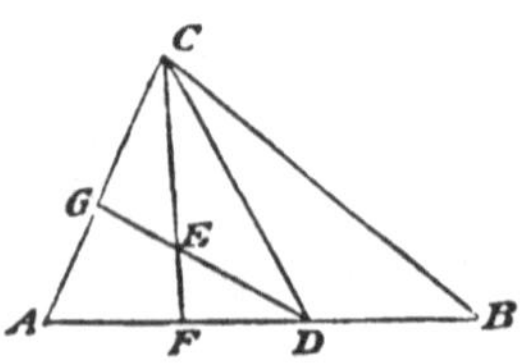

Fig. 13.

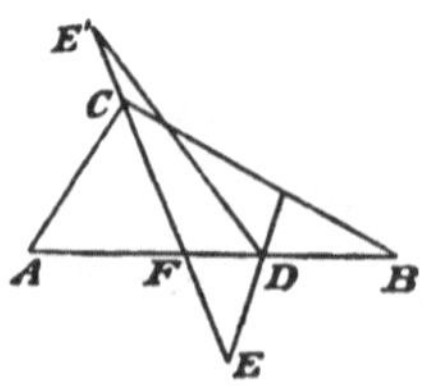

Fig. 14.

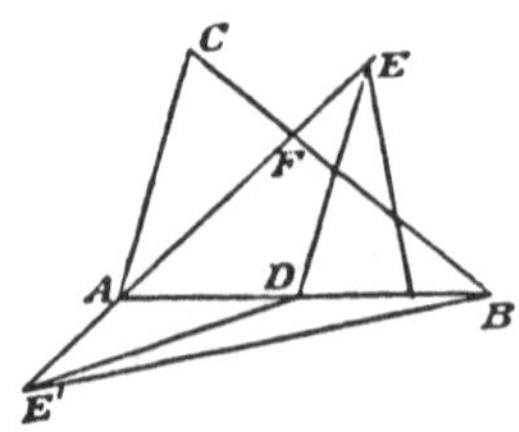

Fig. 15.

a) Angenommen, E sei ein innerer Punkt des Dreiecks ABC, d. h. ein Punkt einer Strecke, die C mit einem Punkte F der Strecke AB verbindet (Fig. 13). Da a nicht durch C geht, kann F nicht mit D zusammenfallen. F liegt also entweder zwischen A und D oder zwischen D und B (II 4). Liegt F zwischen A und D, so muß DE die Strecke AC in einem Punkte G treffen (II 7). Liegt F zwischen D und B, so trifft die Gerade DE die Strecke BC.

b) Angenommen, E liege außerhalb des Dreiecks ABC und zwar auf einer Gerade, die C mit einem Punkte F der Strecke AB verbindet (Fig. 14). Nach II 4 gilt entweder (FDB) oder (ADF). α) Gilt (FDB) und (CFE), so trifft a die Strecke BC (II 7, Dreieck EBC). Gilt (FDB) und (FCE), so trifft ebenfalls a die Strecke BC (II 8, Dreieck EFB). β) Gilt (ADF), so wird ebenso gezeigt, daß a die Strecke AC trifft.

c) Angenommen, E liege außerhalb des Dreiecks ABC, und zwar auf einer Gerade, die A mit einem Punkte F der Strecke BC verbindet (Fig. 15). α) Gilt (AFE), so trifft a die Strecke FB und damit auch (II 5) die Strecke BC (II 8, Dreieck ABE). β) Gilt (EAF), so trifft ebenfalls a die Strecke FB bzw. CB (II 7, Dreieck EBF).

d) Liegt E außerhalb des Dreiecks ABC auf einer Gerade, die B

mit einem Punkte der Strecke AC verbindet, so wird ebenso wie in c gezeigt, daß a die Strecke AC trifft.

Es gilt also der Satz von Pasch: *Eine Gerade a, die ganz in der Ebene ABC liegt und den Umfang des Dreiecks in einem Punkte trifft, ohne durch eine Ecke des Dreiecks zu gehen, schneidet ihn noch in einem und nur in einem zweiten Punkte.*[1])

Daraus folgt: *Eine Gerade, die in der Ebene des Dreiecks ABC liegt und durch keine Ecke des Dreiecks geht, trifft den Umfang des Dreiecks entweder in keinem Punkte oder in zwei Punkten.*

12. Sind A, A', O, B vier verschiedene Punkte einer Gerade a, und liegt O zwischen A und B, aber nicht zwischen A und A' (Fig. 16), so sagt man, die Punkte A und A' liegen *in der Gerade a auf einer und derselben Seite von O,* und die Punkte A und B liegen *in der Gerade a auf verschiedenen Seiten von O. Die sämtlichen Punkte von a, die auf einer und derselben Seite von O liegen, heißen ein von O ausgehender Strahl von a.* Liegen A und B auf verschiedenen Seiten von O und A und B' auf verschiedenen Seiten von O, so gelten die Beziehungen (AOB) und (AOB'). Aus diesen folgt nach II 6 entweder (OBB') oder $(OB'B)$, d. h. B und B' liegen auf derselben Seite von O. *Jeder Punkt O einer Gerade teilt diese also in zwei Strahlen. Zwei Punkte A und B auf verschiedenen Seiten von O bestimmen eine Strecke, die O enthält. Zwei Punkte A und A' auf derselben Seite von O bestimmen eine Strecke, die O nicht enthält.*

Fig. 16.

13. *Liegt der Punkt A auf der Verlängerung der Strecke BC über B hinaus und der Punkt D auf der Verlängerung der Strecke BC über C hinaus, so liegen die Punkte A und D auf verschiedenen Seiten von B und auch von C.* Der Beweis wird indirekt geführt. Angenommen, aus den Voraussetzungen (ABC) und (BCD) folge (BAD): aus (BCD) und (BAD) würde dann entweder (BAC) oder (CAD) folgen (II 4). (BAC) ist wegen der Voraussetzung (ABC) ausgeschlossen. Also würde (CAD) folgen. Aus (ABC) und (CAD) aber folgt nach II 5 (CBD) im Widerspruch mit (BCD). Also gilt nicht (BAD). Es kann aber auch nicht (ADB) gelten. Aus (ADB) und (BCD) würde nach II 5 folgen (BCA) im Widerspruch gegen (ABC). Wenn aber weder (BAD) noch (ADB) gelten können, so gilt (ABD) (II 3). Ebenso wird bewiesen, daß A und D auf verschiedenen Seiten von C liegen.

14. *Liegt der Punkt A auf der Verlängerung der Strecke BC über B hinaus und der Punkt D auf der Strecke BC, so liegen A und D auf verschiedenen Seiten von B.* Auch dieser Satz werde indirekt bewiesen. Angenommen, aus den Voraussetzungen (ABC) und (BDC) folge (BAD).

[1]) Bei Pasch und Hilbert wird dieser Satz als Axiom aufgestellt. Hier erscheint er infolge abweichender Fassung der Anordnungsaxiome als Lehrsatz.

Dann würde aus (BDC) und (BAD) nach II 5 (BAC) folgen im Widerspruch zu (ABC). Also gilt nicht (BAD). Es kann aber auch nicht (ADB) gelten. Aus (BDC) und (ADB) würde nämlich nach II 6 entweder (DCA) oder (DAC) folgen. Beides ist unmöglich. Wäre (DCA), so würde aus (DCA) und (ABC) nach II 5 (ABD) folgen im Widerspruch zu (ADB). Wäre (DAC), so würde aus (DAC) und (ABC) nach II 5 (CBD) folgen im Widerspruch zu (BDC). Somit gilt auch nicht (ADB). Nach II 3 muß also (ABD) gelten.

15. Wie eine Gerade durch einen auf ihr liegenden Punkt in zwei Strahlen geteilt wird, *so wird jede Ebene α durch eine in ihr liegende Gerade a in zwei verschiedene Gebiete geteilt. Zwei Punkte A und A' desselben Gebiets bestimmen eine Strecke, die keinen Punkt von a enthält. Jeder Punkt A des einen Gebiets bestimmt mit jedem Punkte B des andern Gebiets eine Strecke, die einen Punkt von a enthält.* Zum Beweise lege man durch einen Punkt O von a in der Ebene α eine von a verschiedene Gerade b (Fig. 17). Diese zerfällt durch O in zwei Strahlen s_1 und s_2. Jeder Punkt A von s_1 bestimmt mit jedem Punkte B von s_2 eine Strecke AB, die O enthält (**12**). Zwei Punkte A und A' desselben Strahls s_1 bestimmen eine Strecke AA', die O nicht enthält. Daher gehören zunächst die Punkte von s_1 und s_2 in bezug auf a verschiedenen Gebieten von α an. Es sei C irgendein Punkt von α, der nicht auf a und nicht auf b liegt. Verbindet man C mit einem Punkte A von s_1 und einem Punkte B von s_2, so muß die Gerade a, da sie den Umfang des Dreiecks ABC in einem Punkte O trifft, diesen Umfang noch in einem und nur einem zweiten Punkte schneiden. Schneidet a die Strecke AC, so liegen A und C in verschiedenen Gebieten, B und C in demselben Gebiet von α. Schneidet a die Strecke BC, so liegen B und C in verschiedenen Gebieten, A und C in demselben Gebiet. Jeder Punkt von α, der nicht auf a liegt, gehört also einem der beiden durch s_1 und s_2 bestimmten Gebiete der Ebene α an.

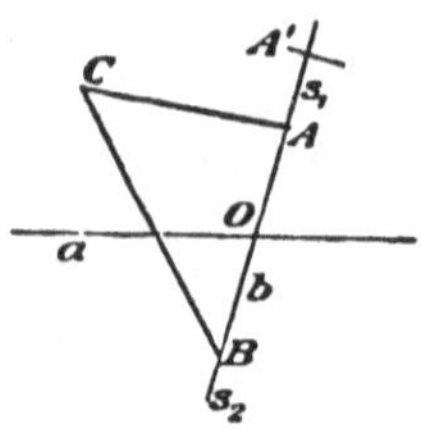

Fig. 17.

Gehören zwei Punkte der Ebene α in bezug auf eine Gerade a von α demselben Gebiete an, so sagt man, sie *liegen in der Ebene α auf derselben Seite von a.* Gehört ein Punkt der Ebene α in bezug auf eine Gerade a der Ebene dem einen Gebiet, ein anderer Punkt dem anderen Gebiet an, so sagt man, sie *liegen in der Ebene α auf verschiedenen Seiten von a.* Die sämtlichen auf einer und derselben Seite von a liegenden Punkte der Ebene α heißen eine von a gebildete Halbebene. *Jede Gerade einer Ebene teilt diese in zwei Halbebenen.*

16. Außerhalb einer Ebene α gibt es mindestens einen Punkt (II 9). Dieser bestimmt mit jedem Punkte von α eine Gerade, die nicht der Ebene angehört. Es gibt also unbegrenzt viele Geraden, die mit einer Ebene α nur je einen Punkt gemein haben. Auf jeder dieser Geraden gibt es unbegrenzt viele Punkte (2). *Außerhalb einer Ebene gibt es also unbegrenzt viele Punkte. Die Gesamtheit aller überhaupt existierenden Punkte heißt Raum.* Legt man durch eine Ebene α eine Gerade g, die α in einem und nur in einem Punkte O trifft, so wird diese Gerade durch O in zwei Strahlen geteilt (12). Sind A und A' zwei Punkte eines Strahls und B ein Punkt des anderen Strahls, so ist AB eine Strecke, die einen Punkt von α enthält, AA' dagegen eine Strecke, die keinen Punkt von α enthält. Ist C irgendein Punkt des Raumes, der nicht in α und nicht in g liegt, so bestimmen g und C eine Ebene β (10). Die Ebenen α und β haben den Punkt O und daher eine Gerade a gemein (10). Die Gerade a teilt die Ebene β in zwei Gebiete derart, daß A und B in verschiedenen Gebieten liegen (15). C liegt entweder mit A oder mit B in einem und demselben Gebiet von β (15). Von den beiden Strecken CA und CB enthält also die eine einen Punkt von a und damit von α, die andere nicht. *Jede Ebene α teilt also den Raum in zwei verschiedene Gebiete. Zwei Punkte desselben Gebiets bestimmen eine Strecke, die keinen Punkt von α enthält. Jeder Punkt des einen Gebiets bestimmt mit jedem Punkte des andern Gebiets eine Strecke, die einen Punkt von α enthält.*

Gehören zwei Punkte des Raumes in bezug auf eine Ebene α demselben Gebiete an, so sagt man, sie *liegen im Raume auf derselben Seite von α.* Gehört ein Punkt des Raumes in bezug auf eine Ebene α dem einen Gebiet, ein anderer dem anderen Gebiet an, so sagt man, sie *liegen auf verschiedenen Seiten von α.*

Zweites Kapitel.

Die Kongruenz.

§ 4. Geschichtliches.[1])

1. Die Kongruenz in ihrer ursprünglichen eukleidischen Definition setzt den Begriff der Bewegung voraus. Eukleides definiert: Einander Deckendes ist gleich, wo das Wort gleich bei Figuren soviel wie kongruent bedeutet (in der Stereometrie sagt er dafür „gleich und ähnlich"). Der Nachweis der Kongruenz erfordert also das Aufeinanderlegen der beiden verglichenen Figuren, das denn auch sogleich von Eukleides beim Beweise des 1. Kongruenzsatzes (1. Buch, Satz 4) gefordert wird. Eukleides führt demnach hier den Begriff der Kongruenz auf den Grundbegriff der Bewegung zurück, ohne die Beziehung dieses neuen Grundbegriffs zu den übrigen durch bestimmte Axiome festzulegen.

Die Elemente des Eukleides leiden hinsichtlich der Verwendung des Bewegungsbegriffs an einer gewissen Unfolgerichtigkeit. An verschiedenen Stellen zeigt sich Eukleides bemüht, die Bewegung aus der Geometrie zu verbannen. Gleich die drei ersten Sätze des 1. Buches zeigen einen solchen Versuch. Satz 1 löst in der üblichen Weise mittels zweier Kreise die Aufgabe, über einer gegebenen Strecke ein gleichseitiges Dreieck zu errichten. Diese Konstruktion wird im 2. Satze angewendet, um durch einen gegebenen Punkt A eine der gegebenen Strecke BC gleiche Strecke zu ziehen, ohne die Übertragung der Strecke BC mittels des Zirkels, also die Bewegung, zu benutzen. Im 3. Satze wird diese Konstruktion dazu benutzt, um von der größeren von zwei Strecken die kleinere abzuziehen, wieder, ohne von der Bewegung Gebrauch zu machen. Vom 4. Satze ab aber gibt Eukleides diesen Versuch, ohne die Bewegung auszukommen, wieder auf.

2. Diese bei Eukleides beobachtete Inkonsequenz kann auf zwei verschiedene Weisen vermieden werden: 1. Man kann den Begriff der Bewegung mit vollem Bewußtsein seiner Tragweite unter die Grundbegriffe der Geometrie aufnehmen, seine Beziehungen zu den andern

---

[1]) Vgl. Enzykl. III AB 9, S. 876.

Grundbegriffen, d. h. die Art, wie man ihn gebrauchen will, durch eine Anzahl aus der Anschauung entnommener Axiome (Bewegungsaxiome) festlegen, und mit Ausnutzung dieser Axiome ein folgerichtiges Lehrgebäude der Geometrie errichten. 2. Man kann anstelle der Bewegung (die man ganz ausschaltet) die Kongruenz der Figuren ganz allgemein oder zunächst einiger einfacher Figuren im besonderen als einen nicht auf andere Begriffe (also insbesondere nicht auf Bewegung) zurückführbaren Grundbegriff einführen und seine Beziehungen zu den übrigen Grundbegriffen wieder durch ein vollständiges System von Axiomen (Kongruenzaxiomen) regeln.

Auf dem ersten Wege (der Aufstellung eines Systems von Bewegungsaxiomen) ist besonders Helmholtz in der Abhandlung Über die Tatsachen, die der Geometrie zugrunde liegen, 1868 (Wissenschaftliche Abhandlungen, 2. Bd.), vorgegangen. Helmholtz stellt vier Axiome für einen Raum (d. h. eine Zahlenmannigfaltigkeit) von n Dimensionen auf. Er zeigt, daß sich aus diesen vier Axiomen oder Hypothesen die gewöhnliche analytische Geometrie des Raumes entwickeln läßt, und zwar kommt man sowohl auf die eukleidische als auch auf die nichteukleidische Geometrie. Diese verschiedenen Geometrien müssen dann noch durch besondere Axiome voneinander getrennt werden.

Unabhängig von Helmholtz hat in Frankreich Ch. Méray in seinen Nouveaux Éléments de Géométrie, 1874, 3. Auflage 1906, die Geometrie ebenfalls auf Bewegungsaxiome begründet. Doch im Gegensatz zu Helmholtz, der den Raum rein analytisch als Zahlenmannigfaltigkeit behandelt, legt Méray die gewöhnliche Raumanschauung zugrunde. Zu den „Grundabstraktionen" rechnet Méray außer dem unbegrenzt mit sich identischen Raume die Begriffe der Ruhe und der Bewegung. Eine Verrückung ist eine begrenzte Bewegung, die einen Körper aus einer Anfangslage in eine Endlage überführt. Besondere Verrückungen sind die Verschiebungen und die Drehungen, die beide durch gewisse Axiome bestimmt werden. Auf die Verschiebung wird der Parallelismus, auf die Drehung das Senkrechtstehen zurückgeführt. Auf den von Méray gelegten Grundlagen haben in Frankreich besonders E. Borel und C. Bourlet weitergebaut. Sie haben die Ideen Mérays für den Schulunterricht fruchtbar zu machen gesucht.

Während Méray von der Analysis keinen Gebrauch macht, gibt Felix Klein im 2. Bande der Elementarmathematik vom höheren Standpunkte (3. Auflage 1925, S. 174ff.) einen auf dem Bewegungsbegriff gegründeten Aufbau der ebenen Geometrie, der auf dem kürzesten Wege von den Axiomen der Bewegung zu den Ansätzen der analytischen Geometrie zu gelangen sucht. (Zu bemerken ist übrigens, daß Klein diesem ersten Aufbau der Geometrie auf den Bewegungsbegriff S. 188ff. einen zweiten Aufbau gleichberechtigt gegenüberstellt, der auf den Kongruenzbegriff, unter Ausschaltung der Bewegung, gegründet ist.)

Als Grundbegriffe nimmt Klein für die ebene Geometrie den Punkt und die Gerade an und setzt gewisse Verknüpfungs-, Anordnungs- und Stetigkeitsaxiome für diese voraus. Auf dieser Grundlage wird die Gruppe der ∞^3 Bewegungen in der Ebene eingeführt, die als 1-1-deutige Transformationen der Punkte gedeutet werden, bei denen nicht nur jedem Punkte ein Punkt, sondern auch jeder Gerade eine Gerade entspricht, und zwar so, daß, wenn ein Punkt P einer Gerade g angehört, der entsprechende Punkt P_1 auf der entsprechenden Gerade g_1 liegt. Durch besondere Axiome werden gewisse spezielle Bewegungen, die Verschiebungen, eingeführt. Diese Verschiebungsaxiome ermöglichen die Einführung allgemeiner Parallelkoordinaten. Will man weiter die Begriffe des Winkels zweier Geraden und der Entfernung zweier Punkte erhalten, so muß man eine zweite Art von Bewegungen ins Auge fassen, die Drehungen um einen Punkt O. Die Betrachtung der Bahnkurven der einzelnen Punkte führt zum Begriff des Kreises, die Forderung, daß man durch Wiederholung einer und derselben Drehung nach und nach jeden durch O gehenden Halbstrahl schließlich erreichen oder einschließen kann, führt zum Begriff der vollen Drehung, die Einführung derjenigen Drehung, die viermal wiederholt die volle Drehung ergibt, liefert den Begriff des rechten Winkels. Nunmehr können rechtwinklige Koordinaten eingeführt werden. Die weitere Untersuchung zeigt, daß auf diesen Grundlagen der Aufbau der gewöhnlichen analytischen Geometrie möglich ist. Etwas abweichend von Méray und Klein haben Peano (Riv. di Mat. 4, 1894) und F. Schur (Grundlagen der Geometrie, 1909) die Bewegungspostulate formuliert. Bei ihnen wird zuerst die Drehung definiert und die Verschiebung auf Drehungen zurückgeführt.

3. An der Spitze der Geometer, die auf dem zweiten Wege zu einer Grundlegung der Geometrie zu gelangen suchen, d. h. die den Bewegungsbegriff durch Aufstellung von Axiomen über die Kongruenz ausschalten, steht M. Pasch. Er nimmt den Begriff der Kongruenz als Grundbegriff an, der nicht definiert wird, und legt durch neun Kongruenzaxiome fest, auf welche Weise dieser Begriff gebraucht werden soll. In diesen Axiomen ist von Winkeln gar nicht die Rede. Infolgedessen ist es zwar leicht, den 3. Kongruenzsatz (drei Seiten) auf diese Axiome zurückzuführen. Schwierigkeiten aber würde es machen, mit ihrer Hilfe die drei anderen Kongruenzsätze zu beweisen (was Pasch nicht tut, da er sie zum Aufbau seines Systems der projektiven Geometrie nicht braucht). Es gibt zwei Wege, dieser Schwierigkeit zu entgehen: 1. Man kann versuchen, die Kongruenz der Winkel auf die der Strecken zurückzuführen, und 2. man kann neben den auf Strecken bezüglichen Axiomen entsprechende Kongruenzaxiome für Winkel aufstellen. Den ersten Weg hat Veronese (Elementi di Geometria, 3. Auflage 1904), den zweiten Hilbert eingeschlagen. Am durchsichtigsten und einfachsten erscheint die Behandlung der Kongruenz bei Hilbert. Die Axiome der Kongruenz bilden hier

die Axiomgruppe III. Dieses Hilbertsche System der Kongruenzaxiome hat vor den Systemen von Pasch und von Veronese den Vorzug größerer Einfachheit und Bequemlichkeit für die Anwendungen und soll deshalb im folgenden zugrunde gelegt werden.

§ 5. Die Axiome der Kongruenz und die Kongruenzsätze.

1. Die Axiome der Streckenkongruenz lauten nach Hilbert:

III 1. Wenn A, B zwei Punkte auf einer Gerade a und ferner A' ein Punkt auf derselben oder einer andern Gerade a' ist, so kann man auf einer gegebenen Seite der Gerade a' von A' stets einen und nur einen Punkt B' finden, so daß die Strecke AB der Strecke $A'B'$ kongruent oder gleich ist, in Zeichen:

$$AB = A'B'.$$

Jede Strecke ist sich selbst kongruent, d. h. es ist stets:

$$AB = AB \quad \text{und} \quad AB = BA.$$

Wir sagen auch kürzer: eine jede Strecke kann auf einer gegebenen Seite einer gegebenen Gerade von einem gegebenen Punkte in eindeutiger Weise abgetragen werden.

III 2. Wenn eine Strecke AB sowohl der Strecke $A'B'$ als auch der Strecke $A''B''$ kongruent ist, so ist auch $A'B'$ der Strecke $A''B''$ kongruent, d. h. wenn

$$AB = A'B' \quad \text{und} \quad AB = A''B'',$$

so ist auch

$$A'B' = A''B''.$$

III 3. Es seien AB und BC zwei Strecken ohne gemeinsame innere Punkte auf der Gerade a und ferner $A'B'$ und $B'C'$ zwei Strecken auf derselben oder einer anderen Gerade a' ebenfalls ohne gemeinsame innere Punkte; wenn dann

$$AB = A'B' \quad \text{und} \quad BC = B'C'$$

ist, so ist auch stets

$$AC = A'C'.$$

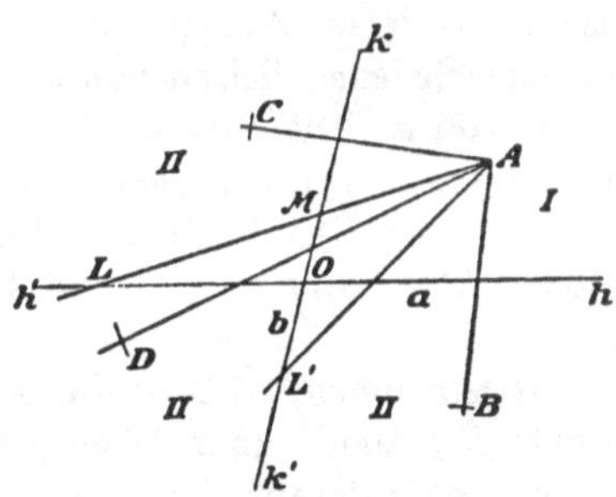

Fig. 18.

2. Unter einem *Winkel hk* oder kh verstehen wir mit Hilbert *das System zweier in einer Ebene α von einem Punkte O ausgehender Strahlen h und k, die verschiedenen Geraden a und b angehören. Von allen Punkten der Ebene α, die mit h auf derselben Seite von b und mit k auf derselben Seite von a liegen* (Fig. 18), *soll gesagt werden, daß sie dem Gebiet I der Ebene α angehören. Alle übrigen Punkte der Ebene α sollen in dem Gebiet II der Ebene α liegen.* Der Punkt A liege in dem Gebiet I.

1. Der Punkt B liege mit A auf derselben Seite von b, aber auf verschiedenen Seiten von a. Dann ist B ein Punkt von II. Die Strecke AB muß a schneiden, weil A und B auf verschiedenen Seiten von a liegen (§ 3, 15, S. 26). AB kann nicht b schneiden, weil A und B auf derselben Seite von b liegen. Angenommen, die Strecke AB schnitte den von h verschiedenen Strahl h' von a in E. Die Punkte von h' und A liegen auf verschiedenen Seiten von b, weil A und h auf derselben Seite von b liegen. Die Strecke AE müßte also b in einem Punkte F schneiden, weil A und E auf verschiedenen Seiten von b liegen. Aus (AEB) und (AFE) würde nach II 5 (AFB) folgen. Das widerspricht aber der Voraussetzung, daß A und B auf derselben Seite von b liegen. Also kann die Strecke AB nicht den Strahl h' schneiden. AB kann auch nicht durch O gehen; denn (AOB) würde ebenfalls der Voraussetzung widersprechen, daß A und B auf derselben Seite von b liegen. Also schneidet AB den Strahl h.

2. Der Punkt C liege mit A auf derselben Seite von a, aber auf verschiedenen Seiten von b. Dann ist C ein Punkt von II. Die Strecke AC muß, wie entsprechend dem Beweise für AB gezeigt werden kann, den Strahl k schneiden.

3. Der Punkt D liege mit A auf verschiedenen Seiten von a und b. Dann ist D ein Punkt von II. AD muß a und b in je einem Punkte treffen.

α) Das kann z. B. der Punkt O sein.

β) AD gehe nicht durch O. Angenommen, AD treffe den von h verschiedenen Strahl h' von a in G und den von k verschiedenen Strahl k' von b in H. A liegt mit h auf derselben Seite von b; h und h' liegen auf verschiedenen Seiten von b. A und G liegen also auf verschiedenen Seiten von b. Die Strecke AG trifft demnach b. Der Treffpunkt kann nur H sein, da sich die Geraden AG und b nur in einem Punkte schneiden. Also gilt (AHG). A liegt mit k auf derselben Seite von a, k und k' liegen auf verschiedenen Seiten von a. A und H liegen also auf verschiedenen Seiten von a. Die Strecke AH trifft demnach a. Der Treffpunkt kann nur G sein, da sich die Geraden AH und a nur in einem Punkt schneiden. Also gilt (AGH). Nach II 3 kann nicht zugleich (AHG) und (AGH) gelten. Also kann die Strecke AD nicht h' und k' in je einem Punkte treffen.

Angenommen, AD treffe h in einem Punkte I und k in einem Punkte K. Dann kann ebenso wie bei der vorigen Annahme gezeigt werden, daß daraus (DIK) und (DKI) zugleich folgen würden, was unmöglich ist.

Es bleibt nur die Möglichkeit übrig, daß AD einen der beiden Strahlen h und k trifft.

4. Endlich sei L ein Punkt des Strahles h'. Dann liegt L in dem Gebiet II. Da L und A auf verschiedenen Seiten von b liegen, so muß AL die Gerade b in einem Punkte M schneiden, und es gilt (AML).

M kann nicht mit O zusammenfallen, da A nicht auf h liegt. M kann auch nicht auf k' liegen. In diesem Falle müßte nämlich AM die Gerade a schneiden, was nur in L geschehen könnte, und es würde (ALM) folgen. Das steht aber nach II 3 in Widerspruch zu (AML). Also schneidet AL den Strahl k. Ebenso zeigt man, wenn L' ein Punkt von k' ist, daß AL' den Strahl h schneiden muß.

Zusammenfassend kann man sagen: *Jede Strecke, die einen Punkt des Gebiets I mit einem Punkte des Gebiets II verbindet, geht entweder durch O oder durch einen Punkt von h oder durch einen Punkt von k.*

3. Sind A und A' zwei Punkte des Gebiets I, so trifft die Strecke AA' weder a noch b. Eine Strecke, die zwei Punkte des Gebiets I verbindet, geht also weder durch O noch durch einen Punkt von h noch durch einen Punkt von k. *Eine Strecke, die zwei Punkte des Gebiets I verbindet, liegt also ganz in dem Gebiet I.*

In dem Gebiet II gibt es Punkte, deren Verbindungsstrecke nicht ganz in II liegt. Ist z. B. (Fig. 19) A ein Punkt von h und B ein Punkt von k, so gibt es mindestens einen Punkt C, für den (BAC), einen Punkt D, für den (ABD) und einen Punkt E, für den (AEB) gilt (II 2). Wegen (AEB) liegt E mit A (oder h) auf derselben Seite von b und mit B (oder k) auf derselben Seite von a. E liegt also in dem Gebiet I. Wegen (CAB) liegt C mit k auf verschiedenen Seiten von a, also in dem Gebiet II. Wegen (ABD) liegt D mit h auf verschiedenen Seiten von b, also ebenfalls in dem Gebiet II. CD verbindet also zwei Punkte des Gebiets II. Aus (CAB) und (AEB) folgt nach II 5 (CEB). Nach § 3, **14**, S. 25 gilt ferner (EBD). Aus (CEB) und (EBD) folgt nach § 3, **13**, S. 25 (CED). Die Strecke CD, die zwei Punkte des Gebiets II verbindet, enthält also den Punkt E des Gebiets I.

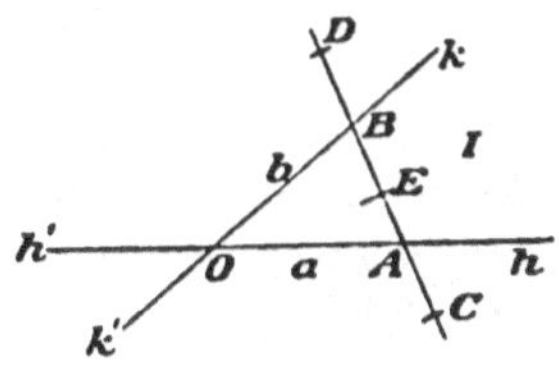

Fig. 19.

Das Gebiet I, das dadurch vor dem Gebiet II ausgezeichnet ist, daß eine Strecke, die irgend zwei Punkte des Gebiets verbindet, keinen Punkt des andern Gebiets enthält, heiße das Innere des Winkels hk, während das Gebiet II das Äußere des Winkels genannt werde. Die Strahlen h und k heißen die Schenkel, der Punkt O der Scheitel des Winkels.

4. Nunmehr folgen die Axiome der Winkelkongruenz (III 4, 5) und das Axiom der Dreieckskongruenz (III 6):

III 4. Es sei ein Winkel hk in einer Ebene α und eine Gerade a' in einer Ebene α', sowie eine bestimmte Seite von a' auf α' gegeben. Es bedeute h' einen Strahl der Gerade a', der vom Punkte O' ausgeht: dann gibt es in der Ebene α' einen und nur einen Strahl k', so daß der Winkel hk kongruent oder gleich dem Winkel $h'k'$ ist und zugleich alle inneren Punkte des Winkels $h'k'$ auf der gegebenen Seite von a' liegen, in Zeichen:

$$hk \equiv h'k'.$$

Jeder Winkel ist sich selbst kongruent, d. h. es ist stets

$$h\,k \equiv h\,k \quad \text{und} \quad h\,k \equiv k\,h.$$

Wir sagen auch kurz: ein jeder Winkel kann in einer gegebenen Ebene nach einer gegebenen Seite an einen gegebenen Strahl auf eine eindeutig bestimmte Weise angetragen werden.

III 5. Wenn ein Winkel $h\,k$ sowohl dem Winkel $h'k'$ als auch dem Winkel $h''k''$ kongruent ist, so ist auch der Winkel $h'k'$ dem Winkel $h''\,k''$ kongruent, d. h. wenn

$$h\,k \equiv h'\,k' \quad \text{und} \quad h\,k \equiv h''\,k''$$

ist, so ist auch stets

$$h'\,k' \equiv h''\,k''.$$[1]

III 6. Wenn für zwei Dreiecke $A\,B\,C$ und $A'\,B'\,C'$ die Kongruenzen

$$A\,B \equiv A'\,B', \quad A\,C \equiv A'C', \quad \sphericalangle\, B\,A\,C \equiv \sphericalangle\, B'A'C'$$

gelten, so sind auch stets die Kongruenzen

$$\sphericalangle\, A\,B\,C \equiv \sphericalangle\, A'\,B'C' \quad \text{und} \quad \sphericalangle\, A\,C\,B \equiv \sphericalangle\, A'\,C'\,B'$$

erfüllt.

Unter $\sphericalangle\, A\,B\,C$ wird der Winkel der von B ausgehenden, A und C enthaltenden Strahlen verstanden. Er heißt der von den Seiten $A\,B$ und $B\,C$ eingeschlossene oder der der Seite $A\,C$ gegenüberliegende Winkel des Dreiecks $A\,B\,C$.

§ 6. Folgerungen aus den Axiomen der Kongruenz. Kongruenzsätze.

1. Ist $A\,B \equiv A'\,B'$, so folgt aus $A\,B \equiv A\,B$ (III 1) nach III 2 auch $A'\,B' \equiv A\,B$. *Die Streckenkongruenz ist also umkehrbar.* Ist $A\,B \equiv A'\,B'$, so kann man daher die beiden Strecken als einander kongruent bezeichnen. *Man nennt die Strecke $A\,B$ die Entfernung des Punktes A von B oder des Punktes B von A.*

Auf genau dieselbe Weise folgert man aus III 4 und 5, daß die *Winkelkongruenz eine umkehrbare Beziehung* ist, und man sagt daher, wenn $h\,k \equiv h'\,k'$ ist, die beiden Winkel seien einander kongruent.

2. *Sind $A_1 A_2 \ldots A_n$ und $B_1 B_2 \ldots B_n$ zwei Reihen von Punkten von der Beschaffenheit, daß je zwei Strecken $A_f A_k$ und $B_f B_k$ (f und k irgend zwei der Zahlen $1, 2, \ldots n$) einander gleich sind, so heißen die beiden Punktreihen einander kongruent, und je zwei Punkte A_f und B_f heißen entsprechende Punkte der kongruenten Punktreihen. Ist die erste der beiden Reihen so geordnet, daß für irgend drei Zahlen $f < h < k$ stets $(A_f A_h A_k)$ gilt, so*

---

[1]) Dieser Satz läßt sich nach A. **Rosenthal** (Math. Ann. 71, 1911, S. 257) aus den anderen Kongruenzaxiomen mit Hilfe von Verknüpfungs- und Anordnungsaxiomen beweisen. Er wird hier jedoch ebenso wie ursprünglich bei **Hilbert** als Axiom beibehalten, um den Aufbau übersichtlicher und einfacher zu gestalten.

gilt auch $(B_f B_h B_k)$. Wäre nämlich $(B_f B_k B_h)$, so könnte man nach III 1 auf der Gerade $B_f B_h$ den von B_k verschiedenen Punkt C so bestimmen, daß $(B_f B_h C)$ und $B_h C = A_h A_k$ ist. Nach III 3 wäre $A_f A_k = B_f C$. Anderseits ist nach der Voraussetzung $A_f A_k = B_f B_k$. Daraus folgt nach III 2 $B_f C = B_f B_k$. Aus $(B_f B_k B_h)$ und $(B_f B_h C)$ würde (II 5) $(B_f B_k C)$ folgen. B_k und C würden also in der Gerade $B_f B_h$ auf derselben Seite von B_f liegen. Nach III 1 könnte daher C nicht von B_k verschieden sein. Daher kann nicht $(B_f B_k B_h)$ gelten. Ebenso zeigt man die Unmöglichkeit von $(B_h B_f B_k)$. Folglich gilt $(B_f B_h B_k)$.

3. Verlängert man den Schenkel h des Winkels $h\,k$ über den Scheitel O hinaus, so entsteht der Winkel $h'k$. *Zwei Winkel, die den Scheitel und einen Schenkel gemein haben, und deren nicht gemeinsame Schenkel eine gerade Linie bilden, heißen Nebenwinkel.* Verlängert man auch den Schenkel k des Winkels $h\,k$ über den Scheitel hinaus, so entsteht außer dem zweiten Nebenwinkel $h\,k'$ des Winkels $h\,k$ noch der Winkel $h'\,k'$. *Zwei Winkel mit gemeinsamem Scheitel, deren Schenkel zwei gerade Linien bilden, heißen Scheitelwinkel.*

An den Schenkel h des gegebenen Winkels $h\,k$ trage man im Scheitel O $h\,k' = h\,k$ derart an, daß k und k' auf verschiedenen Seiten der den Strahl h enthaltenden Gerade a liegen (III 4). Auf k werde ein

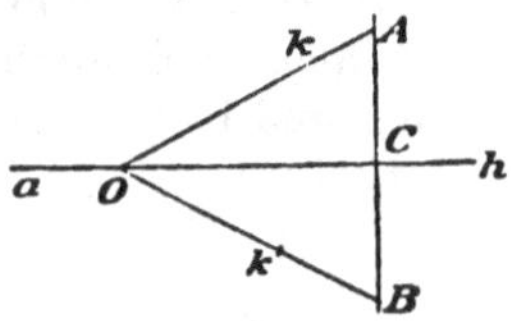

Fig. 20.

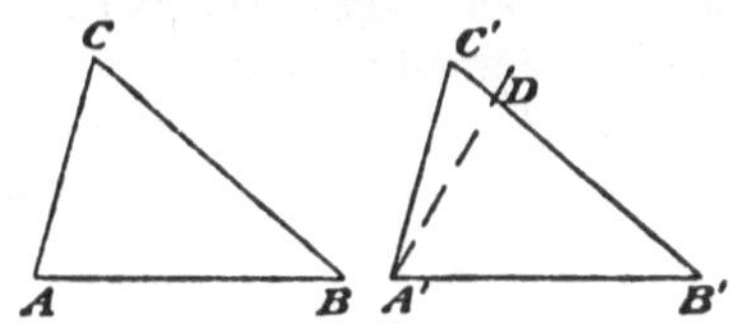

Fig. 21.

von O verschiedener Punkt A angenommen (Fig. 20). Auf k' trage man die Strecke $OB = OA$ ab (III 1). Da A und B auf verschiedenen Seiten von a liegen, muß die Strecke AB die Gerade a in einem Punkte C treffen. Aus $OA = OB$, $OC = OC$ und $h\,k = h\,k'$ folgt (III 6) $\sphericalangle\, OCA = \sphericalangle\, OCB$. OCA und OCB sind Nebenwinkel. Die Konstruktion lehrt, daß es Winkel gibt, die einem ihrer Nebenwinkel gleich sind.

Ein Winkel, der einem seiner Nebenwinkel gleich ist, heißt ein rechter Winkel (R).

4. Gegeben sei ein Dreieck ABC (Fig. 21). Auf einer Gerade a nehme man einen Punkt A' beliebig an und trage auf a die Strecke $A'B' = AB$ ab (III 1). An $A'B'$ trage man in A' den Winkel BAC an (III 4). Auf dem von $A'B'$ verschiedenen Schenkel des angetragenen Winkels trage man die Strecke $A'C' = AC$ ab. Man verbinde B' mit C'. Die beiden Dreiecke ABC und $A'B'C'$ stimmen dann in zwei Seiten und dem eingeschlossenen Winkel überein. Nach III 6 folgt daraus, daß sie auch in den beiden anderen Winkeln übereinstimmen, $\sphericalangle\, ACB$

$= \sphericalangle A'C'B'$, $\sphericalangle ABC = \sphericalangle A'B'C'$. Stimmten nun die beiden Dreiecke in den Seiten BC und $B'C'$ nicht ebenfalls überein, so könnte man auf dem von B' ausgehenden, C' enthaltenden Strahle die Strecke $B'D = BC$ abtragen (III 1) und D mit A' verbinden. Nach III 6 (angewendet auf die Dreiecke ABC und $A'B'D$) wäre dann $\sphericalangle DA'B' = \sphericalangle CAB$. Daraus und aus $\sphericalangle CAB = \sphericalangle C'A'B'$ würde $\sphericalangle DA'B' = \sphericalangle C'A'B'$ folgen (III 5), was III 4 widerspricht. Also muß $BC = B'C'$ sein.

Zwei Dreiecke, die in den drei Seiten und den drei Winkeln übereinstimmen, heißen kongruent ($\cong$).

Erster Kongruenzsatz (I): Dreiecke sind kongruent, wenn sie in zwei Seiten und dem eingeschlossenen Winkel übereinstimmen.

5. Gegeben sei ein Dreieck ABC. Man konstruiere ein zweites Dreieck $A'B'C'$ derart, daß $A'B' = AB$, $\sphericalangle B'A'C' = \sphericalangle BAC$, und $\sphericalangle A'B'C' = \sphericalangle ABC$ ist (III 1, 4). Angenommen, $B'C'$ wäre nicht gleich BC. Dann trage man auf dem von B' ausgehenden, C' enthaltenden Strahle die Strecke $B'D = BC$ ab und verbinde D mit A'. Nach III 6 und 5 wäre dann $\sphericalangle DA'B' = \sphericalangle CAB = \sphericalangle C'A'B'$, was III 4 widerspricht. Also ist $B'C' = BC$ und $\triangle ABC \cong \triangle A'B'C'$ (I).

Zweiter Kongruenzsatz (II): Dreiecke sind kongruent, wenn sie in einer Seite und den anliegenden Winkeln übereinstimmen.

6. Gegeben seien zwei gleiche Winkel, $\sphericalangle h k = \sphericalangle h' k'$. Man verlängere die Schenkel h und h' über die Scheitel hinaus und wähle auf den von den Scheiteln B und B' ausgehenden Strahlen die Punkte A, C, D und A', C', D' derart, daß $AB = A'B'$, $CB = C'B'$,

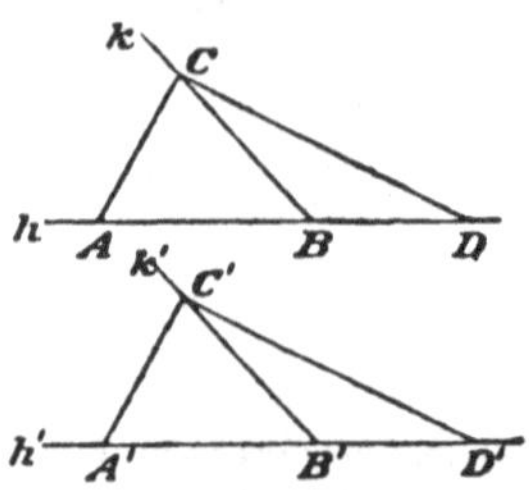

Fig. 22.

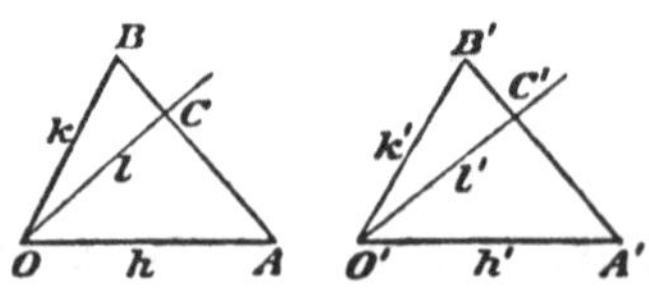

Fig. 23.

$DB = D'B'$ ist (III 1) (Fig. 22). Man verbinde C mit A und D, C' mit A' und D'. Dann ist $\triangle ABC \cong \triangle A'B'C'$ (I), $AC = A'C'$, $\sphericalangle BAC = \sphericalangle B'A'C'$. Aus $AB = A'B'$ und $BD = B'D'$ folgt $AD = A'D'$ (III 3). Daher ist $\triangle ACD \cong \triangle A'C'D'$ (I), d. h. $CD = C'D'$, $\sphericalangle ADC = \sphericalangle A'D'C'$. Daraus endlich folgt $\triangle BCD \cong \triangle B'C'D'$ (I) und $\sphericalangle CBD = \sphericalangle C'B'D'$.

Gleiche Winkel haben gleiche Nebenwinkel.

7. Verlängert man die beiden Schenkel des Winkels $h k$ über den Scheitel, so erhält man die Scheitelwinkel $h k$ und $h'k'$. $h k'$ und $h k$ sind Nebenwinkel, ebenso $h k'$ und $h'k'$. Aus $h k' = h k'$ (III 4) und 6 folgt $h k = h' k'$.

Scheitelwinkel sind einander gleich.

8. Gegeben sei ein beliebiger Winkel $h\,k$ und ein von seinem Scheitel ausgehender Strahl l im Innern des Winkels (Fig. 23). Ferner sei $h'\,k' = h\,k$. Man bestimme die Punkte A, B, A', B' so, daß $OA = OA'$, $OB = OB'$ und ziehe AB und $A'B'$. Dann ist $\triangle\, OAB \cong \triangle\, O'A'B'$ (I) und daher $AB = A'B'$, $\sphericalangle\, OAB = \sphericalangle\, O'A'B'$, $\sphericalangle\, OBA = \sphericalangle\, O'B'A'$. Der Strahl l schneide die Strecke AB in C. Man trage auf dem von A' ausgehenden, B' enthaltenden Strahle die Strecke $A'C' = AC$ ab, verbinde C' mit O' und nenne den von O' ausgehenden, C' enthaltenden Strahl l'. Dann ist $\triangle\, OAC \cong \triangle\, O'A'C'$ (I) und daher $h'\,l' = h\,l$. Aus $AB = A'B'$ und $AC = A'C'$ folgt $BC = B'C'$. Wäre nämlich nicht $BC = B'C'$, so könnte man auf der Verlängerung von $A'C'$ über C' hinaus den von B' verschiedenen Punkt D so bestimmen, daß $C'D = CB$ wäre. Aus $AC = A'C'$ und $CB = C'D$ würde dann $AB = A'D$ folgen (III 3). Da anderseits $AB = A'B'$ ist, so wäre $A'D = A'B'$. Da die beiden Punkte B' und D' auf derselben Seite von A' lägen, so könnte nach III 1 nicht D von B' verschieden sein. Also liegt C' zwischen A' und B', und es ist $BC = B'C'$. Dann ist $\triangle\, OBC \cong \triangle\, O'B'C'$ (I) und daher $k\,l = k'\,l'$. Es gilt also der Satz:

Zieht man im Innern eines Winkels $h\,k$ vom Scheitel ausgehend einen Strahl l, so kann man stets in einem dem Winkel $h\,k$ gleichen Winkel $h'k'$ einen Strahl l' so bestimmen, daß $h'\,l' = h\,l$ und $k'\,l' = k\,l$ ist.

9. Es seien h, k, l drei von einem Punkte ausgehende Strahlen einer Ebene, desgleichen h', k', l'; l liege im Innern des Winkels $h\,k$, l' im Innern des Winkels $h'\,k'$, und es sei $h\,l = h'\,l'$ und $k\,l = k'\,l'$ (Fig. 23). Man bestimme die Punkte A und A' so, daß $OA = O'A'$ ist, und verbinde A mit einem beliebigen Punkte B von k. AB schneide l in C. Auf l' bestimme man C' so, daß $O'C' = OC$ ist, ziehe $A'C'$, verlängere $A'C'$ über C' hinaus, trage auf der Verlängerung die Strecke $C'B' = CB$ ab und verbinde B' mit O'. Aus der Kongruenz der Dreiecke OAC und $O'A'C'$ (I) folgt $AC = A'C'$, $\sphericalangle\, OAC = \sphericalangle\, O'A'C'$, $\sphericalangle\, OCA = \sphericalangle\, O'C'A'$. Nach 6 ist $\sphericalangle\, OCB = \sphericalangle\, O'C'B'$, nach I $\sphericalangle\, OBC = \sphericalangle\, O'B'C'$, $k\,l = \sphericalangle\, B'O'C'$. Daher ist $\sphericalangle\, B'O'C' = k'\,l'$ (III 5). Nach III 4 fällt dann der von O' ausgehende, B' enthaltende Strahl mit k' zusammen. Aus $AC = A'C'$ und $CB = C'B'$ folgt $AB = A'B'$ (III 3). Daher ist $\triangle\, OAB \cong \triangle\, O'A'B'$ (I) und daher $h\,k = h'\,k'$. Es besteht also der Satz:

Sind einerseits h, k, l und anderseits h', k', l' je drei in einer Ebene von einem Punkte ausgehende Strahlen, liegt l im Innern des Winkels $h\,k$, l' im Innern des Winkels $h'\,k'$, und ist $h\,l = h'\,l'$ und $k\,l = k'\,l'$, so ist auch $h\,k = h'\,k'$.

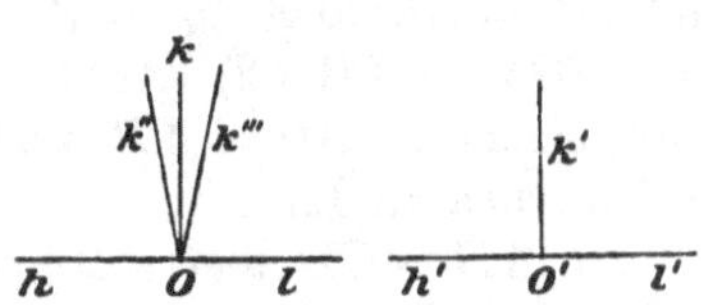

Fig. 24.

10. Es sei $h\,k = R$ und $h'\,k' = R$ (Fig. 24), $h\,k = k\,l$ und $h'\,k' = k'l'$ (3). Dann wird behauptet, daß $h\,k = h'\,k'$ sein müsse. An-

genommen, $h\,k$ sei nicht gleich $h'k'$. Man trage in O an den Strahl h nach derselben Seite wie $\sphericalangle h\,k$ den Winkel $h\,k'' = h'\,k'$ an. k'' falle etwa in das Innere des Winkels $h\,k$. Aus $h'\,k' = h\,k''$ folgt $k'\,l' = k''\,l$ (6). Aus $h'\,k' = k'\,l'$ und $k'\,l' = k''\,l$ folgt $h'\,k' = k''\,l$ und weiter $h\,k'' = k''\,l$ (III 5). Wegen $h\,k = k\,l$ kann man nach 8 im Innern des Winkels $k\,l$ einen von O ausgehenden Strahl k''' so bestimmen, daß $h\,k'' = l\,k'''$ und $k''\,k = k'''\,k$ ist. Aus $h\,k'' = k''\,l$ und $h\,k'' = l\,k'''$ würde $l\,k'' = l\,k'''$ folgen (III 5). Das widerspricht aber III 4, also ist $h\,k = h'\,k'$.

Rechte Winkel sind einander gleich.

11. *Liegt der Punkt B zwischen A und C, so sagt man, AC ist größer als AB ($AC > AB$) oder AB ist kleiner als AC ($AB < AC$). Sind zwei Strecken AB und CD auf einer und derselben Gerade oder auf verschiedenen Geraden gegeben, und gilt (ABE) und $AE = CD$, so sagt man, es sei $CD > AB$ oder $AB < CD$* (Fig. 25).

Sind AB und CD irgend zwei Strecken, so kann nicht gleichzeitig $CD > AB$ und $CD = AB$ sein. Wegen $CD > AB$ gibt es einen Punkt E,

Fig. 25.

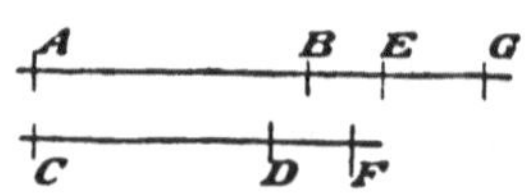

Fig. 26.

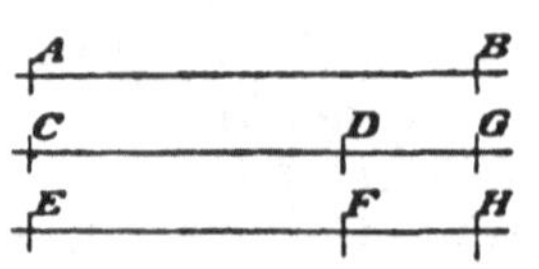

Fig. 27.

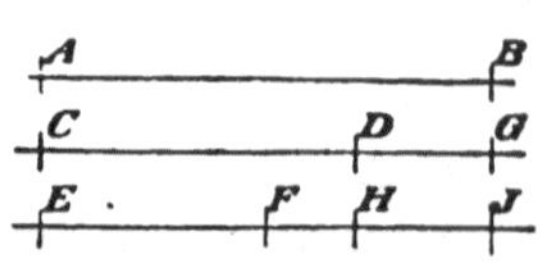

Fig. 28.

so daß (ABE) und $AE = CD$ gilt. Wegen $CD = AB$ würde daraus $AB = AE$ im Widerspruch zu III 1 folgen.

Sind AB und CD irgend zwei Strecken, so kann auch nicht gleichzeitig $CD > AB$ und $CD < AB$ sein (Fig. 26). Wegen $CD > AB$ gibt es einen Punkt E derart, daß (ABE) und $AE = CD$ gilt. Wegen $CD < AB$ gibt es einen Punkt F derart, daß (CDF) und $AB = CF$ gilt. Man trage auf der Verlängerung von AE die Strecke $EG = DF$ ab. Aus $CD = AE$ und $DF = EG$ folgt $CF = AG$ (III 3). Aus $CF = AG$ und $CF = AB$ folgt $AG = AB$ (III 2). Aus (ABE) und (AEG) folgt (ABG) (II 5). Also wäre einerseits $AG = AB$ und anderseits G von B verschieden im Widerspruch zu III 1.

Ist $AB > CD$ und $CD = EF$, so ist $AB > EF$ (Fig. 27). Wegen $AB > CD$ gibt es einen Punkt G, so daß (CDG) und $CG = AB$ gelten. Man trage auf der Verlängerung von EF die Strecke $FH = DG$ ab. Aus $CD = EF$ und $DG = FH$ folgt $CG = EH$ (III 3). Aus $AB = CG$ und $CG = EH$ folgt $AB = EH$ (III 2). Aus (EFH) und $AB = EH$ folgt nach der obigen Erklärung $AB > EF$.

Ist $AB > CD$ und $CD > EF$, so ist $AB > EF$ (Fig. 28). Wegen $AB > CD$ gibt es einen Punkt G, so daß (CDG) und $AB = CG$ gelten. Wegen $CD > EF$ gibt es einen Punkt H, so daß (EFH) und $CD = EH$ gilt. Man trage auf der Verlängerung von EH die Strecke $HI = DG$ ab. Aus $CD = EH$ und $DG = HI$ folgt $CG = EI$ (III 3). Aus $AB = CG$ und $CG = EI$ folgt $AB = EI$ (III 2). Aus (EFH) und (EHI) folgt (EFI) (II 5). Aus (EFI) und $EI = AB$ folgt nach der obigen Erklärung $AB > EF$.

Entsprechend kann man beweisen: *Ist $AB = CD$ und $CD > EF$, so ist $AB > EF$.*

→ 12. *Die Tatsache, daß der durch den Scheitel des Winkels $h\,k$ gehende Strahl l im Innern des Winkels liegt, werde durch $(h\,l\,k)$ bezeichnet. Gilt $(h\,l\,k)$, so sagt man, es sei $h\,l < h\,k$ oder $h\,k > h\,l$. Gilt $(h\,l\,k)$ und $h\,k = h'\,k'$, so sagt man ebenfalls, es sei $h\,l < h'\,k'$ oder $h'\,k' > h\,l$* (Fig. 29).

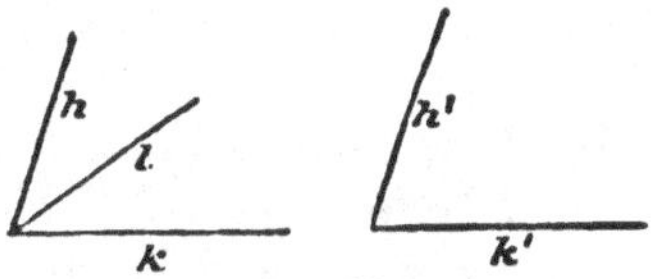

Fig. 29.

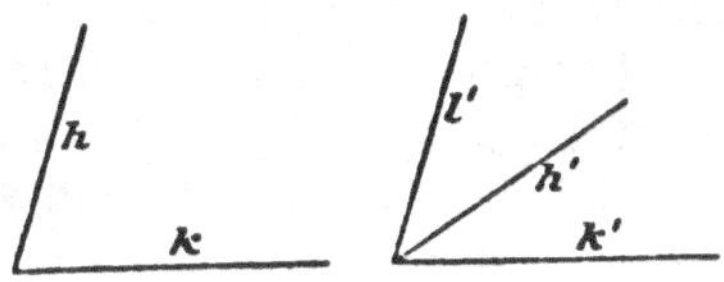

Fig. 30.

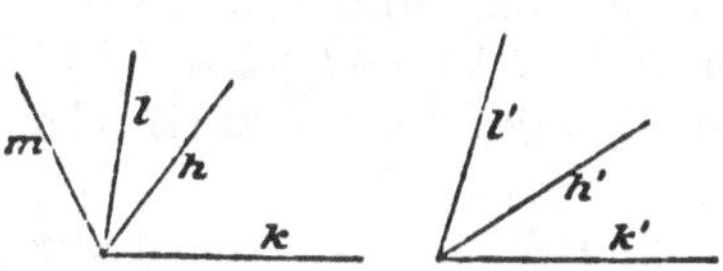

Fig. 31.

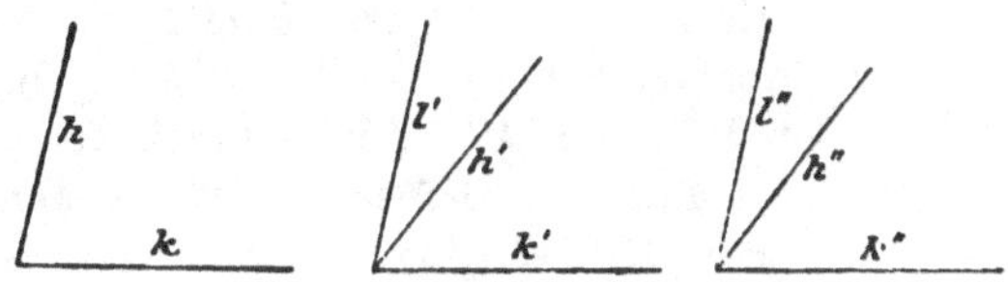

Fig. 32.

Sind $h\,k$ und $h'\,k'$ irgend zwei Winkel, so kann nicht gleichzeitig $h\,k > h'\,k'$ und $h\,k = h'\,k'$ sein (Fig. 30). Wegen $h\,k > h'\,k'$ gibt es einen Strahl l', so daß $l'\,k' = h\,k$ und $(l'\,h'\,k')$ ist. Wäre gleichzeitig $h\,k = h'\,k'$, so würde im Widerspruch zu III 4 $h'\,k' = l'\,k'$ folgen.

Sind $h\,k$ und $h'\,k'$ irgend zwei Winkel, so kann auch nicht gleichzeitig $h\,k > h'\,k'$ und $h\,k < h'\,k'$ sein (Fig. 31). Wegen $h\,k > h'\,k'$ gibt es einen Strahl l' derart, daß $(l'\,h'\,k')$ und $l'\,k' = h\,k$ ist. Wegen $h\,k < h'\,k'$ gibt es einen Strahl l derart, daß $(l\,h\,k)$ und $l\,k = h'\,k'$ ist. Man trage an l nach der zu h entgegengesetzten Seite $l\,m = h'\,l'$ an (III 4). Aus $k'\,h' = k\,l$ und $h'\,l' = l\,m$ folgt $k'\,l' = k\,m$ (9). Aus $k'\,l' = k\,m$ und $k'\,l' = k\,h$ folgt $k\,m = k\,h$ (III 5) im Widerspruch zu III 4, da m und h auf verschiedenen Seiten von l liegen und demnach voneinander verschieden sein müssen.

Ist $h\,k > h'\,k'$ und $h'\,k' = h''\,k''$, so ist $h\,k > h''\,k''$ (Fig. 32). Wegen $h\,k > h'\,k'$ gibt es einen Strahl l', so daß $(l'\,h'\,k')$ und $h\,k = l'\,k'$ ist. Man trage an h'' nach der zu k'' entgegengesetzten Seite $l''\,h'' = l'\,h'$

an. Aus $k'h' = k''h''$ und $h'l' = h''l''$ folgt $k'l' = k''l''$ (9). Aus $kh = k'l'$ und $k'l' = k''l''$ folgt $kh = k''l''$ (III 5). Aus $kh = k''l''$ und $(l''h''k'')$ folgt nach der obigen Erklärung $kh > k''h''$.

Ist $hk > h'k'$ *und* $h'k' > h''k''$, *so ist* $hk > h''k''$ (Fig. 33). Wegen $hk > h'k'$ gibt es einen Strahl l', so daß $(l'h'k')$ und $l'k' = hk$ ist. Wegen $h'k' > h''k''$ gibt es einen Strahl l'' derart, daß $(l''h''k'')$ und $l''k'' = h'k'$ ist. Man trage an l'' nach der von h'' abgewandten Seite $m''l'' = l'h'$ an. Aus $k'h' = k''l''$ und $h'l' = l''m''$ folgt $k'l' = k''m''$ (9). Aus $kh = k'l'$ und $k'l' = k''m''$ folgt $kh = k''m''$ (III 5). Aus $kh = k''m''$ und $(m''h''k'')$ folgt nach der obigen Erklärung $kh > k''h''$.

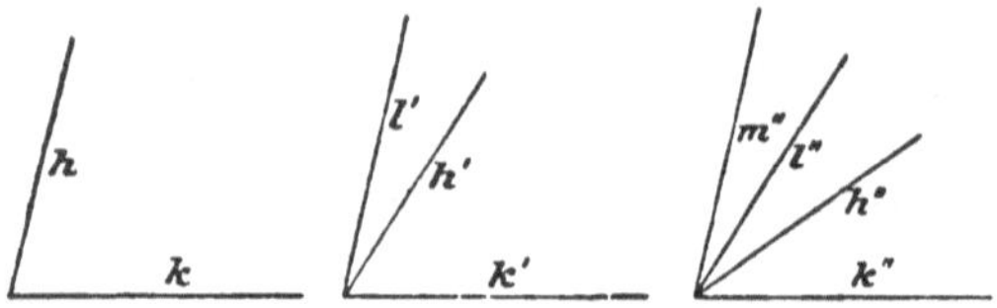

Fig. 33.

Entsprechend kann man beweisen: *Ist* $hk = h'k'$ *und* $h'k' > h''k''$, *so ist* $hk > h''k''$.

13. Es sei $hk = R$ und $h'k' < hk$. Ist $h''k''$ irgendein anderer rechter Winkel, so ist $h''k'' = hk$ (**10**). Aus $h''k'' = hk$ und $hk > h'k'$ folgt $h''k'' > h'k'$ (**12**). *Ein Winkel, der kleiner als irgendein rechter Winkel ist, ist also auch kleiner als jeder andere rechte Winkel.*

Es sei $hk = R$ und $h'k' > hk$. Ist dann $h''k''$ irgendein anderer rechter Winkel, so ist $h''k'' = hk$ (**10**). Aus $h'k' > hk$ und $hk = h''k''$ folgt $h'k' > h''k''$. *Ein Winkel, der größer als irgendein rechter Winkel ist, ist also auch größer als jeder andere rechte Winkel.*

Ein Winkel, der kleiner als ein rechter Winkel ist, heißt ein spitzer Winkel. Ein Winkel, der größer als ein rechter Winkel ist, heißt ein stumpfer Winkel.

14. *Ein Dreieck mit zwei gleichen Seiten heißt ein gleichschenkliges Dreieck. Die gleichen Seiten heißen die Schenkel, die dritte Seite heißt die Grundseite. Die der Grundseite gegenüberliegende Ecke heißt die Spitze des gleichschenkligen Dreiecks.* Ist A die Spitze des gleichschenkligen Dreiecks ABC, so ist nach I $\triangle ABC \cong \triangle ACB$ (d. h. man denkt sich das Dreieck doppelt liegend und ordnet die Ecke A des ersten Dreiecks der Ecke A des zweiten Dreiecks und die Ecke B des ersten Dreiecks der Ecke C des zweiten Dreiecks zu). Daraus folgt $\sphericalangle ABC = \sphericalangle ACB$.

Im gleichschenkligen Dreieck sind die Winkel an der Grundseite gleich. Andere Fassung: *Gleichen Seiten eines Dreiecks liegen gleiche Winkel gegenüber.*

Ist umgekehrt ABC ein Dreieck mit zwei gleichen Winkeln ABC und ACB, so ist $\triangle ABC \cong \triangle ACB$ (II) und daher $AB = AC$.

Ein Dreieck mit zwei gleichen Winkeln ist gleichschenklig, und zwar liegen die Schenkel den gleichen Winkeln gegenüber. Andere Fassung: *Gleichen Winkeln eines Dreiecks liegen gleiche Seiten gegenüber.*

15. In den beiden Dreiecken ABC und $A'B'C'$ (Fig. 34) seien $AB = A'B'$, $AC = A'C'$ und $BC = B'C'$. Man trage an AB in A nach der von C abgewandten Seite $\sphericalangle C''AB = \sphericalangle C'A'B'$ an, mache den von AB verschiedenen Schenkel $AC'' = A'C'$ und verbinde C'' mit B. Dann ist $\triangle ABC'' \cong \triangle A'B'C'$ (I), und daher $BC'' = B'C'$. Aus $AC'' = A'C'$ und $A'C' = AC$ folgt $AC'' = AC$. Aus $BC'' = B'C'$ und $B'C' = BC$ folgt $BC'' = BC$ (III 2). Verbindet man C mit C'', so sind die Dreiecke ACC'' und BCC'' gleichschenklig und daher $\sphericalangle ACC'' = \sphericalangle AC''C$ und $\sphericalangle BCC'' = BC''C$. Daraus folgt (9) $\sphericalangle ACB = \sphericalangle AC''B$. Wegen der Kongruenz der Dreiecke $AC''B$ und $A'C'B'$ ist $\sphericalangle AC''B = \sphericalangle A'C'B'$, also auch $\sphericalangle ACB = \sphericalangle A'C'B'$ (III 5). Daraus folgt $\triangle ABC \cong \triangle A'B'C'$ (I).

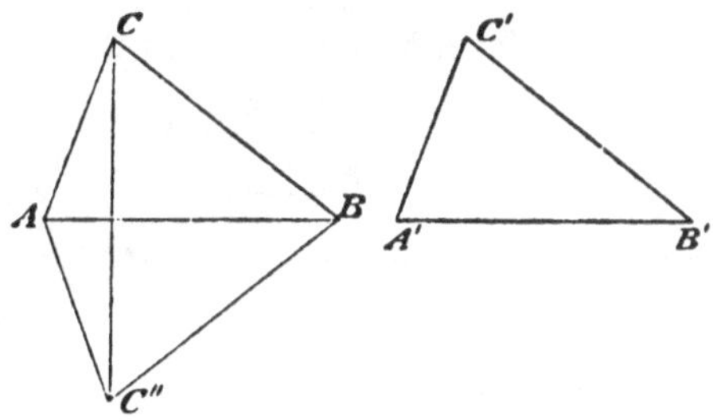

Fig. 34.

Dritter Kongruenzsatz (III): Dreiecke sind kongruent, wenn sie in den drei Seiten übereinstimmen.

16. *Gilt* (ABC), *so setzt man* $AB + BC = AC$. *Die Strecken* AB *und* BC *heißen Summanden,* AC *Summe. Ist* (ABC) *und* $AB = DE$, $BC = FG$, $AC = HI$, *so setzt man auch* $DE + FG = HI$. *Liegen beliebig viele Punkte* A, B, C, D, E *in einer Gerade so, daß* (ABC), (BCD), (CDE), *so setzt man* $AB + BC + CD + DE = AE$. *Ist in diesem Falle ferner* $AB = PQ$, $BC = RS$, $CD = TU$, $DE = VW$, $AE = XY$, *so setzt man auch* $PQ + RS + TU + VW = XY$.

Da (CBA) mit (ABC) gleichbedeutend ist, so gilt, wenn $AB + BC = AC$ ist, auch $CB + BA = CA$. In Verbindung mit $AB = BA$ usw. folgt daraus $BC + AB = AB + BC$, d. h. *eine zweigliedrige Summe von Strecken bleibt unverändert, wenn man die beiden Summanden vertauscht (kommutatives Gesetz).*

Statt $AB + BC = AC$ *setzt man auch* $AB = AC - BC$ *und nennt* AB *die Differenz der Strecken* AC *und* BC.

Gilt (ABC) und (BCD), so ist $AB + BD = AD$, $AC + CD = AD$, $AB + BC = AC$, $BC + CD = BD$. Folglich ist $(AB + BC) + CD = AB + (BC + CD) = AD = AB + BC + CD$, d. h. *in welcher Reihenfolge man die Summanden einer mehrgliedrigen Summe von Strecken paarweise zusammenfaßt, ist für das Ergebnis gleichgültig (assoziatives Gesetz).*

Gelten (ABC), (BCD), (CDE), so ist $AB + BC + CD + DE = AE$, $BC + CD = BD$, $AB + BD + DE = AE$, $BD = CD + BC$ (kommutatives Gesetz), also $AB + CD + BC + DE = AE$, d. h. *eine Summe von Strecken ändert sich nicht, wenn man irgend zwei aufeinanderfolgende Summanden vertauscht.*

Aus $AB > CD$ *und* $EF > GH$ *folgt* $AB + EF > CD + GH$ (Fig. 35). Wegen $AB > CD$ gibt es einen Punkt I, so daß (CDI) und $AB = CI$. Wegen $EF > GH$ gibt es einen Punkt K, so daß (GHK) und $EF = GK$. Man trage auf einer Gerade von einem beliebigen Punkte L aus nach einer und derselben Seite von L die Strecken $LM = CD$, $LN = CI = AB$, ferner von N nach der Seite, auf der L nicht liegt, die Strecken $NO = GH$, $NP = GK = EF$ und von M nach der Seite, auf der N liegt, die Strecke $MQ = NO$ ab. Nun ist $MO = MN + NO = NO + MN$, $NO = MQ$, also $MO = MQ + MN$. Anderseits ist $MO = MQ + QO$, also $MQ + MN = MQ + QO$, $MN = QO$. Nach der Konstruktion ist $AB + EF = LN + NP = LP$, $CD + GH = LM + NO = LM + MQ = LQ$. Wegen (MQO) und (MOP) gilt (MQP), wegen (LMP) und (MQP) gilt (LQP). Also ist $LP > LQ$, d. h. $AB + EF > CD + GH$.

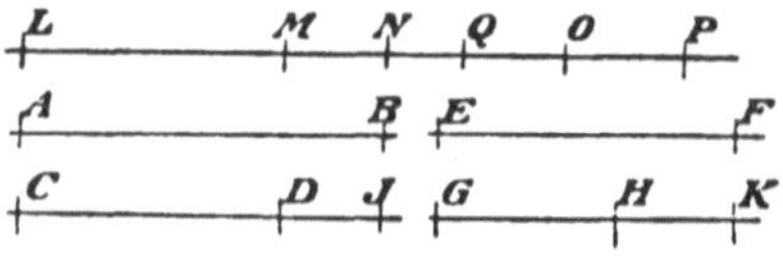

Fig. 35.

Ebenso wird bewiesen: *Aus* $AB > CD$ *und* $EF = GH$ *folgt* $AB + EF > CD + GH$. Auf indirektem Wege folgt daraus: *Ist* $AB + EF = CD + GH$ *und* $AB = CD$, *so ist auch* $EF = GH$.

17. *Sind* a, b, c *drei von einem Punkte ausgehende Strahlen, und gilt* $(a\,b\,c)$, *so setzt man* $a\,b + b\,c = a\,c$ *und nennt* $a\,b$ *und* $b\,c$ *Summanden,* $a\,c$ *Summe. Ist* $(a\,b\,c)$ *und* $a\,b = d\,e$, $b\,c = f\,g$, $a\,c = h\,i$, *so setzt man auch* $d\,e + f\,g = h\,i$. *Gehen beliebig viele Strahlen* a, b, c, d, e *von einem Punkte aus derart, daß* $(a\,b\,c)$, $(b\,c\,d)$, $(c\,d\,e)$, *so setzt man* $a\,b + b\,c + c\,d + d\,e = a\,e$. *Ist in diesem Falle ferner* $a\,b = p\,q$, $b\,c = r\,s$, $c\,d = t\,u$, $d\,e = v\,w$, $a\,e = x\,y$, *so setzt man auch* $p\,q + r\,s + t\,u + v\,w = x\,y$.

Entsprechend den Sätzen für die Summen von Strecken (**16**) gelten für Summen von Winkeln folgende Sätze: *Eine zweigliedrige Summe von Winkeln bleibt ungeändert, wenn man die beiden Summanden vertauscht. In welcher Reihenfolge man die Summanden einer mehrgliedrigen Summe von Winkeln paarweise zusammenfaßt, ist für das Ergebnis gleichgültig. Eine Summe von Winkeln ändert sich nicht, wenn man irgend zwei aufeinanderfolgende Summanden vertauscht. Aus* $a\,b > c\,d$ *und* $e\,f \geqq g\,h$ *folgt* $a\,b + e\,f > c\,d + g\,h$. *Aus* $a\,b + e\,f = c\,d + g\,h$ *und* $a\,b = c\,d$ *folgt* $e\,f = g\,h$.

Die Beweise können den Beweisen der entsprechenden Sätze für die Summanden von Strecken nachgebildet werden.

Statt $a\,b + b\,c = a\,c$ *setzt man auch* $a\,b = a\,c - b\,c$ *und nennt* $a\,b$ *die Differenz der Winkel* $a\,c$ *und* $b\,c$.

18. Ist $h\,k = R$, h' die Verlängerung von h, k' die Verlängerung von k über den Scheitel hinaus, so sind nach der Erklärung des rechten Winkels auch $k\,h' = h\,k' = R$ und daher auch $h'\,k' = R$. *Ist von den vier Winkeln, die zwei sich schneidende Geraden miteinander bilden, einer ein rechter, so sind es auch die drei andern. Man sagt dann, die beiden

Geraden stehen aufeinander senkrecht, oder die eine ist ein Lot auf der andern. Aus der Gleichheit aller rechten Winkel folgt, daß *in einer Ebene auf einer Gerade in einem Punkte nur ein Lot möglich* ist.

Sind $h\,k$ und $k\,h'$ zwei Nebenwinkel, die nicht rechte Winkel sind, so muß das auf h im Scheitel errichtete Lot in den einen der beiden Nebenwinkel, etwa in den Winkel $h\,k$ fallen. (Nimmt man nämlich auf den drei Strahlen h, k, h' drei beliebige Punkte A, B, C an, so schneidet l die Seite AC des Dreiecks ABC, muß also noch eine der beiden andern Seiten schneiden.) Dann ist $h\,k + k\,h' = h\,l + l\,k + k\,h' = h\,l + l\,h'$.

Die Summe zweier Nebenwinkel ist stets gleich der Summe zweier rechten Winkel. Die Summe zweier Nebenwinkel heißt ein gestreckter Winkel. Daß der gestreckte Winkel die Ebene in zwei getrennte Gebiete von der Art teilt, wie es ein beliebiger spitzer oder stumpfer Winkel tut, folgt aus § 3, **15**, S. 26.

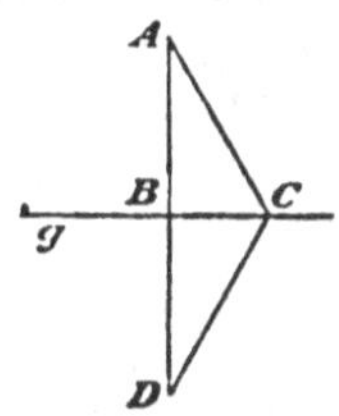

Fig. 36.

Ist $h\,k$ ein stumpfer Winkel und ist h' die Verlängerung von h über den Scheitel hinaus, so gilt $(h\,k\,h')$, und es ist $h\,k < h\,h'$. *Ein stumpfer Winkel ist kleiner als ein gestreckter Winkel.*

Es sei AB ein Lot auf der Gerade g im Punkte B (Fig. 36). Angenommen, AC sei gleichfalls ein solches Lot. Es gibt einen Punkt D derart, daß (ABD) und $AB = BD$. Verbindet man D mit C, so ist $\triangle ABC \cong \triangle DBC$ (I), also $\sphericalangle ACB = \sphericalangle DCB$. Folglich ist $\sphericalangle DCB = R$. $\sphericalangle DCB$ wäre also nach der Erklärung des rechten Winkels der Nebenwinkel des Winkels ACB und ACD eine gerade Linie. Durch die Punkte A und D ist aber eine und nur eine Gerade bestimmt. *Durch einen Punkt außerhalb einer Gerade geht also nur eine Senkrechte zu dieser Gerade.* Daraus folgt sofort, daß *zwei Geraden, die auf derselben dritten Gerade senkrecht stehen, keinen Punkt miteinander gemein haben.*

19. Trägt man auf dem Schenkel h eines beliebigen Winkels $h\,k$ vom Scheitel O aus zwei beliebige Strecken OA und OB und auf dem Schenkel k die Strecken $OA' = OA$ und $OB' = OB$ ab, und verbindet man A mit B', B mit A' und A mit A', so schneiden sich AB' und $A'B$ in einem Punkte C (Fig. 37). Man verbinde O mit C. Wegen $OA = OA'$ ist $\sphericalangle OAA' = \sphericalangle OA'A$. Ferner ist $\triangle OAB' \cong \triangle OA'B$ (I), also $\sphericalangle OAB' = \sphericalangle OA'B$. Daraus folgt $\sphericalangle B'AA' = \sphericalangle BA'A$ (18), $AC = A'C$ (14), $\triangle OAC \cong \triangle OA'C$ (I), $\sphericalangle AOC = \sphericalangle A'OC$. *Gilt $(h\,k\,l)$ und $h\,k = k\,l$, so sagt man, $h\,l$ werde durch k halbiert, oder k sei die Halbierungslinie des Winkels $h\,l$.* Mit Benutzung dieser Bezeichnung kann man das vorstehende Ergebnis dahin aussprechen, daß *jeder Winkel eine Halbierungslinie besitzt.*

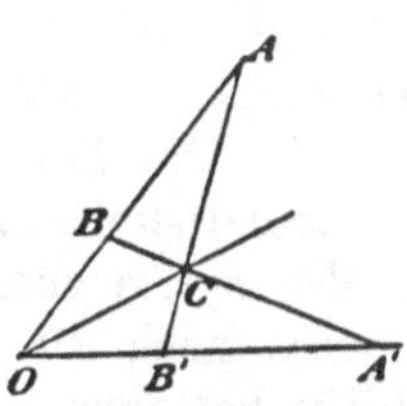

Fig. 37.

20. Halbiert man in dem gleichschenkligen Dreieck ABC den Winkel an der Spitze ACB, so trifft die Halbierungslinie die Grundseite in einem Punkte D. Aus der Kongruenz der Dreiecke ACD und BCD (I) folgt $AD = BD$, $\sphericalangle ADC = \sphericalangle BDC = R$. Gilt für drei Punkte (ADB) und $AD = BD$, so sagt man, AB werde in D halbiert, oder D sei der Mittelpunkt der Strecke AB.

Die Halbierungslinie des Winkels an der Spitze eines gleichschenkligen Dreiecks halbiert die Grundseite und steht auf ihr senkrecht.

Wären l und l' zwei verschiedene Halbierungslinien desselben Winkels hk mit dem Scheitel O, so müßten sie beide auf der Grundseite AB des gleichschenkligen Dreiecks OAB, dessen einer Schenkel OA auf h und dessen anderer Schenkel OB auf k liegt, senkrecht stehen. Das ist aber unmöglich (18). *Also hat jeder Winkel nur eine Halbierungslinie.*

21. Trägt man in den Endpunkten einer Strecke AB die Senkrechten $AC = BD$ an (Fig. 38), und verbindet man A mit D, so kann AC nicht in dem Dreieck ABD liegen, da sich AC und BD nicht schneiden (18). BC schneidet also AD in einem Punkte E. Dann ist $\triangle ABD \cong \triangle BAC$ (I), also $\sphericalangle DAB = \sphericalangle CBA$, und $\triangle EAB$ gleichschenklig, $EA = EB$. Die Halbierungslinie des Winkels AEB halbiert AB in einem Punkte F (20). *Jede Strecke besitzt also einen Mittelpunkt.*

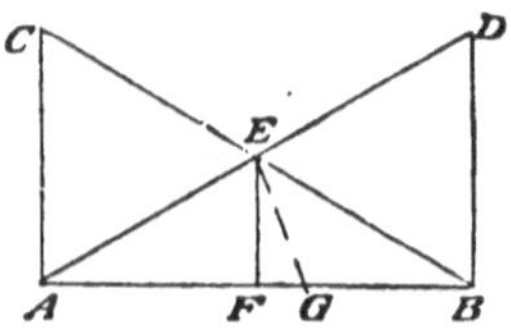

Fig. 38.

Verbindet man in einem gleichschenkligen Dreieck ABC die Spitze C mit dem Mittelpunkt D der Grundseite AB, so ist $\triangle ACD \cong \triangle BCD$ (I) und daher $\sphericalangle ACD = \sphericalangle BCD$ und $\sphericalangle ADC = \sphericalangle BDC = R$.

Die Verbindungslinie der Spitze eines gleichschenkligen Dreiecks mit der Mitte der Grundseite steht auf der Grundseite senkrecht und halbiert den Winkel an der Spitze.

Wären F und G zwei verschiedene Mittelpunkte der Strecke AB (Fig. 38), so müßten, da $\triangle EAB$ gleichschenklig ist, EF und EG beide auf AB senkrecht stehen. Das ist unmöglich (18). *Jede Strecke besitzt also nur einen Mittelpunkt.*

22. Das Lot von der Spitze eines gleichschenkligen Dreiecks auf die Grundseite fällt nach 18 und 20 mit der Halbierungslinie des Winkels an der Spitze zusammen und halbiert daher nicht nur diesen Winkel, sondern auch die Grundseite. Das Mittellot auf der Grundseite eines gleichschenkligen Dreiecks fällt nach 18 und 21 mit der Verbindungslinie der Spitze mit der Mitte der Grundseite zusammen; es geht also durch die Spitze des Dreiecks und halbiert den Winkel an der Spitze.

Zwei Punkte heißen axialsymmetrisch in bezug auf eine gerade Linie a, wenn sie auf verschiedenen Seiten von a liegen, wenn ihre Verbindungslinie auf a senkrecht steht und durch a halbiert wird; die Gerade a heißt die

Symmetrieachse der beiden Punkte. Ein gleichschenkliges Dreieck zerfällt in zwei axialsymmetrische Teildreiecke. Die Symmetrieachse ist zugleich Halbierungslinie des Winkels an der Spitze, Lot von der Spitze auf die Grundseite, Verbindungslinie der Spitze mit der Mitte der Grundseite und Mittellot auf der Grundseite.

23. Verlängert man in dem Dreieck ABC eine Seite, z. B. AB, über B hinaus, so entsteht ein Nebenwinkel des Dreieckswinkels ABC. *Ein Nebenwinkel eines Dreieckswinkels heißt ein Außenwinkel des Dreiecks* (Fig. 39). Es sei CBD ein Außenwinkel, E die Mitte von BC und $AE=EF$. Aus der Kongruenz der Dreiecke ACE und FBE (I) folgt $\sphericalangle ACE = \sphericalangle EBF$. Da F außerhalb des Winkels ABC, aber mit BC auf derselben Seite von AD liegt, so fällt BF in den Außenwinkel CBD, und es ist $\sphericalangle CBD > \sphericalangle ACE$.

Jeder Außenwinkel eines Dreiecks ist größer als ein Dreieckswinkel, der nicht sein Nebenwinkel ist.

Aus **17** folgt sofort $\sphericalangle ABC + \sphericalangle BCA < \sphericalangle ABC + \sphericalangle CBD$. *Die Summe zweier Dreieckswinkel ist kleiner als ein gestreckter Winkel.* Ein

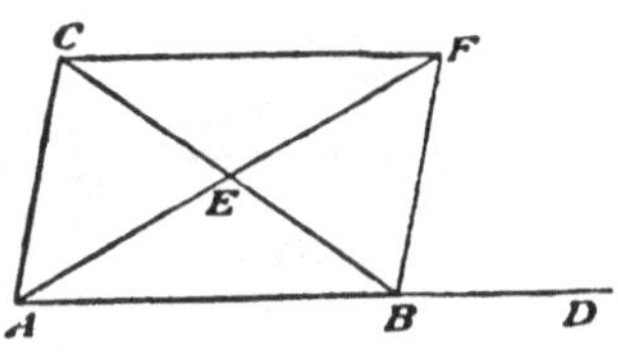

Fig. 39.

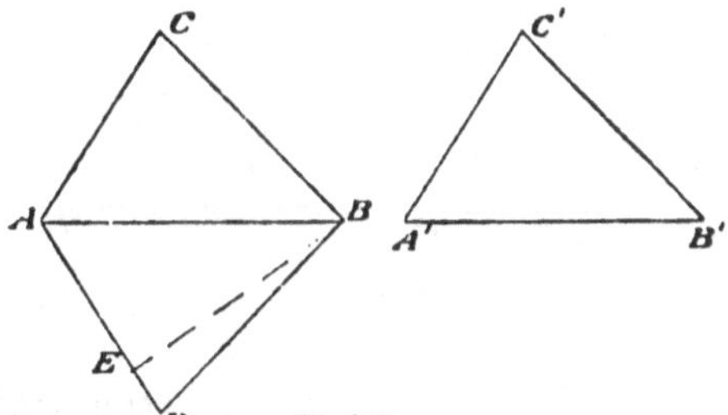

Fig. 40.

Dreieck kann also höchstens einen stumpfen und höchstens einen rechten Winkel enthalten. *Ein Dreieck mit einem stumpfen Winkel heißt stumpfwinklig. Ein Dreieck mit einem rechten Winkel heißt rechtwinklig; die den rechten Winkel einschließenden Seiten heißen Katheten, die dem rechten Winkel gegenüberliegende Seite heißt Hypotenuse. Ein Dreieck, das nur spitze Winkel enthält, heißt spitzwinklig.*

24. In den Dreiecken ABC und $A'B'C'$ sei $AB=A'B'$, $\sphericalangle BAC = \sphericalangle B'A'C'$ und $\sphericalangle ACB = \sphericalangle A'C'B'$. Man trage an AB in A nach der Seite von AB, auf der C nicht liegt, einen Winkel gleich $\sphericalangle C'A'B'$ an, trage auf dem freien Schenkel die Strecke $AD=A'C'$ ab und verbinde D mit B (Fig. 40). Dann ist $\triangle ABD \cong \triangle A'B'C'$ (I) und daher $\sphericalangle ADB = \sphericalangle A'C'B'$. Angenommen, AC wäre nicht gleich AC'; dann bestimme man auf dem von A ausgehenden, D enthaltenden Strahle die Strecke $AE=AC$ und verbinde E mit B. Dann wäre $\triangle ABE \cong \triangle ABC$ (I) und daher $\sphericalangle AEB = \sphericalangle ACB$. Da $\sphericalangle A'C'B' = \sphericalangle ACB$ ist, müßte auch $\sphericalangle AEB = \sphericalangle ADB$ sein. Das ist aber nach **23** unmöglich. Also ist $AC=AC'$ und daher $\triangle ABC \cong \triangle A'B'C'$ (I).

Zweiter Kongruenzsatz, Zusatz (IIa): Dreiecke sind kongruent, wenn sie in einer Seite, einem anliegenden und dem gegenüberliegenden Winkel übereinstimmen.

25. In den Dreiecken ABC und $A'B'C'$ sei $AB = A'B'$, $BC = B'C'$, $\sphericalangle BAC = \sphericalangle B'A'C'$. Wäre AC nicht gleich AC', so könnte man auf dem durch A gehenden, C enthaltenden Strahle die Strecke $AD = A'C'$ abtragen und D mit B verbinden (Fig. 41); dann wäre $\triangle ABD \cong \triangle A'B'C'$ (I) und daher $\sphericalangle ADB = \sphericalangle A'C'B'$ und $BD = B'C' = BC$. Demnach wäre $\triangle BCD$ gleichschenklig und $\sphericalangle BCD = \sphericalangle BDC$. Gilt (ADC), so ist $\sphericalangle ADB$ Nebenwinkel zu $\sphericalangle BDC$. Gilt (ACD), so ist $\sphericalangle ACB$ Nebenwinkel zu $\sphericalangle BCD$. Beides ist nur möglich, wenn von den beiden Winkeln ACB und $ADB = A'C'B'$ der eine ein spitzer und der andere ein stumpfer Winkel, oder wenn beide rechte Winkel sind. Daß beide Winkel rechte seien, ist ausgeschlossen, da von B auf AC nur eine Senkrechte möglich ist. D kann also nur dann von C verschieden sein, wenn von den beiden genannten Winkeln der eine spitz und der andere stumpf ist. Sind

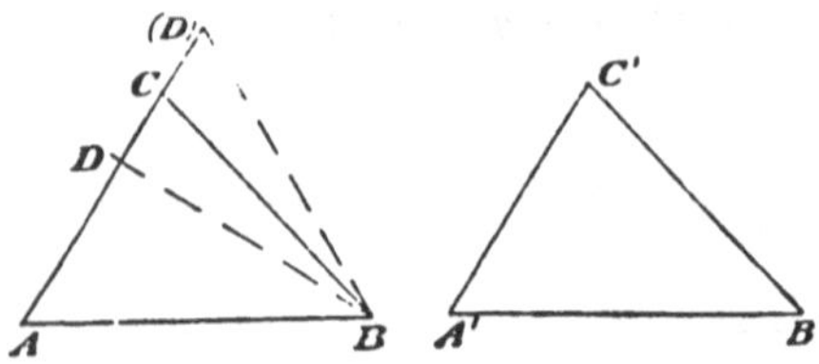

Fig. 41.

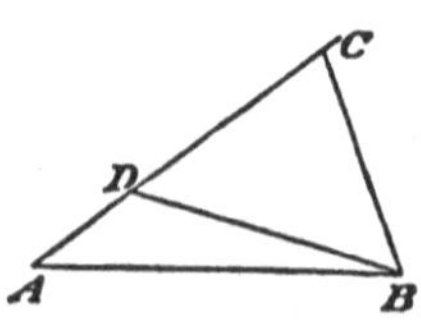

Fig. 42.

die Winkel ACB und $A'C'B'$ beide zugleich spitze, rechte oder stumpfe Winkel, so muß demnach $A'C' = AC$ und $\triangle ABC \cong \triangle A'B'C'$ (I) sein.

Vierter Kongruenzsatz (IV): Dreiecke sind kongruent, wenn sie in zwei Seiten und dem der einen gegenüberliegenden Winkel übereinstimmen, und wenn die der andern Seite gegenüberliegenden Winkel beide spitze, rechte oder stumpfe Winkel sind.

26. Ist in dem Dreieck ABC $AC > BC$ (Fig. 42), so bestimme man auf der Strecke AC den Punkt D derart, daß $CD = CB$ ist, und verbinde D mit B. Dann ist $\sphericalangle CDB = \sphericalangle CBD$ als Basiswinkel im gleichschenkligen Dreieck und $\sphericalangle CDB > \sphericalangle CAB$ als Außenwinkel des Dreiecks ABD, folglich $\sphericalangle CBD > \sphericalangle CAB$ (12). Da CD in das Innere des Dreiecks ABC fällt, ist $\sphericalangle CBA > \sphericalangle CBD$ und daher $\sphericalangle CBA > \sphericalangle CAB$ (12).

Der größeren von zwei Dreiecksseiten liegt der größere Winkel gegenüber.

Aus dem vorstehenden Satze und dem Satze vom gleichschenkligen Dreieck folgt indirekt:

Dem größeren von zwei Dreieckswinkeln liegt die größere Seite gegenüber.

Ist $\sphericalangle ABC = R$, $BC = BD$ und $BE > BD$ (Fig. 43), so folgt aus dem vorstehenden Satze $AE > AD > AB$ und aus dem ersten Kongruenzsatze $AC = AD$.

Von allen Strecken, die einen Punkt außerhalb einer Gerade mit den Punkten der Gerade verbinden, ist das Lot die kleinste. Zwei in bezug auf das Lot symmetrische Strecken sind gleich. Von zwei nichtsymmetrischen Strecken ist diejenige die größere, deren Fußpunkt von dem Fußpunkte des Lotes weiter entfernt ist. Unter der Entfernung eines Punktes von einer Gerade versteht man das Lot von dem Punkte auf die Gerade.

Gegeben sei ein beliebiges Dreieck ABC. Man bestimme den Punkt D derart, daß (ABD) und $BD = BC$ ist (Fig. 44). In dem gleichschenkligen Dreieck BCD ist dann $\sphericalangle BDC = \sphericalangle BCD$. Da CB in das Innere des Dreiecks ACD fällt, ist $\sphericalangle BCD < \sphericalangle ACD$. Folglich ist $\sphericalangle ACD > \sphericalangle ADC$ und daher $AD > AC$. AD ist aber gleich der Summe $AB + BD = AB + BC$, also ist $AB + BC > AC$.

Die Summe zweier Dreiecksseiten ist größer als die dritte Seite.

27. Zwei Punkte A und E (Fig. 45) seien durch zwei ebene Streckenzüge $ABCDE$ und $AFGE$ verbunden, deren zweiter ganz innerhalb des von dem ersten Zuge und der Strecke AE begrenzten Ebenenstückes

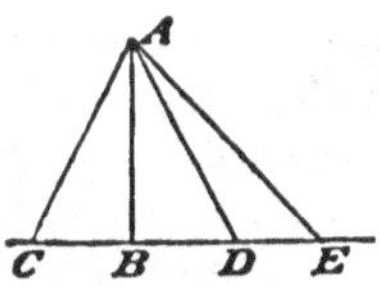

Fig. 43.

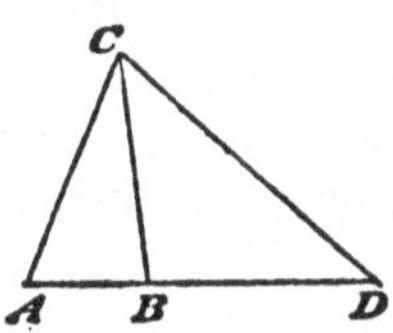

Fig. 44.

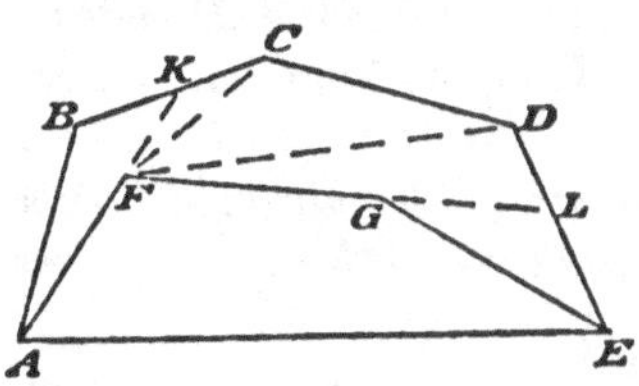

Fig. 45.

liegt. Beide Streckenzüge sollen der Strecke AE Winkel zukehren, die kleiner als ein gestreckter Winkel sind. Dann ist nach dem Satze von der Summe zweier Dreiecksseiten (26):

$$AB + BK > AF + FK; \quad FK + KC > FC, \text{ also}$$
$$AB + BC > AF + FC; \quad FC + CD > FD, \text{ also}$$
$$AB + BC + CD > AF + FD; \quad FD + DL > FG + GL, \text{ also}$$
$$AB + BC + CD + DL > AF + FG + GL; \quad GL + LE > GE, \text{ also}$$
$$AB + BC + CD + DE > AF + FG + GE.$$

Werden zwei Punkte einer Ebene durch einen ebenen Streckenzug verbunden, der der Verbindungsstrecke der beiden Punkte lauter Winkel zukehrt, die kleiner als ein gestreckter Winkel sind, so heißt der Streckenzug konvex.

Werden zwei Punkte durch zwei konvexe Streckenzüge derart verbunden, daß der eine von dem andern und von der Verbindungsstrecke der Punkte umschlossen wird, so ist der umschlossene Streckenzug kürzer als der umschließende.

28. In den beiden Dreiecken ABC und $A_1B_1C_1$ (Fig. 46) sei $AC = A_1C_1$, $BC = B_1C_1$, $\sphericalangle ACB > \sphericalangle A_1C_1B_1$ und $AC \leqq BC$. Es gibt durch C auf der Seite der Gerade AC, auf der B liegt, einen Strahl l derart, daß der Winkel zwischen AC und l gleich dem Winkel $A_1C_1B_1$ ist. Schneidet l AB in D, so ist $\sphericalangle CDB > \sphericalangle DAC$ (Satz vom Außenwinkel), $\sphericalangle DAC \geqq \sphericalangle ABC$ (wegen $AC \leqq BC$), also $\sphericalangle CDB > \sphericalangle DBC$ und $CB > CD$. Daher gibt es einen Punkt E, so daß (CDE) und $CE = CB = C_1B_1$ ist. $\triangle ACE \cong \triangle A_1C_1B_1$ (I), also $AE = A_1B_1$. $\sphericalangle AEB > \sphericalangle CEB$, $\sphericalangle CEB = \sphericalangle CBE$, $\sphericalangle CBE > \sphericalangle ABE$, also $\sphericalangle AEB > \sphericalangle ABE$ und $AB > AE$ oder $AB > A_1B_1$. *Inkongruenzsatz: Stimmen zwei Dreiecke in zwei Seiten überein, ist aber der von diesen Seiten eingeschlossene Winkel in dem ersten Dreieck größer als in dem zweiten, so ist die dem eingeschlossenen Winkel gegenüberliegende Seite in dem ersten Dreieck größer als in dem zweiten.*

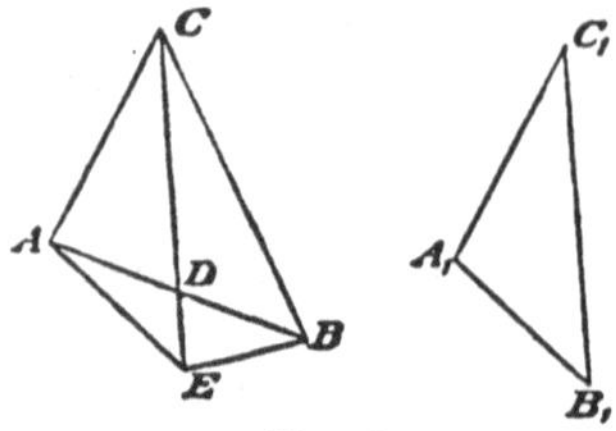

Fig. 46.

Indirekt folgt aus diesem Satze und dem Kongruenzsatz I: *Stimmen zwei Dreiecke in zwei Seiten überein, ist aber die dritte Seite in dem ersten Dreieck größer als in dem zweiten, so ist der dieser dritten Seite gegenüberliegende Winkel in dem ersten Dreieck größer als in dem zweiten.*

§ 7. Kongruente Figuren in der Ebene und im Raume.

1. *Irgendeine endliche Anzahl von Punkten heißt eine Figur. Liegen alle Punkte der Figur in einer Ebene, so heißt sie eine ebene Figur.*

Lassen sich die Punkte zweier Figuren paarweise derart einander zuordnen, daß jeder Strecke der einen Figur eine gleiche Strecke der andern Figur und jedem Winkel der einen Figur ein gleicher Winkel der andern Figur entspricht, so heißen die beiden Figuren kongruent.

Aus dieser Erklärung folgt unmittelbar:

Zwei kongruente Figuren bleiben kongruent, wenn man Paare entsprechender Punkte wegläßt. Sind f und f_1 irgend zwei kongruente Figuren, f' eine ebene Teilfigur von f und f_1' die entsprechende Teilfigur von f_1, so ist auch $f' \cong f_1'$.

Sind A, B, C irgend drei in einer geraden Linie liegende Punkte einer Figur f und A_1, B_1, C_1 die entsprechenden Punkte einer kongruenten Figur f_1, so ist $AB = A_1B_1$, $BC = B_1C_1$ und $AC = A_1C_1$. Gilt nun für die drei Punkte von f die Beziehung (ABC), so ist $AB + BC = AC$. Dann ist aber auch $A_1B_1 + B_1C_1 = A_1C_1$, d. h. $(A_1B_1C_1)$.

Irgend drei in einer geraden Linie liegenden Punkten einer Figur entsprechen in einer kongruenten Figur drei in einer geraden Linie liegende Punkte gleicher Anordnung. Die Kongruenz ist eine „kollineare" Beziehung.

2. Sind A und B irgend zwei Punkte einer Figur f, A_1 und B_1 die entsprechenden Punkte einer kongruenten Figur f_1 und P ein beliebiger Punkt der Gerade AB, der nicht der Figur f angehört, so gibt es auf A_1B_1 einen und nur einen Punkt P_1 derart, daß $A_1P_1 = AP$ und $B_1P_1 = BP$ ist. Verbindet man P mit den von A und B verschiedenen Punkten von f und P_1 mit den entsprechenden Punkten von f_1, so ergibt sich durch Feststellung kongruenter Dreiecke, daß 1. P von irgendeinem Punkte von f ebenso weit entfernt ist wie P_1 von f_1, und 2. die Verbindungsstrecke von P mit irgendeinem Punkte von f mit allen übrigen Geraden von f dieselben Winkel bildet wie die Verbindungsstrecke von P_1 mit dem entsprechenden Punkte von f_1 mit den entsprechenden Geraden von f_1.

Ist P ein Punkt auf einer Gerade einer Figur f, der nicht der Figur f selbst angehört, so gibt es auf der entsprechenden Gerade einer kongruenten Figur f_1 einen und nur einen Punkt P_1 derart, daß die durch Hinzunahme von P erweiterte Figur f der durch Hinzunahme von P_1 erweiterten Figur f_1 kongruent ist (in Zeichen: $f + P \cong f_1 + P_1$).

3. A, B, C seien drei nicht in einer geraden Linie liegende Punkte einer Figur f, A_1, B_1, C_1 die entsprechenden Punkte einer kongruenten Figur f_1. D sei irgendein weiterer Punkt von f, der nicht einer Seite des Dreiecks ABC angehört, D_1 der entsprechende Punkt von f_1. D liege in der Ebene ABC. Dann gibt es auf AB einen und nur einen Punkt E, der mit C und D in einer geraden Linie liegt und auf A_1B_1 einen und nur einen Punkt E_1 derart, daß $f + E \cong f_1 + E_1$ ist (2). Da C, D, E in einer geraden Linie liegen, gilt dasselbe von C_1, D_1, E_1 (1). D_1 liegt also in der Ebene $A_1B_1C_1$.

Irgend vier in einer Ebene liegenden Punkten einer Figur entsprechen in einer kongruenten Figur ebenfalls vier Punkte einer Ebene.

4. A, B, C, D seien vier in einer Ebene $\mathfrak{E}$ liegende Punkte einer Figur f und A_1, B_1, C_1, D_1 die entsprechenden Punkte einer kongruenten Figur f_1. A_1, B_1, C_1, D_1 liegen in einer Ebene $\mathfrak{E}_1$ (3). AB teilt die Ebene $\mathfrak{E}$, A_1B_1 die Ebene $\mathfrak{E}_1$ je in zwei Halbebenen. Liegt D mit C in derselben Halbebene (in verschiedenen Halbebenen), so ist $\sphericalangle CAB = \sphericalangle C_1A_1B_1$, $\sphericalangle DAB = \sphericalangle D_1A_1B_1$, und $\sphericalangle DAC$ gleich der Differenz (Summe) der Winkel CAB und DAB. Daher muß auch $\sphericalangle D_1A_1C_1$ gleich der Differenz (Summe) der entsprechenden Winkel $C_1A_1B_1$ und $D_1A_1B_1$ sein. Das ist aber nur möglich, wenn D_1 und C_1 derselben Halbebene (verschiedenen Halbebenen) von $\mathfrak{E}_1$ angehören.

Sind A, B, C, D irgend vier in einer Ebene liegende Punkte einer Figur und A_1, B_1, C_1, D_1 die entsprechenden Punkte einer kongruenten Figur, und liegen C und D auf derselben Seite (bzw. auf verschiedenen Seiten) der Gerade AB, so liegen auch C_1 und D_1 auf derselben Seite (bzw. auf verschiedenen Seiten) der Gerade A_1B_1.

5. A, B, C seien irgend drei nicht in einer Gerade liegende Punkte einer Figur f, und A_1, B_1, C_1 die entsprechenden Punkte einer kon-

gruenten Figur f_1. P sei irgendein nicht der Figur f angehörender Punkt der Ebene ABC, der nicht in einer der Geraden AB, BC, AC liegt. Dann gibt es auf AB einen und nur einen Punkt Q, der mit C und P in einer Gerade liegt, und auf A_1B_1 einen und nur einen Punkt Q_1 derart, daß $f+Q \cong f_1+Q_1$ ist (2). Es gibt ferner auf C_1Q_1 einen und nur einen Punkt P_1 derart, daß $f+Q+P \cong f_1+Q_1+P_1$ (2), daher auch $f+P \cong f_1+P_1$ ist (1).

Ist P ein Punkt in einer Ebene einer Figur f, der nicht der Figur f selbst angehört und nicht in einer Gerade der Figur liegt, so gibt es in der entsprechenden Ebene einer kongruenten Figur f_1 einen und nur einen Punkt P_1 derart, daß die durch Hinzunahme von P erweiterte Figur f der durch Hinzunahme von P_1 erweiterten Figur f_1 kongruent ist.

6. A, B, C, D seien 4 Punkte einer Figur f, die nicht alle in einer Ebene liegen, A_1, B_1, C_1, D_1 die entsprechenden Punkte einer kongruenten Figur f_1. Die Ebene ABC teilt den Raum in zwei Halbräume, ebenso die Ebene $A_1B_1C_1$. Ist E ein Punkt von f, der mit D in demselben Halbraum (in verschiedenen Halbräumen) bezüglich ABC liegt, und P der Schnittpunkt von ED mit der Ebene ABC, so gibt es in der Ebene $A_1B_1C_1$ einen und nur einen Punkt P_1 derart, daß $f+P \cong f_1+P_1$ ist (5). Die Anordnung der Punkte E_1, D_1, P_1 ist dieselbe wie die der Punkte E, D, P (1). E_1 und D_1 liegen also in demselben Halbraume (in verschiedenen Halbräumen) bezüglich $A_1B_1C_1$.

Sind A, B, C, D, E irgend 5 Punkte einer Figur derart, daß D und E nicht in der Ebene ABC liegen, sind A_1, B_1, C_1, D_1, E_1 die entsprechenden Punkte einer kongruenten Figur, und liegen D und E auf derselben Seite (bzw. auf verschiedenen Seiten) der Ebene ABC, so liegen auch C_1 und D_1 auf derselben Seite (bzw. auf verschiedenen Seiten) der Ebene $A_1B_1C_1$.

7. A, B, C, D seien irgend vier nicht in einer Ebene liegende Punkte einer Figur f, und A_1, B_1, C_1, D_1 seien die entsprechenden Punkte einer kongruenten Figur f_1. P sei irgendein Punkt des Raumes, der nicht der Figur f angehört und nicht in einer Ebene von f liegt. Dann gibt es in der Ebene ABC einen und nur einen Punkt Q, der mit C und P in einer Gerade liegt, und in der Ebene $A_1B_1C_1$ einen und nur einen Punkt Q_1 derart, daß $f+Q \cong f_1+Q_1$ ist (5). Es gibt ferner auf C_1Q_1 einen und nur einen Punkt P_1 derart, daß $f+Q+P \cong f_1+Q_1+P_1$ (2), daher auch $f+P \cong f_1+P_1$ ist (1).

Ist P irgendein nicht einer Figur f angehörender Punkt, der in keiner Ebene der Figur liegt, f_1 eine zu f kongruente Figur, und liegen nicht alle Punkte von f in einer Ebene, so gibt es einen und nur einen Punkt P_1 derart, daß die durch Hinzunahme von P erweiterte Figur f der durch Hinzunahme von P_1 erweiterten Figur f_1 kongruent ist.

Zusammenfassung:

1. *Sind irgend zwei einander gleiche Strecken AB und A_1B_1 gegeben, so ist damit jedem Punkte P der Gerade AB ein und nur ein Punkt P_1*

der Gerade $A_1 B_1$ derart zugeordnet, daß auch ABP und $A_1 B_1 P_1$ kongruente Figuren sind. A und A_1, B und B_1, P und P_1 heißen entsprechende Punktpaare der kongruenten geraden Punktreihen AB und $A_1 B_1$.

2. *Sind irgend zwei kongruente Dreiecke ABC und $A_1 B_1 C_1$ (in derselben Ebene oder in verschiedenen Ebenen) gegeben, so ist damit jedem Punkte P der Ebene ABC ein und nur ein Punkt P_1 der Ebene $A_1 B_1 C_1$ derart zugeordnet, daß auch $ABCP$ und $A_1 B_1 C_1 P_1$ kongruente Figuren sind. A und A_1, B und B_1, C und C_1, P und P_1 heißen entsprechende Punktpaare der kongruenten ebenen Punktfelder ABC und $A_1 B_1 C_1$.*

3. *Sind irgend zwei kongruente Vierflache $ABCD$ und $A_1 B_1 C_1 D_1$ gegeben, so ist damit jedem Punkte P des Raumes ein und nur ein Punkt P_1 derart zugeordnet, daß auch $ABCDP$ und $A_1 B_1 C_1 D_1 P_1$ kongruente Figuren sind. A und A_1, B und B_1, C und C_1, D und D_1, P und P_1 heißen entsprechende Punktpaare der kongruenten Punkträume $ABCD$ und $A_1 B_1 C_1 D_1$.*

Betrachtet man einen Punkt X als Punkt des ersten Raumes, so entspricht ihm ein Punkt X_1. Betrachtet man denselben Punkt X als Punkt Y_1 des zweiten Raumes, so entspricht ihm ein (im allgemeinen von X_1 verschiedener) Punkt Y des ersten Raumes. Man muß sich gleichsam den Raum doppelt mit Punkten erfüllt denken. Sieht man von unserer Raumanschauung, die uns nur einen einzigen Raum darbietet, ab, so kann man sich die beiden kongruenten Punkträume als völlig voneinander getrennt denken, so wie dies auch innerhalb der Anschauung mit den beiden Ebenen zweier kongruenten ebenen Punktfelder möglich ist.

§ 8. Der Kreis.

1. *Ist MA eine beliebige Strecke in einer Ebene α, so heißt die Gesamtheit der Punkte A_i, für die $MA_i = MA$ ist, ein Kreis um den Mittelpunkt M mit dem Halbmesser MA. Die sämtlichen Strecken MA_i heißen die Halbmesser des Kreises. Alle Punkte B, für die $MB < MA$ ist, bilden das Innere des Kreises. Alle Punkte, die nicht dem Innern des Kreises und nicht der Kreislinie selbst angehören, bilden das Äußere des Kreises.*

2. Jede Gerade g durch den Mittelpunkt eines Kreises hat zwei Punkte mit dem Kreise gemein (III 1). Sind A_1 und A_2 diese Punkte, so heißt $A_1 A_2$ ein Durchmesser des Kreises. *Ein Durchmesser ist doppelt so groß wie ein Halbmesser.* Sind A_1 und A_2 irgend zwei Punkte des Kreises, so heißt die Strecke $A_1 A_2$ eine Sehne, die Gerade $A_1 A_2$ eine Sekante des Kreises.

Angenommen, die Sekante $A_1 A_2$ hätte mit dem Kreise um M außer A_1 und A_2 noch einen dritten Punkt A_3 gemein. Dann muß von den drei Punkten A_1, A_2, A_3 einer zwischen den beiden andern liegen. Es sei $(A_1 A_2 A_3)$. Dann ist $\sphericalangle M A_1 A_3 + \sphericalangle M A_3 A_1 < 2R$ und $\sphericalangle M A_1 A_3 = \sphericalangle M A_3 A_1$. Daher müssen beide Winkel spitz sein. Dann gilt dasselbe auch von $\sphericalangle MA_2A_1 = \sphericalangle MA_1A_2$ und von $\sphericalangle MA_2A_3 = \sphericalangle MA_3A_2$. Das widerspricht aber dem Satze von den Nebenwinkeln.

Also trifft eine Sekante den Kreis nur in zwei Punkten.

3. Ist A_1A_2 eine Sehne des Kreises mit dem Mittelpunkte M, MC senkrecht auf A_1A_2 und (CDA_1), so ist $MC < MD < MA_1$.

Eine Sehne liegt ganz im Innern des Kreises.

Ist MA der Halbmesser eines Kreises um M, g eine Gerade in der Ebene des Kreises, C der Fußpunkt des Lotes von M auf g, $MC > MA$ und D ein von C verschiedener Punkt von g, so ist $MD > MC$, daher auch $MD > MA$.

Eine Gerade in der Ebene eines Kreises, deren Abstand vom Mittelpunkte des Kreises größer als der Halbmesser ist, liegt ganz außerhalb des Kreises.

4. Ist A ein Punkt eines Kreises um M und g in der Ebene des Kreises eine Gerade durch A, die mit dem Halbmesser MA einen schiefen (d. h. spitzen oder stumpfen) Winkel bildet, so ist das Lot von M auf g von MA verschieden. Sein Fußpunkt sei B. Ist dann C der Punkt, für den (ABC) und $AB = BC$ gilt, so ist $\triangle MAB \cong \triangle MCB$ (I) und daher $MA = MB$.

Eine Gerade durch den Endpunkt eines Kreishalbmessers, die in der Ebene des Kreises liegt und mit dem Halbmesser einen schiefen Winkel bildet, ist eine Sekante des Kreises.

Ist A ein Punkt eines Kreises um M, g in der Ebene des Kreises die Gerade durch A, die auf MA senkrecht steht, und B ein von A verschiedener Punkt von g, so ist $MB > MA$. Eine Gerade in der Ebene eines Kreises, deren Abstand vom Mittelpunkt des Kreises gleich dem Halbmesser ist, hat also einen Punkt mit dem Kreise gemein, während ihre übrigen Punkte sämtlich außerhalb des Kreises liegen.

Eine Gerade, die nur einen Punkt mit einem Kreise gemein hat und in der Ebene des Kreises liegt, heißt eine Tangente des Kreises, und jener Punkt wird der Berührungspunkt der Tangente genannt. Durch jeden Punkt eines Kreises geht eine und nur eine Tangente des Kreises; sie steht auf dem durch diesen Punkt gehenden Halbmesser senkrecht.

5. Ist AB eine Sehne eines Kreises mit dem Mittelpunkt M, so ist MAB ein gleichschenkliges Dreieck. *Ein Winkel, dessen Scheitelpunkt der Mittelpunkt eines Kreises ist, heißt ein Mittelpunktswinkel.* Der Winkel AMB heißt der zu der Sehne AB gehörige Mittelpunktswinkel. Nach den Sätzen vom gleichschenkligen Dreieck gelten folgende Sätze: *Das Lot vom Mittelpunkt eines Kreises auf eine Sehne halbiert die Sehne und den zugehörigen Mittelpunktswinkel. Die Halbierungslinie des zu einer Sehne gehörigen Mittelpunktswinkels halbiert die Sehne und steht auf ihr senkrecht. Die Verbindungslinie des Mittelpunkts eines Kreises mit der Mitte einer Sehne steht auf der Sehne senkrecht und halbiert den zugehörigen Mittelpunktswinkel. Das Mittellot einer Sehne eines Kreises*

geht durch den Mittelpunkt des Kreises und halbiert den zugehörigen Mittelpunktswinkel.

6. Es seien AB und A_1B_1 zwei gleiche Sehnen eines Kreises mit dem Mittelpunkt M und C und C_1 ihre Mitten. Dann ist $\triangle AMC \cong \triangle A_1MC_1$ (IV) und daher $MC = MC_1$. Sind umgekehrt AB und A_1B_1 zwei Sehnen, deren Abstände MC und MC_1 vom Mittelpunkte gleich sind, so ist $\triangle AMC \cong \triangle A_1MC_1$ (IV) und daher $AC = A_1C_1$. Wegen $AB = 2AC$ und $A_1B_1 = 2A_1C_1$ ist auch $AB = A_1B_1$.

Gleiche Sehnen eines Kreises haben gleiche Abstände vom Mittelpunkt. Gleich weit vom Mittelpunkt entfernte Sehnen eines Kreises sind gleich.

Es seien AB und A_1B_1 zwei ungleiche Sehnen eines Kreises mit dem Mittelpunkt M, und zwar sei $AB > A_1B_1$. C und C_1 seien die Mitten der beiden Sehnen (Fig. 47). Wegen $AC > A_1C_1$ gibt es einen Punkt D, so daß (C_1A_1D) und $C_1D = AC$ ist. Wegen $C_1D > C_1A_1$ ist auch $MD > MA_1$. Auf C_1M gibt es einen Punkt E, so daß $C_1E = MC$ ist.

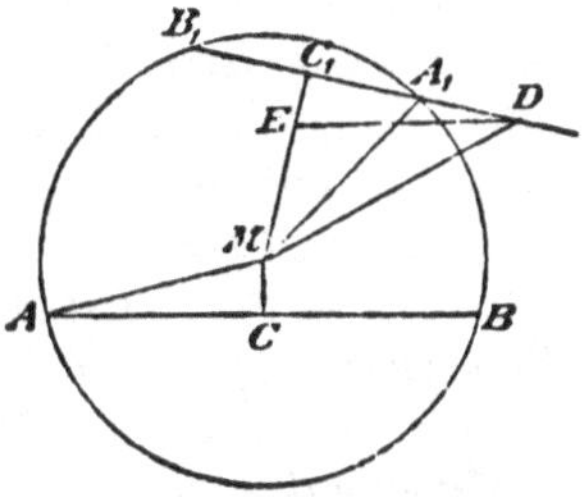

Fig. 47.

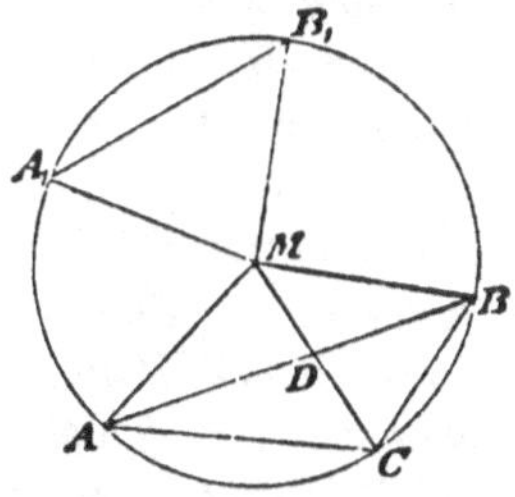

Fig. 48.

$\triangle C_1DE \cong \triangle CMA$ (I), daher $DE = MA$. Aus $DM > MA_1$ und $DE = MA$ folgt wegen $MA_1 = MA$, daß $DM > DE$ ist. Daraus aber folgt $MC_1 > EC_1$ oder $MC_1 > MC$.

Von zwei ungleichen Sehnen eines Kreises hat die größere den kleineren Abstand vom Mittelpunkt. Indirekt folgt: *Von zwei Sehnen eines Kreises mit ungleichem Abstand vom Mittelpunkt ist diejenige die größere, die den kleineren Abstand vom Mittelpunkt hat.*

7. Sind AMB und A_1MB_1 zwei gleiche Mittelpunktswinkel eines Kreises, so ist $\triangle AMB \cong \triangle A_1MB_1$ (I) und daher $AB = A_1B_1$. Sind umgekehrt AB und A_1B_1 zwei gleiche Sehnen eines Kreises mit dem Mittelpunkt M, so ist $\triangle AMB \cong \triangle A_1MB_1$ (III) und daher $\sphericalangle AMB = \sphericalangle A_1MB_1$.

Zu gleichen Mittelpunktswinkeln eines Kreises gehören gleiche Sehnen. Zu gleichen Sehnen eines Kreises gehören gleiche Mittelpunktswinkel.

Sind AMB und A_1MB_1 zwei ungleiche Mittelpunktswinkel eines Kreises, und ist $\sphericalangle AMB > \sphericalangle A_1MB_1$ (Fig. 48), so gibt es in dem Winkel AMB einen von M ausgehenden Strahl l, der mit MA einen Winkel gleich $\sphericalangle A_1MB_1$ bildet. Dieser Strahl l trifft die Seite AB des Dreiecks AMB in einem Punkte D und den Kreis in einem Punkte C. Da CD innerhalb des Dreiecks ABC liegt, so ist $\sphericalangle ACM > \sphericalangle MCB$, $\sphericalangle MCB = \sphericalangle MBC$, $\sphericalangle MBC > \sphericalangle ABC$. Folglich ist $\sphericalangle ACB > \sphericalangle ABC$ und daher $AB > AC$. Wegen der Kongruenz der Dreiecke AMC und A_1MB_1 ist $AC = A_1B_1$, also $AB > A_1B_1$.

Zu dem größeren von zwei Mittelpunktswinkeln eines Kreises gehört die größere Sehne. Indirekt folgt: *Zu der größeren von zwei Sehnen eines Kreises gehört der größere Mittelpunktswinkel.*

8. Es sei MA ein Halbmesser eines Kreises um M, t die Tangente an den Kreis in A, und B ein von dem Berührungspunkt A verschiedener Punkt dieser Tangente. Ist z der von B ausgehende, M enthaltende Strahl, so kann man auf der Seite der Gerade BM, auf der A nicht liegt, an z in B den Winkel $t_1 z = t z$ antragen. Auf t_1 gibt es einen Punkt A_1, so daß $BA_1 = BA$ ist. Dann ist $\triangle MAB \cong \triangle MA_1B$ und daher $MA = MA_1$ und $BA = BA_1$.

Durch jeden vom Berührungspunkt verschiedenen Punkt einer Tangente kann man stets noch eine zweite Tangente an den Kreis legen.

Ist B ein Punkt, von dem zwei Tangenten an einen Kreis mit dem Mittelpunkt M gehen, deren Berührungspunkte A und A_1 sind, so ist $\triangle MBA \cong \triangle MBA_1$ (IV) und daher $BA = BA_1$ und $\sphericalangle MBA = \sphericalangle MBA_1$.

Gehen von einem Punkte an einen Kreis zwei Tangenten, so sind 1. *die Strecken von diesem Punkte bis zu den Berührungspunkten und* 2. *die Winkel zwischen den Tangenten und der Verbindungslinie des Punktes mit dem Mittelpunkte einander gleich. Die Mittelpunkte der Kreise, die zwei sich schneidende Geraden berühren, liegen also auf den Halbierungslinien der Winkel dieser beiden Geraden.*

Ist hk ein beliebiger Winkel mit dem Scheitel O und A ein Punkt seiner Halbierungslinie, und sind AB und AC die Lote von A auf die Schenkel des Winkels, so ist $\triangle OAB \cong \triangle OAC$ (IIa), also $AB = AC$. Der Kreis um A mit dem Halbmesser AB geht also durch C und berührt die Schenkel des Winkels hk in B und C.

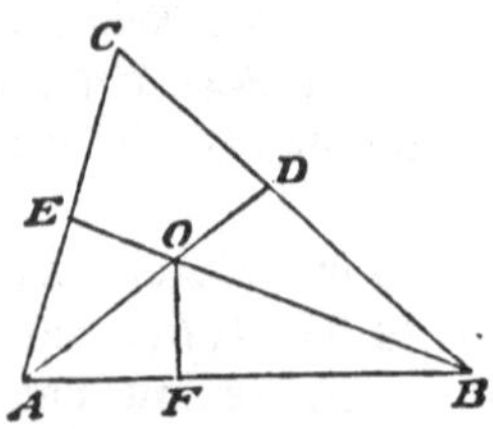

Fig. 49.

Jeder Punkt der Halbierungslinie eines Winkels ist also der Mittelpunkt eines Kreises, der die Schenkel des Winkels berührt.

9. Ist ABC ein beliebiges Dreieck, AD die Halbierungslinie des Winkels BAC und BE die Halbierungslinie des Winkels ABC (Fig. 49), so schneiden sich AD und BE in einem Punkte O im Innern des Dreiecks. Von O gibt es ein Lot OF auf AB. Nach 8 berührt der Kreis um O mit OF 1. die beiden Seiten AB und AC und 2. die beiden Seiten BA und BC. Da dieser Kreis sonach die Seiten CA und CB berührt, so liegt sein Mittelpunkt O auf der Halbierungslinie des Winkels ACB.

Die drei Winkelhalbierenden eines Dreiecks schneiden sich in einem

Punkte. Dieser Punkt ist der Mittelpunkt eines Kreises, der die drei Seiten des Dreiecks berührt. Dieser Kreis heißt der Inkreis des Dreiecks.

10. *Ein System von n Strecken AB, BC, CD, $\ldots MN$, NA heißt ein n-Eck. $A, B, C, \ldots N$ heißen die Ecken, die n Strecken heißen die Seiten des n-Ecks.* Ist $ABCD$ ein Viereck, dessen Seiten einen Kreis mit dem Mittelpunkt O in den Punkten A_1, B_1, C_1, D_1 berühren (Fig. 50), so ist $AA_1 = AD_1$, $BA_1 = BB_1$, $CC_1 = CB_1$, $DC_1 = DD_1$ (8), also $AA_1 + BA_1 + CC_1 + DC_1 = AD_1 + DD_1 + BB_1 + CB_1$ oder $AB + CD = AD + BC$.

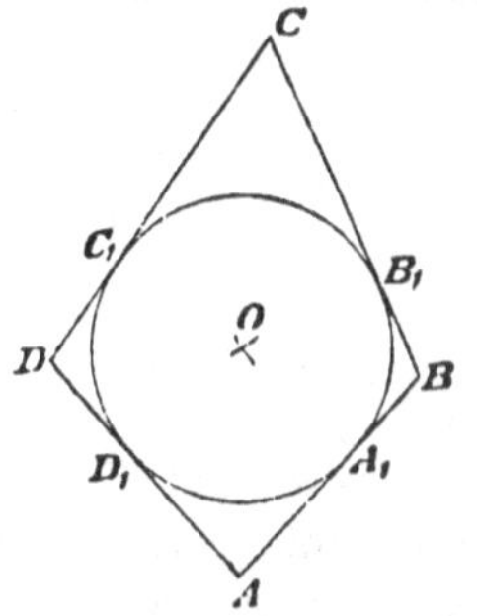

Fig. 50.

Ein Viereck, dessen Seiten einen Kreis berühren, heißt ein Tangentenviereck. Die Summe zweier gegenüberliegenden Seiten eines Tangentenvierecks ist gleich der Summe der beiden anderen Seiten.

11. Ist $ABCD$ ein Viereck, dessen Ecken auf einem Kreise mit dem Mittelpunkte M liegen (Fig. 51), so sind die Dreiecke MAB, MCD, MBC, MDA gleichschenklig. Daher ist $\sphericalangle MAB = \sphericalangle MBA$, $\sphericalangle MAD = \sphericalangle MDA$, $\sphericalangle MCB = \sphericalangle MBC$, $\sphericalangle MCD = \sphericalangle MDC$, also $\sphericalangle MAB + \sphericalangle MAD + \sphericalangle MCB + \sphericalangle MCD = \sphericalangle MBA + \sphericalangle MBC + \sphericalangle MDA + \sphericalangle MDC$ oder $\sphericalangle DAB + \sphericalangle BCD = \sphericalangle ABC + \sphericalangle CDA$.

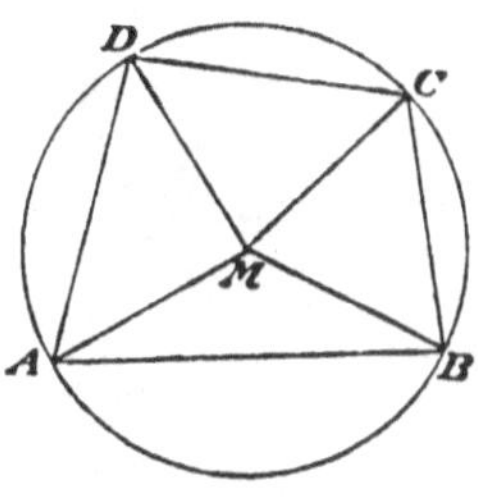

Fig. 51.

Ein Viereck, dessen Ecken auf einem Kreise liegen, heißt ein Sehnenviereck. Die Summe zweier gegenüberliegenden Winkel eines Sehnenvierecks ist gleich der Summe der beiden anderen Winkel.

12. Gegeben seien in einer Ebene α zwei Kreise mit den Mittelpunkten M und M_1. Angenommen, die beiden Kreise hätten drei Punkte A, B, C gemein. Dann wäre $\triangle MM_1A \cong \triangle MM_1B \cong \triangle MM_1C$ (III), also $\sphericalangle AMM_1 = \sphericalangle BMM_1 = \sphericalangle CMM_1$, $\sphericalangle AM_1M = \sphericalangle BM_1M = \sphericalangle CM_1M$. Lägen AM und BM in der Ebene α auf verschiedenen Seiten der Gerade MM_1, so müßte CM entweder mit AM oder mit BM zusammenfallen. Angenommen, CM falle mit BM zusammen. Dann liegt C mit B auf derselben Seite von MM_1, also liegen auch M_1C und M_1B auf derselben Seite von MM_1. M_1C fällt also mit M_1B zusammen. Die beiden geraden Linien MB und M_1B hätten also zwei Schnittpunkte B und C, was unmöglich ist.

Daher können zwei Kreise nicht drei Punkte gemein haben.

Haben zwei Kreise mit den Mittelpunkten M und M_1 zwei Punkte A und B gemein, so folgt aus der Kongruenz der Dreiecke MM_1A und MM_1B, daß A und B in bezug auf MM_1 symmetrisch liegen. Liegt A auf MM_1, so fällt B mit A zusammen.

Zwei Kreise können höchstens zwei Punkte gemein haben. Haben zwei Kreise zwei Punkte gemein, so liegen diese symmetrisch in bezug auf die Verbindungslinie der Mittelpunkte. Haben zwei Kreise nur einen Punkt gemein, so liegt dieser auf der Verbindungslinie ihrer Mittelpunkte.

Mit Hilfe des Satzes, daß die Summe zweier Dreiecksseiten größer als die dritte Seite ist, beweist man folgende Sätze:

Sind r_1 und r_2 die Halbmesser zweier Kreise mit den Mittelpunkten M_1 und M_2, und ist $M_1M_2 > r_1 + r_2$, so haben die beiden Kreise keinen Punkt gemein, und der eine Kreis liegt ganz außerhalb des andern. Ist $M_1M_2 = r_1 + r_2$, so berühren sich die beiden Kreise von außen, d. h. sie haben einen Punkt gemein, und jeder andere Punkt jedes der beiden Kreise liegt außerhalb des andern Kreises. Ist $M_1M_2 = r_1 - r_2$, so berühren sich die beiden Kreise von innen, d. h. sie haben einen Punkt gemein, und jeder andere Punkt des einen Kreises liegt innerhalb des andern Kreises. Ist $M_1M_2 < r_1 - r_2$, so haben die beiden Kreise keinen Punkt gemein, und der eine von ihnen liegt ganz innerhalb des andern. Haben zwei Kreise einen Punkt gemein, so ist entweder $M_1M_2 = r_1 + r_2$ oder $= r_1 - r_2$, je nachdem sich die beiden Kreise von außen oder von innen berühren. Schneiden sich zwei Kreise in zwei Punkten, so ist $r_1 + r_2 > M_1M_2 > r_1 - r_2$.

Drittes Kapitel.

Die Stetigkeit.

§ 9. Die Stetigkeitsaxiome.

1. Die Stetigkeit der geometrischen Gebilde, die sich z. B. darin äußert, daß sich zwei Punkte, die sich auf einer geraden Linie einander entgegenbewegen, in einem Punkte treffen müssen, oder daß ein Punkt aus dem Innern eines Kreises in das Äußere nur durch Überschreiten der Kreislinie gelangen kann, wird von Eukleides und den späteren Elementargeometern bis in das vorige Jahrhundert hinein stillschweigend vorausgesetzt. So löst z. B. Eukleides im 1. Buche, Satz 1, die Aufgabe, über einer Strecke AB ein gleichseitiges Dreieck zu errichten, in der üblichen Weise durch Beschreiben zweier Kreise um A und B. Daß sich diese Kreise schneiden müssen, wird ohne besonderes Axiom vorausgesetzt. Entsprechend löst er in I 22 die Aufgabe, aus drei Seiten a, b, c ($a \geqq b \geqq c$) ein Dreieck zu konstruieren, durch Kreise um die Endpunkte der mittleren Seite b. Auch hier wird das Vorhandensein der Schnittpunkte stillschweigend angenommen. Proklos, der diese Lücke erkannt hat, sagt in seinem Kommentar zum 1. Buche der Elemente (Procli Diadochi in primum Euclidis Elementorum librum commentarii, ed. G. Friedlein), die Existenz der Schnittpunkte folge daraus, daß der kleinere Kreis seinen Mittelpunkt innerhalb des größeren Kreises, einen seiner Punkte (nämlich den Schnittpunkt mit der Verlängerung von b) aber außerhalb des größeren Kreises habe. Aber offenbar ist damit die Lücke im Axiomensystem nur an eine andere Stelle geschoben. Endlich nimmt Eukleides bei der Konstruktion des Lotes von einem Punkte A auf eine Gerade g auf der Seite von g, auf der A nicht liegt, einen Punkt B an und bestimmt die Punkte, in denen der Kreis um A mit AB die Gerade g schneidet. Die Existenz dieser Schnittpunkte wird wieder stillschweigend vorausgesetzt.

2. Daß diese und ähnliche Voraussetzungen ausdrücklich als Axiome ausgesprochen werden müssen, hat zuerst M. Pasch (Vorlesungen über Neuere Geometrie, S. 44) verlangt. Die neuere Axiomatik hat sich bemüht, den Begriff der Stetigkeit auf möglichst einfache Axiome zurückzuführen. W. Killing (Einführung in die Grundlagen der Geometrie II, S. 43) stellt folgendes Axiom auf: Angenommen, eine Linie gehöre ganz einer Figur an, die in zwei Teile geteilt ist; wenn die Linie mindestens einen Punkt mit jedem Teile gemein hat, so trifft sie auch die Grenze der beiden Teile. Dieses Axiom leidet an dem Fehler zu großer Allgemeinheit und Unbestimmtheit der Begriffe Figur und Grenze. Deshalb hat man es durch das Stetigkeitspostulat ersetzt, das Dedekind (Stetigkeit und irrationale Zahlen, Braunschweig 1872) gebraucht hat. Gilt (ACB), so werden die Punkte der Strecke AB in zwei Teile mit folgenden Eigenschaften zerlegt: 1. Jeder Punkt der Strecke AB gehört einem der beiden Teile an, 2. der Punkt A gehört dem einen, der Punkt B dem andern Teile an. Wir nennen den Teil, dem A angehört, den ersten, den Teil, dem B angehört, den zweiten Teil. Der Punkt C werde nach Belieben dem ersten oder dem zweiten Teile zugerechnet. 3. Jeder Punkt des ersten Teils geht jedem Punkte des zweiten Teils in der Reihenfolge der Punkte von A nach B voraus. Das Dedekindsche Stetigkeitspostulat ist gewissermaßen die Umkehrung dieser Tatsachen. Es sei eine Strecke AB derart in zwei Teile zerlegt, daß 1. jeder Punkt von AB einem der beiden Teile angehört, 2. der Punkt A dem ersten und der Punkt B dem zweiten Teile angehört, 3. jeder Punkt des ersten Teils jedem Punkte des zweiten Teils in der Reihenfolge der Punkte von A nach B vorausgeht. Das Dedekindsche Postulat behauptet: Wenn eine solche Einteilung vorliegt, so gibt es einen Punkt C der Strecke AB (der nach Belieben dem ersten oder dem zweiten Teile zugerechnet werden kann) derart, daß jeder Punkt von AB, der C vorausgeht, dem ersten Teile und jeder Punkt von AB, der auf C folgt, dem zweiten Teile angehört.

Die Axiomatik hat dieses Dedekindsche Stetigkeitspostulat noch weiter zergliedert und hat festgestellt, daß in ihm zwei verschiedene Stetigkeitsaxiome enthalten sind, die beide zusammen ihm gleichwertig sind, das Axiom von Eudoxos und das Axiom von Cantor.

3. Mit dem Axiom von Eudoxos hat es folgende Bewandtnis: Archimedes stellt in der ersten seiner beiden Abhandlungen von der Kugel und dem Zylinder u. a. eine Annahme an die Spitze seiner Untersuchungen, die besagt, daß es bei zwei gleichartigen Größen stets möglich ist, die kleinere sovielmal zu nehmen, daß das Produkt größer als die zweite Größe ist. O. Stolz hat dieser bei vielen geometrischen und arithmetischen Beweisen gebrauchten Forderung den Namen Archimedisches Axiom gegeben, unter dem sie meist angeführt wird. Es hat sich aber gezeigt, daß diese Forderung schon Eudoxos von Knidos (350 v. Chr.) bekannt war. Im 5. Buche der Elemente von Eukleides, das die Proportionenlehre und den Begriff der irrationalen Zahl entwickelt, und dessen Inhalt von Eudoxos herrührt, findet sich folgende Erklärung: Man sagt von zwei Größen a und b, daß sie zueinander ein Verhältnis haben, wenn ein bestimmtes Vielfaches der kleineren, $n \cdot b$, angegeben werden kann, das $> a$ ist. Das ist genau das Postulat von Archimedes. Es ist daher richtiger, dieses Postulat als das Axiom von Eudoxos zu bezeichnen. Man kann es auch das Axiom der Meßbarkeit nennen; denn offenbar ist es die Voraussetzung, die jeder Messung einer stetigen Größe durch eine Maßeinheit zugrunde liegt. Daß das Axiom von Eudoxos in dem Axiom von Dedekind enthalten ist, zeigt sich darin, daß man jenes durch dieses beweisen kann.[1])

In dem Dedekindschen Postulat ist ferner als zweiter axiomatischer Bestandteil das Axiom von Cantor (G. Cantor, Math. Ann. 5, 1872) enthalten. Das Wesen dieses Axioms kann kurz als das geometrische Äquivalent des Dedekindschen Schnittes, durch den die irrationalen Zahlen definiert werden, bezeichnet werden. Nach Dedekind ist jede irrationale (und damit überhaupt jede reelle) Zahl durch eine Doppelreihe von Zahlen

$$\begin{Bmatrix} a_1 & a_2 & a_3 & \dots & a_n \\ b_1 & b_2 & b_3 & \dots & b_n \end{Bmatrix}$$

definiert, die folgenden Eigenschaften genügt: 1. $a_i \leqq a_{i+1}$, $b_i \geqq b_{i+1}$, 2. jede Zahl der ersten Reihe ist kleiner als jede Zahl der zweiten Reihe, 3. man kann stets, wie klein auch die beliebig gewählte Zahl δ sein mag, eine Zahl der ersten und eine Zahl der zweiten Reihe angeben, deren Differenz $< \delta$ ist. Jede solche Doppelreihe von rationalen Zahlen bestimmt in dem Zahlenkontinuum einen Schnitt, dem eine bestimmte (rationale oder irrationale) Zahl entspricht. Diese Zahl z ist nicht kleiner als eine Zahl der ersten Reihe und nicht größer als eine Zahl der zweiten Reihe.

Diese Dedekindsche Schnittmethode wird in dem Cantorschen Axiom ins Geometrische gewandt. Man denke sich jede Zahl der beiden Reihen ersetzt durch eine Strecke, die von einem gewissen Punkte auf einer Gerade nach einer bestimmten Seite hin abgetragen wird. Dann ergibt sich folgendes: Es sind zwei Klassen von Strecken, a_i und b_i gegeben, derart, daß 1. $a_i \leqq a_{i+1}$, $b_i \geqq b_{i+1}$, 2. jede Strecke der ersten Klasse kleiner als irgendeine Strecke der zweiten Klasse ist und 3. wenn eine beliebig kleine Strecke δ gegeben ist, es stets eine Strecke der ersten Klasse und eine Strecke der zweiten Klasse gibt, deren Differenz kleiner als δ ist. Wenn eine Gesamtheit von Strecken eine derartige Klasseneinteilung zuläßt, so gibt es nach dem Cantorschen Axiom eine Strecke, die weder kleiner als irgendeine Strecke der ersten, noch größer als irgendeine Strecke der zweiten Klasse ist. Man könnte auch sagen: Denkt man sich die reellen Zahlen auf einer geraden Linie durch Punkte dargestellt, deren Abstände von einem festen Nullpunkte jene Zahlen als Maßzahlen besitzen, so entspricht jeder reellen Zahl, mag sie rational oder irrational sein, ein bestimmter Punkt der geraden Linie. Haben

[1]) F. Enriques, Fragen der Elementargeometrie I, 1911, S. 135.

wir das Axiom von Eudoxos als Axiom der Meßbarkeit bezeichnet, so könnte man das Cantorsche Axiom (mit einem von Hilbert in allgemeinerem Sinne gebrauchten Namen) als das **Axiom der Vollständigkeit** bezeichnen, insofern nämlich uns dieses Axiom gewährleistet, daß das Kontinuum der Punkte einer geraden Linie dieselbe Vollständigkeit besitzt wie die Menge der reellen Zahlen. Ebenso wie das Axiom von Eudoxos kann auch das Axiom von Cantor aus dem Dedekindschen Postulat abgeleitet werden. In dem Dedekindschen Stetigkeitspostulat sind also tatsächlich die beiden Axiome von Eudoxos und von Cantor zugleich enthalten. Daß diese beiden zusammengenommen dem Dedekindschen Postulate gleichwertig sind, ergibt sich daraus, daß man auch umgekehrt aus der Voraussetzung der Geltung dieser beiden Axiome das Dedekindsche Postulat herleiten kann.[1])

4. Hilbert hat statt des Cantorschen Axioms als zweites Stetigkeitsaxiom das folgende **Axiom der Vollständigkeit** aufgestellt: Die Elemente (Punkte, Geraden, Ebenen) der Geometrie bilden ein System von Dingen, welches bei Aufrechterhaltung sämtlicher übrigen Axiome keiner Erweiterung mehr fähig ist, d. h. zu dem System der Punkte, Geraden, Ebenen ist es nicht möglich, ein anderes System von Dingen hinzuzufügen, so daß in dem durch Zusammensetzung entstehenden System sämtliche angeführten Axiome erfüllt sind. Legt man das Cantorsche Axiom zugrunde, so kann man das Hilbertsche Vollständigkeitsaxiom beweisen.[2]) Wegen der größeren Einfachheit der Anwendung soll im folgenden nicht das Hilbertsche, sondern das Cantorsche Axiom zugrunde gelegt werden.

Die beiden Axiome der Stetigkeit haben bei Hilbert, da er das Parallelenaxiom mit IV bezeichnet und den Stetigkeitsaxiomen voranstellt, die Nummern V 1 und 2. In unserer Darstellung werden sie mit IV 1 und 2 bezeichnet.

Ist AA_1 *eine beliebige Strecke, gilt* (AA_1A_2) *und* $AA_1 = A_1A_2$, *so setzt man* $AA_2 = 2 \cdot AA_1$. *Gilt ferner* $(A_1A_2A_3)$, $(A_2A_3A_4)$, ... $(A_{n-2}A_{n-1}A_n)$ *und* $A_1A_2 = A_2A_3 = \dots A_{n-2}A_{n-1} = A_{n-1}A_n$, *so setzt man* $AA_n = n \cdot AA_1$ *und nennt* AA_n *das n-fache von* AA_1.

IV 1. *Axiom von Eudoxos. Sind* A, B, C *irgend drei Punkte einer Gerade, für die* (ABC) *gilt, so gibt es immer eine ganze Zahl* n, *so daß* $n \cdot AB > AC$ *ist.*

Sind A, B, C *irgend drei Punkte einer Gerade, für die* (ABC) *gilt, so nennt man* BC *den Unterschied oder die Differenz der Strecken* AC *und* AB, $BC = AC - AB$.

---

[1]) F. Enriques: a. a. O., S. 136ff.

[2]) R. Baldus: Nichteuklidische Geometrie. Sammlung Göschen 970, 1927, S. 50. Vgl. von demselben Verfasser: Zur Axiomatik der Geometrie I, Math. Ann. 100 (1928), S. 321, und: Über das Archimedische Axiom, Math. Ztschr. 26 (1927), S. 757.

IV 2. *Axiom von Cantor. Sind auf einer Gerade g ein Punkt A und auf der einen Seite von A zwei Klassen von Strecken* $AA_1, AA_2, AA_3, \ldots$ *und* $AB_1, AB_2, AB_3, \ldots$ *von solcher Beschaffenheit gegeben, daß* 1. $AA_i \leqq AA_{i+1}$, $AB_i \geqq AB_{i+1}$, 2. *keine Strecke der ersten Klasse größer als irgendeine Strecke der zweiten Klasse ist, und* 3. *nach Annahme einer beliebig kleinen Strecke* δ *stets eine Strecke* AA_i *der ersten Klasse und eine Strecke* AB_i *der zweiten Klasse angegeben werden können, deren Differenz kleiner als* δ *ist, so gibt es eine Strecke* AX*, die weder kleiner als irgendeine Strecke der ersten Klasse, noch größer als irgendeine Strecke der zweiten Klasse ist.*

§ 10. Folgerungen aus den Stetigkeitsaxiomen.

1. Angenommen, es gebe auf einer Gerade g auf einer und derselben Seite von einem Punkte A aus zwei Klassen von Strecken, die den im Axiom von Cantor genannten Bedingungen genügen, und es existiere außer AX noch eine zweite Strecke AY, die weder kleiner als irgendeine Strecke der ersten Klasse, noch größer als irgendeine Strecke der zweiten Klasse ist. Dann könnte kein Punkt A_i und kein Punkt B_i zwischen X und Y liegen, also auch keine Differenz $AB_i - AA_i < XY$ sein. Wählt man die Strecke $\delta < XY$, so ist also für diese Strecke δ die Bedingung des Cantorschen Axioms nicht erfüllt. Daher kann es keine zweite Strecke AY von der oben genannten Beschaffenheit geben.

Durch eine dem Cantorschen Axiom genügende Klasseneinteilung ist also stets eine einzige Strecke AX *bestimmt.*

2. Gegeben sei ein von einem Punkte A ausgehender Strahl s und auf diesem eine beliebige Strecke AZ. *Man wähle auf* AZ *eine beliebige Strecke* AE*, nenne diese die Einheitsstrecke und lege ihr die „Maßzahl" 1 bei. Ferner setze man fest, daß gleiche Strecken dieselbe Maßzahl haben und die Maßzahl der Summe mehrerer Strecken gleich der Summe der Maßzahlen der einzelnen Strecken sei. Dann läßt sich der Strecke* AZ *eine bestimmte positive Zahl als Maßzahl zuordnen.* Nach dem Axiom von Eudoxos gibt es zunächst eine ganze positive Zahl n derart, daß $(n-1)AE < AZ < n \cdot AE$ ist. Man setze $a_1 = n - 1$, $b_1 = n$, so daß $a_1 \cdot AE < AZ < b_1 \cdot AE$ ist. Man trage $(n-1)AE$ und $n \cdot AE$ von A aus auf s ab und nenne die Endpunkte A_1 und B_1. Ist M_1 die Mitte von A_1B_1, so gilt $(A_1M_1B_1)$ und (A_1ZB_1), also entweder (A_1ZM_1) oder (M_1ZB_1). Im ersten Falle setze man $A_2 = A_1$, $B_2 = M_1$, $a_2 = a_1$, $b_2 = b_1 - \frac{1}{2}$, im zweiten Falle $A_2 = M_1$, $B_2 = B_1$, $a_2 = a_1 + \frac{1}{2}$, $b_2 = b_1$. Dann ist in jedem Falle $a_2 \cdot AE < AZ < b_2 \cdot AE$. Durch Fortsetzung des Verfahrens findet man eine neue Strecke A_3B_3, die Z enthält, und zwei neue Zahlen a_3 und b_3 derart, daß $a_3 \cdot AE < AZ < b_3 \cdot AE$ ist. Setzt man dieses Verfahren hinreichend weit fort, so ergibt sich eine Doppelreihe von Zahlen:

$$\left\{\begin{matrix} a_1 & a_2 & a_3 & \ldots \\ b_1 & b_2 & b_3 & \ldots \end{matrix}\right\}$$

von der Beschaffenheit, daß 1. $a_1 \leqq a_2 \leqq a_3 \ldots$, $b_1 \geqq b_2 \geqq b_3 \ldots$, 2. jede Zahl der ersten Reihe kleiner als jede Zahl der zweiten Reihe ist, und 3. nach Annahme einer beliebig kleinen Zahl δ immer zwei Zahlen a_n und b_n angegeben werden können, so daß $b_n - a_n < \delta$ ist. *Diese Doppelreihe definiert eine positive reelle Zahl z, und diese Zahl wird der Strecke AZ als ihre Maßzahl zugeordnet.*

3. Mit Hilfe des Axioms von Cantor kann umgekehrt gezeigt werden, *daß auch jeder beliebigen positiven reellen Zahl z auf jedem von einem Punkte A ausgehenden Strahle s eine Strecke AZ eindeutig zugeordnet werden kann, deren Maßzahl z ist.* Man denke sich die Zahl z in eine ganze Zahl n und einen echten Bruch $\frac{p}{q}$ zerlegt und folgende Reihe von Divisionen ausgeführt:

$$2p : q = r_1 + \frac{p_1}{q}, \qquad 2p_1 : q = r_2 + \frac{p_2}{q}, \qquad 2p_2 : q = r_3 + \frac{p_3}{q}, \ldots .$$

$r_1, r_2, r_3 \ldots$ sind ganze Zahlen, $\frac{p_1}{q}, \frac{p_2}{q}, \frac{p_3}{q} \ldots$ echte Brüche, daher $2p : q < 2$, $2p_1 : q < 2$, $2p_2 : q < 2, \ldots$ und folglich jede der Zahlen r_1, $r_2, r_3, \ldots$ entweder gleich Null oder gleich 1. Dann ergibt sich

$$\frac{p}{q} = \frac{r_1}{2} + \frac{p_1}{2q} = \frac{r_1}{2} + \frac{r_2}{4} + \frac{p_2}{4q} = \frac{r_1}{2} + \frac{r_2}{4} + \frac{r_3}{8} + \frac{p_3}{8q} = \ldots$$

$$= \frac{r_1}{2} + \frac{r_2}{4} + \frac{r_3}{8} + \ldots + \frac{r_i}{2^i} + \frac{p_i}{2^i \cdot q} = \ldots .$$

Ist z rational, so geht eine jener Divisonen auf; ist z irrational, so erhält man eine unendliche Reihe. Zur Abkürzung setzt man $z = n, r_1 r_2 r_3 \ldots$ und man nennt diesen Ausdruck in Analogie zu einem Dezimalbruch einen Dualbruch. Wählt man nun auf dem Strahl s eine beliebige Strecke AE als Einheitsstrecke mit der Maßzahl 1 aus, so gibt es zunächst eine Strecke AN mit der Maßzahl n und eine Strecke AO mit der Maßzahl $n + 1$. Die Mitte von NO sei N_1. Ist $r_1 = 0$, so setze man $A_1 = N$ und $B_1 = N_1$. Ist $r_1 = 1$, so setze man $A_1 = N_1$ und $B_1 = O$. Dann hat die Strecke AA_1 die Maßzahl n, r_1. Die Mitte von A_1B_1 sei N_2. Ist $r_2 = 0$, so setze man $A_2 = A_1$ und $B_2 = N_2$. Ist $r_2 = 1$, so setze man $A_2 = N_2$, $B_2 = B_1$. Dann hat die Strecke AA_2 die Maßzahl $n, r_1 r_2$. Ist $z = n, r_1 r_2 \ldots r_k$ ein endlicher Dualbruch, so setzt man das Verfahren fort, bis man die Strecke $AA_k = AZ$ mit der Maßzahl $z = n, r_1 r_2 \ldots r_k$ erhält. Ist z ein unendlicher Dualbruch, so erhält man zwei Klassen von Strecken AA_i und AB_i, die den Bedingungen des Cantorschen Axioms genügen. Eine Strecke AA_i der ersten Klasse hat die Maßzahl $n, r_1 r_2 r_3 \ldots r_i$, während die Maßzahl der entsprechenden Strecke AB_i der zweiten Klasse um $\frac{1}{2^i}$ größer als die Maßzahl von AA_i ist. Nach dem Cantorschen

Axiom gibt es eine (und nach 1 nur eine) Strecke AZ, die weder kleiner als irgendeine Strecke der ersten Klasse, noch größer als irgendeine Strecke der zweiten Klasse ist. *Dieser Strecke AZ wird die Zahl z als Maßzahl zugeordnet. Sind z_1 und z_2 irgend zwei verschiedene positive* reelle Zahlen und AZ_1 und AZ_2 die Strecken, die diese Zahlen zu Maßzahlen haben, so folgt aus der vorstehenden Konstruktion leicht, daß, wenn $z_1 < z_2$ ist, auch $AZ_1 < AZ_2$ sein muß. Zwischen den Strecken auf dem Strahle s besteht dieselbe Größenbeziehung wie zwischen ihren Maßzahlen.

4. *In einer Ebene α seien ein von einem Punkte O ausgehender Strahl a und auf einer Seite von a zwei Klassen von Winkeln $aa_1, aa_2, aa_3 \ldots$* und *$ab_1, ab_2, ab_3 \ldots$ von solcher Beschaffenheit gegeben, daß* 1. $aa_1 \leqq aa_2 \leqq aa_3 \ldots$, $ab_1 \geqq ab_2 \geqq ab_3 \ldots$, 2. *kein Winkel der ersten Klasse größer als irgendein Winkel der zweiten Klasse ist, und* 3. *nach Annahme eines beliebig kleinen Winkels δ stets ein Winkel aa_i der ersten Klasse und ein Winkel ab_i der zweiten Klasse angegeben werden können, deren Differenz kleiner als δ ist.* Dann kann man auf a einen Punkt A und auf b_1 einen Punkt B_1 beliebig annehmen und A mit B_1 verbinden. Die Strahlen a_1, a_2, $a_3, \ldots b_1, b_2, b_3, \ldots$ schneiden die Strecke AB_1 in Punkten A_1, $A_2, A_3, \ldots B_1, B_2, B_3 \ldots$ Die Strecken AA_i und AB_i genügen den Bedingungen des Cantorschen Axioms. Es gibt also eine und nur eine Strecke AX, die weder kleiner als irgendeine Strecke AA_i der ersten Klasse, noch größer als irgendeine Strecke AB_i der zweiten Klasse ist. Verbindet man X mit O, so ergibt sich: *Es gibt stets einen und nur einen Winkel AOX, der weder kleiner als irgendein Winkel aa_i noch größer als irgendein Winkel ab_i ist.*

Wählt man etwa den rechten Winkel als Einheitswinkel, dem man die Maßzahl 1 *zuordnet, und setzt man fest, daß gleiche Winkel dieselbe Maßzahl haben, und die Maßzahl der Summe mehrerer Winkel gleich der Summe der Maßzahlen der einzelnen Winkel sein soll, so kann man, wie es für Strecken geschehen ist, beweisen, daß* 1. *jeder Winkel eine bestimmte* (*zwischen* 0 *und* 2 *liegende*) *Maßzahl besitzt und* 2. *jeder Zahl* (*zwischen* 0 *und* 2) *ein Winkel zugeordnet werden kann, der diese Zahl zur Maßzahl hat.*

5. Ist AB eine beliebige Strecke, so kann man ihr nach Festsetzung einer Einheitsstrecke AE eine Maßzahl z zuordnen. Ist n eine beliebige positive ganze Zahl, so gibt es nach 3 auf dem von A ausgehenden, B enthaltenden Strahle eine Strecke AA_1 mit der Maßzahl $\frac{z}{n}$. Da $\frac{z}{n}$ in z genau n mal enthalten ist, so läßt sich AA_1 auf AB genau n mal abtragen.

In jeder Strecke AB gibt es $n-1$ Punkte, durch die die Strecke in n gleiche Teile geteilt wird.

Genau entsprechend kann gezeigt werden, *daß es in jedem Winkel $n-1$ Strahlen gibt, die den Winkel in n gleiche Teile teilen. Den 90. Teil* *eines rechten Winkels nennt man einen Grad* (1^0), $\frac{1}{60}{}^0 = 1'$ (1 *Minute*), $\frac{1}{60}' = 1''$ (1 *Sekunde*).

Mit dem Nachweis der Existenz derartiger Teilpunkte bzw. Teilstrahlen wird nichts über die Ausführbarkeit der Teilung mittels vorgeschriebener Hilfsmittel (z. B. mittels Lineals und Zirkels) ausgesagt.

6. Angenommen, ABC sei ein Dreieck, dessen Winkelsumme größer als $2R$, weta gleich $2R + \delta$ ist, und es sei $\sphericalangle BAC$ der kleinste der drei Dreieckswinkel (Fig. 52). Man halbiere die dem kleinsten Winkel gegenüberliegende Seite BC in D, bestimme E so, daß (ADE) und $AD = DE$ ist, und verbinde E mit B. Dann ist $\triangle ACD \cong \triangle EBD$ (I) und daher $\sphericalangle CAD = \sphericalangle BED$, $\sphericalangle ACD = \sphericalangle EBD$, also die Winkelsumme des Dreiecks ABE gleich der Winkelsumme des Dreiecks ABC gleich $2R + \delta$. Ferner ist $\sphericalangle BAD + \sphericalangle BED = \sphericalangle BAD + \sphericalangle CAD = \sphericalangle CAB$. Also ist entweder $\sphericalangle BAE$ oder $\sphericalangle BEA \leqq \sphericalangle \frac{CAB}{2}$.

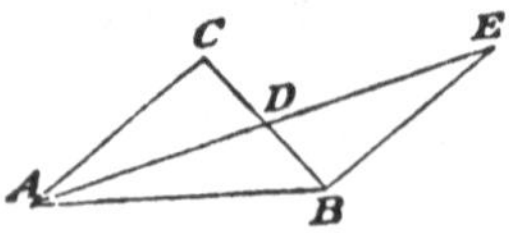

Fig. 52.

Verführt man mit dem Dreieck ABE ebenso wie mit dem Dreieck ABC, so erhält man ein drittes Dreieck mit der Winkelsumme $2R + \delta$, und ein Winkel dieses Dreiecks ist $\leqq \sphericalangle \frac{CAB}{4}$. Nach dem $n$ten Schritt dieses Verfahrens ergibt sich ein Dreieck mit der Winkelsumme $2R + \delta$, in dem ein Winkel $\leqq \frac{CAB}{2^n}$ ist. Nach dem Axiom von Eudoxos kann n so groß gewählt werden, daß $2^n \cdot \delta > \sphericalangle CAB$ ist. Dann ist aber $\delta > \frac{CAB}{2^n}$, d. h. größer als der kleinste Winkel des bei dem $n$ten Konstruktionsschritt erhaltenen Dreiecks. Da aber die Summe aller drei Winkel dieses Dreiecks $2R + \delta$ betragen soll, so muß die Summe der beiden andern Winkel dieses Dreiecks größer als $2R$ sein. Das ist unmöglich.

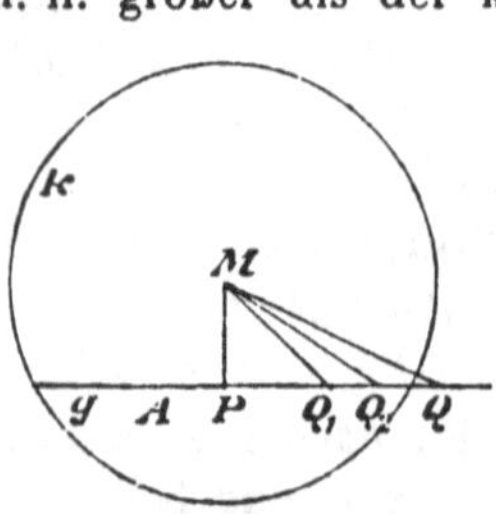

Fig. 53.

Satz von Legendre: In keinem Dreieck ist die Winkelsumme größer als zwei Rechte.[1])

7. Es sei g eine Gerade und k ein Kreis mit dem Mittelpunkt M und dem Halbmesser r, g und k liegen in einer Ebene und g habe einen Punkt A im Innern des Kreises k (Fig. 53). MP sei das Lot von M auf g, und Q sei ein Punkt auf g, der von P die Entfernung r hat. Verbindet man Q

[1]) Der Beweis dieses Satzes verlangt, daß die Strecke AD über D hinaus um ihre eigene Länge verlängert werde. Der Beweis gilt also nur dann für jedes beliebige Dreieck, wenn die unbegrenzte Länge jeder geraden Linie vorausgesetzt wird. Diese Voraussetzung liegt, wie man leicht sieht, in dem bei der Bestimmung des Punktes E benötigten Kongruenzaxiom III 1.

mit M, so ist $MQ > PQ$ oder $MQ > r$, d. h. Q liegt außerhalb des Kreises k. Es soll bewiesen werden, daß die Gerade g mit dem Kreise k mindestens einen Punkt gemein hat.

Man verbinde die Mitte Q_1 von PQ mit M. Dann ist wegen $PQ_1 < PQ$ auch $MQ_1 < MQ$. Ist $MQ_1 = r$, so ist Q_1 der gesuchte Schnittpunkt von g und k. Ist $MQ_1 < r$, so setzt man $A_1 = Q_1$, $B_1 = Q$. Ist $MQ_1 > r$, so setzt man $A_1 = P$, $B_1 = Q_1$. Dann ist auf jeden Fall $MA_1 < r$, $MB_1 > r$, $PA_1 < PB_1$ und $A_1B_1 = \frac{PQ}{2}$. Man verbinde die Mitte Q_2 von A_1B_1 mit M. Ist $MQ_2 = r$, so ist Q_2 der gesuchte Schnittpunkt von g und k. Ist $MQ_2 < r$, so setzt man $A_2 = Q_2$, $B_2 = B_1$. Ist $MQ_2 > r$, so setzt man $A_2 = A_1$, $B_2 = Q_2$. Dann ist auf jeden Fall $MA_2 < r$, $MB_2 > r$, $MA_1 \leqq MA_2$, $MB_1 \geqq MB_2$, $PA_1 \leqq PA_2 < PB_2 \leqq PB_1$ und $A_2B_2 = \frac{PQ}{4}$. Durch Fortsetzung dieses Verfahrens erhält man zwei Klassen von Strecken PA_i und PB_i von folgenden Eigenschaften: 1. $PA_1 \leqq PA_2 \leqq PA_3 \ldots$, $PB_1 \geqq PB_2 \geqq PB_3 \ldots$, 2. $PA_i < PB_i$, 3. $A_n B_n = \frac{PQ}{2^n}$. Ist δ eine beliebig kleine Strecke, so kann man immer die Zahl n so groß wählen, daß $2^n \delta > PQ$, also $A_n B_n < \delta$ ist. Nach dem Cantorschen Axiom gibt es eine Strecke PX, die nicht kleiner als irgendeine Strecke der ersten Klasse und nicht größer als irgendeine Strecke der zweiten Klasse ist. Verbindet man X mit M, so muß $MX = r$ sein. Wäre nämlich $MX = r - \delta$, so könnte man die Zahl n so groß wählen, daß $A_n B_n < \delta$ ist. Trägt man die Strecke $XY = \delta$ von X aus auf der Verlängerung von PX ab, so müßte also der Punkt B_n zwischen X und Y liegen. Verbindet man M mit B_n, so ist $MB_n < MX + XB_n < MX + \delta$, also $MB_n < r$. Das ist unmöglich. Also kann nicht $MX < r$ sein. Ebenso zeigt man, daß auch nicht $MX > r$ sein kann. Also ist $MX = r$. Der Kreis k schneidet die Gerade g in X. Bestimmt man den Punkt X_1 so, daß (X_1PX) und $X_1P = PX$ ist, so folgt aus der Kongruenz der Dreiecke PMX und PMX_1, daß $MX_1 = MX$ ist.

Hat eine Gerade einen Punkt im Innern eines Kreises, so schneidet sie den Kreis in zwei Punkten.

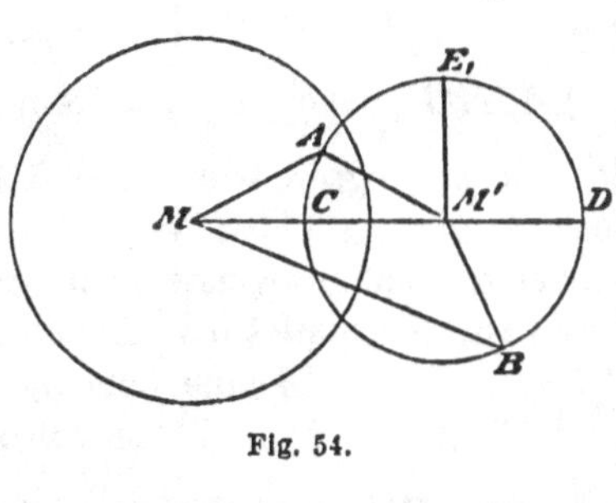

Fig. 54.

8. In einer Ebene sei ein Kreis k mit dem Mittelpunkt M und dem Halbmesser r gegeben. Ein zweiter Kreis k' der Ebene mit dem Mittelpunkt M' und dem Halbmesser r' habe einen Punkt A im Innern und einen Punkt B außerhalb von k. Es soll bewiesen werden, daß sich k und k' in zwei Punkten schneiden (Fig. 54). Zunächst trifft die Gerade MM' den Kreis k' in zwei Punkten C und D. Diese liegen auf der Gerade MM'

auf verschiedenen Seiten von M'. Dann ist $CM = MM' - r'$ und $DM = MM' + r'$. In dem Dreieck $MM'A$ ist $MM' - M'A < MA$. Setzt man $M'A = r'$ und $MA < r$, so folgt $CM < r$, d. h. C liegt innerhalb von k. In dem Dreieck $MM'B$ ist $MM' + M'B > MB$. Setzt man $M'B = r'$ und $MB > r$, so folgt $DM > r$, d. h. D liegt außerhalb von k.

Man halbiere den einen der beiden gestreckten Winkel $CM'D$. Die Halbierungslinie treffe den Kreis k' in E_1. Man verbinde E_1 mit M. Ist $ME_1 = r$, so ist E_1 der gesuchte Schnittpunkt von k und k'. Ist $ME_1 < r$, so setzt man $A_1 = E_1$, $B_1 = D$. Ist $ME_1 > r$, so setzt man $A_1 = C$, $B_1 = E_1$. In jedem Falle ist $MA_1 < r$, $MB_1 > r$, $\sphericalangle B_1M'A_1 = R$. Man halbiere den Winkel $B_1M'A_1$. Die Halbierungslinie treffe den Kreis k' in E_2. Man verbinde E_2 mit M. Ist $ME_2 = r$, so ist E_2 einer der gesuchten Schnittpunkte von k und k'. Ist $ME_2 < r$, so setzt man $A_2 = E_2$, $B_2 = B_1$. Ist $ME_2 > r$, so setzt man $A_2 = A_1$, $B_2 = E_2$. In jedem Falle ist $MA_2 < r$, $MB_2 > r$, $\sphericalangle B_2M'A_2 = \frac{R}{2}$, und nach dem Inkongruenzsatz $MA_1 \leqq MA_2$, $MB_1 \geqq MB_2$. Halbiert man den Winkel $B_2M'A_2$, so findet man nach demselben Verfahren zwei Punkte A_3 und B_3, so daß $MA_1 \leqq MA_2 \leqq MA_3$, $MB_1 \geqq MB_2 \geqq MB_3$ (Inkongruenzsatz), $MA_3 < r$, $MB_3 > r$, $\sphericalangle B_3M'A_3 = \frac{R}{4}$ ist. Durch Fortsetzung dieses Verfahrens erhält man zwei Klassen von Winkeln $MM'A_i$ und $MM'B_i$ auf der einen Seite von MM' mit folgenden Eigenschaften: 1. $MM'A_1 \leqq MM'A_2 \leqq MM'A_3 \ldots$, $MM'B_1 \geqq MM'B_2 \geqq MM'B_3 \ldots$, 2. $\sphericalangle MM'A_i < \sphericalangle MM'B_i$, 3. $\sphericalangle A_nM'B_n = \frac{R}{2^{n-1}}$. Ist δ ein beliebig kleiner Winkel, so kann man die Zahl n so groß wählen, daß $2^{n-1}\delta > R$, also $\sphericalangle A_nM'B_n < \delta$ wird. Nach 4 gibt es einen Winkel $MM'X$, der weder kleiner als irgendein Winkel der ersten Klasse noch größer als irgendein Winkel der zweiten Klasse ist. Verbindet man X mit M, so muß $MX = r$ sein. Wäre nämlich $MX = r - \delta$, wo δ eine beliebig kleine Strecke bedeutet, so ziehe man durch X eine von $M'X$ verschiedene Gerade, trage auf dieser nach der Seite von $M'X$, auf der M nicht liegt, die Strecke $XY = \frac{\delta}{2}$ ab und verbinde Y mit M' (Fig. 55). Dann gibt es auf der Seite von $M'Y$, auf der X nicht liegt, einen durch M' gehenden Strahl l, der mit $M'Y$ einen Winkel gleich Winkel $XM'Y$ bildet. Dieser Strahl treffe k' in Z, und XZ schneide YM' in U. Dann ist $XZ = 2XU$, $XU \leqq XY$, $XY = \frac{\delta}{2}$, also

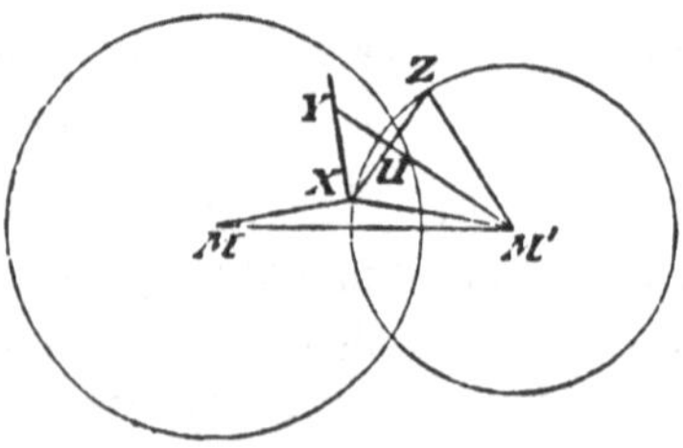

Fig. 55.

$XZ \leqq \delta$. In dem Dreieck MXZ wäre $MZ < MX + XZ \leqq MX + \delta$, also $MZ < r$. Wählt man die Zahl n so groß, daß $\sphericalangle A_n M' B_n < \sphericalangle XM'Z$ wird, so ist $\sphericalangle MM'X < \sphericalangle MM'Z$, also $MB_n < MZ$ (Inkongruenzsatz). Wegen $MZ < r$ müßte also $MB_n < r$ sein. Das ist unmöglich. Also kann nicht $MX < r$ sein. Ebenso wird gezeigt, daß auch nicht $MX > r$ sein kann. Also ist $MX = r$, d. h. X ist ein Schnittpunkt von k und k'. Ist V der Fußpunkt des Lotes von X auf MM' und X' der Punkt, für den (XVX') und $XV = VX'$ ist, so ist $\triangle MXV \cong \triangle MX'V$ (I) und $\triangle M'XV \cong \triangle M'X'V$ (I), daher $MX' = MX = r$ und $M'X' = M'X = r'$.

Liegen zwei Kreise in einer Ebene so, daß der eine einen Punkt innerhalb und einen Punkt außerhalb des andern hat, so schneiden sich die beiden Kreise in zwei Punkten.

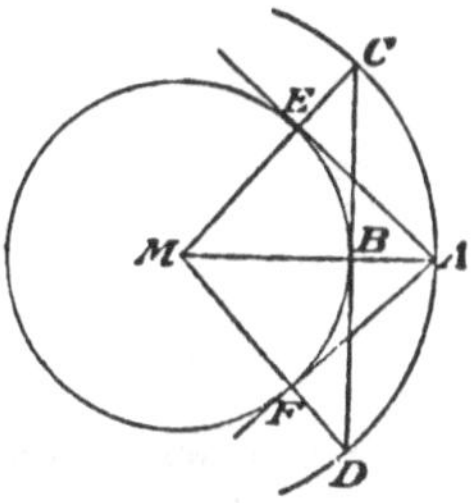

Fig. 56.

9. In einer Ebene seien ein Kreis k mit dem Mittelpunkte M und ein Punkt A außerhalb des Kreises gegeben (Fig. 56). MA schneide den Kreis in B. Das Lot auf MA in B schneide den Kreis um M mit dem Halbmesser MA in C und D (7). MC und MD schneiden den Kreis k in E und F. Verbindet man E und F mit A, so ist $\triangle MAE \cong MAF \cong \triangle MCB$ (I), also $\sphericalangle MEA = \sphericalangle MFA = \sphericalangle MBC = R$. EA und FA sind daher Tangenten des Kreises k.

Durch einen Punkt außerhalb eines Kreises lassen sich stets zwei Tangenten an den Kreis legen.

Viertes Kapitel.

Das Parallelenaxiom.

§ 11. Geschichtliches.[1]) Formulierung des Axioms.

1. Die schon im Altertum einsetzende Kritik an den Elementen von Eukleides bezog sich außer auf die Definitionen der geraden Linie und der Ebene besonders auf das Parallelenaxiom. Schon die alten Eukleidesausleger hatten das dunkle Gefühl, daß es mit diesem Axiom eine andere Bewandtnis habe als mit den andern Grundsätzen von Eukleides, und daß hier wohl eigentlich eine Lücke in dem kunstvollen Systeme sei, die man ausfüllen müsse. Doch man versuchte mehr als zwei Jahrtausende lang die Ausfüllung der Lücke auf einem falschen Wege, indem man sich bemühte, das Parallelenaxiom zu beweisen, d. h. es auf die andern Axiome zurückzuführen. Erst vor rund hundert Jahren entdeckten Gauss, Lobatschefskij, Johann Bolyai und später Riemann, daß die Lücke in dem eukleidischen System in einer ganz andern unerwarteten Weise ausgefüllt werden müsse; das eukleidische Parallelenaxiom ist tatsächlich nur eine von drei möglichen Annahmen über die Parallelen, von denen sich keine als die ausschließlich wahre erweisen läßt, die vielmehr alle drei zu in sich widerspruchfreien geometrischen Systemen führen. Die eukleidische Geometrie bildet in gewissem Sinne den Grenzfall oder Übergang zwischen den beiden andern Systemen, die man nach Gauss als „Nichteukleidische Geometrien“ bezeichnet.

Es soll zunächst kurz die Stellung des Parallelenaxioms in dem eukleidischen Systeme gekennzeichnet werden. Die Anordnung in dem ersten Buche der Elemente, die beim ersten flüchtigen Durchblättern vielleicht ziemlich unübersichtlich erscheinen könnte, wird sofort klar und verständlich, wenn man beachtet, daß Eukleides offenbar von dem Bestreben geleitet ist, so lange wie möglich ohne den Gebrauch des Parallelenaxioms auszukommen. Das bewirkt nun eine wesentlich andere Anordnung der Sätze, als wir sie heute in unsern Lehrbüchern finden. Eukleides beweist zunächst vom Dreieck alles das, was vom Parallelen-

[1]) Vgl. Enzykl. III AB 9, S. 863.

axiom unabhängig ist. Statt des vollständigen Satzes vom Außenwinkel kann er infolgedessen zunächst nur behaupten (Satz 16): Ein Außenwinkel ist größer als jeder der beiden Innenwinkel, die nicht seine Nebenwinkel sind. Und statt des Satzes von der Summe der Winkel eines Dreiecks hat er zunächst nur den Satz (17): Die Summe zweier Dreieckswinkel ist stets kleiner als $2R$. Erst in den Sätzen 27 und 28 kommt Eukleides auf die Figur, die wir in der Regel vor dem Dreieck behandeln: Zwei gerade Linien einer Ebene, die von einer dritten Gerade geschnitten werden. Satz 27 lautet: Werden zwei gerade Linien von einer dritten so geschnitten, daß zwei Wechselwinkel gleich sind, so sind die geschnittenen Linien parallel. Diesen Satz beweist er indirekt, indem er zeigt, daß das Gegenteil zu einem Widerspruch gegen den Satz 16 vom Außenwinkel führt. Satz 28 lautet: Werden zwei gerade Linien von einer dritten so geschnitten, daß zwei Gegenwinkel gleich sind, oder daß zwei entgegengesetzte Winkel zusammen $2R$ betragen, so sind die geschnittenen Linien parallel. Dieser Satz wird auf den vorigen zurückgeführt.

Mit diesen 28 Sätzen ist die Summe dessen erledigt, was bei Eukleides vom Parallelenaxiom unabhängig ist. Satz 29 faßt die Umkehrungen der Sätze 27 und 28 zusammen; er lautet: Werden zwei Parallelen von einer dritten Gerade geschnitten, so sind die Wechselwinkel gleich, die Gegenwinkel gleich, und je zwei entgegengesetzte Winkel betragen zusammen $2R$.

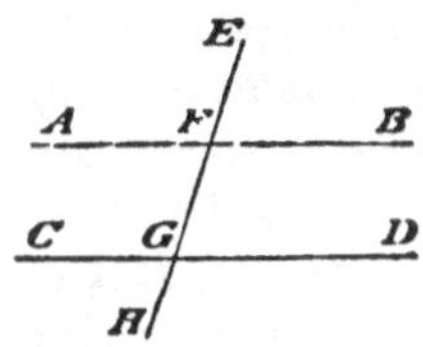

Fig. 57.

Voraussetzung (Fig. 57): $AB \| CD$.

Behauptung: $\sphericalangle AFG = \sphericalangle FGD$ usw.

Beweis: Wäre $\sphericalangle AFG \neq FGD$, so müßte einer von beiden Winkeln der größere sein, z. B. sei $\sphericalangle AFG > \sphericalangle FGD$. Nun ist $AFG + GFB = 2R$. Also würde sein: $FGD + GFB < 2R$. Aus dieser Ungleichung müßte nun gefolgert werden, daß sich FB und GD gegen die Voraussetzung schneiden.

Im 17. Satze hat Eukleides bewiesen: Die Summe zweier Dreieckswinkel ist kleiner als $2R$. Hier handelt es sich offenbar um folgende Umkehrung dieses 17. Satzes: Wenn drei gerade Linien zwei Winkel bilden, deren Summe kleiner als $2R$ ist, so müssen sie ein Dreieck bilden. Den Beweis für diese Umkehrung zu finden, war Eukleides nicht gelungen und konnte ihm der Natur der Sache nach auch nicht gelingen: Man kann nämlich von hier aus weitergehend eine in sich widerspruchfreie Geometrie, die Lobatschefskij-Bolyaische oder hyperbolische Form der nichteukleidischen Geometrie, entwickeln, in der sich die beiden Geraden FB und GD nicht schneiden. Wenn Eukleides auch nicht bis zu dieser unserer heutigen Erkenntnis durchgedrungen ist, so zeugt es doch von einer erstaunlich tiefen Einsicht in den Zusammenhang der geometrischen Wahrheiten, daß Eukleides nicht, wie so viele seiner Kritiker und vermeintlichen Verbesserer, sich hier mit einem Scheinbeweis begnügte, sondern die Tatsache, daß sich diese beiden Geraden FB und GD schneiden müssen, unter die Forderungen oder Axiome seiner Geometrie aufnahm. Und so lautet denn die berühmte 5. Forderung oder das Parallelenaxiom von Eukleides: *Wenn eine zwei Geraden schneidende Gerade mit ihnen zwei innere entgegengesetzte Winkel bildet, die zusammen kleiner als $2R$ sind, so schneiden sich die beiden geschnittenen Geraden bei unbegrenzter Verlängerung auf der Seite der schneidenden Gerade, auf der diese Winkel liegen.*

Aus dem Satze 29, der mit Annahme der 5. Forderung sofort indirekt bewiesen ist, folgt dann weiter, daß *durch einen Punkt zu einer Gerade stets eine und nur eine Parallele gezogen werden kann.* Nach den Angaben von Proklos hat Ptolemaios an Stelle der Eukleidischen 5. Forderung diesen Satz als Axiom aufgestellt. Aus ihm läßt sich sofort die 5. Forderung beweisen. Beide sind also tatsächlich logisch gleichwertig. Diese Ptolemaiische Form des Parallelenaxioms wird heute in den meisten Darstellungen der Elementargeometrie gebraucht. In England und Amerika wird sie als das Axiom von Playfair bezeichnet. Aus dem mittels des Parallelenaxioms bewiesenen Satze 29 folgen die Sätze, daß die Winkelsumme im Dreieck $2R$ beträgt, und daß jeder Außenwinkel gleich der Summe der Innenwinkel ist, die nicht seine Nebenwinkel sind. Nimmt man umgekehrt den Satz von der Winkelsumme des Dreiecks als Axiom an, so folgt aus ihm, wie Girolamo Saccheri in seinem Buche Euclides ab omni naevo vindicatus, Mailand 1733, bewiesen hat, wieder das Eukleidische Parallelenaxiom als Lehrsatz. *Der Satz von der Winkelsumme ist also dem Eukleidischen Parallelenaxiom gleichwertig.*

2. Da sich das Eukleidische Parallelenaxiom beweisen läßt, wenn man voraussetzt, daß die Winkelsumme im Dreieck $2R$ beträgt, so finden wir in der Geschichte des Parallelenaxioms immer wieder vergebliche Versuche, unabhängig vom Parallelenaxiom den Satz von der Winkelsumme zu beweisen. Außer Saccheri hat Legendre derartige Versuche unternommen. Saccheris Versuche führten natürlich nicht zu dem erhofften Ziele, ergaben aber den wichtigen, von ihm selbst allerdings nicht ausdrücklich ausgesprochenen, aber in seinen Schlußfolgerungen unmittelbar enthaltenen Satz: *Wenn in irgendeinem Dreieck die Winkelsumme $\gtreqless 2R$ ist, so ist in jedem Dreieck die Winkelsumme $\gtreqless 2R$.* Dieser Satz ist dann von Legendre von neuem gefunden und ausdrücklich ausgesprochen worden und wird daher gewöhnlich der Legendresche Satz genannt. Während der Fall der Gleichheit der eukleidischen Geometrie entspricht, führen die Annahmen, daß die Winkelsumme $\gtrless 2R$ sei, die erste auf die Riemannsche, die zweite auf die Lobatschefskij-Bolyaische nichteukleidische Geometrie.

3. Aus dem Eukleidischen Parallelenaxiom leitet man die Existenz ähnlicher Figuren her. Der Engländer Wallis (1616—1703) zeigte, *daß man auch umgekehrt aus dem Axiom: Zu jeder Figur gibt es eine ähnliche* *von willkürlicher Größe, die 5. Forderung von Eukleides beweisen kann.* Da somit die Existenz ähnlicher Figuren mit dem Bestehen des Eukleidischen Parallelenaxioms gleichwertig ist, so kann es nur in der eukleidischen Geometrie zu einer gegebenen Figur eine ähnliche geben; in den beiden nichteukleidischen Geometrien fällt die Ähnlichkeitslehre weg. Ein Abbild der Riemannschen nichteukleidischen Geometrie, in der die Winkelsumme im Dreieck $> 2R$ ist, besitzen wir für zwei Dimensionen in der Sphärik der eukleidischen Geometrie. Die Winkelsumme jedes sphärischen Dreiecks ist $> 2R$, und *der sphärische Exzeß, d. h. der Überschuß der Winkelsumme über* $2R$, *ist proportional dem Flächeninhalt des Dreiecks.* Einen entsprechenden Satz für die andere Form der nichteukleidischen Geometrie, in der die Winkelsumme im Dreieck $< 2R$ ist, fand bei seinen Bemühungen, das Eukleidische Parallelenaxiom als das einzig mögliche zu erweisen, Johann Heinrich Lambert (Theorie der Parallellinien, 1766). Er fand: *In der Geometrie, in der die Winkelsumme im Dreieck* $< 2R$ *ist, ist der Defekt, d. h. die Differenz zwischen* $2R$ *und der Winkelsumme, proportional dem Flächeninhalt des Dreiecks.* Aus den beiden Sätzen zusammen folgt, daß für hinreichend kleine Dreiecke beider nichteukleidischen Geometrien die Winkelsumme beliebig wenig von $2R$ verschieden ist, oder daß *in einem unendlich kleinen Gebiet eines nichteukleidischen Raumes stets die eukleidische Geometrie gilt.*

4. Aus diesem Ergebnis entsprang der Gedanke, der Lobatschefskij beschäftigte, durch Messung der Winkel in einem astronomischen Dreieck oder in einem möglichst großen Dreieck auf der Erde zu entscheiden, welche der drei Geometrien in unserm Erfahrungsraume wirklich herrsche. Aber man sieht leicht, daß solche Messungen zu keiner Entscheidung dieser Frage führen können. Angenommen, es ergebe sich wirklich ein Unterschied der Winkelsumme von $2R$, der sicher außerhalb der Fehlergrenze der Messungen liegt. Dann gibt es immer zwei Arten der Erklärung: 1. Unser Raum ist nichteukleidisch, oder 2. unser Raum ist eukleidisch, aber die physikalischen Gesetze, die unseren Messungen zugrunde liegen, müssen abgeändert werden, z. B. die Lichtstrahlen sind keine geraden Linien. Ergibt sich umgekehrt kein außerhalb der Fehlergrenzen liegender Defekt oder Exzeß, so gibt es neben der naheliegenden Annahme 1., daß unser Raum eukleidisch sei, immer noch die Annahme 2., daß unser Dreieck zu klein gewesen sei, um die wirklich vorhandene Abweichung von dem eukleidischen Charakter des Raumes in der Messung in die Erscheinung treten zu lassen.

5. In der folgenden Darstellung soll das Parallelenaxiom in der auf Ptolemaios zurückgehenden, heute gebräuchlichsten Form ausgesprochen werden, in der es auch von Hilbert gebraucht wird. Zuvor aber müssen einige Erklärungen gegeben und einige Sätze über sich schneidende Geraden bewiesen werden.

Gerade Linien einer Ebene, die sich nicht schneiden, heißen parallel. Werden zwei gerade Linien einer Ebene von einer dritten Gerade in den Punkten A und B geschnitten (Fig. 58), *so werden die Winkel mit dem Scheitelpunkt A, die den von A ausgehenden, B enthaltenden Strahl als Schenkel haben, und die Winkel mit dem Scheitelpunkt B, die den von B ausgehenden, A enthaltenden Strahl als Schenkel haben (3, 4, 5, 6), innere Winkel, die andern Winkel (1, 2, 7, 8) mit den Scheitelpunkten A und B äußere Winkel genannt. Gegenwinkel heißen ein äußerer und ein innerer Winkel auf derselben Seite der schneidenden Gerade (1, 5; 2, 6; 3, 7; 4, 8), Wechselwinkel heißen zwei innere oder zwei äußere Winkel auf verschiedenen Seiten der schneidenden Gerade (1, 7; 2, 8; 3, 5; 4, 6), entgegengesetzte Winkel heißen zwei innere oder zwei äußere Winkel auf derselben Seite der schneidenden Gerade (1, 8; 2, 7; 3, 6; 4, 5).*

Sind irgend zwei Gegenwinkel einander gleich, so sind auch die übrigen Gegenwinkel gleich, und die Wechselwinkel sind gleich, und je zwei ent-

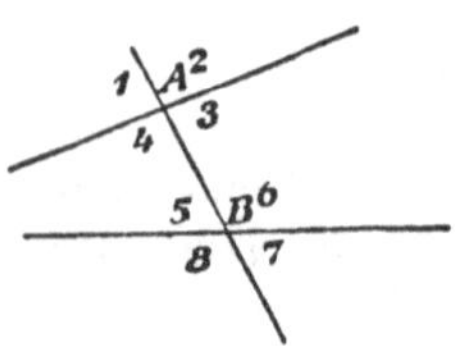

Fig. 58.

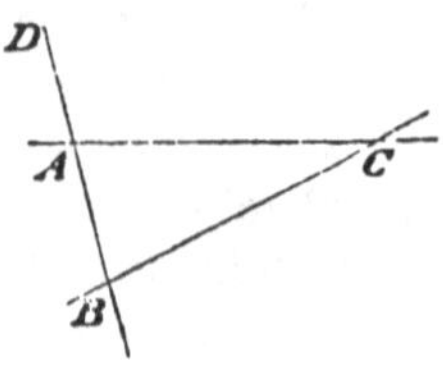

Fig. 59.

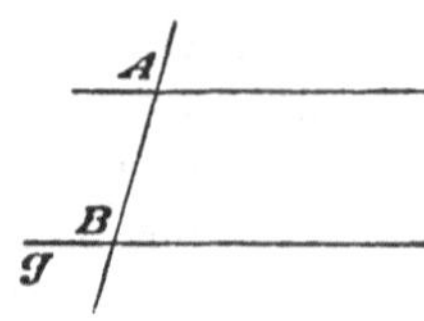

Fig. 60.

gegengesetzte Winkel betragen zusammen zwei Rechte. Sind irgend zwei Wechselwinkel gleich, so sind auch alle übrigen Wechselwinkel gleich, und die Gegenwinkel sind gleich, und je zwei entgegengesetzte Winkel betragen zusammen zwei Rechte. Betragen irgend zwei entgegengesetzte Winkel zusammen zwei Rechte, so betragen auch die übrigen entgegengesetzten Winkel zusammen zwei Rechte, und die Gegenwinkel sind gleich, und die Wechselwinkel sind gleich.

Die Beweise für diese drei Sätze ergeben sich unschwer aus den Sätzen über die Scheitelwinkel und Nebenwinkel.

Sind zwei Gegenwinkel einander gleich (*oder zwei Wechselwinkel einander gleich, oder betragen zwei entgegengesetzte Winkel zusammen zwei Rechte*), *so sind die geschnittenen Geraden parallel.* Angenommen, dies wäre nicht der Fall. Dann müßten sich die geschnittenen Geraden in einem Punkte C schneiden (Fig. 59). Nach der Voraussetzung (und den vorangehenden drei Sätzen) sind alle Paare von Gegenwinkeln einander gleich, also auf jeden Fall $\sphericalangle DAC = \sphericalangle ABC$. Nach dem Satze vom Außenwinkel aber ist $\sphericalangle DAC > \sphericalangle ABC$. Das ist ein Widerspruch. Also können sich die geschnittenen Geraden nicht schneiden.

Gegeben sei eine gerade Linie g und ein Punkt A außerhalb g. g und A bestimmen eine Ebene α. Man verbinde einen beliebigen Punkt B von g mit A (Fig. 60). Einen der beiden Winkel zwischen g und dem von B ausgehenden, A enthaltenden Strahle trage man an den von A ausgehenden, B nicht enthaltenden Strahl der Gerade AB derart an, daß beide Winkel auf derselben Seite der Gerade AB in der Ebene α liegen. Die beiden Winkel bilden ein Paar gleicher Gegenwinkel. Der von der Gerade AB verschiedene Schenkel des in A angetragenen Winkels ist also der Gerade g parallel.

Durch jeden Punkt A außerhalb einer Gerade g gibt es in der die Gerade und den Punkt enthaltenden Ebene stets eine Parallele zu g.

V. *Parallelenaxiom. Durch jeden Punkt A außerhalb einer Gerade g ist in der die Gerade und den Punkt enthaltenden Ebene höchstens eine Parallele zu g möglich.*

Aus dem vorangehenden Satze und dem Parallelenaxiom folgt, *daß durch jeden Punkt A außerhalb einer Gerade g in der die Gerade und den Punkt A enthaltenden Ebene stets eine und nur eine Parallele zu g möglich ist.*

§ 12. Folgerungen aus dem Parallelenaxiom.

1. *Sind in einer Ebene zwei gerade Linien gegeben, die von einer dritten Gerade geschnitten werden, und sind irgend zwei Gegenwinkel ungleich, so sind auch alle übrigen Gegenwinkel ungleich, und alle Wechselwinkel sind ungleich, und die Summe je zweier entgegengesetzter Winkel ist von $2R$ verschieden.* Wären nämlich irgend zwei andere Gegenwinkel gleich, oder wären zwei Wechselwinkel gleich, oder würden zwei entgegengesetzte Winkel zusammen zwei Rechte betragen, so müßten auch die zuerst genannten Gegenwinkel gleich sein. Das widerspricht aber der Voraussetzung.

Ebenso ergibt sich: *Wenn zwei Wechselwinkel ungleich sind, oder wenn zwei entgegengesetzte Winkel zusammen nicht $2R$ betragen, so sind alle Gegenwinkel und alle Wechselwinkel ungleich, und die Summen je zweier entgegengesetzter Winkel sind von $2R$ verschieden.*

2. Sind a und b zwei parallele gerade Linien, und sind A und B irgend zwei Punkte von a, so enthält die Strecke AB, da a und b sich nicht schneiden, keinen Punkt von b. *Alle Punkte einer Gerade liegen auf derselben Seite einer Parallele zu dieser Gerade.*

Sind a, b, c irgend drei gerade Linien, und ist $a \parallel b$ und $b \parallel c$, so ist auch $a \parallel c$. Schnitten sich nämlich a und c in einem Punkte A, so gäbe es in der durch A und b bestimmten Ebene durch den Punkt A zwei Parallelen zu b. Das ist unmöglich (V).

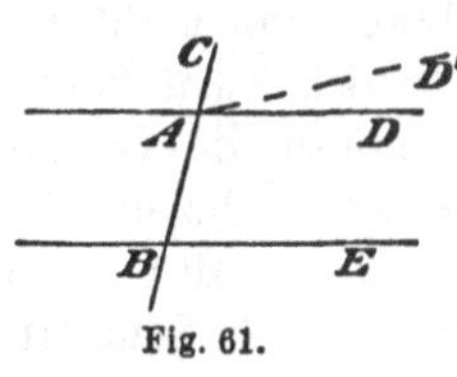

Fig. 61.

3. In einer Ebene seien zwei parallele gerade Linien gegeben, die von einer dritten Gerade in den Punkten A und B geschnitten werden (Fig. 61). Angenommen, es wären irgend zwei Gegenwinkel oder zwei Wechselwinkel ungleich oder die Summe von irgend zwei entgegengesetzten

Winkeln von $2R$ verschieden. Dann wäre nach **1** $\sphericalangle CAD = \sphericalangle ABE$. Man trage an den von A ausgehenden B nicht enthaltenden Strahl AC der Gerade $AB \sphericalangle CAD' = \sphericalangle ABE$ derart an, daß AD' und BE auf derselben Seite der Gerade AB liegen. CAD' und ABE sind gleiche Gegenwinkel. Sind zwei Gegenwinkel gleich, so sind die geschnittenen Geraden parallel. Also wäre $AD' \| BE$. Durch A würden also zwei Parallelen zu BE gehen. Das ist unmöglich (V).

Gegenwinkel und Wechselwinkel an Parallelen sind gleich, entgegengesetzte Winkel an Parallelen betragen zusammen $2R$.

Indirekt folgt: *Werden zwei gerade Linien von einer dritten Gerade derart geschnitten, daß irgend zwei Gegenwinkel oder zwei Wechselwinkel ungleich sind oder die Summe irgend zweier entgegengesetzter Winkel von* $2R$ *verschieden ist, so schneiden sich die geschnittenen Geraden.* Daß der Schnittpunkt auf der Seite der schneidenden Gerade liegt, auf der zwei innere entgegengesetzte Winkel zusammen weniger als $2R$ betragen, folgt daraus, daß die eine der geschnittenen Geraden ganz auf einer Seite der Parallele liegt, die man durch den Schnittpunkt der schneidenden Gerade mit der andern geschnittenen Gerade zu der ersten legen kann. Damit ist das Parallelenaxiom in der von Eukleides gewählten Form als Lehrsatz aus der Ptolemaiischen Form des Parallelenaxioms hergeleitet.

4. *Nimmt man auf einer Gerade einen beliebigen Punkt an, so sagt man, die beiden von diesem Punkte ausgehenden Strahlen haben entgegengesetzte Richtung. Schneidet man zwei parallele Geraden durch eine dritte Gerade, so sagt man, zwei Strahlen der Parallelen, die auf derselben Seite der schneidenden Gerade liegen, haben gleiche Richtung, zwei Strahlen der beiden Parallelen, die auf verschiedenen Seiten der schneidenden Gerade liegen, haben entgegengesetzte Richtung. Sind A und B zwei Punkte einer Gerade, so sagt man, der von A ausgehende Strahl, der B enthält, und der von B ausgehende Strahl, der A enthält, haben entgegengesetzte Richtung. Ist a ein Strahl einer Gerade g, b ein Strahl einer zu g parallelen Gerade g', und hat irgendein Strahl c von g (mit anderem Anfangspunkt als b) gleiche Richtung sowohl mit a als mit b, so sagt man, daß auch a und b gleiche Richtung haben.*

ab und cd seien zwei Winkel einer Ebene, und es sei $a \| c$ und $b \| d$. Dann kann nicht $a \| d$ sein; denn durch den Scheitel von ab ist nur eine Parallele zu d möglich (V). Ebenso kann nicht $b \| c$ sein. Es schneiden sich also die Geraden, denen die Strahlen a und d angehören, und die Geraden, denen die Strahlen b und c angehören, in je einem Punkte.

Ist A der Scheitel des Winkels ab, B der Scheitel des Winkels cd und C der Schnittpunkt von b und c, so sind folgende Fälle möglich: 1. Der von C ausgehende Strahl von b, der A nicht enthält, hat gleiche Richtung mit d, und der von C ausgehende Strahl von c, der B nicht enthält, hat gleiche Richtung mit a. Dann haben a und c einerseits und b

und d andrerseits gleiche Richtung. 2. Der von C ausgehende Strahl von b, der A nicht enthält, hat entgegengesetzte Richtung zu d, und der von C ausgehende Strahl von c, der B nicht enthält, hat gleiche Richtung mit a. Dann haben a und c gleiche Richtung, b und d entgegengesetzte Richtung. 3. Der von C ausgehende Strahl von b, der A nicht enthält, hat gleiche Richtung mit d, und der von C ausgehende Strahl von c, der B nicht enthält, hat entgegengesetzte Richtung zu a. Dann haben b und d gleiche, a und c entgegengesetzte Richtung. 4. Der von C ausgehende Strahl von b, der A nicht enthält, hat entgegengesetzte Richtung zu d, und der von C ausgehende Strahl von c, der B nicht enthält, hat entgegengesetzte Richtung zu a. Dann haben a und c sowohl wie b und d entgegengesetzte Richtung.

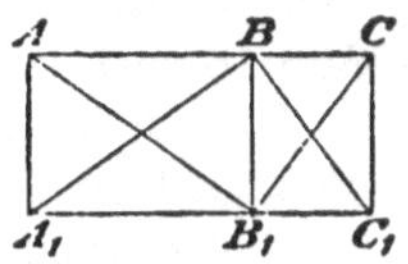

Fig. 62.

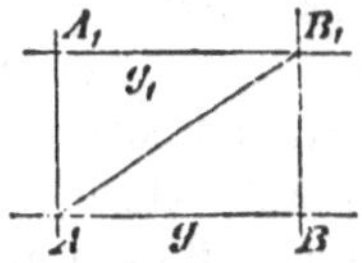

Fig. 63.

Mit Hilfe von 3 ergibt sich: *Winkel, deren Schenkel paarweise parallel und gleichgerichtet oder parallel und entgegengesetzt gerichtet sind, sind gleich; Winkel, von deren Schenkeln das eine Paar parallel und gleichgerichtet und das andere Paar parallel und entgegengesetzt gerichtet sind, betragen zusammen $2R$.*

5. Sind l und l_1 Lote auf einer Gerade in einer und derselben Ebene, so ist wegen der Gleichheit der Gegenwinkel $l \parallel l_1$.

Lote auf derselben Gerade in derselben Ebene sind parallel.

Sind A, B, C drei Punkte, die in einer Ebene auf einer und derselben Seite einer Gerade g liegen und gleiche Entfernungen AA_1, BB_1, CC_1 von g haben, und gilt $(A_1B_1C_1)$ (Fig. 62), so sind AA_1, BB_1, CC_1 als Lote auf derselben Gerade parallel. Verbindet man A mit B und B mit C, so ist also $\sphericalangle A_1AB + \sphericalangle B_1BA = 2R$, $\sphericalangle B_1BC + \sphericalangle C_1CB = 2R$ (3). Ferner ist $\triangle AA_1B_1 \cong \triangle BB_1A_1$ (I), also $AB_1 = BA_1$, $\sphericalangle AB_1A_1 = \sphericalangle BA_1B_1$, folglich $\sphericalangle AB_1B = \sphericalangle BA_1A$, $\triangle AB_1B \cong \triangle BA_1A$ (I), also $\sphericalangle ABB_1 = \sphericalangle BAA_1 = R$. Ebenso zeigt man, daß $\sphericalangle B_1BC = R$ ist. Daraus folgt, daß AB und BC eine gerade Linie bilden. Wegen $\sphericalangle BAA_1 + \sphericalangle AA_1B = 2R$ ist $AB \parallel A_1B_1$.

Alle Punkte, die in einer Ebene auf einer Seite einer Gerade von dieser gleich weit entfernt sind, liegen auf einer Parallele zu dieser Gerade.

Sind g und g_1 zwei Parallelen, AA_1 und BB_1 zwei Lote auf g (Fig. 63), so ist $AA_1 \parallel BB_1$. Zieht man AB_1, so ist $AB_1 = AB_1$, $\sphericalangle A_1AB_1 = \sphericalangle BB_1A$, $\sphericalangle A_1B_1A = \sphericalangle BAB_1$ (3), also $\triangle AA_1B_1 \cong \triangle B_1BA$ (II) und $AA_1 = BB_1$.

Errichtet man in der Ebene zweier Parallelen auf einer von ihnen Lote, so stehen diese auch auf der andern Parallele senkrecht, und die Strecken auf diesen Loten zwischen den Parallelen sind gleich. Trifft das in einem Punkte A einer Gerade auf dieser in einer Ebene errichtete Lot irgendeine Parallele zu der Gerade in A_1, so heißt AA_1 der Abstand oder die Ent-

fernung der beiden Parallelen. Der Ort der Punkte, die von einer gegebenen geraden Linie g in einer durch g gehenden Ebene α auf einer und derselben Seite von g den gegebenen Abstand d haben, ist die Parallele zu g in der Ebene α auf der gegebenen Seite von g im Abstande d.

6. Ist $h\,k$ ein spitzer Winkel mit dem Scheitel O und A ein Punkt im Innern des Winkels, so verbinde man A mit O und errichte auf AO in A das Lot l. Dann bilden h und l mit der sie schneidenden Gerade AO in A und O zwei innere entgegengesetzte Winkel, deren Summe kleiner als $2R$ ist. Also müssen sich h und l schneiden. Dasselbe gilt von k und l. *Durch einen Punkt im Innern eines spitzen Winkels kann man stets eine gerade Linie legen, die beide Schenkel des Winkels trifft.* Dieser Satz wurde von J. F. Lorenz 1791 (Grundriß der reinen und angewandten Mathematik 1, S. 102) zum Beweise des Parallelenaxioms von Eukleides benutzt. Da er hier aus dem Parallelenaxiom hergeleitet wurde, so folgt daraus, daß er dem Parallelenaxiom gleichwertig ist.

7. Mit Hilfe des Parallelenaxioms lassen sich die Sätze vom Außenwinkel und von der Winkelsumme eines Dreiecks vervollständigen.

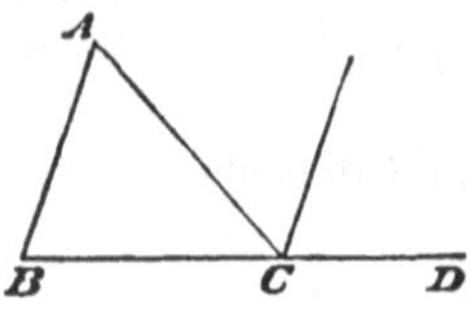

Fig. 64.

Sei ABC ein beliebiges Dreieck und D ein Punkt, für den (BCD) gilt (Fig. 64). Die Parallele zu AB durch C kann nicht in den Winkel ACB fallen; denn jede Gerade durch C innerhalb des Winkels ACB schneidet AB. Die Parallele teilt also den Außenwinkel ACD in zwei Teile, von denen der eine, an AC liegende, mit BAC ein Paar Wechselwinkel, der andere mit dem Winkel ABC ein Paar Gegenwinkel bildet. Wechselwinkel und Gegenwinkel an Parallelen sind gleich (3). Daher ist $\sphericalangle ACD = \sphericalangle BAC + \sphericalangle ABC$.

Ein Außenwinkel eines Dreiecks ist gleich der Summe der beiden Innenwinkel, die nicht seine Nebenwinkel sind. Da $\sphericalangle ACD + \sphericalangle BCA = 2R$ ist, so folgt $\sphericalangle BAC + \sphericalangle ABC + \sphericalangle BCA = 2R$. *Die Winkel eines Dreiecks betragen zusammen $2R$.*

Ist ein Winkel eines Dreiecks ein rechter, so betragen die beiden andern Winkel zusammen $1R$. Im rechtwinklig-gleichschenkligen Dreieck beträgt jeder Winkel an der Grundseite 45^0. Im gleichseitigen Dreieck müssen alle drei Winkel gleich sein; jeder Winkel eines gleichseitigen Dreiecks beträgt also 60^0.

Zieht man durch einen Punkt A_1 der Seite AB des Dreiecks ABC die Parallele zu AC, so muß diese noch eine zweite Seite des Dreiecks treffen. Das kann nicht AC sein. Die Parallele trifft also BC in einem Punkte C_1. Dann sind $\sphericalangle BA_1C_1 = \sphericalangle BAC$ und $\sphericalangle BC_1A_1 = \sphericalangle BCA$ als Gegenwinkel an Parallelen.

Es gibt also zu jedem Dreieck nichtkongruente Dreiecke, die mit ihm in den drei Winkeln übereinstimmen. Solche Dreiecke heißen ähnlich.

8. Setzt man an ein beliebiges Dreieck ABC ein zweites Dreieck ABD derart an, daß die Punkte C und D in der durch ABC bestimmten Ebene auf verschiedenen Seiten der Gerade AB liegen, so entsteht ein Viereck $ACBD$ (Fig. 65). *Unter den Punkten des Vierecks versteht man die Gesamtheit der Punkte der beiden Dreiecke ABC und ABD. A und B, C und D heißen die gegenüberliegenden Ecken des Vierecks, die Verbindungsstrecken der gegenüberliegenden Ecken heißen die Diagonalen des Vierecks.* Liegen D und B auf verschiedenen Seiten der Gerade AC, so liegt das Innere des Winkels CAD außerhalb des Vierecks. Als Viereckswinkel CAD betrachtet man in diesem Falle das Äußere des Winkels CAD, und man bezeichnet dieses Äußere des Winkels CAD als einen überstumpfen Winkel. *Ist hk irgendein spitzer, rechter oder stumpfer Winkel, so versteht man unter dem Innern des überstumpfen Winkels hk das Äußere des Winkels hk.* Ist E ein Punkt, für den (CAE) gilt, so besteht der überstumpfe Winkel aus dem gestreckten Winkel CAE, der den Punkt B enthält, und dem Winkel EAD. Man bezeichnet in diesem Falle den überstumpfen Winkel CAD als Summe der beiden Winkel CAE und EAD. *Ein überstumpfer Winkel ist sonach größer als ein gestreckter Winkel oder größer als $2R$. Ein überstumpfer Vieteckswinkel heißt auch ein einspringender Winkel des Vierecks.*

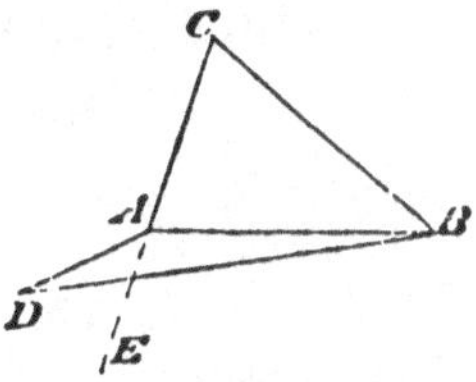

Fig. 65.

Nach **7** ist $\sphericalangle CAB + \sphericalangle ABC + \sphericalangle BCA = 2R$ und $\sphericalangle DAB + \sphericalangle ABD + \sphericalangle BDA = 2R$, also $\sphericalangle CAB + \sphericalangle ABC + \sphericalangle BCA + \sphericalangle DAB + \sphericalangle ABD + \sphericalangle BDA = \sphericalangle CAD + \sphericalangle ADB + \sphericalangle DBC + \sphericalangle BCA = 4R = 360^0$, gleichgültig, ob es sich um ein Viereck mit einem einspringenden Winkel oder ohne einen solchen handelt.

Die Winkel eines Vierecks betragen zusammen $4R$.

Fünftes Kapitel.

Parallelogramm, Trapez, Dreieck, Kreis und regelmäßige Vielecke.

§ 13. Das Parallelogramm.

1. ABC sei ein beliebiges Dreieck, die Parallele durch C zu AB und die Parallele durch B zu AC schneiden sich in D (Fig. 66). Dann ist $\sphericalangle CAB + \sphericalangle ABD = 2R$. Ferner ist $BC = BC$, $\sphericalangle ABC = \sphericalangle DCB$, $\sphericalangle ACB = \sphericalangle DBC$, also $\triangle ABC \cong \triangle DCB$ (II), und daher $AB = CD$, $AC = BD$, $\sphericalangle A = \sphericalangle D$, $\sphericalangle ACD = \sphericalangle ABD$.

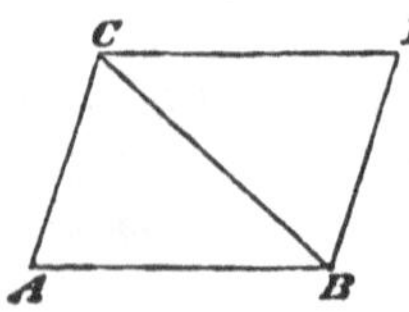

Fig. 66.

Ein Viereck mit parallelen Gegenseiten heißt Parallelogramm. Die gegenüberliegenden Seiten und Winkel eines Parallelogramms sind gleich. Je zwei aufeinanderfolgende Winkel eines Parallelogramms betragen zusammen $2R$.

Ist $ABCD$ ein Viereck, $AB = CD$ und $AD = BC$, und zieht man BD, so ist $\triangle ABD \cong \triangle CDB$(III), also $\sphericalangle ABD = \sphericalangle CDB$, $\sphericalangle ADB = \sphericalangle CBD$ und daher $AB \parallel CD$, $AD \parallel BC$.

Ein Viereck mit gleichen Gegenseiten ist ein Parallelogramm.

Ist $ABCD$ ein Viereck, $\sphericalangle A = \sphericalangle C$, $\sphericalangle B = \sphericalangle D$, so ist $\sphericalangle A + \sphericalangle B = \sphericalangle C + \sphericalangle D$. Wegen $\sphericalangle A + \sphericalangle B + \sphericalangle C + \sphericalangle D = 4R$ ist daher $\sphericalangle A + \sphericalangle B = \sphericalangle C + \sphericalangle D = 2R$, also $AB \parallel CD$, $AD \parallel BC$.

Ein Viereck mit gleichen gegenüberliegenden Winkeln ist ein Parallelogramm.

Ist $ABCD$ ein Viereck, $AB = CD$ und $AB \parallel CD$, und zieht man BD, so ist $\sphericalangle ABD = \sphericalangle CDB$, also $\triangle ABD \cong \triangle CDB$(I) und daher $\sphericalangle ADB = \sphericalangle CBD$, also $AD \parallel BC$.

Ein Viereck mit einem Paar gleich langer und paralleler Gegenseiten ist ein Parallelogramm.

Ist $ABCD$ ein Viereck, in dem $\sphericalangle A + \sphericalangle B = 2R$ und $\sphericalangle B + \sphericalangle C = 2R$ ist, so ist $AD \parallel BC$ und $AB \parallel CD$.

Ein Viereck, in dem ein Winkel mit jedem der beiden Nachbarwinkel zusammen $2R$ *ergibt, ist ein Parallelogramm.*

2. Zieht man in einem Parallelogramm die Diagonalen AC und BD, die sich in E schneiden, so ist $\triangle ABE \cong \triangle CDE$ (II) und daher $AE = CE$, $BE = DE$.

Die Diagonalen eines Parallelogramms halbieren einander.

Ist $ABCD$ ein Viereck, dessen Diagonalen AC und BD sich in E halbieren, so ist $\triangle ABE \cong \triangle CDE$ (I) und daher $AB = CD$, $\sphericalangle EAB = \sphericalangle ECD$, also $AB \parallel CD$, und $ABCD$ ein Parallelogramm.

Ein Viereck, dessen Diagonalen einander halbieren, ist ein Parallelogramm.

3. Ist $ABCD$ ein Parallelogramm und $\sphericalangle A = 1\,R$, so sind auch $\sphericalangle B = \sphericalangle C = \sphericalangle D = 1\,R$. *Ein Parallelogramm mit rechten Winkeln heißt ein rechtwinkliges Parallelogramm. Ein Parallelogramm mit einem rechten Winkel ist ein rechtwinkliges Parallelogramm.*

Zieht man in dem rechtwinkligen Parallelogramm $ABCD$ die Diagonalen AC und BD, so ist $\triangle ABC \cong \triangle BAD$ (I) und daher $AC = BD$.

Die Diagonalen eines rechtwinkligen Parallelogramms sind gleich.

Ist umgekehrt $ABCD$ ein Parallelogramm mit gleichen Diagonalen, so ergibt sich mittels des dritten Kongruenzsatzes $\sphericalangle B = \sphericalangle A$, also $\sphericalangle A = 1\,R$. *Ein Parallelogramm mit gleich langen Diagonalen ist rechtwinklig.* Mit Hilfe von 2 folgt hieraus weiter: *Ein Viereck mit gleichlangen, einander halbierenden Diagonalen ist ein rechtwinkliges Parallelogramm.*

Ist $ABCD$ ein Viereck mit rechten Winkeln, so ist $\sphericalangle A + \sphericalangle B = 2\,R$, $\sphericalangle B + \sphericalangle C = 2\,R$ und daher $AB \parallel CD$, $AD \parallel BC$. *Ein Viereck mit rechten Winkeln ist ein rechtwinkliges Parallelogramm.*

4. Ist $ABCD$ ein Parallelogramm und $AB = BC$, so ist auch $BC = AD$ und $AB = AD$ (1). *Ein Parallelogramm mit gleichen Seiten heißt gleichseitig. Sind in einem Parallelogramm zwei benachbarte Seiten gleich, so ist es gleichseitig.*

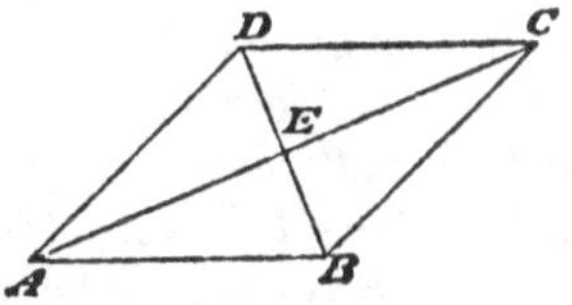

Fig. 67.

Zieht man in dem gleichseitigen Parallelogramm $ABCD$ die Diagonalen AC und BD, die sich in E schneiden (Fig. 67), so ist $\triangle ABE \cong \triangle ADE$ (III), also $\sphericalangle BAE = \sphericalangle DAE$, $\sphericalangle AEB = \sphericalangle AED = 1\,R$. *Die Diagonalen eines gleichseitigen Parallelogramms halbieren die Winkel des Parallelogramms und stehen aufeinander senkrecht.*

Ist $ABCD$ ein Parallelogramm, dessen Diagonalen sich in einem Punkte E rechtwinklig schneiden, so ist $\triangle ABE \cong \triangle ADE$ (I) und daher $AB = AD$. *Ein Parallelogramm, dessen Diagonalen aufeinander senkrecht stehen, ist gleichseitig.* Mit Hilfe von 2 folgt hieraus: *Ein Viereck, dessen Diagonalen einander halbieren und aufeinander senkrecht stehen, ist ein gleichseitiges Parallelogramm.*

Ist $ABCD$ ein Parallelogramm, in dem die Diagonale AC den Winkel A halbiert, so wird wegen der Gleichheit der Wechselwinkel an

Parallelen auch der Winkel C von AC halbiert. Daher ist $\sphericalangle CAB = \sphericalangle ACB$ und folglich $AB = BC$. *Wird ein Winkel eines Parallelogramms von einer Diagonale halbiert, so ist das Parallelogramm gleichseitig.*

Ist $ABCD$ ein Viereck mit gleichen Seiten, so ist $\triangle ABC \cong \triangle CDA$, $\sphericalangle BAC = \sphericalangle DCA$, also $AB \| CD$. *Ein Viereck mit gleichen Seiten ist ein gleichseitiges Parallelogramm.*

Ein Parallelogramm mit ungleichen benachbarten Seiten und schiefen Winkeln heißt Rhomboid. Ein Parallelogramm mit gleichen Seiten und schiefen Winkeln heißt Rhombus. Ein Parallelogramm mit ungleichen benachbarten Seiten und rechten Winkeln heißt Rechteck. Ein Parallelogramm mit gleichen Seiten und rechten Winkeln heißt Quadrat.

§ 14. Trapez. Seitenhalbierende, Mittellote und Höhen, Umkreis und Ankreise des Dreiecks.

1. $ABCD$ sei ein Viereck und $AB \| CD$ (Fig. 68). *Ein Viereck, in dem zwei Seiten parallel sind, heißt ein Trapez, die parallelen Seiten heißen die Grundseiten, die beiden nicht parallelen Seiten die Schenkel des Trapezes.* Man halbiere AD in E und BC in F und verbinde E mit F. Die Par-

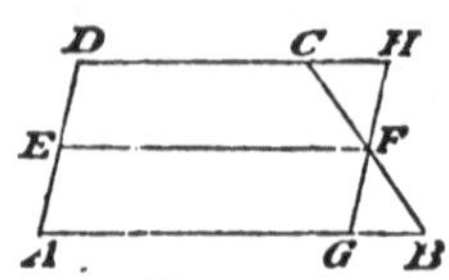

Fig. 68.

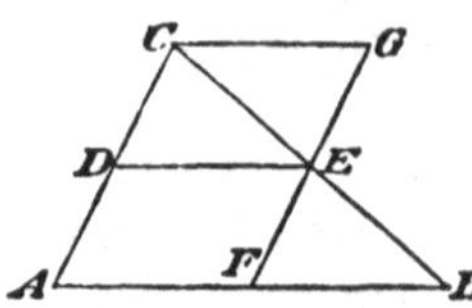

Fig. 69.

allele durch F zu AD schneide AB in G und die Verlängerung von DC in H. Dann ist $\triangle BFG \cong \triangle CFH$ (II), also $GF = FH$ und $BG = HC$. Da $AD = GH$ als Gegenseiten eines Parallelogramms, so ist $AE = GF$, und da außerdem $AE \| GF$, so ist $AGFE$ ein Parallelogramm, $AG \| EF$ und $AG = EF$. Aus $AG \| EF$ und $AG \| DH$ folgt $EF \| DH$. Also ist auch $EFHD$ ein Parallelogramm und $EF = DH$. Also $2EF = AG + DH = AB - GB + DC + CH = AB + DC$, $EF = \frac{1}{2}(AB + DC)$.

Die Verbindungsstrecke der Schenkelmitten eines Trapezes ist den Grundseiten parallel und gleich ihrer halben Summe.

2. In einem beliebigen Dreieck ABC verbinde man die Mitte D von AC mit der Mitte E von BC (Fig. 69). Die Parallele durch E zu AC treffe AB in F und die Parallele durch C zu AB in G. Dann ist $\triangle FBE \cong \triangle GCE$, daher $FE = EG$, $FB = CG$. Da außerdem $FE \| AD$ ist, so ist $AFED$ ein Parallelogramm, also $DE \| AF$ und $DE = AF$. In dem Parallelogramm $AFGC$ ist $CG = AF$. Aus $CG = FB$ und $CG = AF$ folgt $AF = FB = \frac{1}{2}AB$. Also ist auch $DE = \frac{1}{2}AB$.

Die Verbindungsstrecke der Mitten zweier Dreiecksseiten ist der dritten Seite parallel und halb so lang wie diese.

In dem Dreieck ABC (Fig. 70) verbinde man die Mitte D von AC mit der Mitte E von BC, ferner D mit B und E mit A. Der Schnittpunkt von DB und EA sei S. Man verbinde die Mitte F von SA mit der Mitte G von SB. In dem Dreieck CAB ist dann $DE \| AB$ und $DE = \frac{1}{2} AB$. In dem Dreieck SAB ist $FG \| AB$ und $FG = \frac{1}{2} AB$. Daher ist $DE \| FG$ und $DE = FG$, also $FGED$ ein Parallelogramm und $FS = SE$, $GS = SD$. Folglich ist $AS = 2SE$, $BS = 2SD$.

Die Verbindungsstrecke einer Ecke eines Dreiecks mit der Mitte der gegenüberliegenden Seite heißt Seitenhalbierende. Zwei Seitenhalbierenden eines Dreiecks teilen einander derart, daß der von der Ecke ausgehende Abschnitt einer jeden doppelt so lang wie der andere Abschnitt ist.

Angenommen, die dritte Seitenhalbierende CH treffe AE in einem von S verschiedenen Punkte T. Dann müßte $AT = 2TE$, also $TE = \frac{1}{3} AE = SE$ sein. Es gibt aber auf dem von E ausgehenden, A enthaltenden Strahle nicht zwei verschiedene Punkte gleicher Entfernung von E. Also geht die dritte Seitenhalbierende auch durch S.

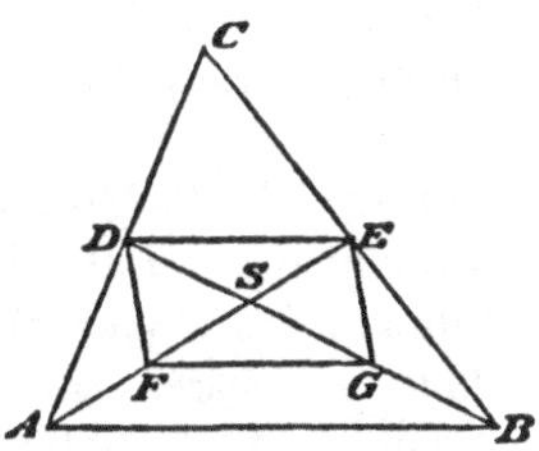

Fig. 70.

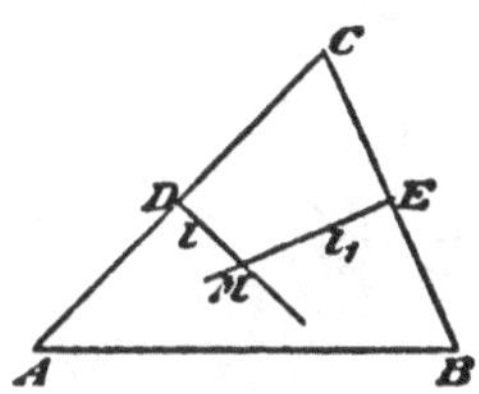

Fig. 71.

Die drei Seitenhalbierenden eines Dreiecks schneiden sich in einem Punkte.

3. ABC sei ein beliebiges Dreieck, D die Mitte von AC und E die Mitte von BC, l das Lot auf AC in D, l_1 das Lot auf BC in E (Fig. 71). Ist $\sphericalangle ACB = R$, so ist $l \| CB$. Wäre $l_1 \| l$, so gäbe es durch E zwei Parallelen zu l. Das ist unmöglich. Also schneiden sich l und l_1. Ist $\sphericalangle ACB$ ein schiefer Winkel, so muß l die Gerade BC schneiden. Das kann nur unter einem schiefen Winkel geschehen, weil sonst ein Dreieck mit zwei rechten Winkeln entstehen würde. Da BC von l unter einem schiefen Winkel und von l_1 unter einem rechten Winkel geschnitten wird, so müssen sich l und l_1 schneiden. *Die in der Ebene eines Dreiecks auf den Seiten in ihren Mitten errichteten Lote heißen die Mittellote des Dreiecks. Zwei Mittellote eines Dreiecks schneiden sich stets.*

Ist M der Schnittpunkt der Mittellote l und l_1, so folgt aus der Kongruenz von Dreieckspaaren sofort $MA = MC = MB$. Fällt man von M das Lot MF auf die dritte Seite, so ergibt sich ferner aus den Sätzen vom gleichschenkligen Dreieck $AF = FB$.

Die drei Mittellote eines Dreiecks schneiden sich in einem Punkte M. Dieser Punkt hat gleiche Entfernungen von den Ecken des Dreiecks. Man *kann daher um ihn einen Kreis beschreiben, der durch die drei Ecken des Dreiecks geht. Dieser Kreis heißt der Umkreis des Dreiecks.*

4. Ist ABC ein beliebiges schiefwinkliges Dreieck, $AD \perp BC$, $BE \perp AC$, $CF \perp AB$ (Fig. 72), $GK \| AB$, $KI \| BC$, $IG \| CA$, so sind $ABCK$ und $ABGC$ Parallelogramme, also $AB = KC = CG$. Ebenso zeigt man, daß $GB = BI$ und $IA = AK$ ist. AD, BE, CF sind also die Mittellote des Dreiecks GKI. Sie schneiden sich daher in einem Punkte H.

Ist $\sphericalangle ACB = R$, so fällt AD mit AC und BE mit BC zusammen. AD, BE und CF schneiden sich also im Punkte C.

Die Lote von den Ecken eines Dreiecks auf die gegenüberliegenden Seiten heißen die Höhen des Dreiecks. Die drei Höhen eines Dreiecks schneiden sich in einem Punkte.

Der vorstehende Beweis dieses Satzes für ein schiefwinkliges Dreieck rührt von Gauss her.

5. Halbiert man in dem Dreieck ABC (Fig. 73) den Winkel ACB und den Außenwinkel DAB, so bilden die beiden Halbierungslinien mit der Strecke AC zwei innere entgegengesetzte Winkel, die zusammen weniger als $2R$ betragen (Sätze vom Außenwinkel und von der Winkelsumme des Dreiecks). Folglich schneiden sich diese beiden Winkelhalbierenden in einem Punkte O_c. Dieser Punkt ist von den drei Geraden AB, BC und CA gleich weit entfernt, also der Mittelpunkt eines Kreises, der diese drei Geraden berührt. Ein solcher Kreis heißt ein Ankreis des Dreiecks ABC. Die Halbierungslinie des Außenwinkels B muß ebenfalls durch O_c gehen.

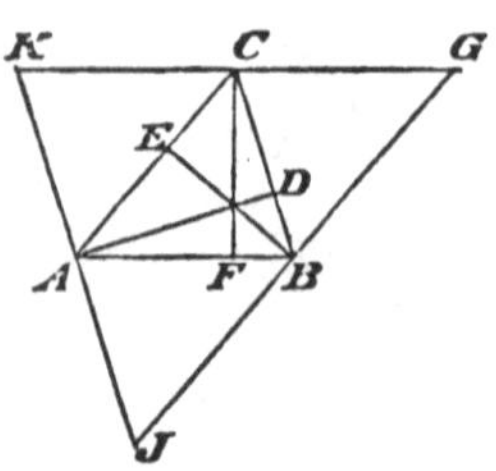

Fig. 72.

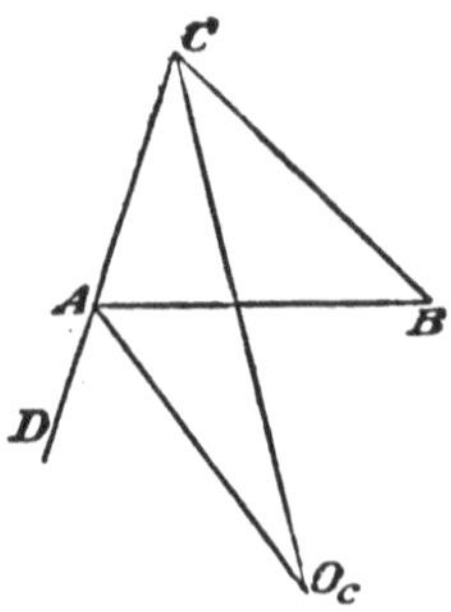

Fig. 73.

Jede Halbierungslinie eines Innenwinkels eines Dreiecks wird von den zu den beiden andern Ecken gehörigen Außenwinkelhalbierenden in einem Punkte geschnitten. Diese drei Schnittpunkte sind die Mittelpunkte der drei Ankreise des Dreiecks.

§ 15. Zur Kreislehre.

1. Ist AMB ein beliebiger Mittelpunktswinkel eines Kreises, schneidet die Verlängerung von AM den Kreis in C, und verbindet man C mit B (Fig. 74), so ist $\sphericalangle AMB = \sphericalangle ACB + \sphericalangle ABC$ und $\sphericalangle ABC = \sphericalangle ACB$, folglich $\sphericalangle AMB = 2 \sphericalangle ACB$.

Liegt M nicht auf einem Schenkel des Umfangswinkels ADB, so ziehe man den Durchmesser DE. Dann ist $\sphericalangle AME = 2 \sphericalangle ADE$ und

$\sphericalangle BME = 2\sphericalangle BDE$, folglich (durch Addition oder Subtraktion) $\sphericalangle AMB = 2\sphericalangle ADB$.

Treffen die Schenkel eines Umfangswinkels mit dem Scheitel C den Kreis in A und B, so sagt man, der Umfangswinkel stehe auf dem Bogen AB, der C nicht enthält. Ein Mittelpunktswinkel ist doppelt so groß wie jeder Umfangswinkel, der auf dem zu dem Mittelpunktswinkel gehörigen Bogen steht. Umfangswinkel auf demselben Bogen sind gleich. Satz des Thales (um 600 v. Chr.): *Jeder Umfangswinkel über einem Halbkreise ist ein Rechter.*

Sind ACB und ADB zwei gleiche Winkel, deren Scheitel auf derselben Seite der geraden Linie AB liegen (Fig. 75), *so liegen die 4 Punkte A, B, C, D auf einem Kreise.* Ginge nämlich der Umkreis des Dreiecks ABC nicht durch D, so müßte er die Gerade AD in einem von D verschiedenen Punkte E treffen, und es wäre nach dem Satze von den Umfangswinkeln

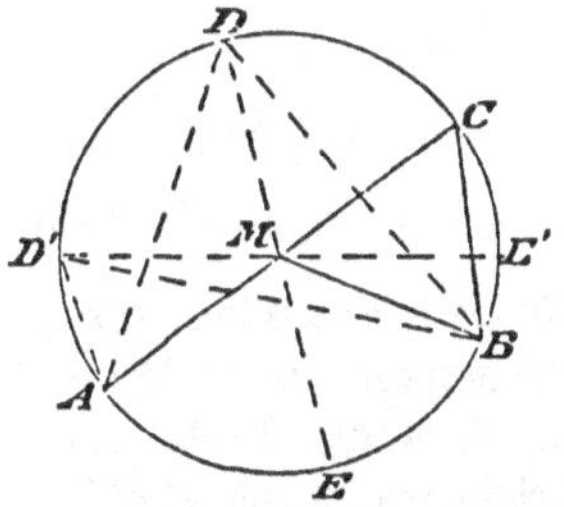

Fig. 74.

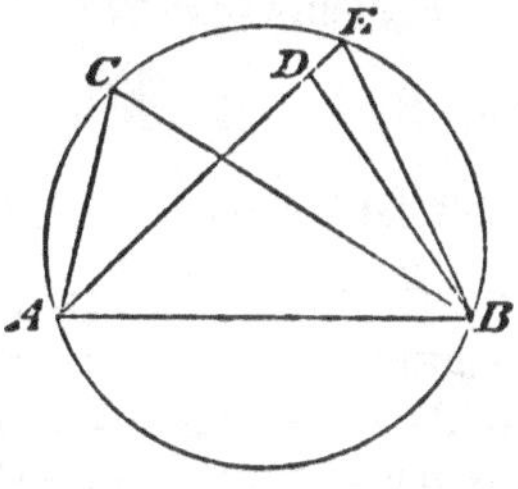

Fig. 75.

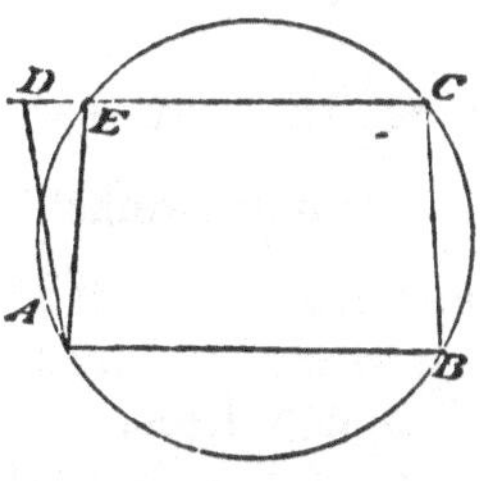

Fig. 76.

$\sphericalangle ACB = \sphericalangle AEB$. Daraus folgt $\sphericalangle AEB = \sphericalangle ADB$. Das ist aber nach dem Satze vom Außenwinkel unmöglich. Ist $\sphericalangle ACB = R$, so folgt:

Alle rechtwinkligen Dreiecke über derselben Hypotenuse AB und auf derselben Seite von AB in einer Ebene sind dem auf dieser Seite in der Ebene liegenden Halbkreise über dem Durchmesser AB eingeschrieben (*Thaleskreis*).

2. Ist $ABCD$ ein Sehnenviereck, so betragen die zu den gegenüberliegenden Winkeln A und C gehörigen Mittelpunktswinkel zusammen $4R$, die beiden Winkel A und C also zusammen $2R$.

Je zwei gegenüberliegende Winkel eines Sehnenvierecks betragen zusammen 2R.

Ist ABCD ein Viereck, in dem zwei gegenüberliegende Winkel A und C zusammen 2R betragen, so ist das Viereck ein Sehnenviereck. Ginge nämlich der Umkreis des Dreiecks ABC nicht durch D, so müßte er die Gerade CD in einem von D verschiedenen Punkte E schneiden (Fig. 76). Verbindet man E mit A, so ist $ABCE$ ein Sehnenviereck. Wendet man auf dieses den Satz von den gegenüberliegenden Winkeln an, so ergibt sich $\sphericalangle AEC = \sphericalangle ADC$. Das widerspricht aber dem Satze vom Außenwinkel eines Dreiecks.

3. Gehen durch einen Punkt A eines Kreises mit dem Mittelpunkt M eine Sehne AB, die Tangente AC und der Durchmesser AD (Fig. 77), und verbindet man B mit M und D, so ist $\sphericalangle CAB + \sphericalangle BAM = R$, $\sphericalangle BAM + \sphericalangle ADB = R$, also $\sphericalangle CAB + \sphericalangle BAM = \sphericalangle BAM + \sphericalangle ADB$ und folglich $\sphericalangle CAB = \sphericalangle ADB$.

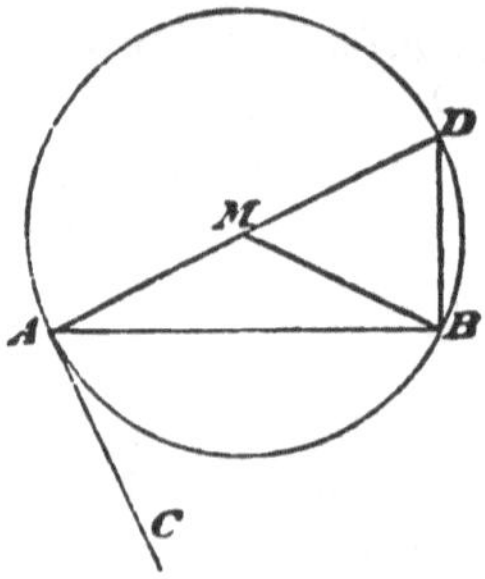

Fig. 77.

Ein Winkel zwischen einer Sehne eines Kreises und der Tangente durch einen ihrer Endpunkte heißt ein Sehnentangentenwinkel. Ein Sehnentangentenwinkel ist gleich dem Umfangswinkel auf dem durch die Endpunkte der Sehne begrenzten, im Innern des Sehnentangentenwinkels liegenden Bogen.

§ 16. Regelmäßige Vielecke.

1. In einen gegebenen Kreis mit dem Mittelpunkt O lassen sich n Mittelpunktswinkel von der Größe $\frac{360^\circ}{n}$ (n eine beliebige ganze Zahl) derart eintragen, daß an jeden von ihnen zwei andere anstoßen, die je einen Schenkel mit ihm gemein haben. Die n Schenkel dieser Winkel treffen den Kreis in n Punkten. Verbindet man diese der Reihe nach miteinander, so entsteht ein dem Kreise eingeschriebenes n-Eck $ABC \ldots LMN$. Aus der Kongruenz der n gleichschenkligen Dreiecke OAB, $OBC, \ldots, ONA$ folgt die Gleichheit der Seiten und Winkel des n-Ecks.

Ein Vieleck, dessen Seiten und Winkel gleich sind, heißt regelmäßig. Jedem Kreise läßt sich ein regelmäßiges n-Eck einbeschreiben (n eine beliebige ganze Zahl).

Schneiden sich die Tangenten durch A und B in A_1, die Tangenten durch B und C in $B_1, \ldots$, die Tangenten durch N und A in N_1, so sind $\triangle AOA_1 \cong \triangle BOA_1 \cong \triangle BOB_1 \ldots \cong \triangle NON_1 \cong \triangle AON_1$; folglich ist $A_1B_1C_1 \ldots N_1$ ein regelmäßiges n-Eck.

Jedem Kreise läßt sich ein regelmäßiges n-Eck umbeschreiben (n eine beliebige ganze Zahl).

Ist AB eine Seite eines einem Kreise mit dem Mittelpunkte O ein- oder umgeschriebenen n-Ecks, so heißt OAB ein **Bestimmungsdreieck** des n-Ecks. Der Winkel an der Spitze des gleichschenkligen Bestimmungsdreiecks ist $\frac{360^\circ}{n}$, jeder Winkel an der Grundseite folglich $90^\circ - \frac{360^\circ}{2n}$ und jeder *Winkel des regelmäßigen n-Ecks* $\left(180 - \frac{360}{n}\right)^\circ$.

2. Zieht man in einem Kreise zwei aufeinander senkrechte Durchmesser, so bilden deren Endpunkte die Ecken eines eingeschriebenen **regelmäßigen Vierecks (Quadrates).** Halbiert man jeden der vier

rechten Winkel dieser beiden Durchmesser, dann jeden der halben rechten Winkel noch einmal usw., so erhält man eine Reihe von eingeschriebenen regelmäßigen 2^n-Ecken ($n = 2, 3, 4 \ldots$).

3. Errichtet man auf einem Durchmesser eines Kreises in den Mittelpunkten der beiden ihn zusammensetzenden Halbmesser die Lote, so treffen diese den Kreis in vier Punkten, die mit den Endpunkten des Durchmessers die Ecken eines eingeschriebenen regelmäßigen Sechsecks bilden. Durch Halbieren der zu den Seiten gehörigen Mittelpunktswinkel, durch Halbieren der halben Winkel usw. erhält man eine Reihe von eingeschriebenen regelmäßigen $3 \cdot 2^n$-Ecken ($n = 1, 2, 3, \ldots$). Verbindet man in dem regelmäßigen Sechseck irgendeine Ecke mit den beiden Ecken, die von ihr durch je eine andere Ecke getrennt sind, und verbindet man diese beiden Ecken auch untereinander, so entsteht ein eingeschriebenes regelmäßiges (gleichseitiges) Dreieck.

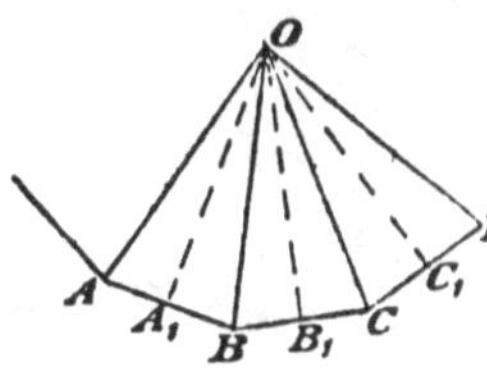

Fig. 78.

4. $ABC \ldots LMN$ sei ein regelmäßiges n-Eck (Fig. 78). Die Halbierungslinien der Winkel ABC und BCD schneiden sich in O. Man verbinde O mit den übrigen Ecken des n-Ecks. Dann ist $\sphericalangle OBC = \sphericalangle OCB$, also $OB = OC$, $\sphericalangle OCB = \sphericalangle OCD$, also $\triangle OCD \cong \triangle OCB$, $OD = OB = OC$, $\sphericalangle ODC = \sphericalangle OCD = \frac{1}{2} \sphericalangle BCD = \frac{1}{2} \sphericalangle CDE = \sphericalangle ODE$ usw., folglich $OA = OB = OC = \ldots = ON$.

Um jedes regelmäßige n-Eck läßt sich ein Kreis beschreiben.

Sind A_1 die Mitte von AB, B_1 die Mitte von $BC, \ldots, N_1$ die Mitte von NA, so sind $\triangle OA_1A \cong \triangle OA_1B \cong \triangle OB_1B \cong \triangle OB_1C \ldots$, also $OA_1 = OB_1 = OC_1 = \ldots ON_1$, $\sphericalangle OA_1A = \sphericalangle OA_1B = \sphericalangle OB_1B = \sphericalangle OB_1C = \ldots = \sphericalangle ON_1A = 1R$.

In jedes regelmäßige n-Eck läßt sich ein Kreis beschreiben, der die Seiten des n-Ecks in ihren Mitten berührt.

Zweiter Abschnitt.

Ähnlichkeit.

Sechstes Kapitel.

Der Hauptsatz der Ähnlichkeitslehre.

§ 17. Begründung der Ähnlichkeitslehre.

1. Die Ähnlichkeitslehre wird von Eukleides im 6. Buche der Elemente behandelt. Er erklärt ähnliche Figuren als solche Figuren, die gleiche Winkel zwischen proportionalen Seiten haben. Seiner Begründung der Ähnlichkeitslehre liegen zwei Sätze über Flächenvergleichung zugrunde, nämlich I 38: Dreiecke von gleicher Grundseite und Höhe sind gleich, und die Umkehrung I 39: Dreiecke von gleicher Grundseite und gleichem Flächeninhalt haben gleiche Höhe. Auf diesen Satz I 38 wird zunächst der Beweis eines Hilfssatzes zurückgeführt, welcher lautet:

VI 1: Dreiecke von gleicher Höhe verhalten sich wie ihre Grundseiten. Für die Art der Beweisführung, die Eukleides für diesen Satz gibt, ist die Definition der Proportion entscheidend, die in dem auf Eudoxos zurückgehenden 5. Buche gegeben worden ist. Sie lautet: Man sagt, vier Größen a, b, c, d sind zueinander in gleichem Verhältnis, oder es ist $a:b = c:d$, wenn, falls $p\,a \gtreqless q\,b$ ist, zugleich auch $p\,c \gtreqless q\,d$ ist, welche Werte auch p und q haben mögen. Diese Erklärung sagt in unserer Ausdrucksweise nichts anderes als: Ist irgendein rationaler Bruch $\frac{q}{p} \gtreqless \frac{a}{b}$, so ist derselbe rationale Bruch auch $\gtreqless \frac{c}{d}$. In der Sprache Dedekinds bedeutet das also: Die beiden gleichen Verhältnisse $\frac{a}{b}$ und $\frac{c}{d}$ bestimmen einen und denselben Schnitt in der Menge der rationalen Brüche. Es fehlt zur modernen Auffassung somit nur noch der Schritt, umgekehrt zu definieren, daß jeder derartige Schnitt eine bestimmte reelle (rationale oder irrationale) Zahl $\frac{a}{b}$ erzeuge. Diesen Schritt haben die Griechen nicht getan. Jedenfalls aber umfaßt die Definition der Proportion nach Eudoxos die beiden Fälle des rationalen und des irrationalen Verhältnisses. Bei der Anwendung dieser Erklärung zum Nachweis des Bestehens einer Proportion braucht Eukleides daher nicht die Fälle der Kommensurabilität und der Inkommensurabilität zu unterscheiden. Mit Hilfe dieser Definition der Proportion und des Axioms des Eudoxos beweist Eukleides den Hilfssatz VI 1. Mittels dieses Hilfssatzes wird sodann der Hauptsatz der Ähnlichkeit oder der Strahlensatz, wie er meist genannt wird, bewiesen:

VI 2: Wenn parallel einer Seite eines Dreiecks eine Gerade gezogen wird, so schneidet sie die Seiten des Dreiecks proportional. Umgekehrt: Wenn zwei Seiten eines Dreiecks von einer Gerade proportional geschnitten werden, so ist die schneidende Gerade der dritten Seite parallel.

Damit sind die Grundlagen der Ähnlichkeitslehre gegeben. Es folgen die vier Ähnlichkeitssätze mit Voranstellung des heute meist als zweiten bezeichneten (Gleichheit zweier Winkel) als des wichtigsten und am häufigsten angewendeten. Sodann kommen die bekannten Anwendungen.

2. Man hat diese Ähnlichkeitslehre von Eukleides nach mehreren Richtungen hin kritisiert und bemängelt, und aus dieser Kritik sind neue Begründungen der Ähnlichkeitslehre hervorgegangen.

1. Man hat die Ausscheidung des Arithmetischen aus der Geometrie, insbesondere die rein geometrische Begründung der Proportionenlehre, wie sie Eudoxos gegeben hat, als eine unnötige methodische Erschwerung betrachtet und ist dazu übergegangen, einfach arithmetisch das Verhältnis zweier Größen als den Quotienten ihrer Maßzahlen und die Proportion als die Gleichheit solcher Quotienten zu definieren. So finden wir es z. B. bei Legendre. Dieses Verfahren macht es aber notwendig, den Fall der inkommensurablen Strecken beim Hauptsatz besonders zu behandeln. Die Vergleichung der Flächeninhalte beim Beweise des Hauptsatzes behält Legendre noch bei.

2. In der Folgezeit empfand man die Verquickung der Ähnlichkeitslehre mit dem Begriff des Flächeninhalts als einen Mangel. Man ging daher dazu über, den Hauptsatz unmittelbar derart zu beweisen, daß zunächst für den Fall der kommensurabeln Strecken auf dem einen Strahle das gemeinschaftliche Maß auf der einen Strecke $p$mal, auf der andern $q$mal abgetragen wird und durch die Teilpunkte Parallelen gezogen werden, von denen man mittels kongruenter Dreiecke zeigen kann, daß sie die entsprechenden Strecken auf dem andern Strahl in p bzw. q gleiche Teile teilen. Der Fall der inkommensurabeln Strecken bedarf eines besondern Beweises mittels des Grenzbegriffs. Diese Behandlung des Hauptsatzes findet sich z. B. in den neueren von Blanchet herausgegebenen Ausgaben der Elemente von Legendre und in Baltzers Elementen der Mathematik.

3. Gegen die Eukleides-Legendresche Definition der Ähnlichkeit: Figuren heißen ähnlich, wenn sie gleiche Winkel zwischen pro-

portionalen Seiten haben, wurde im 19. Jahrhundert von verschiedenen Seiten der Einwand erhoben, daß sie bereits beweisbare Behauptungen einschließe. Dreiecke seien z. B. schon ähnlich, wenn sie in den Winkeln übereinstimmen. Daß dann die Seiten proportional seien, folge schon aus der Gleichheit der Winkel, dürfe also nicht in die Definition aufgenommen werden. Jedenfalls müsse man entweder die Definition ändern oder aber wenigstens vor Aufstellung der Eukleidischen Definition die Möglichkeit solcher Figuren beweisen. Die Schulmathematik hat sich überwiegend für diese zweite Möglichkeit entschieden. Man weist zunächst nach, daß man zu einem Vieleck ein zweites derart konstruieren kann, daß beide Figuren gleiche Winkel zwischen proportionalen Seiten besitzen, und gibt dann erst die Eukleidische Definition der Ähnlichkeit. Es hat aber auch nicht an Versuchen gefehlt, den andern Weg einzuschlagen und eine andere Definition der Ähnlichkeit aufzustellen. Man gibt dabei zwei Definitionen: Man definiert zunächst ähnliche Dreiecke als solche Dreiecke, die in den Winkeln übereinstimmen, und sodann ähnliche Vielecke als solche, die aus entsprechenden ähnlichen Dreiecken zusammengesetzt sind. Diese Art der Behandlung findet sich z. B. bei G. Paucker, Ebene Geometrie I, Königsberg 1823, bei J. Petersen, Lehrbuch der elementaren Planimetrie, Kopenhagen 1881 und bei Hilbert in den Grundlagen der Geometrie.

4. Im 19. Jahrhundert hat man den Schritt Legendres, die geometrische Begründung des Hauptsatzes und der Ähnlichkeitslehre überhaupt durch eine arithmetische zu ersetzen, als einen Rückschritt gegenüber Eudoxos und Eukleides empfunden. Daß vier Strecken in Proportion stehen, kann als eine rein geometrische, qualitative, von der Messung der Strecken mittels einer willkürlich gewählten Einheit ganz unabhängige Beziehung aufgefaßt werden. Es wurde daher von manchen Seiten als unnatürlich betrachtet, daß diese Beziehung arithmetisch begründet werde. So beginnen denn schon in der ersten Hälfte des vorigen Jahrhunderts bemerkenswerte Versuche, die Ähnlichkeitslehre rein geometrisch zu begründen, ohne doch geradezu zu der Definition der Proportion von Eudoxos zurückzukehren. Solche Versuche sind in Deutschland z. B. von Gruson (Abh. Berl. Ak. d. Wiss. aus 1814—1815, gedruckt 1818), von G. Paucker in seiner schon genannten Ebenen Geometrie, von H. Grassmann in seiner Ausdehnungslehre 1844, von R. Hoppe (Arch. Math. Phys., 1. Reihe, 62, 1878) und von K. Kupffer (Dorpat Naturforscher-Ges., Ber. 10, 1893) unternommen worden. Von diesen Versuchen ist der von Paucker darum bemerkenswert, weil dieser bereits die zwei Sätze benutzt, die später von Hilbert in seinen axiomatischen Untersuchungen in den Grundlagen der Geometrie verwendet wurden. Das sind 1. der besondere Fall des Pascalschen Satzes über das einem Kegelschnitt eingeschriebene Sechseck, bei dem der Kegelschnitt in zwei gerade Linien ausartet und die Gegen-

seiten des Sechsecks parallel sind, und 2. der besondere Fall des allgemeinen Desarguesschen Satzes über perspektive Dreiecke, bei dem je zwei entsprechende Seiten der beiden Dreiecke parallel sind.

3. Die an Hilbert anknüpfende Richtung der modernen Axiomatik erhebt diesen Versuchen gegenüber zwei allgemeine Forderungen: 1. Die Benutzung von Flächensätzen soll vermieden werden, und 2. die Ähnlichkeitslehre soll, wenn möglich, ohne Benutzung eines Stetigkeitsaxioms begründet werden. Diesen Forderungen hält keiner der genannten Versuche stand; denn sie alle benutzen Sätze aus der Flächenlehre, auch Paucker geht von dem Satze über flächengleiche Dreiecke aus. Ferner stehen sie alle gegenüber der Stetigkeit auf dem naiven Standpunkte der voraxiomatischen Zeit, die sich über die Benutzung oder Nichtbenutzung der Stetigkeit keine Rechenschaft gab. Eine genaue Untersuchung der Abhängigkeit von den Stetigkeitsaxiomen ist aber, wie Hilbert zeigt, gerade Sätzen der Flächenlehre gegenüber dringend notwendig.

Hilbert zeigt in den Grundlagen, daß es möglich ist, die Ähnlichkeitslehre rein geometrisch ohne Benutzung von Flächensätzen, ohne Benutzung von Sätzen der räumlichen Geometrie (wie Kupffer) und ohne Benutzung eines Stetigkeitsaxioms zu begründen. Er stellt zunächst den schon genannten Sonderfall des Pascalschen Satzes auf: Die Ecken des Sechsecks $ABCDEF$ mögen abwechselnd auf den beiden Schenkeln eines Winkels liegen und es sei $AB \| DE$, $BC \| EF$. Dann ist auch $CD \| FA$. Für diesen Sonderfall des Pascalschen Satzes gibt Hilbert mehrere Beweise, die kein Stetigkeitsaxiom voraussetzen. Auf Grund des Pascalschen Satzes wird nun von Hilbert eine rein geometrische Streckenrechnung eingeführt, in der die Rechenregeln für reelle Zahlen sämtlich unverändert gültig sind. Hierauf definiert Hilbert: Dreiecke heißen ähnlich, wenn sie in den Winkeln übereinstimmen. Dann wird auf Grund der Streckenrechnung bewiesen, daß entsprechende Seiten in ähnlichen Dreiecken proportional sind, und aus diesem Satze folgt der Hauptsatz der Ähnlichkeitslehre, auf den die ganze Ähnlichkeitslehre zurückgeführt werden kann. Die Ähnlichkeitslehre ist damit auf die Axiomgruppen I, II, III, V zurückgeführt. Diese Hilbertsche Art der Begründung der Ähnlichkeitslehre soll der folgenden Darstellung zugrunde gelegt werden.

§ 18. Der Hauptsatz der Ähnlichkeitslehre.

1. Für die ganze folgende Entwicklung wird eine beliebige Strecke als Einheit gewählt und mit 1 bezeichnet. Man trage auf dem einen Schenkel eines rechten Winkels vom Scheitel aus die Strecke 1 und die Strecke b, auf dem andern Schenkel ebenfalls vom

Scheitel aus die Strecke a ab (Fig. 79). Man verbinde die Endpunkte der Strecken 1 und a und ziehe zu dieser Verbindungslinie durch den Endpunkt von b die Parallele, die auf dem andern Schenkel eine Strecke c abschneidet. Dann heißt die Strecke c das Produkt der Strecken a und b, und man setzt $c = ab$.

2. Man trage auf dem einen Schenkel eines rechten Winkels die Strecken $OA = a$ und $OB = b$, auf dem andern Schenkel die Strecke $OC = 1$ ab (Fig. 80). Der Kreis durch A, B, C schneidet den zweiten Schenkel des rechten Winkels noch in einem Punkte D, der auf Grund der Kongruenz durch seine symmetrische Lage zu C in bezug auf das vom Mittelpunkte des Kreises auf den Schenkel OC gefällte Lot gefunden werden kann. Verbindet man A mit C und B mit D, so ist $ABDC$ ein Sehnenviereck und daher $\sphericalangle OCA = \sphericalangle ABD$. Trägt man $OD' = OD$ auf dem ersten und $OB' = OB$ auf dem zweiten Schenkel des rechten Winkels ab, so ist also $B'D' \parallel CA$ und daher $OD' = OD = ab$ (**1**). Verbindet man ferner A mit D und B mit C, so ist nach dem Satze von den Umfangs-

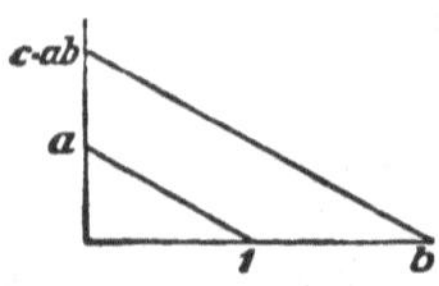

Fig. 79.

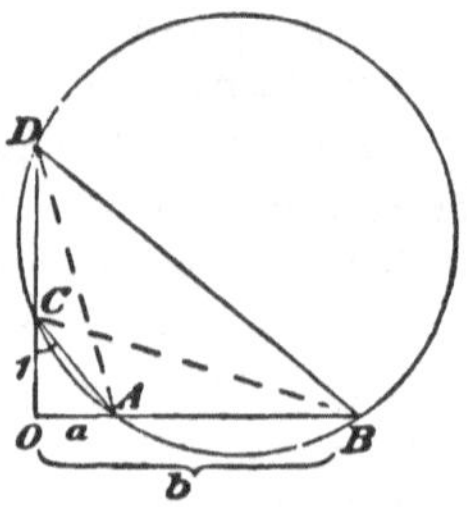

Fig. 80.

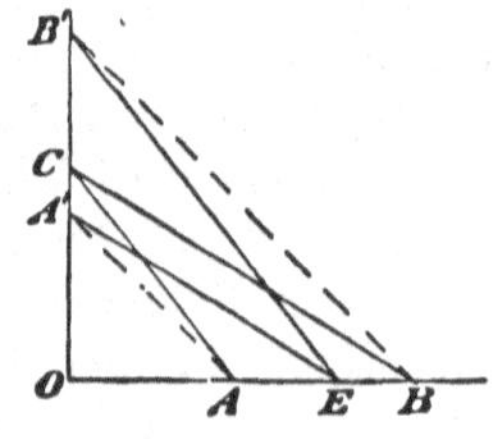

Fig. 81.

winkeln $\sphericalangle CDA = \sphericalangle CBA$. Trägt man wieder $OA' = OA$ auf dem zweiten Schenkel des rechten Winkels ab, so ist also $A'D' \parallel CB$ und daher $OD' = OD = ba$ (**1**). Daraus folgt $ab = ba$. *Die in* **1** *definierte Streckenmultiplikation befolgt also das kommutative Gesetz.*

3. Man trage auf dem einen Schenkel eines rechten Winkels vom Scheitel O aus drei beliebige Strecken OA, OB, OE und auf dem andern Schenkel die Strecken $OA' = OA$, $OB' = OB$ ab (Fig. 81). Man verbinde E mit A' und ziehe zu EA' durch B die Parallele, die den andern Schenkel des rechten Winkels in C trifft. Setzt man $OE = 1$, $OA = a$ und $OB = b$, so ist $OC = ab$ (**1**). Man verbinde E mit B' und ziehe zu EB' durch A die Parallele. Diese schneidet auf dem andern Schenkel des rechten Winkels nach **1** die Strecke ba ab. Nach **2** ist $ba = ab$. Die Parallele zu EB' durch A ist also AC.

Demnach gilt der spezielle Pascalsche Satz: Trägt man auf einem Schenkel eines rechten Winkels zwei beliebige Strecken OA und OB, auf dem andern Schenkel die Strecken $OA' = OA$ und $OB' = OB$ ab, und ver-

bindet man einen beliebigen Punkt E des ersten Schenkels mit A' und B', so schneiden sich die Parallele zu EA' durch B und die Parallele zu EB' durch A in einem Punkte C des andern Schenkels.

4. a, b, c seien drei beliebige Strecken. Man trage auf dem einen Schenkel eines rechten Winkels vom Scheitel O aus die Strecken $OE = 1$ und $OB = b$ und auf dem andern Schenkel von O aus die Strecken $OA = a$ und $OC = c$ ab (Fig. 82). Man konstruiere auf dem zweiten Schenkel die Strecken $OD = a\,b$ und $OF = c\,b$ (**1**) und trage auf dem ersten Schenkel die Strecken $OD' = OD$ und $OF' = OF$ ab. Nach dem speziellen Pascalschen Satze (**3**) müssen sich die Parallelen zu BD durch F' und zu BF durch D' in einem Punkte G von OF schneiden. Wegen $BD \| EA$ ist auch $F'G \| EA$, also $OG = a\,(c\,b)$. Wegen $BF \| EC$ ist auch $D'G \| EC$, also $OG = c\,(a\,b)$. Demnach ist $a\,(c\,b) = c\,(a\,b)$. Nach **2** ist $c\,b = b\,c$ und $c\,(a\,b) = (a\,b)\,c$; folglich ist $a\,(b\,c) = (a\,b)\,c$, d. h. *für die durch* **1** *definierte Streckenmultiplikation gilt das assoziative Gesetz.*

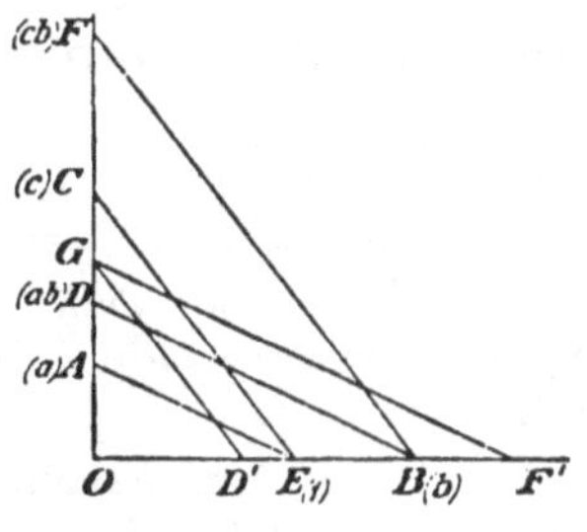

Fig. 82.

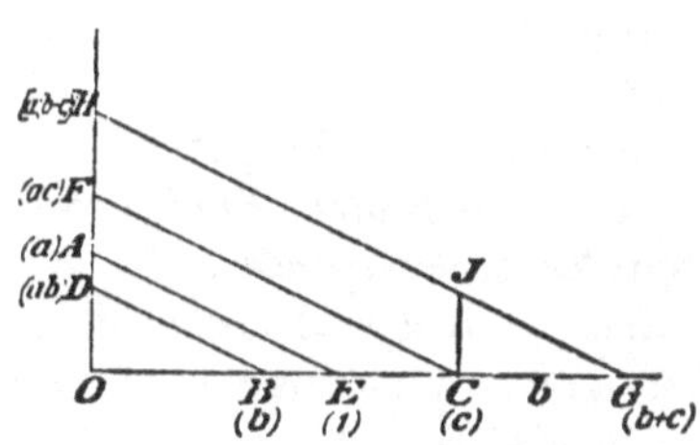

Fig. 83.

5. a, b, c seien drei beliebige Strecken. Man trage auf dem einen Schenkel eines rechten Winkels die Strecken $OE = 1$, $OB = b$, $OC = c$ und $OG = b + c$, auf dem andern Schenkel die Strecke $OA = a$ ab und konstruiere auf diesem Schenkel die Strecken $OD = a\,b$, $OF = a\,c$ und $OH = a\,(b + c)$. Ist (Fig. 83) $CI \perp OG$, so ist $\triangle ODB \cong \triangle CIG$, also $OD = CI$. Nach dem Satze von den Gegenseiten eines Parallelogramms ist ferner $CI = FH$; folglich ist $FH = OD = a\,b$ und demnach $a\,(b + c) = a\,b + a\,c$. *Nimmt man zu der in* **1** *definierten Streckenmultiplikation die früher erklärte Addition der Strecken hinzu, so gilt für diese Streckenrechnung das distributive Gesetz.*

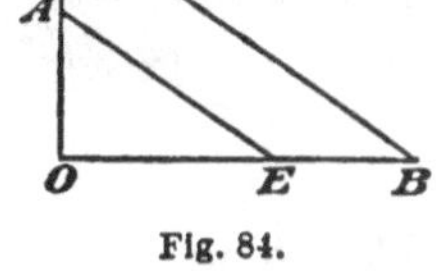

Fig. 84.

6. Gegeben seien zwei beliebige Strecken b und c. Man trage $OE = 1$ und $OB = b$ auf dem einen Schenkel eines rechten Winkels, $OC = c$ auf dem andern Schenkel ab (Fig. 84), verbinde C mit B und ziehe durch E zu BC die Parallele, die den andern Schenkel in A trifft. Setzt man $OA = a$, so ist $c = a\,b$. *Sind b und c zwei beliebige Strecken, so gibt es also stets eine Strecke a,* *so daß $c = a\,b$ wird. Diese Strecke heißt der Quotient der Strecken c und b oder das Verhältnis von c zu b, und man setzt* $a = \frac{c}{b} = c:b$.

7. Stehen die vier Strecken a, b, a', b' in einer derartigen Beziehung, daß $a\,b' = a'\,b$ ist, so setze man $\frac{a}{b} = c$; dann ist $a = b\,c$, also $b\,c\,b' = a'\,b$, $c\,b' = a'$, $c = \frac{a'}{b'}$, und $a:b = a':b'$. *Die Gleichheit zweier Verhältnisse heißt Proportion. Man sagt, a verhält sich zu b wie a' zu b', oder die Strecken a und b sind den Strecken a' und b' proportional.*

Ist umgekehrt $a:b = a':b'$, und setzt man $a:b = c$, so ist auch $a':b' = c$, also $a = b\,c$, $a' = b'\,c$, und daher $a\,b' = b\,c\,b'$, $a'\,b = b'\,c\,b$. Nach 2 und 4 ist $b\,c\,b' = b'\,c\,b$, also $a\,b' = a'\,b$. Aus dem Bestehen der Proportion $a:b = a':b'$ folgt also die Produktgleichung $a\,b' = a'\,b$; nennt man a und b' die Außenglieder, a' und b die Innenglieder der Proportion, so gilt der

Produktsatz: In jeder Proportion ist das Produkt der Außenglieder gleich dem Produkt der Innenglieder.

Aus der Produktgleichung $a\,b' = a'\,b$ folgen außer der Proportion $a:b = a':b'$ noch die Proportionen $a:a' = b:b'$, $b':b = a':a$, $b:a = b':a'$.

Vertauschungssatz: Eine Proportion bleibt richtig, wenn man 1. die Innenglieder untereinander, 2. die Außenglieder untereinander, 3. die Innenglieder mit den Außengliedern vertauscht.

Ist $a:b = a':b'$ und $a':b' = a'':b''$, so ist nach dem Produktsatz $a\,b' = a'\,b$, $a'\,b'' = a''\,b'$, also $a\,b'\,a'\,b'' = a'\,b\,a''\,b'$, $a\,b'' = a''\,b$, $a:b = a'':b''$. *Sind zwei Verhältnisse einem dritten gleich, so sind sie untereinander gleich.*

Ist $a:b = a':b'$ oder $a\,b' = a'\,b$, so ist auch $a\,b' \pm b\,b' = a'\,b \pm b\,b'$, $(a \pm b)\,b' = (a' \pm b')\,b$, $(a \pm b):b = (a' \pm b'):b'$. Bezeichnet man a und b als das 1. und 2., a' und b' als das 3. und 4. Glied der Proportion, so gilt der

Satz von der entsprechenden Addition und Subtraktion: In jeder Proportion verhält sich die Summe oder Differenz der beiden ersten Glieder zum zweiten Gliede wie die Summe oder Differenz der beiden letzten Glieder zum vierten Gliede.

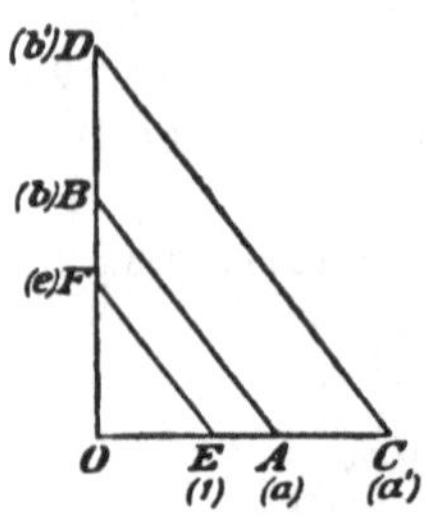

Fig. 85.

8. DOC sei ein rechter Winkel, und es sei $AB \parallel CD$ (Fig. 85). Man trage auf OC die Einheitsstrecke $OE = 1$ ab und ziehe durch E die Parallele zu AB, die OD in F trifft. Setzt man $OA = a$, $OB = b$, $OC = a'$, $OD = b'$ und $OF = e$, so ist $b = e\,a$ und $b' = e\,a'$ (1), folglich $a'\,b = a'\,(e\,a)$ und $a\,b' = a\,(e\,a') = (a\,e)\,a' = a'\,(a\,e) = a'\,(e\,a)$, und daher $a\,b' = a'\,b$ oder $a:b = a':b'$. Die vier Strecken a, b, a', b' sind die Katheten zweier rechtwinkligen Dreiecke, die in den Winkeln übereinstimmen.

Dreiecke mit gleichen Winkeln heißen ähnlich ($\sim$).

Es gilt also der Satz: *Entsprechende Katheten ähnlicher rechtwinkliger Dreiecke sind proportional.*

Sind ABC und $A_1B_1C_1$ irgend zwei schiefwinklige ähnliche Dreiecke, so konstruiere man in beiden die Schnittpunkte O und O_1 der drei Winkelhalbierenden und fälle von diesen die Lote $OD = OE = OF = \varrho$, $O_1D_1 = O_1E_1 = O_1F_1 = \varrho_1$ auf die Seiten (Fig. 86). Dann ist $\triangle OAD \sim \triangle O_1A_1D_1$, $\triangle ODB \sim \triangle O_1D_1B_1$ usw. Nach dem vorstehenden Satze von den ähnlichen rechtwinkligen Dreiecken bestehen also die Proportionen $BE : \varrho = B_1E_1 : \varrho_1$, $EC : \varrho = E_1C_1 : \varrho_1$ oder die Produktgleichungen $BE \cdot \varrho_1 = B_1E_1 \cdot \varrho$, $EC \cdot \varrho_1 = E_1C_1 \cdot \varrho$, also nach dem distributiven Gesetz der Streckenmultiplikation $(BE + EC)\,\varrho_1 = (B_1E_1 + E_1C_1)\varrho$ oder $BC \cdot \varrho_1 = B_1C_1 \cdot \varrho$. Ebenso ergibt sich $CA \cdot \varrho_1 = C_1A_1 \cdot \varrho$. Daraus folgt $BC \cdot \varrho_1 \cdot C_1A_1 \cdot \varrho = B_1C_1 \cdot \varrho \cdot CA \cdot \varrho_1$ oder $BC \cdot C_1A_1 = B_1C_1 \cdot CA$, $BC : CA = B_1C_1 : C_1A_1$.

Entsprechende Seiten ähnlicher Dreiecke sind proportional.

9. Werden die Schenkel eines beliebigen Winkels mit dem Scheitel O von zwei Parallelen in den Punkten A, B und A_1, B_1 geschnitten (Fig. 87), so ist $\triangle OAB \sim \triangle OA_1B_1$, und es verhält sich $OA : OA_1 = OB : OB_1 = AB : A_1B_1$ (8). Ist $BC \parallel OA_1$, so ist $\triangle OA_1B_1 \sim \triangle BCB_1$ und $BC = AA_1$; also verhält sich $OA_1 : OB_1 = BC : BB_1 = AA_1 : BB_1$.

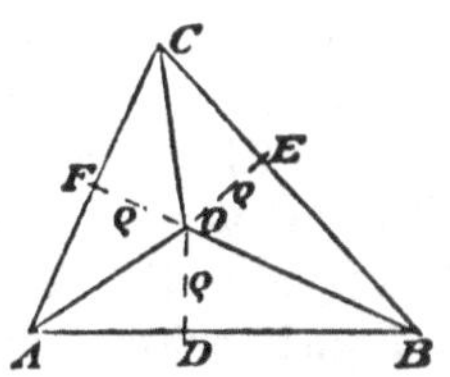

Fig. 86

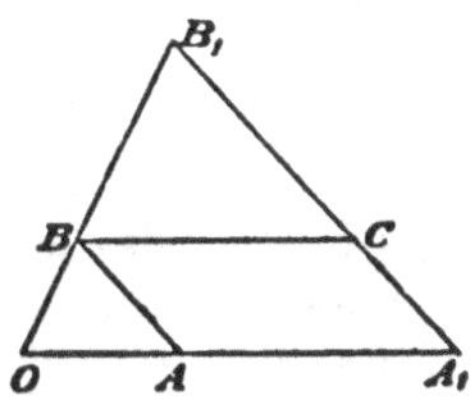

Fig. 87.

Hauptsatz der Ähnlichkeitslehre: Werden die Schenkel eines beliebigen Winkels von zwei Parallelen geschnitten, so verhalten sich die Abschnitte des einen Schenkels wie die entsprechenden Abschnitte des andern Schenkels und die Parallelenabschnitte wie die vom Scheitel begrenzten Abschnitte eines Schenkels.

Auf den Schenkeln eines beliebigen Winkels mit dem Scheitel O mögen vier Punkte A, B, A_1, B_1 (Fig. 87) derart liegen, daß die Proportion $OA : OA_1 = OB : OB_1$ besteht. Zieht man AB und durch A_1 die Parallele zu AB, die OB_1 in B_2 trifft, so verhält sich $OA : OA_1 = OB : OB_2$ (Hauptsatz). Also ist einerseits $OA \cdot OB_1 = OA_1 \cdot OB$ und andrerseits $OA \cdot OB_2 = OA_1 \cdot OB$, folglich $OA \cdot OB_1 = OA \cdot OB_2$, d. h. $OB_2 = OB_1$.

Umkehrung des Hauptsatzes: Werden die Schenkel eines beliebigen Winkels von zwei geraden Linien AB und A_1B_1 derart geschnitten, daß die Abschnitte der beiden Schenkel proportional sind, so sind die schneidenden Geraden parallel.

§ 19. Der Parallelensatz. Harmonische Punkte und Geraden.

1. Zwei Parallelen werden von drei durch einen Punkt S gehenden geraden Linien in den Punkten A, B, C bzw. A_1, B_1, C_1 geschnitten

(Fig. 88). Dann verhält sich nach dem Hauptsatze $AB : A_1B_1 = SB : SB_1$, $SB : SB_1 = BC : B_1C_1$, also $AB : A_1B_1 = BC : B_1C_1$ oder $AB : BC = A_1B_1 : B_1C_1$.

Parallelensatz: Werden zwei Parallelen von drei durch einen Punkt gehenden geraden Linien geschnitten, so verhalten sich die Abschnitte der einen Parallele wie die entsprechenden Abschnitte der andern.

2. *Einer Strecke mit den Endpunkten A und B können zwei entgegengesetzte Richtungen beigelegt werden. Je nachdem man die eine oder die andere Richtung meint, bezeichnet man die Strecke mit AB oder BA. Wird unter AB nicht die Strecke mit den Endpunkten A und B schlechthin, sondern die Strecke mit der durch die Buchstabenfolge festgelegten Richtung verstanden, so nennt man AB eine gerichtete Strecke. Sind A, B, C drei Punkte, für die (ABC) gilt, so sagt man, die Strecken AB, BC und AC haben dieselbe Richtung. Sind A, B, C, D, E, F irgendwelche Punkte einer Gerade, und hat AB dieselbe Richtung wie CD und CD dieselbe Richtung wie EF, so sagt man, AB habe dieselbe Richtung wie EF.*

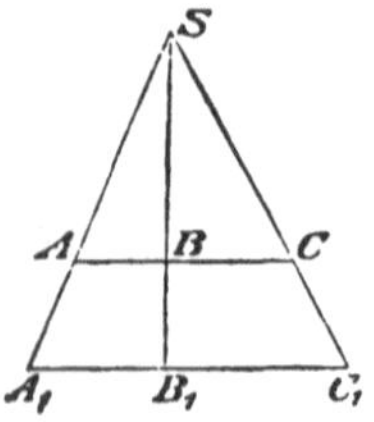

Fig. 88.

A, B, C, D seien vier Punkte, für die (ABC) und (BCD) gelten. Dann hat nach obigen Festsetzungen AB dieselbe Richtung wie BC und BC dieselbe Richtung wie CD, also auch AB dieselbe Richtung wie CD. Ferner hat nach den Voraussetzungen AC dieselbe Richtung wie BC und BC dieselbe Richtung wie BD; also hat auch AC dieselbe Richtung wie BD. Endlich folgt aus den Voraussetzungen auch (ACD). Daher hat AD dieselbe Richtung wie AC und AC dieselbe Richtung wie BC; also hat auch AD dieselbe Richtung wie BC.

Ist AB eine Strecke auf einer Gerade g, so hat jede andere Strecke CD dieser Gerade entweder dieselbe Richtung wie AB oder die entgegengesetzte Richtung wie AB (d. h. dieselbe Richtung wie BA). *Bezeichnet man die eine der beiden durch die Punkte A und B festgelegten Richtungen, z. B. die Richtung AB, willkürlich als positiv, und legt man jeder Strecke von g entweder das positive oder das negative Vorzeichen bei, je nachdem sie dieselbe Richtung wie AB oder die entgegengesetzte Richtung wie AB besitzt, so nennt man g eine gerichtete Gerade. Sind P und Q irgend zwei Punkte einer gerichteten Gerade, so hat also die gerichtete Strecke PQ stets ein bestimmtes, durch die willkürlich angenommene positive Richtung von g festgelegtes Vorzeichen.*

Sind A, B, C irgend drei Punkte einer Gerade, so sagt man, der Punkt C teile die Strecke AB im Verhältnis AC : BC, wo unter AC und BC gerichtete Strecken verstanden werden. Gilt (ACB), so sagt man, der Punkt C teile die Strecke AB innen; gilt (CAB) oder *(ABC), so sagt man, der Punkt C teile die Strecke außen. Bei der innern Teilung haben die Teilstrecken AC und BC entgegengesetzte Richtungen, bei der äußeren Teilung gleiche Richtungen.*

Betrachtet man die Gerade als gerichtet, so ist also das Teilungsverhältnis bei der innern Teilung negativ, bei der äußern Teilung positiv. Gilt (ACB) und $AC = CB$, so ist das Teilungsverhältnis $AC : BC = -1$; für $AC < CB$ liegt der Wert von $AC : BC$ zwischen 0 und -1; für $AC > CB$ ist $AC : BC < -1$. Für (CAB) ist das Teilungsverhältnis $AC : BC < +1$. Für (ABC) ist $AC : BC > +1$. Fällt C mit A zusammen, so erhält das Teilungsverhältnis den Wert 0.

Das Teilungsverhältnis kann alle negativen Werte, den Wert Null und alle positiven Werte mit Ausnahme von $+1$ annehmen. Diese Ausnahme wird durch die Einführung des uneigentlichen Punktes U der Gerade beseitigt. Dieser fingierte Punkt wird durch die Eigenschaft definiert, daß er jede auf der Gerade liegende Strecke AB in dem Verhältnis $+1$ teilt. Er liegt also außerhalb jeder auf der Gerade vorhandenen Strecke.

Sind A, B, C, D vier verschiedene Punkte einer Gerade, so kann nicht $AC : BC = AD : BD$ sein. Daraus würde nämlich nach dem Satze von der entsprechenden Addition folgen $(AC + CB) : BC = (AD + DB) : BD$ oder $AB : BC = AB : BD$, was nur möglich wäre, wenn $BC = BD$ wäre, also der Punkt D mit C zusammenfiele.

Das Teilungsverhältnis $AC : BC$ kann also, wenn C mit jedem Punkte der geraden Linie AB einmal zusammenfällt, jeden reellen Wert nur einmal annehmen.

3. *Sind A, B, C, D irgend vier Punkte einer gerichteten Gerade g, so versteht man unter dem Doppelverhältnis $(ABCD)$ das Verhältnis der Verhältnisse, in denen die Punkte C und D die Strecke AB teilen, d. h. es ist* $(ABCD) = (AC : BC) : (AD : BD)$.

Man nehme außerhalb der Gerade g einen beliebigen Punkt S an und ziehe die geraden Linien SA, SB, SC, SD und zu SA durch B die Parallele, die SC in C_1 und SD in D_1 schneidet (Fig. 89). Dann ist $AC : BC = SA : C_1B$ und $AD : BD = SA : D_1B$, also $(ABCD) = D_1B : C_1B$.

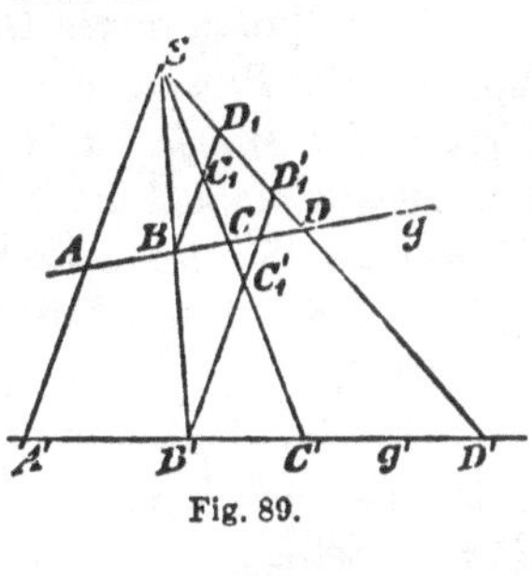

Fig. 89.

Man schneide die Geraden SA, SB, SC, SD durch irgendeine von g verschiedene, nicht durch S gehende Gerade g' in den Punkten A', B', C', D' und ziehe durch B' zu SA die Parallele, die SC in C_1' und SD in D_1' schneidet. Dann ist $(A'B'C'D') = D_1'B' : C_1'B'$. Nach dem Parallelensatze ist aber $D_1B : C_1B = D_1'B' : C_1'B'$. Also ist auch $(ABCD) = (A'B'C'D')$.

Satz des Pappos: Vier von einem Punkte ausgehende Geraden einer Ebene werden von allen nicht durch diesen Punkt gehenden Geraden der Ebene in Punkten gleichen Doppelverhältnisses geschnitten. Dieses Doppelverhältnis nennt man das Doppelverhältnis der vier Geraden und bezeichnet es mit $(a\,b\,c\,d)$.

Man wähle die drei Punkte A, B, C so, daß (ACB) gilt, und lasse den vierten Punkt D alle möglichen Lagen zu jenen drei Punkten einnehmen. Für (DAB) ist $(ABCD) < AC:BC$. Für $D \to A$ ist $(ABCD) \to \infty$. Für (ADC) ist $(ABCD) > +1$. Für $D = C$ ist $(ABCD) = +1$. Für (CDB) ist $(ABCD) < +1$, für $D = B$ ist $(ABCD) = 0$, für (ABD) ist $0 > (ABCD) > AC:BC$, und für $D = U$ endlich ist $(ABCD) = AC:BC$.

Das Doppelverhältnis von vier Punkten einer Gerade, von denen drei unveränderlich sind, während der vierte mit jedem beliebigen Punkte der Gerade zusammenfallen kann, kann jeden reellen Wert annehmen.

Sind D und E zwei verschiedene Punkte, so kann nicht $(ABCD) = (ABCE)$ sein. Daraus würde nämlich folgen $AD:BD = AE:BE$. Diese Proportion ist aber nach 2 für zwei verschiedene Punkte D und E der Gerade AB unmöglich.

Das Doppelverhältnis $(ABCD)$ nimmt also, wenn die Punkte A, B, C festliegen und D mit jedem Punkte der Gerade AB einmal zusammenfällt, jeden reellen Wert nur einmal an.

4. Ist das Doppelverhältnis $(ABCD) = -1$, so ist $AC:BC = -(AD:BD)$. Von den beiden Teilungsverhältnissen $AC:BC$ und $AD:BD$ ist also das eine positiv, das andere negativ, und ihre absoluten Werte sind einander gleich; d. h. die Punkte C und D teilen die Strecke AB innen und außen in demselben Verhältnis (vom Vorzeichen abgesehen). Vertauscht man in der obigen Proportion die Innenglieder, so ergibt sich $AC:AD = -BC:BD$ oder $CA:DA = -CB:DB$, d. h. die Punkte A und B teilen die Strecke CD innen und außen (vom Vorzeichen abgesehen) in demselben Verhältnis.

Vier Punkte einer Gerade mit dem Doppelverhältnis -1 heißen vier harmonische Punkte oder ein harmonischer Punktwurf. Die Gerade heißt der Träger des Wurfs. Ein harmonischer Punktwurf zerfällt in zwei Paare von zugeordneten Punkten, die so beschaffen sind, daß die Punkte jedes Paares die Strecke zwischen den Punkten des andern Paares innen und außen in demselben Verhältnis teilen.

Ist $(ABCU) = -1$, so muß, da $AU:BU = +1$ ist (2), $AC:BC = -1$ sein. Der Punkt C halbiert also die Strecke AB. Ist umgekehrt $(ABCD) = -1$ und $AC:BC = -1$, so muß $AD:BD = +1$, also $D = U$ sein.

Drei Punkte einer geraden Linie, von denen einer die Strecke zwischen den beiden anderen halbiert, bilden mit dem uneigentlichen Punkte der geraden Linie einen harmonischen Wurf.

Aus der Gleichung des harmonischen Punktwurfs $(ABCD) = -1$ folgt die Produktgleichung $AC \cdot BD = -BC \cdot AD$. Ist C der innere Teilpunkt von AB, und drückt man in der Produktgleichung AC und BC durch AD, BD, CD aus, so erhält man $(AD - CD)\,BD =$

$-(BD-CD)AD,\ AD\cdot BD-CD\cdot BD=-AD\cdot BD+AD\cdot CD,$
$2\cdot AD\cdot BD=AD\cdot CD+BD\cdot CD,$

$$\frac{2}{CD}=\frac{1}{BD}+\frac{1}{AD}.$$

Eine Strecke c heißt harmonisches Mittel zwischen zwei Strecken a und b, wenn ihr reziproker Wert das arithmetische Mittel der reziproken Werte dieser Strecken ist, oder wenn die Gleichung $\frac{1}{a}+\frac{1}{b}=\frac{2}{c}$ *besteht. Sind A, B, C, D vier harmonische Punkte, und ist C der innere Teilpunkt von AB, so ist CD das harmonische Mittel zwischen AD und BD.*

Drückt man in der Produktgleichung $AC\cdot BD=-BC\cdot AD$ alle Strecken durch Strecken mit dem einen Endpunkte M aus, wo M die Mitte von AB bedeutet, so ergibt sich $(AM+MC)(BM+MD)=-(BM+MC)(AM+MD)$. Setzt man noch $AM=-BM$, so folgt nach einigen einfachen Umformungen $BM^2=CM\cdot DM$.

Ist ABCD ein harmonischer Punktwurf, und ist M die Mitte der Strecke AB, so ist BM die mittlere Proportionale zu CM und DM.

5. Ist $ABCD$ ein harmonischer Punktwurf, S ein Punkt außerhalb seines Trägers g und g' irgendeine von g verschiedene, nicht durch S gehende Gerade der durch S und g bestimmten Ebene, so schneidet g' die Geraden SA, SB, SC, SD nach dem Papposschen Satze in vier harmonischen Punkten.

Vier gerade Linien, die einen harmonischen Punktwurf mit einem nicht auf seinem Träger liegenden Punkte verbinden, heißen vier harmonische Geraden oder ein harmonischer Geradenwurf. Der Punkt heißt der Scheitel oder der Träger des Wurfs. Je zwei Geraden des Wurfs, die durch zwei zugeordnete harmonische Punkte gehen, heißen zugeordnet. Vier harmonische Geraden werden von jeder nicht durch ihren Träger gehenden geraden Linie ihrer Ebene in vier harmonischen Punkten geschnitten.

Ist S der Träger eines harmonischen Geradenwurfs $a\,b\,c\,d$ und p in der Ebene des Wurfs eine Parallele zu a, die b in B, c in C, d in D schneidet, ferner in der Ebene des Wurfs g eine zu keiner Gerade des Wurfs parallele Gerade durch B, die a in A_1, c in C_1, d in D_1 trifft, so ist einerseits $(A_1BC_1D_1)=-1$, andrerseits $(A_1BC_1D_1)=DB:CB$ (3). Daraus folgt $DB:CB=-1$. Ist U der uneigentliche Punkt von p, so ist $CU:DU=+1$, folglich $(CB:DB):(CU:DU)=-1$.

Zieht man in der Ebene eines harmonischen Geradenwurfs zu einer Gerade des Wurfs eine Parallele, so wird diese von den Geraden des Wurfs in einem harmonischen Punktwurf mit einem uneigentlichen Punkte geschnitten, d. h. von den drei eigentlichen Punkten dieses Wurfs halbiert der eine die Strecke zwischen den beiden andern.

6. In einer Ebene gehen durch einen Punkt E vier gerade Linien a, b, c, d derart, daß c und d die Winkel der beiden andern Geraden halbieren

(Fig. 90). Dann ist $c \perp d$. Eine beliebige nicht durch E gehende Gerade, die zu keiner der vier Geraden parallel ist, schneide a in A, b in B, c in C, d in D, eine Parallele zu a durch B schneide c in F und d in G. Dann ist $\sphericalangle BFE = \sphericalangle AEF = \sphericalangle FEB$, also $FB = BE$, und $\sphericalangle BEG = 1R - \sphericalangle FEB = 1R - \sphericalangle BFE = \sphericalangle BGE$, also $BE = BG$, folglich $FB = BG$. Nach dem Hauptsatze verhält sich $AC : BC = EA : BF = EA : EB$ und $AD : BD = EA : BG = EA : EB$. *Die Halbierungslinien eines Dreieckswinkels und seines Außenwinkels teilen die Gegenseite innen und außen im Verhältnis der beiden anliegenden Seiten.* Aus beiden Proportionen folgt, wenn man die Strecken als gerichtet ansieht, $(AC : BC) : (AD : BD) = -1$.

Zwei sich schneidende gerade Linien bilden mit den Halbierungslinien ihrer Winkel einen harmonischen Geradenwurf.

a, b, c, d sei ein harmonischer Geradenwurf mit dem Träger S von solcher Beschaffenheit, daß zwei zugeordnete Geraden c und d aufeinander senkrecht stehen. Eine Parallele zu d in der Ebene des Wurfs schneide a in A, b in B, c in C (Fig. 91). Dann ist $AC : BC = -1$, d. h., wenn von den Richtungen abgesehen wird, $AC = BC$. Daher ist $\triangle SAC \cong \triangle SBC$ (1) und $\sphericalangle ASC = \sphericalangle BSC$. c halbiert den Dreieckswinkel ASB, folglich ist d, wegen $d \perp c$, die Halbierungslinie des zugehörigen Außenwinkels.

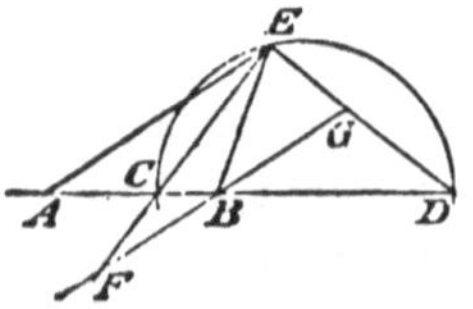

Fig. 90.

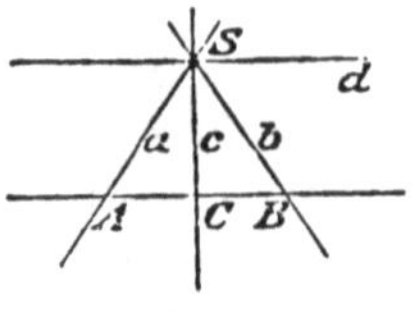

Fig. 91.

Stehen zwei zugeordnete Geraden eines harmonischen Geradenwurfs aufeinander senkrecht, so halbieren sie die Winkel zwischen den beiden andern Geraden.

7. A, B und C, D seien zwei Paare zugeordneter Punkte eines harmonischen Wurfs, E ein Punkt eines Kreises über dem Durchmesser CD (Fig. 90). EA, EB, EC, ED sind vier harmonische Geraden und $\sphericalangle CED = 1R$ nach dem Satze des Thales. Daher halbieren EC und ED die Winkel zwischen den Geraden EA und EB, und es verhält sich $AC : BC = AE : BE = AD : BD$ (6).

Teilt man eine Strecke innen und außen in einem und demselben Verhältnis, und konstruiert man über der Verbindungsstrecke der Teilpunkte als Durchmesser einen Kreis, so haben die Abstände aller Punkte dieses Kreises von den Endpunkten der geteilten Strecke dasselbe Verhältnis.

A, B und C, D seien zwei Paare zugeordneter Punkte eines harmonischen Wurfs und E ein nicht auf dem Träger des Wurfs liegender Punkt von solcher Lage, daß sich $AE : BE = AC : BC$ verhält (Fig. 90). Die Parallele durch B zu AE schneide EC in F und ED in G. Dann ist $FB = BG$ (5). Nach dem Hauptsatze verhält sich $AC : BC = AE : BF$, daher ist auch $AE : BE = AE : BF$, d. h. es ist $BE = FB = BG$.

E liegt also auf dem Kreise mit dem Durchmesser FG. Daher ist $\sphericalangle CED = 1\,R$, und E liegt auf dem Kreise mit dem Durchmesser CD.

Jeder Punkt einer Ebene, dessen Abstände von zwei festen Punkten A und B dieser Ebene ein gegebenes Verhältnis haben, liegt auf dem Kreise, der die Strecke AB innen und außen in eben diesem Verhältnis teilt, und dessen Mittelpunkt auf der Gerade AB liegt.

Jeder Kreis, der eine Strecke innen und außen in einem und demselben Verhältnis teilt, und dessen Mittelpunkt mit den Endpunkten der Strecke auf einer Gerade liegt, heißt ein apollonischer Kreis, da Apollonios von Pergae (zwischen 250 und 200 v. Chr. in Alexandria, später in Pergamon) die Eigenschaften solcher Kreise in einer verloren gegangenen Schrift behandelt hat.

8. *Vier gerade Linien a, b, c, d einer Ebene mit ihren 6 Schnittpunkten heißen ein vollständiges Vierseit. Die geraden Linien heißen die Seiten, die 6 Schnittpunkte die Ecken des Vierseits. Jede Ecke des Vierseits hat eine Gegenecke; in dieser schneiden sich die beiden Seiten, die nicht durch die erste Ecke gehen. Die drei Verbindungslinien der Gegeneckenpaare heißen die Diagonalen des Vierseits.*

Die Gegeneckenpaare eines vollständigen Vierseits mit den Seiten a, b, c, d seien A, A_1; B, B_1; C, C_1, seine Diagonalen $AA_1 = e$, $BB_1 = f$, $CC_1 = g$. Die Schnittpunkte der Diagonalen seien E, F, G (Fig. 92). Ist x die durch C gehende Gerade, die a, d, g zu einem harmonischen Wurf ergänzt und g zugeordnet ist, und schneiden sich x und e in X, so ist AA_1FX ein harmonischer Wurf. Ist ebenso b, c, g, y ein harmonischer Geradenwurf, und schneiden sich y und e in Y, so ist auch AA_1FY ein harmonischer Wurf. Also ist $X = Y$, und der Schnittpunkt von x und y liegt auf e. Schneiden sich x und f in X' und y und f in Y', so sind BB_1EX' und BB_1EY' harmonische Würfe, also $X' = Y'$, und der Schnittpunkt von x und y liegt also auch auf f. Folglich schneiden sich x und y in dem Schnittpunkte G von e und f, und AA_1FG und BB_1EG sind harmonische Würfe. Entsprechend beweist man, daß auch CC_1FE ein harmonischer Wurf ist.

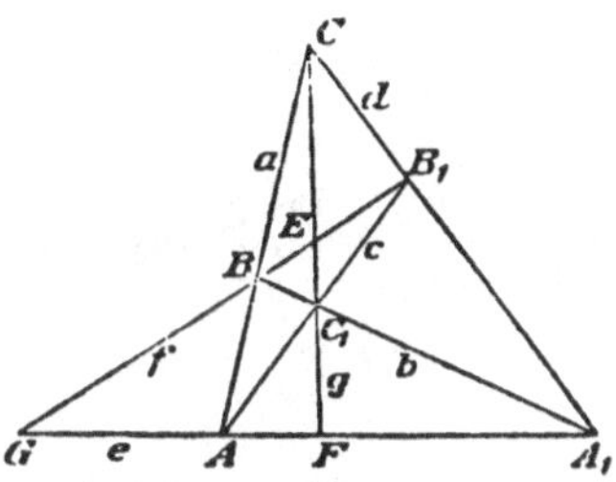

Fig. 92.

Jede Diagonale eines vollständigen Vierseits ist der Träger eines harmonischen Punktwurfs; die beiden Ecken bilden das eine Paar, die Schnittpunkte mit den beiden andern Diagonalen das andere Paar zugeordneter Punkte dieses Wurfs.

Vier Punkte A, B, C, D einer Ebene mit ihren 6 Verbindungslinien heißen ein vollständiges Viereck. Die Punkte heißen die Ecken, die 6 Verbindungslinien die Seiten des Vierecks. Jede Seite des vollständigen Vierecks hat eine Gegenseite; diese verbindet die beiden Ecken, die nicht auf der ersten

Seite liegen. Die drei Schnittpunkte der Gegenseitenpaare heißen die Diagonalpunkte des vollständigen Vierecks.

Die Gegenseitenpaare eines vollständigen Vierecks mit den Ecken A, B, C, D seien a, a_1; b, b_1; c, c_1, seine Diagonalpunkte $a\,a_1 = E$, $b\,b_1 = F$, $c\,c_1 = G$. Die Verbindungslinien der Diagonalpunkte seien e, f, g (Fig. 93). FG schneide AC in H, BD in I. b, b_1, c, c_1 sind die Seiten eines vollständigen Vierseits mit den Gegeneckenpaaren A, C; B, D; F, G und den Diagonalen a, a_1, e. Nach dem Satze vom vollständigen Vierseit ist also $ACEH$ ein harmonischer Wurf; folglich sind $b\,b_1 g\,e$ einerseits und $c\,c_1 f\,e$ andrerseits harmonische Geradenwürfe. Ferner ist $FGIH$ ein harmonischer Punktwurf, also $a\,a_1 f\,g$ ein harmonischer Geradenwurf.

Jeder Diagonalpunkt eines vollständigen Vierecks ist der Scheitel eines harmonischen Geradenwurfs; die beiden Seiten bilden das eine Paar, die Verbindungslinien mit den beiden andern Diagonalpunkten das andere Paar zugeordneter Geraden dieses Wurfs.

Die beiden Sätze vom vollständigen Vierseit und vollständigen Viereck geben ein Beispiel für die in der projektiven Geometrie geltende Dualität.

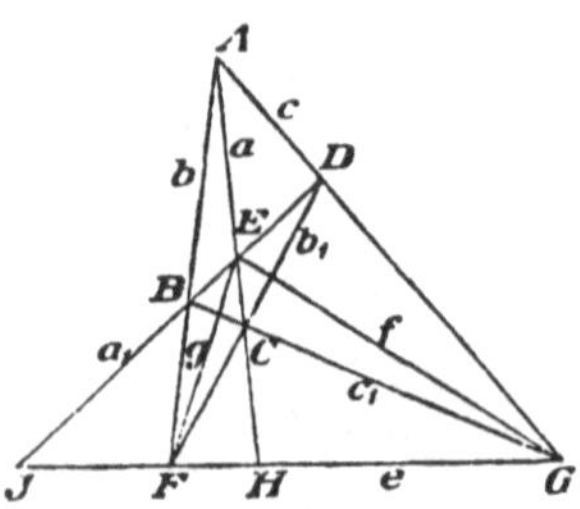

Fig. 93.

Den Seiten des Vierseits entsprechen die Ecken des Vierecks, den Ecken des Vierseits die Seiten des Vierecks, den Diagonalen des Vierseits die Diagonalpunkte des Vierecks, den Schnittpunkten der Diagonalen des Vierseits die Verbindungslinien der Diagonalpunkte des Vierecks. Dem Liegen mehrerer Punkte in einer Gerade der einen Figur entspricht in der andern Figur das Schneiden der entsprechenden Geraden in einem Punkte. Der Verbindungslinie zweier Punkte der einen Figur entspricht der Schnittpunkt der entsprechenden Geraden der andern Figur. Ein anderes Beispiel für die Dualität bieten die harmonischen Punkte und Geraden und die beiden Sätze: 1. Die Verbindungslinien eines Punktes mit den Punkten eines harmonischen Punktwurfes bilden einen harmonischen Geradenwurf; 2. die Schnittpunkte einer Gerade mit den Geraden eines harmonischen Geradenwurfs bilden einen harmonischen Punktwurf.

Das vollständige Vierseit und Viereck wurde zuerst von G. Desargues, Brouillon project d'une atteinte aux événements du rencontre d'un cone avec un plan, Paris 1639[1]), benutzt; der Name vollständiges Viereck wurde von J. Steiner 1832 als Gegenstück zu dem von Carnot 1803 in seiner Géométrie de position eingeführten Namen des vollständigen Vierseits eingeführt. Steiner machte zuerst auf die zwischen dem vollständigen Vierseit und dem vollständigen Viereck bestehende Dualität aufmerksam.

---

[1]) Ins Deutsche übersetzt und herausgegeben von M. Zacharias in Ostwalds Klassikern der exakten Wissenschaften, Nr. 197, Leipzig 1922.

Siebentes Kapitel.

Die Ähnlichkeitssätze und ihre Anwendungen.

§ 20. Die Ähnlichkeitssätze.

1. In den Dreiecken ABC und $A_1B_1C_1$ (Fig. 94) verhalte sich $AB : A_1B_1 = AC : A_1C_1$ und es sei $\sphericalangle A = \sphericalangle A_1$. Man bestimme auf den Schenkeln des Winkels A die Punkte D und E so, daß $AD = A_1B_1$ und $AE = A_1C_1$ ist, und verbinde D mit E. Dann verhält sich $AB : AD = AC : AE$; folglich ist $DE \parallel BC$, und $\sphericalangle ADE = \sphericalangle ABC$. Ferner ist $\triangle ADE \cong \triangle A_1B_1C_1$ (*I*), also $\sphericalangle ADE = \sphericalangle A_1B_1C_1$. Demnach ist auch $\sphericalangle ABC = \sphericalangle A_1B_1C_1$ und daher $\triangle ABC \sim \triangle A_1B_1C_1$.

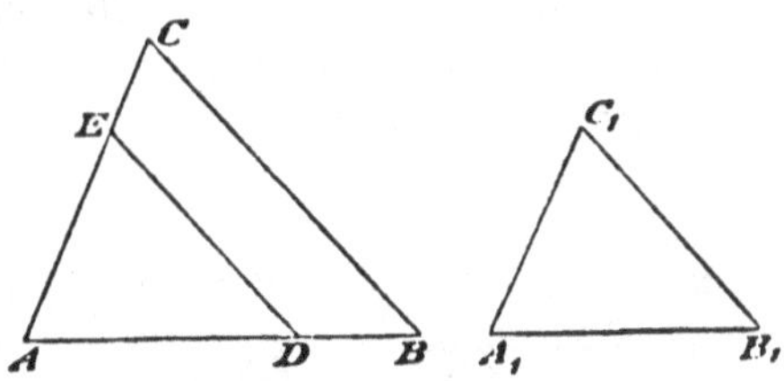

Fig. 94.

1. *Ähnlichkeitssatz* (*I*): *Dreiecke sind ähnlich, wenn sie in dem Verhältnis zweier Seiten und dem von ihnen eingeschlossenen Winkel übereinstimmen.*

2. In den Dreiecken ABC und $A_1B_1C_1$ (Fig. 94) verhalte sich $AB : A_1B_1 = AC : A_1C_1 = BC : B_1C_1$. Haben die Buchstaben D und E dieselbe Bedeutung wie in **1**, so ist wieder $DE \parallel BC$, also $\sphericalangle ADE = \sphericalangle ABC$ und $\sphericalangle AED = \sphericalangle ACB$. Nach dem Hauptsatze verhält sich also $BC : DE = AB : AD = AB : A_1B_1$. Nach der Voraussetzung verhält sich $AB : A_1B_1 = BC : B_1C_1$. Daraus folgt $BC : DE = BC : B_1C_1$, $DE = B_1C_1$. Mithin ist $\triangle ADE \cong \triangle A_1B_1C_1$ (III), also $\sphericalangle ADE = \sphericalangle A_1B_1C_1$, $\sphericalangle AED = \sphericalangle A_1B_1C_1$. Demnach ist auch $\sphericalangle ABC = \sphericalangle A_1B_1C_1$, $\sphericalangle ACB = \sphericalangle A_1C_1B_1$ und daher $\triangle ABC \sim \triangle A_1B_1C_1$.

3. *Ähnlichkeitssatz* (*III*): *Dreiecke sind ähnlich, wenn sie in den Verhältnissen der Seiten übereinstimmen.*

3. In den Dreiecken ABC und $A_1B_1C_1$ (Fig. 94) verhalte sich $AB : A_1B_1 = AC : A_1C_1$, es sei $\sphericalangle B = \sphericalangle B_1$, und die Winkel C und C_1 seien gleichzeitig entweder beide spitz oder stumpf. Auch hier ist wieder $DE \parallel BC$, $\sphericalangle ADE = \sphericalangle ABC$, $\sphericalangle AED = \sphericalangle ACB$. Daher ist auch $\sphericalangle ADE = \sphericalangle A_1B_1C_1$, und die Winkel AED und $A_1C_1B_1$ sind beide gleichzeitig entweder spitz oder stumpf. Folglich ist auch $\triangle ADE \cong \triangle A_1B_1C_1$ (IV) und $\sphericalangle AED = \sphericalangle A_1C_1B_1$. Demnach ist auch $\sphericalangle ACB = \sphericalangle A_1C_1B_1$ und $\triangle ABC \sim \triangle A_1B_1C_1$.

4. *Ähnlichkeitssatz (IV): Dreiecke sind ähnlich, wenn sie in dem Verhältnis zweier Seiten und dem der einen von ihnen gegenüberliegenden Winkel übereinstimmen, und wenn der der andern Seite gegenüberliegende Winkel in beiden Dreiecken von derselben Art, also beidemal spitz oder stumpf ist.*[1])

§ 21. Anwendung der Ähnlichkeitssätze auf das rechtwinklige Dreieck.

1. Ist in dem Dreieck ABC $\sphericalangle ACB = 1R$ und $CD \perp AB$ (Fig. 95), so ist wegen der Übereinstimmung der Winkel $\triangle ACD \sim \triangle CBD \sim \triangle ABC$, folglich $AD:CD = CD:BD$ und $AD:AC = AC:AB$.

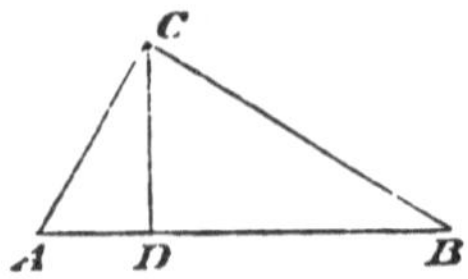

Fig. 95.

Sind die beiden Innenglieder einer Proportion einander gleich, so sagt man, das Innenglied sei die mittlere Proportionale oder das geometrische Mittel zu den beiden Außengliedern. Unter der Projektion einer Strecke auf eine Gerade versteht man die Strecke zwischen den Fußpunkten der von den Endpunkten der Strecke auf die Gerade gefällten Lote.

Höhensatz: In jedem rechtwinkligen Dreieck ist die Höhe die mittlere Proportionale zu den Projektionen der Kathete auf die Hypotenuse.

Kathetensatz: In jedem rechtwinkligen Dreieck ist jede Kathete die mittlere Proportionale zu der Hypotenuse und der Projektion der Kathete auf die Hypotenuse.

2. *Ist a eine beliebige Strecke, so heißt die Produktstrecke $a \cdot a$ das Quadrat der Strecke a und wird mit a^2 bezeichnet.* Nach dem Kathetensatze ist $AD:AC = AC:AB$ und $BD:BC = BC:AB$, oder $AC^2 = AB \cdot AD$ und $BC^2 = AB \cdot BD$, daher $AC^2 + BC^2 = AB \cdot AD + AB \cdot BD = AB(AD + BD) = AB \cdot AB = AB^2$.

Pythagoreischer Lehrsatz: In jedem rechtwinkligen Dreieck ist das Quadrat der Hypotenuse gleich der Summe der Quadrate der Katheten.

§ 22. Anwendung der Ähnlichkeitssätze auf den Kreis. Potenz. Kreisbüschel.

1. AB und CD seien zwei Sekanten eines Kreises, die sich innerhalb oder außerhalb des Kreises in einem Punkte E schneiden (Fig. 96). Verbindet man A mit D und B mit C, so ist $\sphericalangle AED = \sphericalangle CEB$ und

[1]) Bei der hier im Anschluß an Hilbert gegebenen Begründung der Ähnlichkeitslehre ist der dem zweiten Kongruenzsatze entsprechende zweite Ähnlichkeitssatz (nach der gebräuchlichen Zählung) zur Definition der Ähnlichkeit geworden. Wegen des Zusammenhangs mit den Kongruenzsätzen sind den beiden letzten Ähnlichkeitssätzen die üblichen Nummern III und IV gelassen worden.

$\sphericalangle DAE = \sphericalangle BCE$. Folglich ist $\triangle ADE \sim \triangle CBE$, und es verhält sich $AE : DE = CE : BE$, oder es ist $AE \cdot BE = CE \cdot DE$.

Sehnensatz (oder Sekantensatz): Schneiden sich zwei Sehnen eines Kreises oder ihre Verlängerungen, so ist das Produkt der Abschnitte der einen Sehne gleich dem Produkt der Abschnitte der anderen Sehne. Unter den Abschnitten einer Sehne werden die Teilstrecken verstanden, in die der Schnittpunkt die Sehne (innen oder außen) teilt.

2. Eine Sekante AB eines Kreises werde von einer Tangente mit dem Berührungspunkt C in einem Punkte D geschnitten (Fig. 97). Ver-

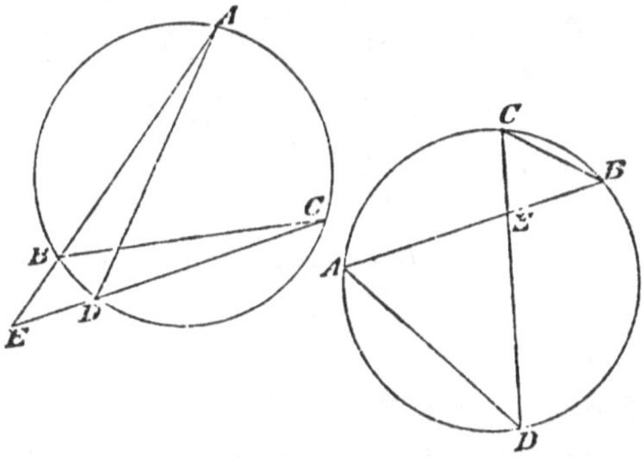

Fig. 96.

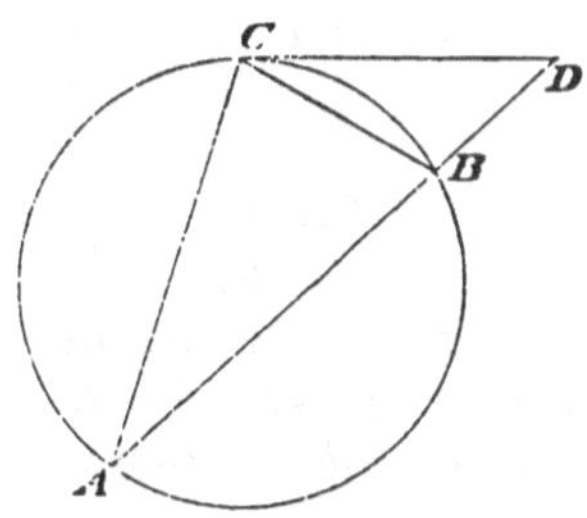

Fig. 97.

bindet man C mit A und B, so ist $\sphericalangle ADC = \sphericalangle CDB$ und $\sphericalangle CAD = \sphericalangle BCD$ (Sehnen-Tangentenwinkel), folglich $\triangle ADC \sim \triangle BCD$, und es verhält sich $AD : CD = CD : BD$, oder es ist $CD^2 = AD \cdot BD$.

Sekanten-Tangentensatz: Schneiden sich eine Sekante und eine Tangente eines Kreises, so ist der Tangentenabschnitt die mittlere Proportionale zu den Abschnitten der Sekante. Unter dem Tangentenabschnitt ist das Stück der Tangente zwischen dem Berührungspunkte und dem Schnittpunkte verstanden; die Sekantenabschnitte sind die Teilstrecken, in welche die Sehne außen durch den Schnittpunkt geteilt wird.

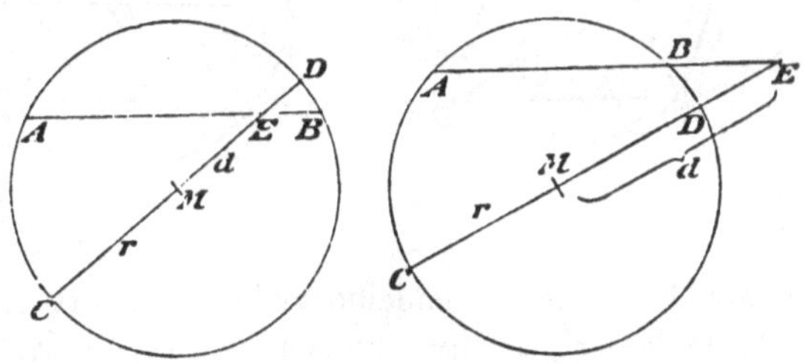

Fig. 98.

3. In der Ebene eines Kreises mit dem Mittelpunkte M liege innerhalb oder außerhalb des Kreises ein Punkt E. Durch E gehe eine beliebige Sehne AB und ein Durchmesser CD (Fig. 98). Nach dem Sehnensatze ist $AE \cdot BE = CE \cdot DE$. Setzt man den Halbmesser gleich r und den Abstand $ME = d$, und betrachtet man in der Gleichung des Sehnensatzes die Geraden als gerichtet, so ergibt sich $AE \cdot BE = (CM + ME)(DM + ME) = (r + d)(-r + d) = d^2 - r^2$.

Teilt man eine Sehne eines Kreises mit dem Halbmesser r innen oder außen, und hat der Teilpunkt vom Mittelpunkte des Kreises den Abstand d, so ist das Produkt der Teilstrecken der Sehne gleich $d^2 - r^2$ (vorausgesetzt, daß man die Teilstrecken als gerichtete Strecken betrachtet).

4. $ABCD$ sei ein Sehnenviereck mit den Diagonalen AC und BD (Fig. 99). Man trage den Winkel BDC an DA in D derart an, daß der freie Schenkel die Diagonale AC in E schneidet. Dann ist $\sphericalangle ADE = \sphericalangle BDC$ und $\sphericalangle DAE = \sphericalangle DBC$ (Umfangswinkel über demselben Bogen), also $\triangle ADE \sim \triangle BDC$, und es verhält sich $AD : AE = BD : BC$, oder es ist $AE = \frac{AD \cdot BC}{BD}$. Dann ist ferner $\sphericalangle ADB = \sphericalangle EDC$ und $\sphericalangle ABD = \sphericalangle DCE$, also $\triangle ADB \sim \triangle EDC$, und es verhält sich $BD : AB = CD : EC$, oder es ist $EC = \frac{AB \cdot CD}{BD}$. Daraus folgt $AE + EC = \frac{AD \cdot BC}{BD} + \frac{AB \cdot CD}{BD}$, oder $AC \cdot BD = AD \cdot BC + AB \cdot CD$.

Satz von Ptolemaios (Klaudios Ptolemaios um 150 n. Chr. in Alexandria): *Das Produkt der Diagonalen eines Sehnenvierecks ist gleich der Summe der Produkte der beiden Paare von Gegenseiten.*

5. Nach dem Sekantensatze ändert sich die Größe des Produkts der Teilstrecken der Sehne nicht, wenn man die durch E gehende

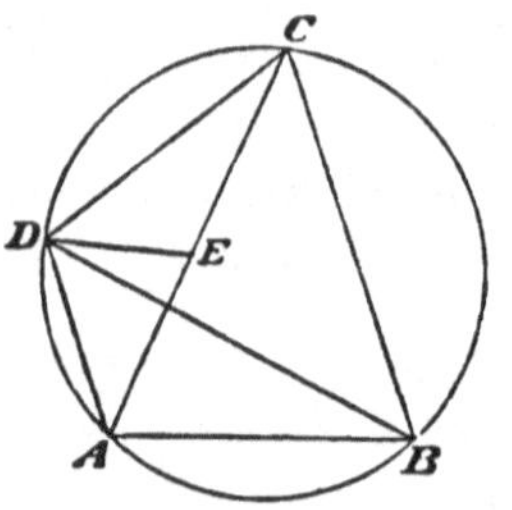

Fig. 99.

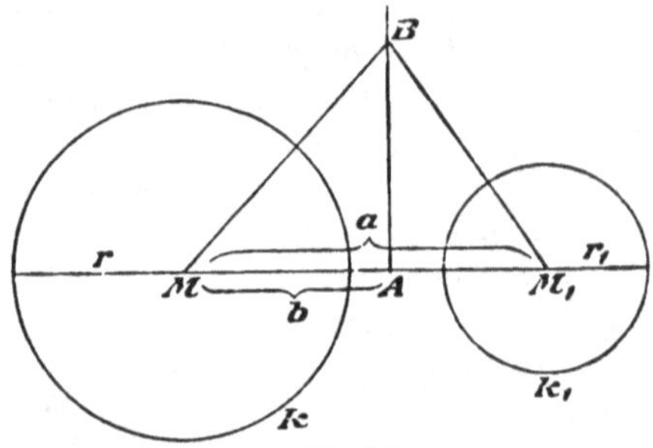

Fig. 100.

Sekante AB durch irgendeine andere Sekante ersetzt. Der Wert dieses Produkts $d^2 - r^2$ ist nur von dem Abstande des Punktes E vom Mittelpunkte des Kreises abhängig.

Hat der Punkt E in der Ebene eines Kreises mit dem Halbmesser r vom Mittelpunkte des Kreises die Entfernung d, so heißt die Differenz $d^2 - r^2$ die Potenz des Punktes in bezug auf den Kreis. Die Potenz des Punktes E ist gleich dem Produkt der Teilstrecken der Sehne einer beliebigen durch E gehenden Sekante des Kreises. Liegt E außerhalb des Kreises, so ist die Potenz auch gleich dem Quadrat der Entfernung des Punktes E von dem Berührungspunkte einer durch E gehenden Tangente.

Ersetzt man den Punkt E durch einen Punkt F mit gleichem Abstande d vom Mittelpunkt des Kreises, so hat F dieselbe Potenz wie E.

Der Ort der Punkte gegebener Potenz p in bezug auf einen Kreis ist ein konzentrischer Kreis mit dem Halbmesser $d = \sqrt{r^2 + p}$. Die Potenz p kann alle Werte von $-r^2$ bis $+\infty$ durchlaufen. Für die Punkte im Innern des Kreises ist $-r^2 \gtreqless p < 0$, für die Punkte der Kreislinie ist $p = 0$ und für die Punkte außerhalb des Kreises ist $p > 0$.

6. M und M_1 seien die Mittelpunkte zweier Kreise k und k_1 einer Ebene mit den Halbmessern r und r_1 (Fig. 100). A sei ein Punkt der Gerade MM_1, der in bezug auf beide Kreise dieselbe Potenz besitzt. Ist $MM_1 = a$, $MA = b$, so ist $b^2 - r^2 = (a - b)^2 - r_1^2$, also

$$b = \frac{a^2 + r^2 - r_1^2}{2a}.$$

b ist eindeutig bestimmt. Es gibt also auf der Gerade MM_1 einen und nur einen Punkt A gleicher Potenz in bezug auf beide Kreise.

Ist B irgendein Punkt des auf MM_1 in A errichteten Lotes, so ist wegen der Eigenschaft des Punktes A

$$MA^2 - r^2 = M_1A^2 - r_1^2$$

und wegen der Lage des Punktes B

$$MA^2 = MB^2 - AB^2, \qquad M_1A^2 = M_1B^2 - AB^2,$$

also

$$MB^2 - r^2 = M_1B^2 - r_1^2,$$

d. h. B hat auch gleiche Potenz in bezug auf beide Kreise.

Wäre C ein nicht auf dem Lote AB liegender Punkt gleicher Potenz in bezug auf beide Kreise, und $CD \perp MM_1$, so wäre wegen der angenommenen Eigenschaft des Punktes C

$$MC^2 - r^2 = M_1C^2 - r_1^2$$

und wegen der Lage des Punktes D

$$MC^2 = MD^2 + AB^2, \qquad M_1C^2 = M_1D^2 + AB^2,$$

also

$$MD^2 - r^2 = M_1D^2 - r_1^2,$$

d. h. der von A verschiedene Punkt D der Gerade MM_1 würde auch gleiche Potenz in bezug auf beide Kreise haben. Das ist aber nicht möglich. Also gibt es außerhalb der Gerade AB keinen Punkt gleicher Potenz in bezug auf beide Kreise.

Die Punkte gleicher Potenz in bezug auf zwei Kreise einer Ebene liegen auf einer Gerade, die auf der Verbindungslinie der Mittelpunkte der beiden Kreise senkrecht steht. Diese Gerade heißt (nach Steiner) die Potenzlinie der beiden Kreise.

Schneiden sich zwei Kreise einer Ebene, so sind die Schnittpunkte Punkte gleicher Potenz Null in bezug auf die beiden Kreise. Berühren sich zwei Kreise einer Ebene, so ist der Berührungspunkt ein Punkt gleicher Potenz Null in bezug auf beide Kreise.

Die Potenzlinie zweier sich schneidenden Kreise ist die Verbindungslinie ihrer Schnittpunkte. Die Potenzlinie zweier sich berührenden Kreise ist die gemeinsame Tangente im Berührungspunkte.

7. Ist $r - r_1 < a < r + r_1$, so setze man

$$r + r_1 = a + x\,, \qquad r - r_1 = a - y\,;$$

dann sind x und y positive Zahlen. Aus diesen Gleichungen folgt

$$r^2 - r_1^2 = (a + x)(a - y) \quad \text{und} \quad 2r = 2a + x - y\,,$$

also

$$b = \frac{a^2 + r^2 - r_1^2}{2a} = \frac{2a^2 + ax - ay - xy}{2a} = \frac{2ar - xy}{2a} = r - \frac{xy}{2a}$$

und

$$b < r.$$

Die Potenzlinie der beiden Kreise schneidet also den Kreis um M in zwei Punkten. Diese haben die gleiche Potenz Null in bezug auf beide Kreise, liegen also auch auf dem Kreise um M_1.

Ist der Abstand der Mittelpunkte zweier Kreise einer Ebene voneinander größer als die Differenz und kleiner als die Summe der beiden Halbmesser, so schneiden sich die beiden Kreise. Umkehrung des Schlußsatzes von § 8, **12**, S. 56.

Jeder der beiden Schnittpunkte bestimmt mit den Mittelpunkten der beiden Kreise ein Dreieck mit den Seiten a, r, r_1.

Drei Strecken, deren eine größer als die Differenz und kleiner als die Summe der beiden andern ist, bestimmen ein Dreieck, dessen Seiten sie sind. Umkehrung des Schlußsatzes von § 6, **26**, S. 47.

8. Sind drei Kreise k, k_1, k_2 mit den Mittelpunkten M, M_1, M_2 und den Halbmessern r, r_1, r_2 in einer Ebene gegeben, so bestimmen je zwei eine Potenzlinie. Es sei l die Potenzlinie von k_1 und k_2, l_1 die Potenzlinie von k und k_2, l_2 die Potenzlinie von k und k_1. Schneiden sich l_1 und l_2 in einem Punkte P, so ist dessen Potenz bezüglich k 1. gleich der Potenz bezüglich k_1 und 2. gleich der Potenz bezüglich k_2. Also hat P auch gleiche Potenz in bezug auf k_1 und k_2. Die dritte Potenzlinie l geht also durch den Schnittpunkt der beiden andern. Ist $l_1 \parallel l_2$, so muß, wie man leicht indirekt zeigen kann, auch $l \parallel l_1$ sein. Fällt l_1 mit l_2 zusammen, so ist jeder Punkt von l_1 auch ein Punkt gleicher Potenz bezüglich k_1 und k_2, d. h. ein Punkt von l.

Drei Kreise einer Ebene haben paarweise drei Potenzlinien. Diese drei Potenzlinien fallen entweder in eine Gerade zusammen, oder sie sind einander parallel, oder sie schneiden sich in einem Punkte. Dieser Punkt heißt der Potenzpunkt der drei Kreise.

Dieser Satz kann dazu dienen, die Potenzlinie zweier Kreise einer Ebene, die keinen Punkt gemein haben, zu bestimmen. Man schneide beide

Kreise durch einen dritten Kreis. Die Verbindungslinien der Schnittpunkte des dritten Kreises und der beiden andern Kreise sind zwei von den drei Potenzlinien der drei Kreise. Ihr Schnittpunkt ist der Potenzpunkt der drei Kreise. Die gesuchte Potenzlinie der beiden gegebenen Kreise ist das Lot vom Potenzpunkt auf die Verbindungslinie der Mittelpunkte der gegebenen Kreise.

9. Zwei Kreise einer Ebene mit den Mittelpunkten M und M_1 und der Mittelpunktsentfernung $MM_1 = a_1$ bestimmen eine Potenzlinie $l \perp MM_1$ mit dem Abstande

$$b = \frac{a_1^2 + r^2 - r_1^2}{2a_1}$$

von M (6). Ist der Punkt M_2 der Gerade MM_1 der Mittelpunkt eines dritten Kreises mit dem Halbmesser r_2 und dem Abstande $MM_2 = a_2$, so kann man nach willkürlicher Annahme von a_2 den Halbmesser r_2 so bestimmen, daß

$$b = \frac{a_2^2 + r^2 - r_2^2}{2a_2}$$

ist. Die drei Kreise haben dann eine und dieselbe Potenzlinie l. Läßt man a_2 alle reellen Zahlenwerte durchlaufen, so ergibt sich eine einfach unendliche Mannigfaltigkeit von Kreisen mit derselben Potenzlinie l.

Eine Gesamtheit von Kreisen einer Ebene mit gemeinsamer Potenzlinie heißt ein Kreisbüschel. Die Gerade, welche die Mittelpunkte der Kreise eines Büschels enthält, heißt die Achse des Büschels.

Ein Kreisbüschel (k, k_1) *ist durch zwei beliebige Kreise k und k_1 einer Ebene eindeutig bestimmt. Schneiden sich die beiden bestimmenden Kreise, so gehen alle Kreise des Büschels durch die beiden Schnittpunkte. Berühren sich die beiden bestimmenden Kreise, so berühren sich alle Kreise des Büschels in dem gemeinsamen Berührungspunkte. Haben die beiden bestimmenden Kreise keinen Punkt gemein, so gilt dasselbe von irgend zwei Kreisen des Büschels.*

Ein allen Kreisen eines Büschels gemeinsamer Punkt heißt ein Grundpunkt des Büschels. Ein Kreisbüschel hat entweder zwei Grundpunkte, oder einen Grundpunkt, oder keinen Grundpunkt. Je nachdem der erste, zweite oder dritte Fall vorliegt, heißt der Büschel hyperbolisch, parabolisch oder elliptisch.

10. Für einen beliebigen Punkt B der Potenzlinie l der beiden Kreise k und k_1 gilt (6)

$$MB^2 - r^2 = M_1B^2 - r_1^2 .$$

Setzt man $MB^2 - r^2 = \varrho^2$, so gibt es unter der Voraussetzung, daß $MB > r$ ist, um B den Kreis mit dem Halbmesser ϱ. Die Potenz des Punktes M in bezug auf diesen Kreis ist $MB^2 - \varrho^2 = r^2$ (5). Durchläuft B den ganzen außerhalb des Kreises k liegenden Teil von l, so gehört zu jeder Lage von B ein bestimmter Kreishalbmesser ϱ, und in bezug auf alle diese Kreise um die Punkte B hat der Punkt M die gleiche Potenz r^2. Das entsprechende gilt von den Mittelpunkten aller Kreise des Büschels (k, k_1) (9). Die Kreise um die Punkte B mit den Halbmessern ϱ bilden also einen Kreisbüschel, dessen Potenzlinie die Achse des Büschels (k, k_1) ist.

Jeder Kreisbüschel (k, k_1) mit der Achse g und der Potenzlinie l bestimmt einen zweiten Kreisbüschel mit der Achse l und der Potenzlinie g. Sind M der Mittelpunkt und r der Halbmesser eines Kreises des Büschels (k, k_1), so ist r^2 die Potenz des Punktes M in bezug auf alle Kreise des zweiten Büschels. Dieser zweite Büschel heißt dem Büschel (k, k_1) konjugiert.

Ist $(\varkappa, \varkappa_1)$ dem Büschel (k, k_1) konjugiert, so ist auch umgekehrt (k, k_1) dem Büschel $(\varkappa, \varkappa_1)$ konjugiert. Denn die den Büschel $(\varkappa, \varkappa_1)$ definierende Gleichung $MB^2 - \varrho^2 = r^2$ ist in bezug auf M und r einerseits und B und ϱ andrerseits symmetrisch gebaut. Diese Gleichung lehrt ferner, daß BM, r und ϱ die Seiten eines rechtwinkligen Dreiecks sind; also:

Jeder Kreis eines Büschels schneidet die Kreise des konjugierten Büschels rechtwinklig.

Ist $r > MA$ (Fig. 100), so ist $\varrho^2 = MB^2 - r^2 < MB^2 - MA^2$, also $\varrho < AB$. Ist $r = MA$, so folgt entsprechend $\varrho = AB$. Ist endlich $r < MA$, so ergibt sich $\varrho > AB$. D. h.:

Von zwei konjugierten Kreisbüscheln ist entweder der eine hyperbolisch und der andere elliptisch, oder sie sind beide parabolisch.

§ 23. Die stetige Teilung einer Strecke und die Zehnteilung des Kreises.

1. *Eine Strecke $AB = a$ soll derart in zwei Abschnitte geteilt werden, daß der größere Abschnitt x die mittlere Proportionale zu der ganzen Strecke a und dem kleineren Abschnitt $a - x$ ist.* Die Proportion $a : x = x : (a - x)$ führt auf die quadratische Gleichung $x^2 + ax - a^2 = 0$, deren Lösungen

$$x_1 = -\frac{a}{2} + \sqrt{\frac{a^2}{4} + a^2} \quad \text{und} \quad x_2 = -\frac{a}{2} - \sqrt{\frac{a^2}{4} + a^2}$$

sind. Da x als Maßzahl einer Strecke positiv sein muß, kommt nur die Lösung

$$x = \sqrt{\frac{a^2}{4} + a^2} - \frac{a}{2}$$

in Frage. Setzt man $\sqrt{\frac{a^2}{4} + a^2} = u$ und demnach $x = u - \frac{a}{2}$, so ergibt sich die geometrische Lösung (Fig. 101): *Der größere Abschnitt der gegebenen Strecke ist um die halbe Strecke kleiner als die Hypotenuse des rechtwinkligen Dreiecks, das die ganze und die halbe gegebene Strecke zu Katheten hat. Ist $AC = x$ und (ACB), so sagt man, der Punkt C teile die Strecke AB stetig.*

Die stetige Teilung war schon in der pythagoreischen Schule bekannt. Bei **Eukleides** heißt eine solche Teilung *ἄκρον καί μέσον λόγον τέμνειν* (nach dem äußeren und mittleren Verhältnis teilen). Im Beginn der Neuzeit sah man in der stetig geteilten Strecke und ihren beiden Abschnitten ein Bild der göttlichen Dreieinigkeit und sprach deshalb von der göttlichen Proportion oder **göttlichen Teilung** (sectio divina bei Kepler). Den Ausdruck stetige Teilung hat J. H. Lorenz 1781 in seiner deutschen Eukleides-Ausgabe vorgeschlagen. Um die Mitte des 19. Jahrhunderts tritt für diese Teilung die Bezeichnung **goldener Schnitt** auf.

2. Ist AOB ein Bestimmungsdreieck eines regelmäßigen Zehnecks, so ist $\sphericalangle AOB = 36^0$, daher $\sphericalangle ABO = 72^0$ (Fig. 102). Trägt man an

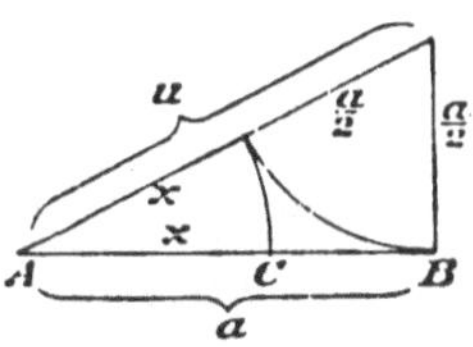

Fig. 101.

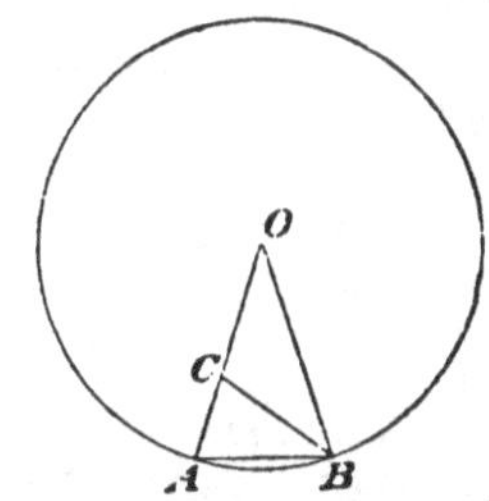

Fig. 102.

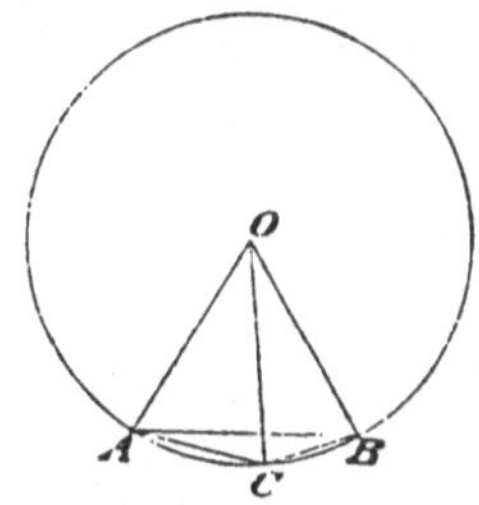

Fig. 103.

AB in B den Winkel $ABC = 36^0$ an, so ist $\triangle AOB \sim \triangle ABC$, und es verhält sich $AO : AB = AB : AC$. Da $\sphericalangle COB = \sphericalangle CBO = 36^0$ und $\sphericalangle CAB = \sphericalangle ACB = 72^0$ sind, so ist $CO = CB = AB$. Also verhält sich $AO : CO = CO : AC$.

Der größere Abschnitt des stetig geteilten Halbmessers eines Kreises ist gleich der Seite des dem Kreise eingeschriebenen regelmäßigen Zehnecks.

Halbiert man den Mittelpunktswinkel des Bestimmungsdreiecks AOB des regelmäßigen Zehnecks, so erhält man das Bestimmungsdreieck des regelmäßigen Zwanzigecks. Die Fortsetzung dieses Halbierungsverfahrens führt zu der Reihe der dem Kreise eingeschriebenen regelmäßigen $5 \cdot 2^n$-Ecke ($n = 1, 2, 3, \ldots$).

Sind $A_1, A_2, A_3, \ldots, A_{10}$ die Ecken eines regelmäßigen Zehnecks, so ist $A_1A_3A_5A_7A_9$ ein regelmäßiges Fünfeck. Der Mittelpunktswinkel des Bestimmungsdreiecks eines regelmäßigen Fünfecks beträgt 72^0, die Summe der beiden Winkel an der Grundseite des Bestimmungsdreiecks ist also 108^0. Jeder Winkel des regelmäßigen Fünfecks ist demnach 108^0.

3. Ist $\sphericalangle AOB = 60^0$, und $\sphericalangle AOC = 36^0$ (Fig. 103), so ist $\sphericalangle COB = 24^0 = \frac{360^0}{15}$, also COB das Bestimmungsdreieck eines regelmäßigen Fünfzehnecks:

Trägt man in einen Kreis von einem beliebigen Punkte A des Umfangs aus nach einer und derselben Richtung die Seiten AB des ein-

geschriebenen regelmäßigen Sechsecks und AC des eingeschriebenen regelmäßigen Zehnecks als Sehnen ein, so ist die Verbindungsstrecke BC der Endpunkte dieser Sehnen die Seite des eingeschriebenen regelmäßigen Fünfzehnecks.

Halbiert man den Mittelpunktswinkel COB, so erhält man den Mittelpunktswinkel des Bestimmungsdreiecks des regelmäßigen Dreißigecks. Setzt man dieses Halbierungsverfahren fort, so ergibt sich die Reihe der eingeschriebenen regelmäßigen $15\cdot 2^n$-Ecke ($n = 0, 1, 2, \ldots$).

§ 24. Die Sätze von Menelaos, Ceva und Pascal.

1. Die Seiten eines Dreiecks ABC werden von einer Gerade in D, E, F geschnitten (Fig. 104). Die Parallele durch B zu AC treffe die Gerade in G. Dann verhält sich $AD : BD = AF : BG$ und $BE : CE = BG : CF$; also ist

$$\frac{AD}{BD}\cdot\frac{BE}{CE} = \frac{AF}{CF}$$

oder

$$\frac{AD}{BD}\cdot\frac{BE}{CE}\cdot\frac{CF}{AF} = +1 .$$

Da die Gerade entweder zwei Seiten und die Verlängerung der dritten oder die Verlängerungen aller drei Seiten trifft, so sind von den drei in der Schlußgleichung vorkommenden Teilungsverhältnissen entweder eins positiv und zwei negativ, oder alle drei positiv. Die Gleichung ist also mit den Vorzeichen richtig.

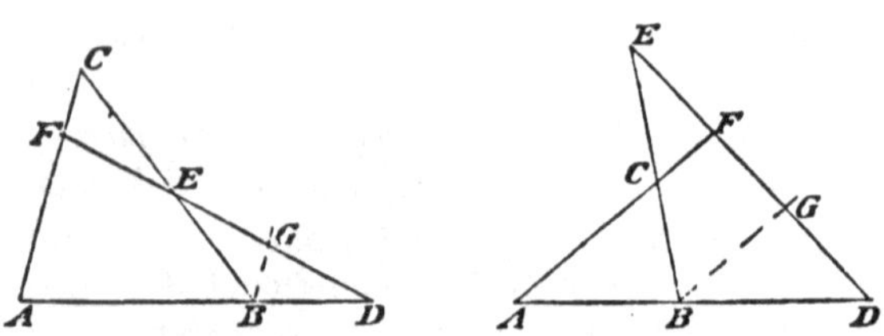

Fig. 104.

Satz von Menelaos (Ende des 1. Jahrhunderts n. Chr., Alexandria). *Werden die Seiten eines Dreiecks von einer Gerade geschnitten, so hat das Produkt der drei durch die Schnittpunkte auf den Seiten gebildeten Teilungsverhältnisse den Wert $+1$. Dabei sind die Teilungsverhältnisse so zu bilden, daß jede Ecke einmal im Zähler und einmal im Nenner eines Verhältnisses vorkommt.*

Ist die Gerade einer Seite des Dreiecks, z. B. AB, parallel, so ist

$$\frac{BE}{CE} = \frac{AF}{CF} \quad\text{oder}\quad \frac{BE}{CE}\cdot\frac{CF}{AF} = 1 \quad\text{und}\quad \frac{AD}{BD} = 1,$$

da D der uneigentliche Punkt der Gerade AB ist. Es ist also auch in diesem Falle das Produkt der drei Teilungsverhältnisse gleich $+1$.

Der Satz von Menelaos gilt auch für den Fall, daß die Gerade einer Dreiecksseite parallel ist.

2. *Umkehrung des Satzes von Menelaos. Liegen die drei Punkte D, E, F auf den Seiten eines Dreiecks oder ihren Verlängerungen so, daß*

$$\frac{AD}{BD}\cdot\frac{BE}{CE}\cdot\frac{CF}{AF}=+1$$

ist, so liegen die drei Punkte D, E, F in einer Gerade.

Wäre dies nämlich nicht der Fall, und wäre H der Schnittpunkt von DE und AC, so wäre

$$\frac{AD}{BD}\cdot\frac{BE}{CE}\cdot\frac{CH}{AH}=+1,$$

also

$$\frac{CF}{AF}=\frac{CH}{AH},$$

was unmöglich ist, wenn H und F zwei verschiedene Punkte sind. Dieser indirekte Beweis bleibt auch richtig, wenn DE und AC parallel sind; H ist in diesem Falle der uneigentliche Punkt von AC, also $\frac{CH}{AH}=+1$. Ferner ist dann $\frac{AD}{BD}=\frac{CE}{BE}$ oder $\frac{AD}{BD}\cdot\frac{BE}{CE}=+1$, also

$$\frac{AD}{BD}\cdot\frac{BE}{CE}\cdot\frac{CH}{AH}=+1.$$

3. Auf den Seiten eines Dreiecks ABC liegen die Punkte D, E, F derart, daß sich AE, BF und CD in einem Punkte S schneiden (Fig. 105). Dann ist nach dem Satze von Menelaos für das Dreieck ADC

$$\frac{AB}{DB}\cdot\frac{DS}{CS}\cdot\frac{CF}{AF}=+1,$$

und für das Dreieck BDC

$$\frac{BA}{DA}\cdot\frac{DS}{CS}\cdot\frac{CE}{BE}=+1,$$

also

$$\frac{AB}{DB}\cdot\frac{CF}{AF}=\frac{BA}{DA}\cdot\frac{CE}{BE},$$

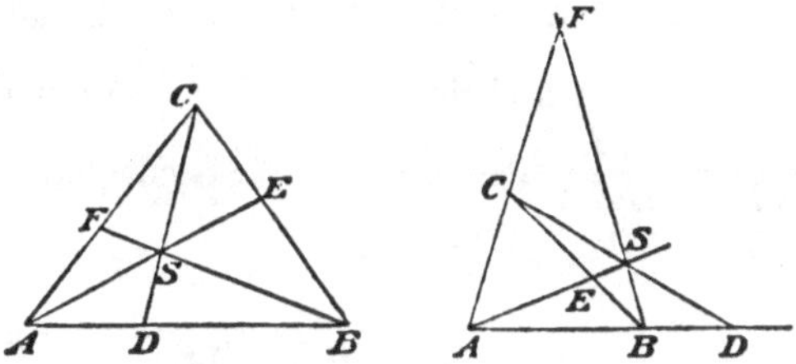

Fig. 105.

oder, mit Berücksichtigung der Gleichungen $AB=-BA$, $AD=-DA$, $BD=-DB$

$$\frac{AD}{BD}\cdot\frac{BE}{CE}\cdot\frac{CF}{AF}=-1.$$

In diesem Falle liegen entweder alle drei Punkte D, E, F auf den Seiten des Dreiecks selbst, oder einer auf einer Seite und zwei auf den Verlängerungen der beiden andern Seiten. Die drei Teilungsverhältnisse sind also entweder alle drei negativ, oder eins ist negativ und die beiden andern sind positiv. Die Gleichung ist also wieder mit Berücksichtigung der Vorzeichen richtig.

Satz von Ceva (1678). Werden die Seiten eines Dreiecks oder ihre Verlängerungen von drei durch einen Punkt gehenden Eckenlinien geschnitten, so hat das Produkt der drei durch die Schnittpunkte auf den Seiten gebildeten Teilungsverhältnisse den Wert -1. Dabei sind die drei Verhältnisse so zu bilden, daß jede Ecke des Dreiecks einmal im Zähler und einmal im Nenner eines Verhältnisses vorkommt.

Ist einer der drei Schnittpunkte, z. B. D, ein uneigentlicher Punkt (Fig. 106), so ist

$$\frac{AD}{BD} = +1, \quad \frac{BE}{CE} = \frac{BA}{CS}, \quad \frac{CF}{AF} = \frac{CS}{AB}, \quad \text{also} \quad \frac{BE}{CE} \cdot \frac{CF}{AF} = -1 .$$

Das Produkt der drei Teilungsverhältnisse hat also auch in diesem Falle den Wert -1.

Sind zwei der drei Schnittpunkte, z. B. D und F, uneigentliche Punkte (Fig. 107), so haben zwei Teilungsverhältnisse den Wert $+1$,

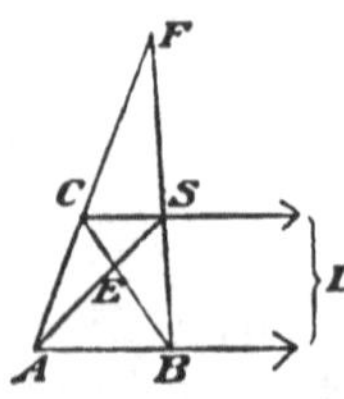

Fig. 106.

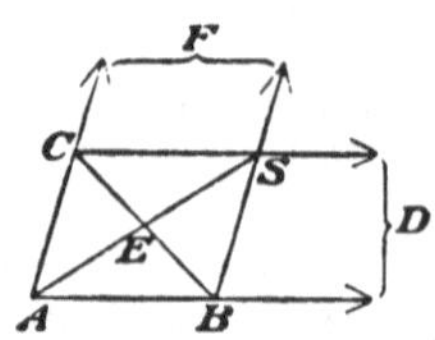

Fig. 107.

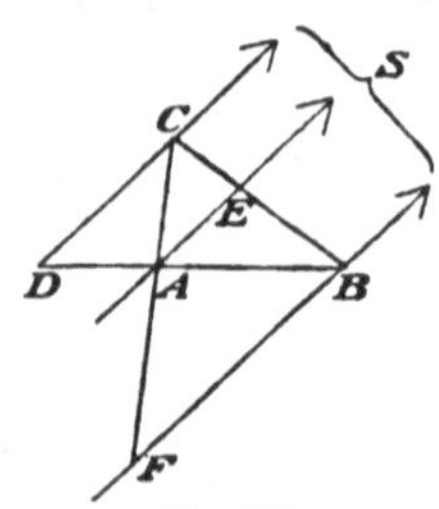

Fig. 108.

das dritte den Wert -1, das Produkt also auch wieder den Wert -1.

Ist endlich S ein uneigentlicher Punkt (Fig. 108), so ist $\frac{AD}{BD} = \frac{EC}{BC}$, $\frac{CF}{AF} = \frac{CB}{EB}$, also unter Berücksichtigung der Gleichungen $EC = -CE$, $EB = -BE$, $CB = -BC$,

$$\frac{AD}{BD} \cdot \frac{CF}{AF} = -\frac{CE}{BE}$$

und

$$\frac{AD}{BD} \cdot \frac{BE}{CE} \cdot \frac{CF}{AF} = -1 .$$

Der Satz von Ceva gilt auch, wenn ein Schnittpunkt oder zwei Schnittpunkte oder der Punkt S uneigentlich sind.

4. *Umkehrung des Satzes von Ceva. Sind D, E, F drei Punkte auf den Seiten eines Dreiecks in solcher Lage, daß*

$$\frac{AD}{BD} \cdot \frac{BE}{CE} \cdot \frac{CF}{AF} = -1$$

ist, so gehen die drei Eckenlinien AE, BF, CD durch einen Punkt S.

Wäre dies nicht der Fall, so könnte man auf AC einen von F verschiedenen Punkt G so bestimmen, daß AE, BG und CD durch einen Punkt S gehen. Dann wäre

$$\frac{AD}{BD}\cdot\frac{BE}{CE}\cdot\frac{CG}{AG}=-1,$$

also

$$\frac{CF}{AF}=\frac{CG}{AG},$$

was für zwei verschiedene Punkte F und G nicht möglich ist.

5. $ABCDEF$ sei ein beliebiges Sechseck in einem Kreise (Fig. 109). Die Schnittpunkte der drei Paare von Gegenseiten AB und DE, BC und EF, CD und FA seien P, Q, R. Die Seiten AB, CD und EF schneiden sich in S, T, U. Das Dreieck STU wird von den drei Geraden BC, DE und AF geschnitten. Die dreimalige Anwendung des Satzes von Menelaos ergibt

$$\frac{SC}{TC}\cdot\frac{TQ}{UQ}\cdot\frac{UB}{SB}=+1,$$

$$\frac{SD}{TD}\cdot\frac{TE}{UE}\cdot\frac{UP}{SP}=+1,$$

$$\frac{SR}{TR}\cdot\frac{TF}{UF}\cdot\frac{UA}{SA}=+1.$$

Ferner ist nach dem Sekantensatze

$$SA\cdot SB=SC\cdot SD,$$

$$TE\cdot TF=TC\cdot TD,$$

$$UA\cdot UB=UF\cdot UE.$$

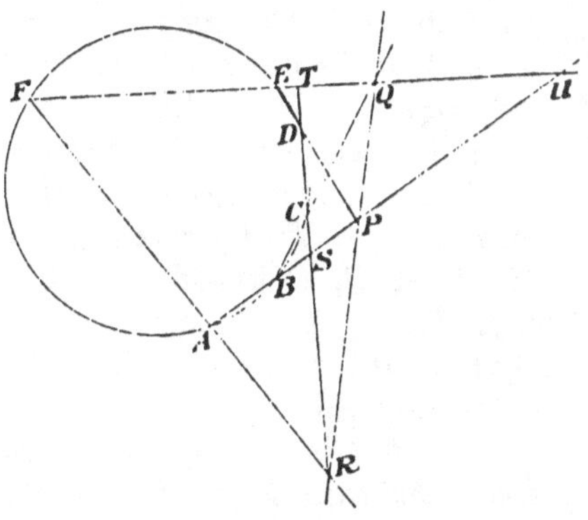

Fig. 109.

Die Multiplikation der drei Gleichungen von Menelaos ergibt also

$$\frac{TQ}{UQ}\cdot\frac{UP}{SP}\cdot\frac{SR}{TR}=+1.$$

Nach der Umkehrung des Satzes von Menelaos liegen also die drei Punkte P, Q, R in einer Gerade.

Satz von Pascal (Blaise Pascal, 1623—1662, Paris, entdeckte diesen Satz und seine Gültigkeit für Kegelschnitte im Alter von 16 Jahren). *Die Schnittpunkte der drei Paare von Gegenseiten eines einem Kreise eingeschriebenen Sechsecks liegen in einer Gerade.*

Dieser Satz gilt auch, wenn uneigentliche Schnittpunkte vorkommen. Fallen zwei aufeinander folgende Ecken des Sechsecks zusammen, so ist an die Stelle der Sekante als Sechseckseite die Tangente zu setzen.

Achtes Kapitel.

Ähnliche Figuren.

§ 25. Ähnliche Figuren in der Ebene und im Raume.

1. *Lassen sich die Punkte zweier Figuren (die nicht sämtlich je in einer Gerade liegen) paarweise derart einander zuordnen, daß jedem Winkel der einen Figur ein gleicher Winkel der andern Figur entspricht, so heißen die beiden Figuren ähnlich.*

Aus dieser Erklärung folgt unmittelbar:

Zwei ähnliche Figuren bleiben ähnlich, wenn man Paare entsprechender Punkte wegläßt. (Denn dadurch werden die Winkel zwischen den Verbindungsstrecken der übrigbleibenden Punkte nicht geändert.) *Sind f und f_1 irgend zwei ähnliche Figuren, f' eine ebene Teilfigur von f und f'_1 die entsprechende Teilfigur von f_1, so ist auch $f' \sim f'_1$.*

Sind A, B, C irgend drei in einer Gerade liegende Punkte einer Figur f, A_1, B_1, C_1 die entsprechenden Punkte einer ähnlichen Figur f_1, und gilt (ABC), so ist $\sphericalangle ABC = 2R$. Daher ist auch $\sphericalangle A_1B_1C_1 = 2R$, d. h. es gilt auch $(A_1B_1C_1)$.

Irgend drei in einer Gerade liegenden Punkten einer Figur entsprechen in einer ähnlichen Figur drei ebenfalls in einer Gerade liegende Punkte gleicher Anordnung. Die Ähnlichkeit ist wie die Kongruenz eine „kollineare" Beziehung.

2. Sind A, B, C irgend drei nicht in einer geraden Linie liegende Punkte einer Figur f und A_1, B_1, C_1 die entsprechenden Punkte einer ähnlichen Figur f_1, so ist $\triangle ABC \sim \triangle A_1B_1C_1$. Daher ist $AB : A_1B_1 = AC : A_1C_1 = BC : B_1C_1$. Sind D und E irgend zwei andere Punkte von f und D_1 und E_1 die entsprechenden Punkte von f_1, so ist $\triangle DAB \sim \triangle D_1A_1B_1$ und daher $DA : D_1A_1 = AB : A_1B_1$, ebenso $\triangle EAB \sim \triangle E_1A_1B_1$ und daher $EA : E_1A_1 = AB : A_1B_1$. Aus der Ähnlichkeit der Dreiecke DEA und $D_1E_1A_1$ folgt endlich $DE : D_1E_1 = EA : E_1A_1 = AB : A_1B_1$.

Entsprechende Strecken ähnlicher Figuren sind proportional.

Entspricht jedem Punkte einer Figur ein Punkt einer zweiten Figur derart, daß die entsprechenden Strecken der beiden Figuren proportional sind, so sind je zwei entsprechende Dreiecke der beiden Figuren einander ähnlich, also je zwei entsprechende Winkel der beiden Figuren gleich und daher die beiden Figuren ähnlich.

Entspricht jedem Punkte einer Figur ein Punkt einer zweiten Figur derart, daß die entsprechenden Strecken der beiden Figuren proportional sind, so sind die beiden Figuren ähnlich.

3. Sind A und B irgend zwei Punkte einer Figur f, A_1 und B_1 die entsprechenden Punkte einer ähnlichen Figur f_1 und P ein beliebiger Punkt der Gerade AB, der nicht der Figur f angehört, so gibt es auf der Gerade A_1B_1 einen und nur einen Punkt P_1 derart, daß $A_1P_1 : B_1P_1 = AP : BP$ ist. Daraus folgt $AP : A_1P_1 = AB : A_1B_1$.

Ist P ein Punkt einer Gerade einer Figur f, der nicht der Figur f angehört, so gibt es auf der entsprechenden Gerade einer ähnlichen Figur f_1 einen und nur einen Punkt P_1 derart, daß die durch Hinzunahme von P erweiterte Figur f der durch Hinzunahme von P_1 erweiterten Figur f_1 ähnlich ist (in Zeichen: $f + P \sim f_1 + P_1$).

Erweiterung der ursprünglichen Erklärung der Ähnlichkeit: Sind A, B, C irgend drei Punkte einer Gerade g, A_1 und *B_1 zwei Punkte einer Gerade g_1 und C_1 der Punkt von g_1, für den $A_1C_1 : B_1C_1 = AC : BC$ ist, so heißen die beiden Figuren ABC und $A_1B_1C_1$ ähnlich.*

4. A, B, C seien drei nicht in einer Gerade liegende Punkte einer Figur f, A_1, B_1, C_1 die entsprechenden Punkte einer ähnlichen Figur f_1. D sei irgendein weiterer Punkt von f, der nicht einer Seite des Dreiecks ABC angehört, D_1 der entsprechende Punkt von f_1. D liege in der Ebene ABC. Dann gibt es auf AB einen und nur einen Punkt E, der mit C und D in einer geraden Linie liegt, und auf A_1B_1 einen und nur einen Punkt E_1 derart, daß $f + E \sim f_1 + E_1$ ist (3). Da C, D, E in einer geraden Linie liegen, gilt dasselbe von C_1, D_1, E_1 (1). D_1 liegt also in der Ebene $A_1B_1C_1$.

Irgend vier in einer Ebene liegenden Punkten einer Figur entsprechen in einer ähnlichen Figur ebenfalls vier Punkte einer Ebene.

5. A, B, C, D seien vier in einer Ebene $\mathfrak{E}$ liegende Punkte einer Figur f und A_1, B_1, C_1, D_1 die entsprechenden Punkte einer ähnlichen Figur f_1. A_1, B_1, C_1, D_1 liegen in einer Ebene $\mathfrak{E}_1$ (4). AB teilt die Ebene $\mathfrak{E}$, A_1B_1 die Ebene $\mathfrak{E}_1$ in je zwei Halbebenen. Liegt D mit C in derselben Halbebene (in verschiedenen Halbebenen), so ist $\sphericalangle CAB = \sphericalangle C_1A_1B_1$, $\sphericalangle DAB = \sphericalangle D_1A_1B_1$ und $\sphericalangle DAC$ gleich der Differenz (Summe) der Winkel CAB und DAB. Daher ist auch $\sphericalangle D_1A_1C_1$ gleich der Differenz (Summe) der Winkel $C_1A_1B_1$ und $D_1A_1B_1$. Das ist nur möglich, wenn D_1 und C_1 derselben Halbebene (verschiedenen Halbebenen) von $\mathfrak{E}_1$ angehören.

Sind A, B, C, D irgend vier in einer Ebene liegende Punkte einer Figur und A_1, B_1, C_1, D_1 die entsprechenden Punkte einer ähnlichen Figur, und liegen C und D auf derselben Seite (auf verschiedenen Seiten) der Gerade AB, so liegen auch C_1 und D_1 auf derselben Seite (auf verschiedenen Seiten) der Gerade A_1B_1.

6. A, B, C seien irgend drei nicht in einer Gerade liegende Punkte einer Figur f, A_1, B_1, C_1 die entsprechenden Punkte einer ähnlichen Figur f_1. P sei irgendein nicht der Figur f angehörender Punkt der Ebene ABC, der nicht in einer der Geraden AB, BC, CA liegt. Dann gibt es auf AB einen und nur einen Punkt Q, der mit C und P in einer Gerade liegt, und auf A_1B_1 einen und nur einen Punkt Q_1 derart, daß $f + Q \sim f_1 + Q_1$ ist (3). Es gibt ferner auf C_1Q_1 einen und nur einen Punkt P_1 derart, daß $f + Q + P \sim f_1 + Q_1 + P_1$, daher auch $f + P \sim f_1 + P_1$ ist (1).

Ist P ein Punkt in einer Ebene einer Figur f, der nicht der Figur f selbst angehört und nicht in einer Gerade der Figur liegt, so gibt es in der entsprechenden Ebene einer ähnlichen Figur f_1 einen und nur einen Punkt P_1 derart, daß die durch Hinzunahme von P erweiterte Figur f der durch Hinzunahme von P_1 erweiterten Figur f_1 ähnlich ist.

7. A, B, C, D seien vier Punkte einer Figur f, die nicht alle in einer Ebene liegen, A_1, B_1, C_1, D_1 die entsprechenden Punkte einer ähnlichen Figur f_1. Die Ebene ABC teilt den Raum in zwei Halbräume, ebenso die Ebene $A_1B_1C_1$. Ist E ein Punkt von f, der mit D in demselben Halbraume (in verschiedenen Halbräumen) bezüglich ABC liegt, und P der Schnittpunkt von ED mit der Ebene ABC, so gibt es in der Ebene $A_1B_1C_1$ einen und nur einen Punkt P_1 derart, daß $f + P \sim f_1 + P_1$ ist (6). Die Anordnung der drei Punkte E_1, D_1, P_1 ist dieselbe wie die der drei Punkte E, D, P (1). E_1 und D_1 liegen also in demselben Halbraume (in verschiedenen Halbräumen) bezüglich A_1, B_1, C_1.

Sind A, B, C, D, E irgend fünf Punkte einer Figur derart, daß D und E nicht in der Ebene ABC liegen, sind A_1, B_1, C_1, D_1, E_1 die entsprechenden Punkte einer ähnlichen Figur, und liegen D und E auf derselben Seite (auf verschiedenen Seiten) der Ebene ABC, so liegen D_1 und E_1 auf derselben Seite (auf verschiedenen Seiten) der Ebene $A_1B_1C_1$.

8. A, B, C, D seien irgend vier nicht in einer Ebene liegende Punkte einer Figur f, und A_1, B_1, C_1, D_1 seien die entsprechenden Punkte einer ähnlichen Figur f_1. P sei irgendein Punkt, der nicht der Figur f angehört und nicht in einer Ebene von f liegt. Dann gibt es in der Ebene ABC einen und nur einen Punkt Q, der mit D und P in einer Gerade liegt, und in der Ebene $A_1B_1C_1$ einen und nur einen Punkt Q_1 derart, daß $f + Q \sim f_1 + Q_1$ ist (6). Es gibt ferner auf D_1Q_1 einen und nur einen Punkt P_1 derart, daß $f + Q + P \sim f_1 + Q_1 + P_1$ (3), daher auch $f + P \sim f_1 + P_1$ ist (1).

Ist P irgendein nicht einer Figur f angehörender Punkt, der in keiner Ebene der Figur liegt, so gibt es einen und nur einen Punkt P_1 derart, daß die durch Hinzunahme von P erweiterte Figur f der durch Hinzunahme von P_1 erweiterten Figur f_1 ähnlich ist.

Zusammenfassung:

1. *Sind irgend zwei Strecken AB und A_1B_1 gegeben, so ist damit jedem Punkte P der Gerade AB ein und nur ein Punkt P_1 der Gerade A_1B_1*

derart zugeordnet, daß ABP und $A_1B_1P_1$ ähnliche Figuren sind. A und A_1, B und B_1, P und P_1 heißen entsprechende Punktpaare der ähnlichen geraden Punktreihen AB und A_1B_1.

2. *Sind irgend zwei ähnliche Dreiecke ABC und $A_1B_1C_1$ gegeben, so ist damit jedem Punkte P der Ebene ABC ein und nur ein Punkt P_1 der Ebene $A_1B_1C_1$ derart zugeordnet, daß auch $ABCP$ und $A_1B_1C_1P_1$ ähnliche Figuren sind. A und A_1, B und B_1, C und C_1, P und P_1 heißen entsprechende Punktpaare der ähnlichen ebenen Punktfelder ABC und $A_1B_1C_1$.*

3. *Sind irgend zwei ähnliche Vierflache (oder Punktquadrupel) $ABCD$ und $A_1B_1C_1D_1$ gegeben, so ist damit jedem Punkte P ein und nur ein Punkt P_1 derart zugeordnet, daß auch $ABCDP$ und $A_1B_1C_1D_1P_1$ ähnliche Figuren sind. A und A_1, B und B_1, C und C_1, D und D_1, P und P_1 heißen entsprechende Punktpaare der ähnlichen Punkträume $ABCD$ und $A_1B_1C_1D_1$.*

Hinsichtlich der Beziehung der beiden ähnlichen Punkträume zu dem einen uns gegebenen Raume der Anschauung vgl. § 7, S. 51.

9. Sind $ABC \ldots LMN$ und $A_1B_1C_1 \ldots L_1M_1N_1$ irgend zwei ähnliche ebene n-Ecke, so sind nach der Definition der Ähnlichkeit ebener Figuren $\triangle ABC \sim \triangle A_1B_1C_1$, $\triangle ACD \sim \triangle A_1C_1D_1$, $\ldots$ $\triangle AMN \sim \triangle A_1M_1N_1$.

Die Verbindungsstrecken nicht benachbarter Ecken eines Vielecks heißen Diagonalen des Vielecks. Ähnliche Vielecke werden durch die von entsprechenden Ecken ausgehenden Diagonalen in ähnliche Dreiecke geteilt.

10. AMB und $A_1M_1B_1$ seien gleiche Mittelpunktswinkel zweier beliebigen Kreise (Fig. 110). Ferner sei $\sphericalangle AMC = \sphericalangle A_1M_1C_1$. Der Halbmesser M_1C_1 sei so angenommen, daß M_1B_1 und M_1C_1 auf derselben Seite oder auf verschiedenen Seiten der Gerade M_1A_1 liegen, je nachdem MB und MC auf derselben Seite oder auf verschiedenen Seiten der Gerade MA liegen. Dann ist

$\triangle AMB \sim \triangle A_1M_1B_1$,

$\triangle AMC \sim \triangle A_1M_1C_1$,

$\triangle BMC \sim \triangle B_1M_1C_1$ (I),

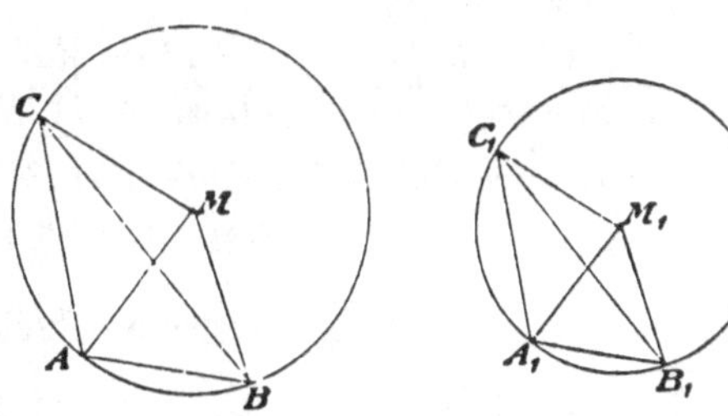

Fig. 110.

folglich $\sphericalangle MAB = \sphericalangle M_1A_1B_1$, $\sphericalangle MAC = \sphericalangle M_1A_1C_1$, $\sphericalangle MBA = \sphericalangle M_1B_1A_1$, $\sphericalangle MBC = \sphericalangle M_1B_1C_1$, daher auch $\sphericalangle BAC = \sphericalangle B_1A_1C_1$ und $\sphericalangle ABC = \sphericalangle A_1B_1C_1$, mithin $\triangle ABC \sim \triangle A_1B_1C_1$.

Kreise sind ähnliche Figuren.

11. ABC und $A_1B_1C_1$ seien zwei ähnliche Dreiecke, CD und C_1D_1 zwei entsprechende Höhen. Dann ist $\sphericalangle CAD = \sphericalangle C_1A_1D_1$ und $\sphericalangle ADC$

$= \sphericalangle A_1D_1C_1$, folglich $\triangle ADC \sim \triangle A_1D_1C_1$. $ABCD$ und $A_1B_1C_1D_1$ sind also ähnliche Figuren, und es verhält sich $CD : C_1D_1 = AB : A_1B_1$ (2).

Sind CE und C_1E_1 zwei entsprechende Winkelhalbierenden der beiden ähnlichen Dreiecke, so sind, wie leicht zu sehen, ebenfalls $ABCD$ und $A_1B_1C_1D_1$ ähnliche Figuren, und es verhält sich daher $CE : C_1E_1 = AB : A_1B_1$.

Sind CF und C_1F_1 entsprechende Seitenhalbierenden, so ist $\sphericalangle CAF = \sphericalangle C_1A_1F_1$, und es verhält sich $AC : A_1C_1 = AB : A_1B_1 = \frac{1}{2}AB : \frac{1}{2}A_1B_1 = AF : A_1F_1$. Daher ist $\triangle ACF \sim \triangle A_1C_1F_1$ (I), $ABCF$ und $A_1B_1C_1F_1$ sind ähnliche Figuren, und es verhält sich $CF : C_1F_1 = AB : A_1B_1$.

Sind M und M_1 die Umkreismittelpunkte der beiden ähnlichen Dreiecke, so ist $\sphericalangle AMB = 2 \cdot \sphericalangle ACB = 2 \cdot \sphericalangle A_1C_1B_1 = \sphericalangle A_1M_1B_1$, und es ist $AM = BM$, $A_1M_1 = B_1M_1$, also $AM : A_1M_1 = BM : B_1M_1$. Folglich ist $\triangle AMB \sim \triangle A_1M_1B_1$, $ABCM$ und $A_1B_1C_1M_1$ sind ähnliche Figuren, und es verhält sich $AM : A_1M_1 = AB : A_1B_1$.

Sind O und O_1 die Inkreismittelpunkte der beiden ähnlichen Dreiecke, so ist $\sphericalangle OAB = \frac{1}{2} \sphericalangle CAB = \frac{1}{2} \sphericalangle C_1A_1B_1 = \sphericalangle O_1A_1B_1$ und ebenso $\sphericalangle OBA = \sphericalangle O_1B_1A_1$, also $\triangle OAB \sim \triangle O_1A_1B_1$; $ABCO$ und $A_1B_1C_1O_1$ sind ähnliche Figuren, und es verhält sich $AO : A_1O_1 = AB : A_1B_1$.

Entsprechende Strecken (d. h. entsprechende Höhen, Winkelhalbierenden, Seitenhalbierenden, Umkreis- oder Inkreishalbmesser) ähnlicher Dreiecke verhalten sich wie zwei entsprechende Seiten.

12. Sind $ABC \ldots LMN$ und $A_1B_1C_1 \ldots L_1M_1N_1$ ähnliche Vielecke, so ist $AB : A_1B_1 = BC : B_1C_1 = \ldots = LM : L_1M_1 = MN : M_1N_1 = NA : N_1A_1 = k$ (k eine Konstante). Also ist $AB = k \cdot A_1B_1$, $BC = k \cdot B_1C_1$, $\ldots$ $LM = k \cdot L_1M_1$, $MN = k \cdot M_1N_1$, $NA = k \cdot N_1A_1$, $AB + BC + \ldots + LM + MN + NA = k\,(A_1B_1 + B_1C_1 + \ldots + L_1M_1 + M_1N_1 + N_1A_1)$, oder

$$\frac{AB + BC + \ldots + LM + MN + NA}{A_1B_1 + B_1C_1 + \ldots + L_1M_1 + M_1N_1 + N_1A_1} = k = \frac{AB}{A_1B_1}.$$

Die Summe der Seiten eines Vielecks heißt der Umfang des Vielecks. Die Umfänge ähnlicher Vielecke verhalten sich wie zwei entsprechende Seiten.

§ 26. Perspektiv-ähnliche Figuren.

1. Sind ABC und $A_1B_1C_1$ irgend zwei ähnliche Dreiecke gleichen Umlaufsinns in einer Ebene, so kann man das Dreieck $A_1B_1C_1$ durch eine Drehung um den Punkt A_1 in eine solche Lage $A_1B_2C_2$ bringen, daß entsprechende Seiten der beiden Dreiecke parallel und gleichgerichtet sind (Fig. 111). Schneiden sich AA_1 und BB_2 in S, und schneidet SC die Gerade A_1C_2 in C_3, so verhält sich nach dem Hauptsatze der Ähnlichkeitslehre $A_1C_3 : AC = A_1S : AS = A_1B_2 : AB$. Andererseits verhält sich wegen der Ähnlichkeit $A_1C_2 : AC = A_1B_2 : AB$. Also ist A_1C_3 gleich und gleichgerichtet A_1C_2. Mithin fällt C_3 mit C_2 zusammen.

Man kann ferner das Dreieck $A_1B_1C_1$ durch eine Drehung um A_1 in eine solche Lage $A_1B_2C_2$ bringen, daß entsprechende Seiten der beiden Dreiecke parallel und entgegengesetzt gerichtet sind (Fig. 112). Auf ganz entsprechende Weise wie in dem ersten Falle kann man beweisen, daß die Verbindungslinien entsprechender Ecken AA_1, BB_2, CC_2 durch einen Punkt S_1 gehen.

Im ersten Falle liegt S auf den Verlängerungen der Verbindungsstrecken entsprechender Ecken. Im zweiten Falle liegt S_1 auf den Verbindungsstrecken entsprechender Ecken selbst.

Hat $A_1B_1C_1$ entgegengesetzten Umlaufssinn wie das Dreieck ABC, so muß man erst das Dreieck $A_1B_1C_1$ um eine in der Ebene der beiden Dreiecke liegende Achse um 180° drehen. Dadurch erhält es denselben

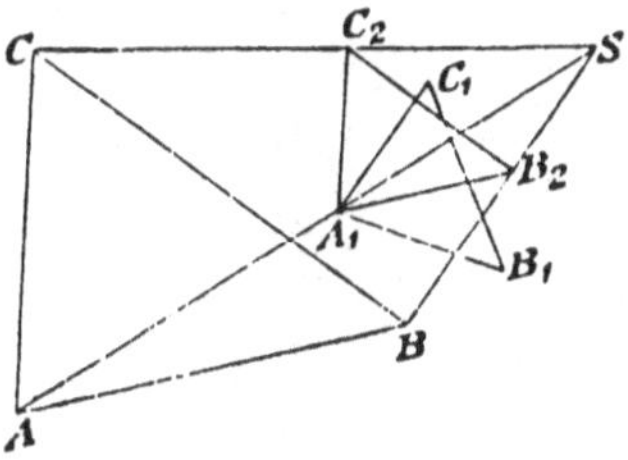

Fig. 111.

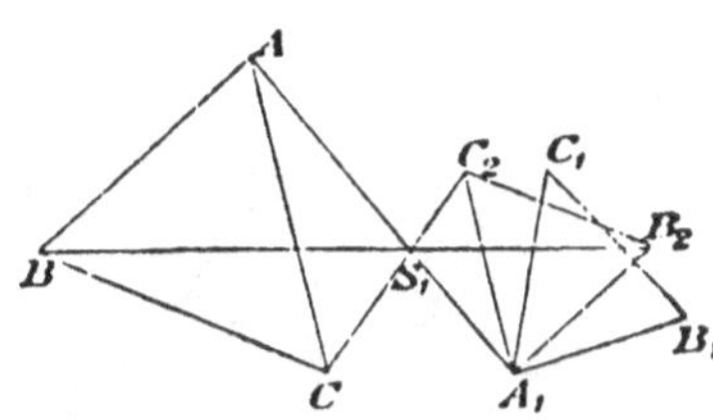

Fig. 112.

Umlaufssinn wie das Dreieck ABC und kann nun durch eine weitere Drehung um eine Ecke in eine solche Lage gebracht werden, daß sich entweder die Verbindungsstrecken entsprechender Ecken oder deren Verlängerungen in einem Punkte schneiden.

Zwei ähnliche Dreiecke können stets in eine solche Lage in einer Ebene gebracht werden, daß die entsprechenden Seiten entweder parallel und gleichgerichtet oder parallel und entgegengesetzt gerichtet sind. Im ersten Falle schneiden sich die Verlängerungen der Verbindungsstrecken entsprechender Ecken, im zweiten Falle die Verbindungsstrecken entsprechender Ecken selbst in einem Punkte. Dieser Punkt heißt im ersten Falle der innere, im zweiten Falle der äußere Ähnlichkeitspunkt der beiden Dreiecke. Zwei ähnliche Dreiecke in solcher Lage heißen perspektiv-ähnlich.

2. Sind $ABC\ldots LMN$ und $A_1B_1C_1\ldots L_1M_1N_1$ zwei ähnliche ebene Figuren, und sind die Dreiecke ABC und $A_1B_1C_1$ perspektiv-ähnlich in bezug auf den Ähnlichkeitspunkt S, so ist $AB \parallel A_1B_1$, $\sphericalangle DAB = \sphericalangle D_1A_1B_1$, also $AD \parallel A_1D_1$ und gleich oder entgegengesetzt gerichtet, je nachdem AB und A_1B_1 gleich oder entgegengesetzt gerichtet sind. Schneidet SD die Gerade A_1D_1 in D_2, so verhält sich nach dem Hauptsatze der Ähnlichkeitslehre $A_1D_2 : AD = SA_1 : SA = A_1B_1 : AB$, andererseits aber auch wegen der Ähnlichkeit $A_1D_1 : AD = A_1B_1 : AB$. Also fällt D_1 mit D_2 zusammen.

Bringt man zwei ähnliche ebene Figuren in eine solche Lage in einer Ebene, daß irgend zwei entsprechende Dreiecke einen Ähnlichkeitspunkt S besitzen, so gehen die Verbindungslinien entsprechender Ecken der beiden Figuren sämtlich durch S. Zwei ebene ähnliche Figuren in solcher Lage heißen perspektiv-ähnlich. Der Schnittpunkt der Verbindungslinien entsprechender Ecken heißt der Ähnlichkeitspunkt der beiden Figuren. Je nachdem sich die Verbindungsstrecken entsprechender Ecken selbst oder ihre Verlängerungen in dem Ähnlichkeitspunkte schneiden, heißt dieser ein innerer oder ein äußerer Ähnlichkeitspunkt.

3. In einer Ebene seien zwei Kreise k und k_1 mit den Mittelpunkten M und M_1 und den Halbmessern r und r_1 gegeben. Sind MA und MB zwei

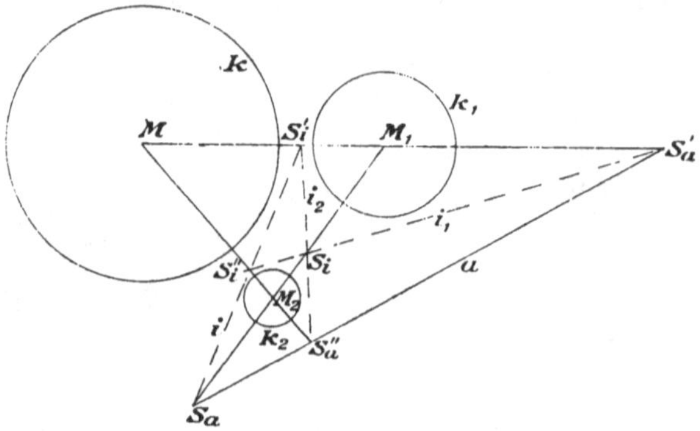

Fig. 113.

beliebige Halbmesser von k und M_1A_1 und M_1B_1 zwei solche Halbmesser von k_1, daß $MA \parallel M_1A_1$ und $MB \parallel M_1B_1$ und MB und M_1B_1 gleich oder entgegengesetzt gerichtet sind, je nachdem MA und M_1A_1 gleich oder entgegengesetzt gerichtet sind, so ist $\triangle MAB$ perspektiv-ähnlich $\triangle M_1A_1B_1$. Da Kreise ähnliche Figuren sind, so sind auch die beiden Kreise perspektiv-ähnlich.

Sind MA und M_1A_1 irgend zwei parallele und gleichgerichtete (oder entgegengesetzt gerichtete) Halbmesser zweier Kreise k und k_1 einer Ebene, und schneiden sich MM_1 und AA_1 in einem Punkte S, so geht auch die Verbindungslinie der Endpunkte je zweier andern parallel und gleichgerichteten (oder entgegengerichteten) Halbmesser der beiden Kreise durch den Punkt S. Sind die beiden entsprechenden Halbmesser MA und M_1A_1 gleichgerichtet, so liegt S auf der Verlängerung von MM_1 und auf den Verlängerungen der Verbindungsstrecken der Endpunkte je zweier gleichgerichteter Halbmesser. Sind die entsprechenden Halbmesser MA und M_1A_1 entgegengesetzt gerichtet, so liegt S auf der Strecke MM_1 und auf den Verbindungsstrecken der Endpunkte je zweier entgegengesetzt gerichteter Halbmesser selbst. Die beiden Kreise liegen perspektiv-ähnlich in bezug auf den Punkt S. Der Punkt S heißt im ersten Falle der äußere, im zweiten Falle *der innere Ähnlichkeitspunkt der beiden Kreise. In dem äußeren Ähnlichkeitspunkte schneiden sich die beiden äußeren gemeinsamen Tangenten, in dem inneren Ähnlichkeitspunkte die beiden inneren gemeinsamen Tangenten der beiden Kreise, sofern bei der Lage der beiden Kreise solche gemeinsamen Tangenten vorhanden sind.*

4. Drei Kreise k, k_1, k_2 einer Ebene mit den Mittelpunkten M, M_1, M_2 und den Halbmessern r, r_1, r_2 (Fig. 113) haben zu je zweien zwei Ähnlichkeitspunkte. S_a und S_i seien der äußere und der innere Ähnlichkeitspunkt der Kreise k_1 und k_2, S'_a und S'_i die Ähnlichkeitspunkte von k und k_1, S''_a und S''_i die Ähnlichkeitspunkte von k und k_2.

Auf Grund der Konstruktion der Ähnlichkeitspunkte (3) ist

$$\frac{M_1S_a}{M_2S_a} = \frac{r_1}{r_2}, \quad \frac{M_2S''_a}{MS''_a} = \frac{r_2}{r}, \quad \frac{MS'_a}{M_1S'_a} = \frac{r}{r_1},$$

also

$$\frac{M_1S_a}{M_2S_a} \cdot \frac{M_2S''_a}{MS''_a} \cdot \frac{MS'_a}{M_1S'_a} = +1 .$$

Die drei äußeren Ähnlichkeitspunkte S_a, S'_a, S''_a liegen also nach der Umkehrung des Satzes von Menelaos in einer Gerade a.

Ebenso findet man

$$\frac{M_1S_a}{M_2S_a} \cdot \frac{M_2S''_i}{MS''_i} \cdot \frac{MS'_i}{M_1S'_i} = +1 .$$

Der äußere Ähnlichkeitspunkt S_a und die inneren Ähnlichkeitspunkte S'_i und S''_i liegen also in einer Gerade i. Ebenso beweist man, daß S'_a, S_i, S''_i in einer Gerade i_1 und S''_a, S_i, S'_i in einer Gerade i_2 liegen.

Satz von Monge (1746—1818). Die sechs Ähnlichkeitspunkte dreier Kreise einer Ebene bilden die Ecken eines vollständigen Vierseits. Die beiden Ähnlichkeitspunkte jedes Kreispaares sind Gegenecken, die drei Verbindungsgeraden der Kreismittelpunkte sind die Diagonalen des Vierseits.

Da die Umkehrung des Satzes von Menelaos auch beim Vorhandensein uneigentlicher Punkte richtig bleibt, so gilt der Satz von Monge ebenfalls, wenn unter den Ähnlichkeitspunkten uneigentliche Punkte vorkommen.

Neuntes Kapitel.

Pol und Polare. Inversion. Eulersche Gerade. Feuerbachscher Kreis.

§ 27. Pol und Polare.

1. Die Polarentheorie für den Kreis ist ein besonderer Fall der Lehre von Pol und Polare bei den Kegelschnitten. Die durch einen Kegelschnitt vermittelte Beziehung zwischen den Punkten und Geraden in der Kegelschnittebene, die man heute als die Polarbeziehung bezeichnet, findet sich schon bei Apollonios im 3. Buche seines Werks über die Kegelschnitte. Die Entdeckung des Hauptsatzes der Polarentheorie verdankt man Desargues (Brouillon projet d'une atteinte aux événements du rencontre d'un cone avec un plan, 1639, vgl. S. 100, Anm. 1). Die Bezeichnung Pol stammt von Servois (1810), die Bezeichnung Polare von Gergonne (1813).

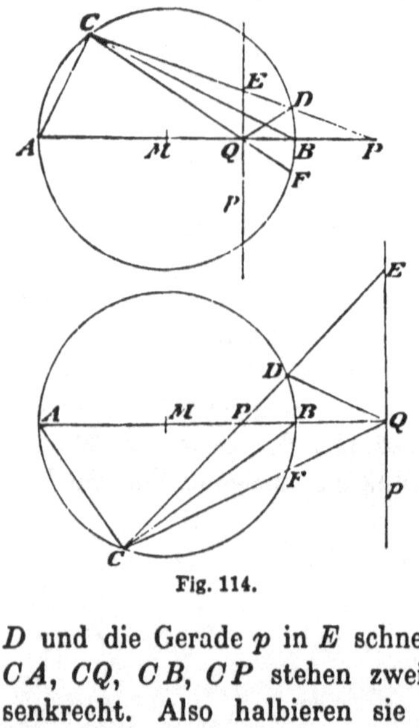

Fig. 114.

2. Auf einem Durchmesser AB eines Kreises mit dem Mittelpunkt M liege (außerhalb oder innerhalb des Kreises) ein Punkt P (Fig. 114). Q sei der vierte harmonische, P zugeordnete Punkt zu A, B, P. Das Lot in Q auf der Gerade AB heiße p. Man ziehe durch P eine beliebige Sekante, die den Kreis in C und D und die Gerade p in E schneide. Von den vier harmonischen Geraden CA, CQ, CB, CP stehen zwei zugeordnete, CA und CB, aufeinander senkrecht. Also halbieren sie die Winkel zwischen den beiden andern Geraden CQ und CP. Ist F der zweite Schnittpunkt der Gerade CQ mit dem Kreise, so ist also $\widehat{DB} = \widehat{BF}$. Verbindet man Q mit D, so ist also $\sphericalangle DQB = \sphericalangle BQF$, d. h. von den vier durch Q gehenden Geraden halbieren die beiden aufeinander senkrecht stehenden QB und QE die Winkel zwischen den beiden andern. Die vier Geraden bilden demnach einen harmonischen Büschel, und dieser wird von der Sekante CD in den vier harmonischen Punkten C, E, D, P geschnitten.

Legt man durch einen Punkt P in der Ebene eines Kreises sämtliche Sekanten, und bestimmt man auf jeder Sekante den vierten harmonischen, P zugeordneten, Punkt zu P und den beiden Schnittpunkten mit dem Kreise, so liegen die sämtlichen vierten harmonischen Punkte auf einer Gerade p, die auf dem durch P gehenden Durchmesser senkrecht steht. Die Gerade p heißt die Polare des Punktes P, und der Punkt P heißt der Pol der Gerade p.

Die Polare eines Punktes des Kreisumfangs ist die Tangente in diesem Punkte.

Die Polare des Mittelpunkts des Kreises ist der Ort der uneigentlichen Punkte aller Durchmesser. Da jede Gerade der Ebene einem Kreisdurchmesser parallel ist, und parallele Gerade denselben uneigentlichen Punkt besitzen, so ist die Polare des Mittelpunktes irgend eines Kreises der Ebene der Ort der uneigentlichen Punkte aller Geraden der Ebene. Damit der Satz ausnahmslos gelte, daß jedem Punkte der Ebene eine Gerade als Polare zugeordnet ist, wird der Ort der uneigentlichen Punkte der Ebene als uneigentliche Gerade der Ebene bezeichnet.

Die Polare des Mittelpunktes eines Kreises ist die uneigentliche Gerade der Ebene des Kreises.

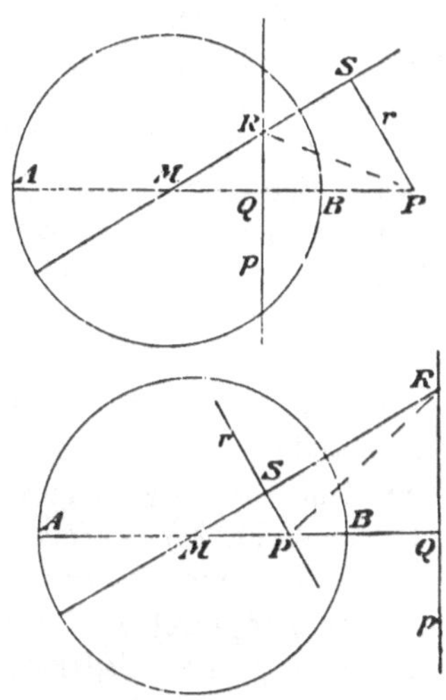

Fig. 115.

3. Ist M der Mittelpunkt des Kreises, P ein Punkt in der Ebene des Kreises, AB der Durchmesser durch P und Q der Schnittpunkt der Gerade AB mit der Polare p des Punktes P, so ist M die Mitte zwischen den zugeordneten Punkten A und B des harmonischen Wurfs $AQBP$ (Fig. 115). Also ist $MP \cdot MQ = \varrho^2$, wenn ϱ der Halbmesser des Kreises ist. Ist R ein beliebiger Punkt von p, r seine Polare und S der Schnittpunkt dieser Polare mit dem durch R gehenden Durchmesser, so ist auch $MR \cdot MS = \varrho^2$. Nach der Umkehrung des Sehnensatzes liegen also P, Q, R, S auf einem Kreise. Da $\sphericalangle PQR = 90^0$ ist, so ist PR ein Durchmesser dieses Kreises, und daher ist auch $\sphericalangle PSR = 90^0$. Da r als Polare von R auf dem durch R gehenden Durchmesser senkrecht steht, so folgt daraus, daß r durch P geht.

Ist umgekehrt r eine beliebige Gerade durch P und R ihr Pol, so folgt wieder wie oben, daß die Punkte P, Q, R, S auf einem Kreise liegen. Da jetzt nach der Voraussetzung $\sphericalangle RSP = 90^0$ ist, so ist RP ein Durchmesser dieses Kreises und $\sphericalangle RQP = 90^0$, d. h. R liegt auf der Polare p von P.

Desarguesscher Hauptsatz der Polarentheorie: Die Polaren aller Punkte einer Gerade schneiden sich in dem Pol dieser Gerade. Die Pole aller Geraden eines Büschels liegen auf der Polare seines Scheitels.

Sind A, B, C, D irgend vier Punkte einer Gerade g und a, b, c, d die Polaren dieser Punkte, so schneiden sich diese nach dem Hauptsatze in dem Pol G von g. Verbindet man den Mittelpunkt des Kreises mit den vier Punkten, so steht jede dieser vier Verbindungslinien auf der zugehörigen Polare senkrecht ($MA \perp a$ usw.). Der Büschel der vier Geraden durch M ist also dem Büschel der vier Polaren kongruent. Folglich ist das Doppelverhältnis der vier Polaren gleich dem Doppelverhältnis der vier Geraden durch M. Dieses ist aber seinerseits nach dem Satze von Pappos gleich dem Doppelverhältnis der vier Punkte von g.

Ergänzung des Hauptsatzes: Das Doppelverhältnis von vier Punkten einer Gerade ist gleich dem Doppelverhältnis ihrer Polaren. In der Sprache der projektiven Geometrie: Jede gerade Punktreihe in der Ebene eines Kreises ist zu dem Büschel ihrer Polaren projektiv.

4. Ist in der Ebene eines Kreises irgendeine aus Punkten und Geraden bestehende Figur gegeben, so kann man aus dieser eine neue Figur dadurch ableiten, daß man jeden Punkt durch seine Polare und jede Gerade durch ihren Pol in bezug auf den Kreis ersetzt. Zwei derartig aufeinander bezogene Figuren heißen zueinander polar. Da die Polaren der Punkte einer Gerade durch deren Pol gehen und die Pole der Geraden eines Büschels auf der Polare seines Scheitels liegen, so entspricht der Verbindungslinie zweier Punkte in der polaren Figur der Schnittpunkt ihrer Polaren, dem Schnittpunkt zweier Geraden die Verbindungslinie ihrer Pole; drei Punkten einer Gerade entsprechen drei Gerade durch einen Punkt, drei Geraden durch einen Punkt drei Punkte einer Gerade usw.

Wendet man dieses Übertragungsprinzip auf die Figur des Pascalschen Satzes an, und benutzt man als Grundkreis der polaren Beziehung den dem Sechseck umgeschriebenen Kreis, so entsprechen den Ecken des eingeschriebenen Sechsecks die Seiten eines umgeschriebenen Sechsecks, den Seiten des ersten Sechsecks die Ecken des zweiten Sechsecks, dem Schnittpunkt zweier Gegenseiten des ersten Sechsecks die Verbindungslinie zweier Gegenecken des zweiten Sechsecks, der Gerade, auf der die Schnittpunkte der drei Paare von Gegenseiten des ersten Sechsecks liegen, ein Punkt, in dem sich die Verbindungslinien der drei Paare von Gegenecken des zweiten Sechsecks schneiden. Man erhält also den

Satz von Brianchon (1806): Die Verbindungslinien der drei Paare von Gegenecken eines einem Kreise umgeschriebenen Sechsecks gehen durch einen Punkt.

§ 28. Inversion.

1. *Gegeben sei ein Kreis k mit dem Mittelpunkt M und dem Halbmesser r. Verbindet man einen beliebigen Punkt P (Fig. 116) in der Ebene*

des Kreises mit dem Mittelpunkte M, und bestimmt man auf der Gerade MP einen Punkt Q derart, daß $MP \cdot MQ = \pm r^2$ ist, so nennt man die Punkte P und Q invers in bezug auf den Inversionsmittelpunkt M, und zwar hyperbolisch invers, wenn das Streckenprodukt positiv, elliptisch invers, wenn es negativ ist. Den Wert des Streckenproduktes nennt man die Potenz der Inversion, den Kreis k den Grundkreis. Zwei hyperbolisch inverse Punkte liegen auf derselben Seite des Mittelpunktes, zwei elliptisch inverse Punkte auf verschiedenen Seiten des Mittelpunktes.

Sind Q hyperbolisch und Q_1 elliptisch invers zu P, so ist $MQ_1 = -MQ$, d. h. Q und Q_1 liegen zentralsymmetrisch in bezug auf M.

Ist f irgendeine aus Punkten zusammengesetzte Figur in der Ebene des Grundkreises und f_1 die aus den inversen Punkten bestehende Figur, so heißen f und f_1 inverse Figuren.

Ist f_1 hyperbolisch, f_2 elliptisch invers zu f, so ist $f_1 \cong f_2$. Im folgenden werden nur noch hyperbolisch inverse Figuren betrachtet.

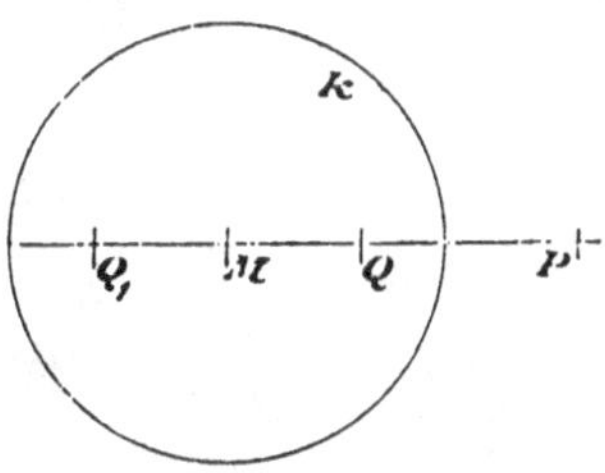

Fig. 116.

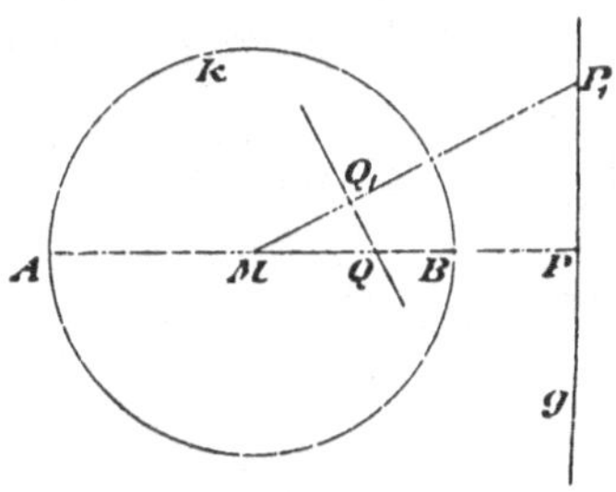

Fig. 117.

Sind P und Q zwei inverse Punkte und A und B die Schnittpunkte ihrer Verbindungslinie mit dem Grundkreise (Fig. 117), so folgt aus der Gleichung $MP \cdot MQ = r^2$, daß A, Q, B, P vier harmonische Punkte sind.

Ist g irgendeine Gerade in der Ebene des Grundkreises und P der Fußpunkt des von M auf g gefällten Lotes, Q der inverse Punkt zu P, so ist Q der Pol von g. Ist P_1 ein beliebiger von P verschiedener Punkt von g und Q_1 der inverse Punkt, so ist Q_1Q die Polare von P_1, also $QQ_1 \perp MP_1$. Durchläuft P_1 die Gerade g, so durchläuft demnach Q_1 den Kreis mit dem Durchmesser MQ. Die Tangente dieses Kreises in M ist $\| g$.

Die inverse Figur einer geraden Linie ist ein Kreis durch den Inversionsmittelpunkt, dessen Tangente im Mittelpunkte der Gerade parallel ist.

2. Sind g und g_1 irgend zwei gerade Linien in der Ebene des Grundkreises, so sind ihre inversen Figuren zwei Kreise durch M, deren Tangenten in M den Geraden parallel sind (**1**).

Unter dem Winkel zweier krummen Linien in einem ihrer Schnittpunkte versteht man den Winkel der beiden Tangenten in diesem Punkte. Zwei Kreise, die sich schneiden, bilden in ihren beiden Schnittpunkten denselben Winkel miteinander.

Zwei gerade Linien schneiden sich unter demselben Winkel wie die beiden durch den Inversionsmittelpunkt gehenden Kreise, die ihre inversen Figuren sind.

3. Ist k_1 ein Kreis, in bezug auf den der Inversionsmittelpunkt M die Potenz r^2 besitzt (Fig. 118), so sind je zwei Punkte P und Q dieses Kreises einander invers, die auf einer Gerade durch M liegen. Ist R der Berührungspunkt einer Tangente von M an k_1, so ist $MR = r$.

Ist die Potenz des Inversionsmittelpunktes in bezug auf einen Kreis gleich der Potenz der Inversion, so ist dieser Kreis zu sich selbst invers. Jede Sekante durch den Inversionsmittelpunkt schneidet den Kreis in zwei inversen Punkten. Der Berührungspunkt einer Tangente vom Inversionsmittelpunkt ist zu sich selbst invers und liegt daher auf dem Grundkreise der Inversion. Ein Kreis, der zu sich selbst invers ist, schneidet den Grundkreis rechtwinklig.

4. Ist k_1 ein nicht durch M gehender Kreis (Fig. 119), und ist die Potenz des Mittelpunktes M in bezug auf k_1 von der Potenz r^2 der Inversion

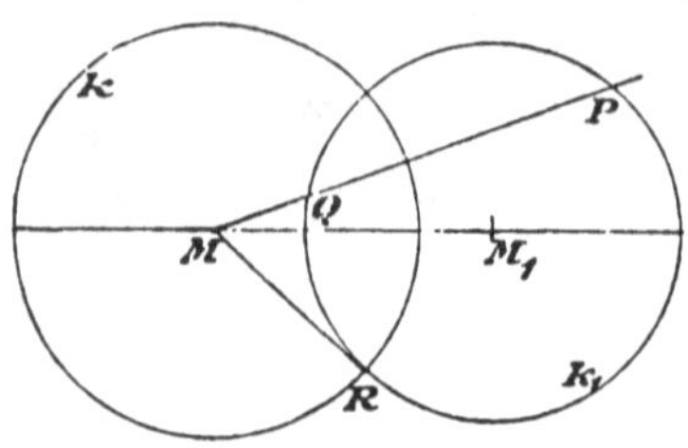

Fig. 118.

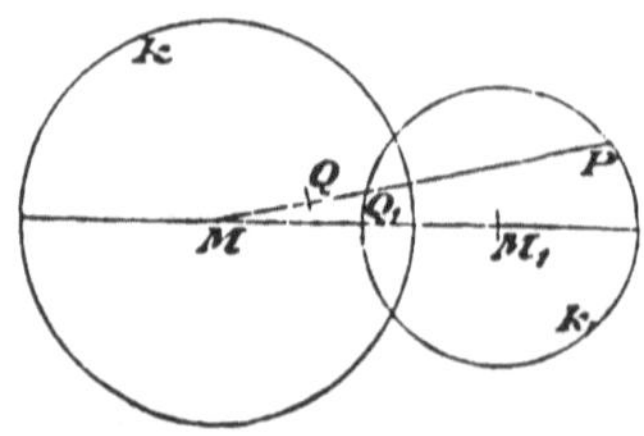

Fig. 119.

verschieden, etwa gleich s^2, ist P ein Punkt von k_1, Q der inverse Punkt und Q_1 der zweite Schnittpunkt der Sekante MP mit dem Kreise k_1, so ist wegen der Inversion $MP \cdot MQ = r^2$ und nach dem Sehnensatze $MP \cdot MQ_1 = s^2$, also $MQ : MQ_1 = r^2 : s^2$. Durchläuft P und damit auch Q_1 den Kreis k_1, so durchläuft Q die zu k_1 inverse Figur k_2. Da das Verhältnis $MQ : MQ_1$ einen von der Lage des Punktes Q_1 auf k_1 unabhängigen Wert besitzt, so sind k_2 und k_1 ähnlich und perspektiv in bezug auf M.

Satz von Vieta (1600): *Die inverse Figur eines Kreises, der nicht durch den Inversionsmittelpunkt geht, ist wieder ein Kreis. Der Inversionsmittelpunkt ist der äußere Ähnlichkeitspunkt der beiden Kreise.*

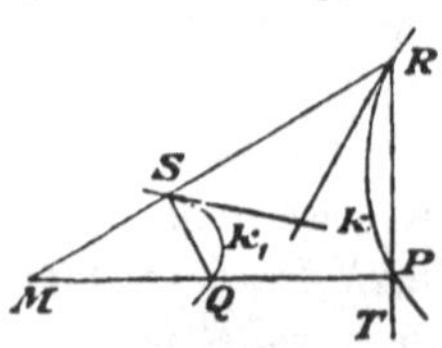

Fig. 120.

5. Sind P, Q und R, S irgend zwei Paare inverser Punkte (Fig. 120), so folgt aus den Gleichungen $MP \cdot MQ = MR \cdot MS = r^2$, daß die Punkte P, Q, R, S auf einem Kreise liegen. Also ist $\sphericalangle QPT = \sphericalangle QSR$. Nähert sich der Punkt P dem Punkte R auf irgendeiner durch R gehenden Kurve k, und ist k_1 die durch Q und S gehende inverse Kurve, so nähert sich Q dem Punkte S auf der Kurve k_1. Die Sekanten PR und QS

nähern sich den Tangenten von k in R und von k_1 in S. Der Winkel QPT nähert sich dem Winkel zwischen SR und der Tangente an k in R. Der Winkel QSR nähert sich dem Winkel zwischen SR und der Tangente an k_1 in S. Durch einen Grenzübergang schließt man auf die Gleichheit dieser beiden Winkel.

Sind R und S irgend zwei entsprechende Punkte zweier inversen Kurven, so schneiden diese Kurven die Gerade SR unter gleichen Winkeln.

Daraus folgt:

Schneiden sich in R zwei Kurven k und l, in dem inversen Punkte S die inversen Kurven k_1 und l_1, so ist der Winkel kl gleich dem Winkel $k_1 l_1$. Die Inversion ist winkeltreu.

Beweis: Durch Addition bzw. Subtraktion der paarweise gleichen Winkel mit SR.

6. Den Geraden eines Büschels mit dem Scheitel S entsprechen invers die Kreise durch M und durch den zu S inversen Punkt T. Diese Kreise bilden den Kreisbüschel $\mathfrak{B}$ mit den Grundpunkten M und T. Den konzentrischen Kreisen um den Punkt S entsprechen die Kreise, die nach 5 die Kreise des Büschels $\mathfrak{B}$ rechtwinklig schneiden. Diese Kreise bilden den zu $\mathfrak{B}$ konjugierten Büschel.

Einem Kreisbüschel entspricht hiernach invers entweder ein Geradenbüschel oder ein Büschel konzentrischer Kreise, je nachdem der Büschel zwei Grundpunkte besitzt oder nicht.

§ 29. Die Eulersche Gerade und der Feuerbachsche Kreis.

1. Gegeben sei ein beliebiges Dreieck ABC mit dem Höhenschnittpunkt H und den Seitenmitten A_1, B_1, C_1 (Fig. 121). Das Dreieck $A_1B_1C_1$ ist dem Dreieck ABC ähnlich und liegt zu ihm perspektiv in bezug auf den Schnittpunkt S der Seitenhalbierenden AA_1, BB_1, CC_1. Das Ähnlichkeitsverhältnis ist $AS : SA_1 = AB : B_1A_1 = 2 : 1$. Die Höhen des Dreiecks $A_1B_1C_1$ sind die Mittelsenkrechten der Seiten des Dreiecks ABC. Der Höhenschnittpunkt des Dreiecks $A_1B_1C_1$ ist also der Umkreismittelpunkt M des Dreiecks ABC. Die Höhenschnittpunkte der beiden Dreiecke sind entsprechende Punkte der beiden perspektiv-ähnlichen Figuren. Die Strecke HM enthält also den Punkt S und wird von diesem im Verhältnis $2:1$ geteilt.

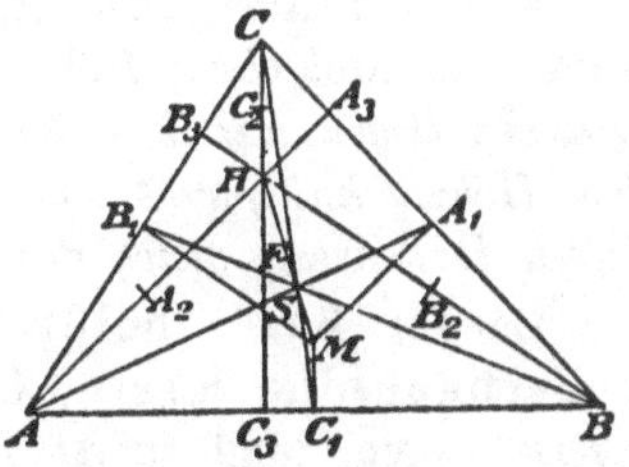

Fig. 121.

Eulerscher Satz: In jedem Dreieck liegen der Höhenschnittpunkt, der Schnittpunkt der Seitenhalbierenden und der Mittelpunkt des Umkreises in einer Gerade. Der Schnittpunkt der Seitenhalbierenden teilt die Strecke zwischen den beiden andern Punkten im Verhältnis $2:1$.

Euler fand den Satz 1765 durch analytische Berechnungen der Strecken HS, SM und HM. Die diese drei Punkte enthaltende Gerade heißt die Eulersche Gerade des Dreiecks.

2. Sind A_2, B_2, C_2 die Mitten der oberen Höhenabschnitte AH, BH, CH des Dreiecks ABC, so ist $A_2B_2 \parallel AB$ und gleich $\frac{1}{2}AB$, also $A_2B_2 \parallel = A_1B_1$; ebenso $B_2C_2 \parallel = B_1C_1$, $C_2A_2 \parallel = C_1A_1$. Die beiden Dreiecke $A_1B_1C_1$ und $A_2B_2C_2$ sind also perspektiv-ähnlich, und ihr Ähnlichkeitsverhältnis ist $1:1$. Die drei Verbindungsstrecken A_1A_2, B_1B_2, C_1C_2 halbieren sich also in einem Punkte F. H ist der Höhenschnittpunkt des Dreiecks $A_2B_2C_2$, M der Höhenschnittpunkt des Dreiecks $A_1B_1C_1$. H und M sind also entsprechende Punkte der beiden perspektiv-ähnlichen Figuren; folglich ist F die Mitte von HM.

Die Punkte A_2, B_2, F teilen die Strecken AH, BH, MH im Verhältnis $1:1$. Die Dreiecke ABM und A_2B_2F sind also perspektiv-ähnlich in bezug auf H mit dem Ähnlichkeitsverhältnis $2:1$. Demnach ist $A_2F = \frac{1}{2}AM = \frac{1}{2}r$. Das Gleiche gilt von B_2F und C_2F. Die drei Punkte A_2, B_2, C_2 liegen also auf dem Kreise k um F mit dem Halbmesser $\frac{1}{2}r$.

Der Punkt S teilt die Strecken AA_1, BB_1, MF im Verhältnis $2:1$. Die Dreiecke ABM und A_1B_1F sind also perspektiv-ähnlich in bezug auf S mit dem Ähnlichkeitsverhältnis $2:1$. Demnach ist $A_1F = \frac{1}{2}AM = \frac{1}{2}r$. Das Gleiche gilt von B_1F und C_1F. Die drei Punkte A_1, B_1, C_1 liegen also auch auf dem Kreise k.

Sind A_3, B_3, C_3 die Fußpunkte der Höhen des Dreiecks ABC, so ist $\sphericalangle A_1A_3A_2 = 1R$. Der Punkt A_3 liegt also auf dem Kreise mit dem Durchmesser A_1A_2. Da F die Strecke A_1A_2 halbiert, so ist A_1A_2 ein Durchmesser des Kreises k. Der Punkt A_3 liegt also auf dem Kreise k. Das Gleiche gilt von B_3 und C_3. Die drei Punkte A_3, B_3, C_3 liegen also auf dem Kreise k.

Satz vom Kreise der neun Punkte: ***Die Mitten der drei Seiten, die Mitten der drei obern Höhenabschnitte und die drei Höhenfußpunkte eines Dreiecks liegen auf dem Kreise, dessen Mittelpunkt die Strecke zwischen dem Höhenschnittpunkt und dem Mittelpunkt des Umkreises halbiert, und dessen Halbmesser gleich dem halben Umkreishalbmesser ist.***

Dieser Kreis heißt der Kreis der neun Punkte oder der Feuerbachsche Kreis. Daß die genannten neun Punkte auf einem Kreise liegen, fand zuerst B. Bevan (1804). Dasselbe bemerkten 1821 Poncelet und Brianchon. K. W. Feuerbach fand denselben Kreis 1822 und bewies, daß sein Mittelpunkt die Strecke HM halbiert und sein Halbmesser $\frac{1}{2}r$ ist. Feuerbach bewies ferner, daß der Kreis der neun Punkte die vier Berührungskreise des Dreiecks, d. h. den Inkreis und die drei Ankreise, berührt.

3. Sind O und O_c (Fig. 122) die Mittelpunkte des Inkreises und des Ankreises an der Seite c, C_4 und C_5 die Berührungspunkte des Inkreises und des Ankreises auf AB, C_6 der Schnittpunkt von OO_c und AB, so sind AC, AO, AB, AO_c vier harmonische Gerade, weil AO und AO_c die Winkel zwischen AC und AB halbieren, also COC_6O_c vier harmonische Punkte. Mithin gilt dasselbe von den Projektionen dieser Punkte auf AB, d. h. von C_3, C_4, C_6, C_5. C_1 ist die Mitte zwischen C_4 und C_5, also $C_1C_4^2 = C_1C_5^2 = C_1C_3 \cdot C_1C_6$.

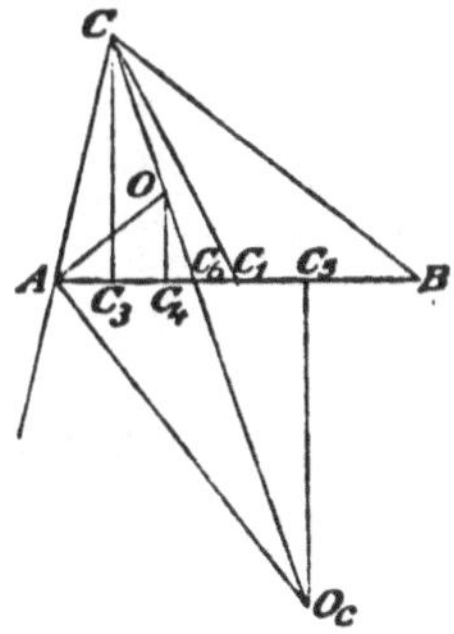

Fig. 122.

Wählt man C_1 zum Mittelpunkt einer Inversion, $C_1C_4^2$ zur Potenz der Inversion, so sind der Inkreis und der Ankreis zu sich selbst invers, weil sie den Grundkreis der Inversion rechtwinklig schneiden. Der Feuerbachsche Kreis geht durch den Inversionsmittelpunkt und durch den Punkt C_3; seine inverse Figur ist also eine Gerade durch den inversen Punkt zu C_3, d. h. durch C_6. Diese Gerade muß auf dem Halbmesser FC_1 senkrecht stehen. FC_1 ist wegen der Perspektivität in bezug auf S parallel CM. Die dem Feuerbachschen Kreise inverse Gerade ist also parallel der Tangente des Umkreises des Dreiecks ABC im Punkte C. Nach dem Satze vom Sehnen-Tangentenwinkel bildet diese Tangente mit CA einen Winkel gleich $\sphericalangle ABC$. Die dem Feuerbachschen Kreise inverse Gerade geht also durch C_6 und bildet mit CA einen Winkel gleich $\sphericalangle ABC$. Sie ist daher die zweite innere gemeinsame Tangente des Inkreises und des Ankreises. Der Feuerbachsche Kreis, als die inverse Figur dieser gemeinsamen Tangente der beiden Kreise, die sich selbst invers sind, muß also diese beiden Kreise berühren.

Feuerbachscher Satz: Der Kreis der neun Punkte berührt den Inkreis und die drei Ankreise des Dreiecks.

Der hier gegebene Beweis rührt von J. P. Taylor (1875) her.

Dritter Abschnitt.

Flächeninhalt.

Zehntes Kapitel.

Flächeninhalt ebener Vielecke.

§ 30. Geschichtliches.[1])

1. In der Lehre vom Flächeninhalt hat man zwischen der Flächenvergleichung und der Flächenberechnung oder Flächenmessung zu unterscheiden. In den Elementen des Eukleides wird nur die Flächenvergleichung behandelt. Die Lehre von der Flächenberechnung hat uns Heron in seiner Vermessungslehre übermittelt. Eine rein geometrische Rechnung mit Flächen (nicht mit den Inhaltsmaßzahlen derselben) kennt auch Eukleides, wie sein Beweis des pythagoreischen Lehrsatzes (I 47) und die Sätze des 2. Buches zeigen, die geradezu als eine „geometrische Algebra" (Max Simon) bezeichnet werden können.

Eukleides nimmt den Begriff des Flächeninhalts als Grundbegriff aus der Anschauung und wendet ohne weiteres die allgemeinen Größensätze (zwei Größen, die einer dritten gleich sind, sind einander gleich; Gleiches zu oder von Gleichem gibt Gleiches; das Ganze ist größer als sein Teil) auf die Flächen der Figuren an. Der erste Satz, der von der Flächenvergleichung handelt, ist I 35: Parallelogramme auf derselben Grundseite und zwischen denselben Parallelen sind einander flächengleich. Bei dem Beweise dieses Satzes hat man zu unterscheiden, ob die der Grundseite parallelen Seiten der beiden Parallelogramme eine Strecke (bzw. einen Punkt) gemein haben oder nicht. Im ersten Falle (Fig. 123) erkennt man, daß jedes der beiden Parallelogramme durch eine Seite des andern in zwei Teile von der Beschaffenheit zerlegt wird, daß jedem Teile des einen Parallelogramms ein kongruenter Teil des andern entspricht. Die beiden Parallelogramme sind flächengleich, weil sie sich in eine endliche Anzahl paarweise kongruenter Teile zerlegen lassen. Im zweiten Falle füge man zu jedem der beiden Parallelogramme das Dreieck ECD' hinzu (Fig. 124). Die dadurch aus

---

[1]) Vgl. Enzykl. III AB 9, S. 915.

dem ersten Parallelogramm entstehende Figur $ABED'D$ wird durch die Gerade AE in die Dreiecke ABE und ADD' zerlegt. Die aus dem zweiten Parallelogramm entstehende Figur $ABC'CE$ wird durch die Gerade BE in die Dreiecke ABE und BCC' zerlegt. Die beiden Parallelogramme sind flächengleich, weil die durch Hinzufügung kongruenter Figuren (nämlich des sich selbst kongruenten Dreiecks ECD') entstandenen Figuren in eine endliche Anzahl paarweise kongruenter Teile zerlegt werden können. Eukleides bewies den Satz nur für diesen zweiten Fall. Proklos fügt in seinem Kommentar des ersten Buches der Elemente den Beweis für den ersten Fall hinzu, ohne jedoch die grundsätzliche Verschiedenheit der beiden Beweisarten hervorzuheben.

2. Erst mit Beginn des zweiten Drittels des 19. Jahrhunderts tritt man von verschiedenen Seiten der kritischen Untersuchung des

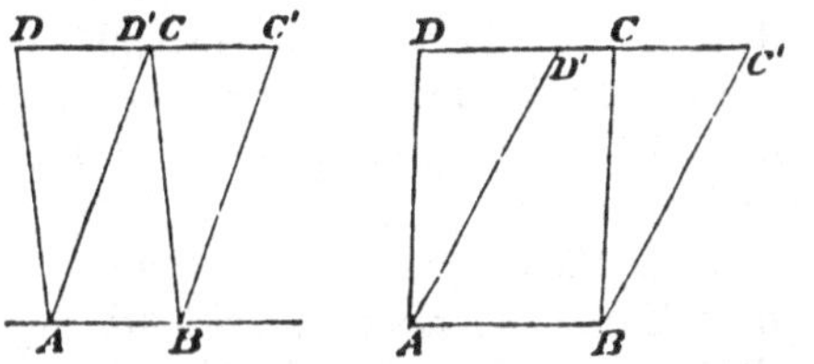

Fig. 123.

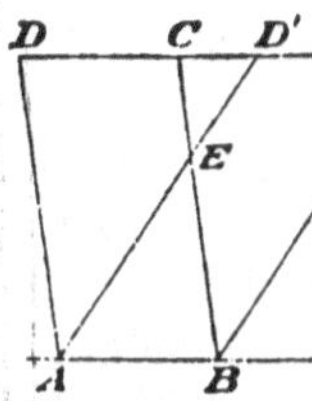

Fig. 124.

Inhaltsproblems näher und erkennt die Verschiedenheit in den beiden geschilderten Beweismethoden. Ungefähr gleichzeitig veröffentlichten W. Bolyai[1]) und P. Gerwien[2]) ihre auf den Flächeninhalt ebener Figuren bezüglichen Untersuchungen. Beider Ziel ist, den zweiten der oben (1) geschilderten Fälle von Flächengleichheit auf den ersten zurückzuführen oder zu zeigen, daß jede Figur, die auf Grund der zweiten Beweisart als flächengleich einer andern erkannt worden ist, in eine endliche Anzahl von Teilen zerlegt werden kann, aus denen sich die andere Figur zusammensetzen läßt. Nennen wir zwei Vielecke zerlegungsgleich (Hilbert), wenn sie in eine endliche Anzahl von Dreiecken zerlegt werden können, die paarweise einander kongruent sind, und ergänzungsgleich, wenn es möglich ist, zu denselben zerlegungsgleiche Vielecke hinzuzufügen, so daß die beiden zusammengesetzten Vielecke einander zerlegungsgleich werden, so können wir das Hauptergebnis Bolyais und Gerwiens in den Satz zusammenfassen: Zwei ergänzungsgleiche Vielecke sind stets zerlegungsgleich.

[1]) W. Bolyai: Tentamen iuventutem studiosam in elementa matheseos purae, elementaris ac sublimioris, methodo intuitiva, evidentiaque huic propria, introducendi, Maros Vásárhely, 1 (1832), XXXVII, 20, 56; 2 (1833), 60.

[2]) Journ. f. r. u. a. Math. 10 (1833), 228.

3. J. M. C. Duhamel war der erste, der (Des Méthodes dans les sciences de raisonnement, 2, 1866, 445) die Flächengleichheit ausdrücklich als Zerlegungsgleichheit definierte und verlangte, daß die Lehre vom Flächeninhalt auf dieser engeren Grundlage aufgebaut werde. Er zeigte insbesondere, unter Voraussetzung des Axioms von Eudoxos für Strecken, daß zwei Parallelogramme von gleicher Grundseite und Höhe zerlegungsgleich sind.

Der unbefriedigende Versuch von A. de Zolt (1883), den von Bolyai, Gerwien und Duhamel stillschweigend vorausgesetzten oder der Anschauung entnommenen Satz zu beweisen: Zerlegt man ein Vieleck durch gerade Linien in mehrere Teile und läßt man auch nur einen Teil weg, so kann man mit den übrigen, wie man sie auch anordnen möge, das Vieleck nicht mehr bedecken, führte in den folgenden Jahren dazu, diesen (im Grunde dem letzten Größensatze Eukleides entsprechenden) oder einen ihm gleichwertigen Satz zum Zwecke einer rein geometrischen Begründung der Flächeninhaltslehre ausdrücklich als Axiom („de Zoltsches Axiom") zu formulieren. So stellt R. de Paolis 1884 das Axiom auf: Ein Teil eines Vielecks kann nicht dem ganzen gleich sein, und O. Rausenberger (Elementargeometrie 1887, S. 82) postuliert: Wenn zwei Figuren durch irgendeine Zerlegung als flächengleich nachgewiesen sind, so ist es nicht möglich, eine andere Zerlegung auszuführen, bei der die eine Figur sämtliche Teile der anderen, außerdem aber noch weitere Teile enthält. Untersuchungen von O. Stolz, F. Schur und W. Killing führten zu der Erkenntnis, daß die de Zoltsche Forderung mittels des Axioms von Eudoxos bewiesen werden könne. Die Versuche, auf Grund der engeren Duhamelschen Definition die Lehre vom Flächeninhalte ohne das Axiom von de Zolt oder das von Eudoxos zu begründen, führten immer nur dazu, in irgendeiner anderen Form ein Stetigkeitspostulat einzuführen.

4. Hilbert bewies 1899 in seinen Grundlagen der Geometrie, daß auf seiner Streckenrechnung, die nur auf den ebenen Axiomen I bis IV begründet ist, die Lehre vom Flächeninhalt ohne irgendein Stetigkeitsaxiom aufgebaut werden kann, allerdings nur dann, wenn man darauf verzichtet, als Kennzeichen der Flächengleichheit die Zerlegungsgleichheit zu fordern, und sich mit der Ergänzungsgleichheit begnügt. Aus den Erklärungen für diese beiden Begriffe leuchtet sofort ein, daß zerlegungsgleiche Vielecke stets ergänzungsgleich sind. Die umgekehrte Behauptung ist zunächst unbewiesen. Man kann daher zunächst nur die beiden Sätze aussprechen: Parallelogramme und Dreiecke von gleicher Grundseite und Höhe sind ergänzungsgleich. Hilbert zeigt nun, daß es in einer von ihm künstlich aufgebauten Geometrie, in der alle Axiome mit Ausnahme des Eudoxosschen gelten, Dreiecke geben könne, die ergänzungsgleich, aber nicht zerlegungsgleich sind. Damit

ist die ganze, mit W. Bolyai und Gerwien beginnende Entwicklung durch den Nachweis zum Abschluß gebracht, daß der Satz: Ergänzungsgleiche Vielecke sind stets zerlegungsgleich, ohne Benutzung des Axioms von Eudoxos (oder eines ihm gleichwertigen) nicht bewiesen werden kann. Die engere Duhamelsche Definition (Flächengleichheit = Zerlegungsgleichheit) reicht also nur unter der Voraussetzung des Axioms von Eudoxos (oder des mit dessen Hilfe beweisbaren de Zoltschen Postulats) zur Begründung der Lehre vom Flächeninhalt aus.

Spätere Untersuchungen von M. Dehn (Über den Inhalt sphärischer Dreiecke, Math. Ann. 60, 1905, S. 166) und von A. Finzel (Die Lehre vom Flächeninhalt in der allgemeinen Geometrie, Diss. Straßburg 1912, auch Math. Ann. 72, 1912, S. 262) zeigten, daß die Lehre vom Flächeninhalt ebener Vielecke ohne irgendeine Voraussetzung über das Schneiden der Geraden in der Ebene, allein auf Grund der linearen und ebenen Axiome I bis III entwickelt werden kann, wenn man die Erklärung der Ergänzungsgleichheit zugrunde legt; fügt man noch ein Stetigkeitsaxiom hinzu, so genügt es, die Flächengleichheit als Zerlegungsgleichheit zu definieren. Das Parallelenaxiom, das der Hilbertschen Streckenrechnung zugrunde liegt, ist also zur Begründung der Lehre vom Flächeninhalt nicht erforderlich.

5. Der Übergang von der Flächenvergleichung zur Flächenmessung erfolgt bei Hilbert durch den Begriff des Inhaltsmaßes. Hilbert definiert als Inhaltsmaß des Dreiecks das halbe Produkt aus Grundlinie und Höhe (Produkt natürlich als Strecke im Sinne der Hilbertschen Streckenmultiplikation genommen), nachdem er mittels ähnlicher Dreiecke gezeigt hat, daß dieses Produkt davon unabhängig ist, welche Seite als Grundseite gewählt wird. Aus den Sätzen der Streckenrechnung folgt, daß das Inhaltsmaß eines Dreiecks gleich der Summe der Inhaltsmaße der Teildreiecke ist, in die das Dreieck durch eine beliebige Anzahl von Geraden zerlegt werden kann. Wird nun weiter das Inhaltsmaß eines Vielecks als die Summe der Inhaltsmaße aller Dreiecke definiert, in die das Vieleck bei einer bestimmten Zerlegung zerfällt, so zeigt sich zunächst die Unabhängigkeit dieses Inhaltsmaßes von der Art der gewählten Zerlegung, und man kann ferner beweisen, daß nicht nur zerlegungsgleiche, sondern auch ergänzungsgleiche Vielecke gleiches Inhaltsmaß haben, und daß umgekehrt zwei Vielecke mit gleichem Inhaltsmaß stets ergänzungsgleich sind.

Während auf Grund der Hilbertschen Streckenrechnung das Inhaltsmaß jedes Vielecks als Summe von Strecken, also wieder als Strecke erscheint, muß man bei der Ausmessung gegebener Flächen das Inhaltsmaß durch eine Zahl ausdrücken. Dazu kann in der Hilbertschen Flächenlehre ohne weiteres die Maßzahl der das Inhaltsmaß darstellenden Strecke dienen. Man hat jedoch schon seit Heron jeder Fläche unmittelbar eine Zahl als Inhaltsmaß zuzuordnen gesucht.

Man bediente sich dazu der Sätze über die Flächenvergleichung. Das Inhaltsmaß eines Quadrats, dessen Seite gleich der Längeneinheit ist, wurde gewöhnlich als Flächeneinheit gewählt und mit der Zahl 1 bezeichnet. Indem man dabei von den Forderungen ausging, daß 1. kongruente Figuren dasselbe Inhaltsmaß besitzen, und 2. das Inhaltsmaß jeder in eine endliche Anzahl von Teilen zerlegten Figur gleich der Summe der Inhaltsmaße der einzelnen Teile sein soll, gelang es, einfachen Vielecken bestimmte positive Zahlen als Inhaltsmaße zuzuordnen. Diesen ursprünglichen Weg von der Flächenvergleichung zur Flächenmessung findet man z. B. bei Legendre und nach ihm in der Mehrzahl der Lehrbücher der Elementargeometrie im 19. Jahrhundert eingeschlagen. Man ist aber in neuerer Zeit auch bisweilen den umgekehrten Weg vom Inhaltsmaß zur Flächenvergleichung gegangen. So definiert J. Hadamard (Géométrie plane, 4. Aufl. 1911, S. 292) direkt den Inhalt eines Dreiecks als die Zahl $\frac{1}{2} g h$ und inhaltsgleiche Vielecke als solche, die gleiches Inhaltsmaß haben. Man kann dann ebenfalls leicht nachweisen, daß jedem Vieleck eine Zahl zugeordnet wird, und daß diese Inhaltszahlen den obigen beiden Gesetzen genügen. Gegen diese arithmetische Theorie des Flächeninhalts ist jedoch von M. Dehn das Bedenken erhoben worden, daß man nicht wissen könne, ob nicht mehrere (nicht bloß durch einen konstanten Faktor) verschiedene Zuordnungen möglich sind, für die dieselben Gesetze gelten.

Die folgende Darstellung der Lehre vom Flächeninhalt schließt sich an die Hilbertschen Gedankengänge an.

§ 31. Vergleichung der Flächen ebener Vielecke.

1. Verbindet man zwei beliebige Punkte des Umfangs eines ebenen Vielecks V durch irgendeinen Streckenzug, der ganz im Innern des Vielecks liegt, so zerfällt V in zwei neue Vielecke V_1 und V_2. Die Vielecke V_1 und V_2 setzen das Vieleck V zusammen.

Zwei ebene Vielecke heißen zerlegungsgleich, wenn sie in eine endliche Anzahl von Dreiecken zerlegt werden können, die paarweise einander kongruent sind. Zwei ebene Vielecke heißen ergänzungsgleich (nach Hilbert inhaltsgleich), *wenn es möglich ist, zu ihnen zwei zerlegungsgleiche Vielecke hinzuzufügen, so daß die beiden zusammengesetzten Vielecke einander zerlegungsgleich sind.*

Ist V_1 zerlegungsgleich V_2 und V_3 zerlegungsgleich V_4, und fügt man V_3 zu V_1 und V_4 zu V_2 hinzu, so sind die zusammengesetzten Vielecke wieder zerlegungsgleich. Sind V_1 und V_2 zerlegungsgleich, V_3 ein Teil von V_1, V_4 ein Teil von V_2, und V_3 und V_4 zerlegungsgleich, so sind die Vielecke V_5 und V_6, die entstehen, wenn man von V_1 den Teil V_3 und von V_2 den Teil V_4 wegnimmt, einander ergänzungsgleich. Denn aus V_5 und V_6 entstehen durch Hinzufügen der zerlegungsgleichen Vielecke V_3 und V_4 wieder die zerlegungsgleichen Vielecke V_1 und V_2.

Von drei ebenen Vielecken V_1, V_2, V_3 seien V_1 und V_3 einerseits, V_2 und V_3 andererseits zerlegungsgleich. Man kann also V_1 und V_3 je in eine endliche Anzahl von Dreiecken zerlegen von der Art, daß jedes Dreieck von V_1 einem Dreieck von V_3 und umgekehrt kongruent ist. Das entsprechende gilt von V_2 und V_3. Führt man in V_3 beide Zerlegungen in Dreiecke zugleich aus, so wird im allgemeinen der Fall eintreten, daß Dreiecke der einen Zerlegung durch Strecken der andern Zerlegung in Vielecke zerlegt werden. Diese Vielecke zerlege man durch Strecken in Dreiecke. Alle diese neuen Zerlegungsstrecken füge man auch zu den Zerlegungsstrecken in V_1 und V_2 hinzu. Dann ist jedes Zerlegungsdreieck von V_3 einem Dreieck von V_1 und einem Dreieck von V_2 kongruent. Diese beiden Dreiecke sind also auch unter sich kongruent. V_1 und V_2 zerfallen also in eine endliche Anzahl von Dreiecken derart, daß jedes Dreieck von V_1 einem bestimmten Dreieck von V_2 und umgekehrt kongruent ist. V_1 und V_2 sind also zerlegungsgleich.

Sind zwei ebene Vielecke einem dritten zerlegungsgleich, so sind sie untereinander zerlegungsgleich.

V_1 und V_2 seien zwei ebene Vielecke, die einem dritten V_3 ergänzungsgleich sind. Es gibt also einerseits zwei zerlegungsgleiche Vielecke V_4 und V_5 derart, daß $V_1 + V_4$ und $V_3 + V_5$ zerlegungsgleich sind, und es gibt andererseits zwei zerlegungsgleiche Vielecke V_6 und V_7 derart, daß $V_2 + V_6$ und $V_3 + V_7$ zerlegungsgleich sind. Da $V_1 + V_4$ und $V_3 + V_5$ einerseits und V_6 und V_7 andererseits zerlegungsgleich sind, so ist auch $V_1 + V_4 + V_6$ zerlegungsgleich $V_3 + V_5 + V_7$. Ebenso sind $V_2 + V_6 + V_4$ und $V_3 + V_7 + V_5$ zerlegungsgleich. Daraus folgt die Zerlegungsgleichheit von $V_1 + V_4 + V_6$ und $V_2 + V_6 + V_4$, und aus dieser die Ergänzungsgleichheit von V_1 und V_2.

Sind zwei ebene Vielecke einem dritten ergänzungsgleich, so sind sie untereinander ergänzungsgleich.

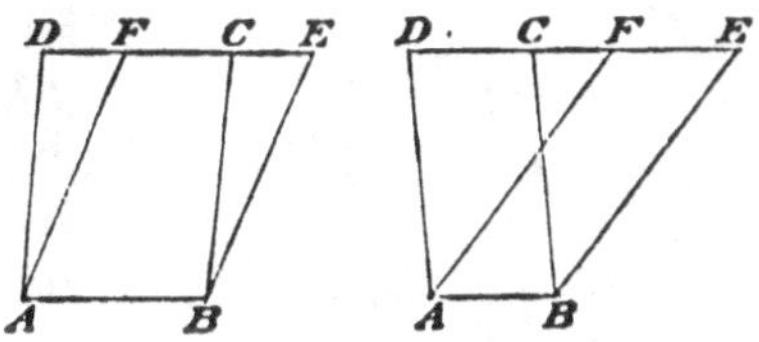

Fig. 125.

2. Sind $ABCD$ und $ABEF$ zwei Parallelogramme mit gleicher Grundseite und gleicher Höhe (Fig. 125), so entsteht durch Zusammenfügung von $ABCD$ und BCE dieselbe Figur wie durch Zusammenfügung von $ABEF$ und ADF. Da $\triangle BCE \cong \triangle ADF$ (*I*) ist, so sind $ABCD$ und $ABEF$ ergänzungsgleich. (Daß sie auch zerlegungsgleich sind, folgt, wenn CD und EF einen Punkt oder eine Strecke gemein haben, ohne, andernfalls mit Hilfe des Axioms von Eudoxos.)

Parallelogramme mit gleicher Grundseite und gleicher Höhe sind ergänzungsgleich.

Ist ABC ein beliebiges Dreieck, D die Mitte von AC, E die Mitte von BC, F der Schnittpunkt der Verlängerung von DE mit der Parallele durch B zu AC (Fig. 126), so ist $ABED \cong ABED$, $\triangle DEC \cong FEB$ (II), also ABC zerlegungsgleich $ABFD$.

Jedes Dreieck ist einem Parallelogramm mit gleicher Grundseite und halber Höhe zerlegungsgleich, das mit dem Dreieck in einem der Grundseite anliegenden Winkel übereinstimmt.

Sind ABC und ABD zwei Dreiecke mit gleicher Grundseite und gleicher Höhe (Fig. 127), so sind ABC dem Parallelogramm $ABEF$ und ABD dem Parallelogramm $ABGH$ zerlegungsgleich. Diese Parallelogramme haben gleiche Grundseite und gleiche Höhe, sind also einander

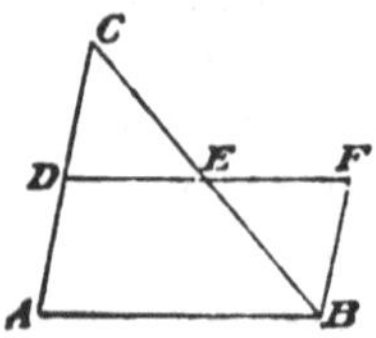

Fig. 126.

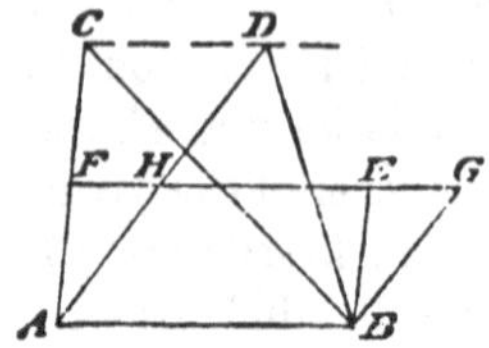

Fig. 127.

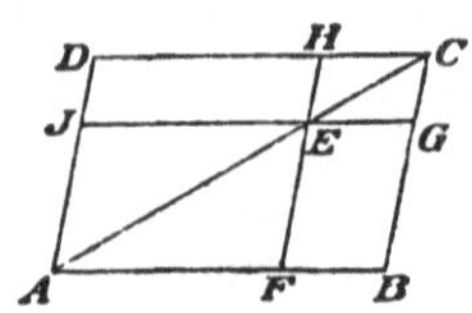

Fig. 128.

ergänzungsgleich. Daher sind auch die Dreiecke ABC und ABD ergänzungsgleich.

Dreiecke mit gleicher Grundseite und gleicher Höhe sind ergänzungsgleich. (Mit Hilfe des Axioms von Eudoxos kann auch ihre Zerlegungsgleichheit bewiesen werden.)

3. Zieht man in dem Parallelogramm $ABCD$ durch einen beliebigen Punkt E der Diagonale AC die Parallelen zu den Seiten (Fig. 128), die AB in F, BC in G, CD in H und DA in I schneiden, so werden die Parallelogramme $FBGE$ und $EHDI$ durch Hinzufügen der Paare kongruenter Dreiecke AFE und AIE, EGC und EHC zu den kongruenten Dreiecken ABC und ADC ergänzt. Folglich sind die genannten Parallelogramme ergänzungsgleich.

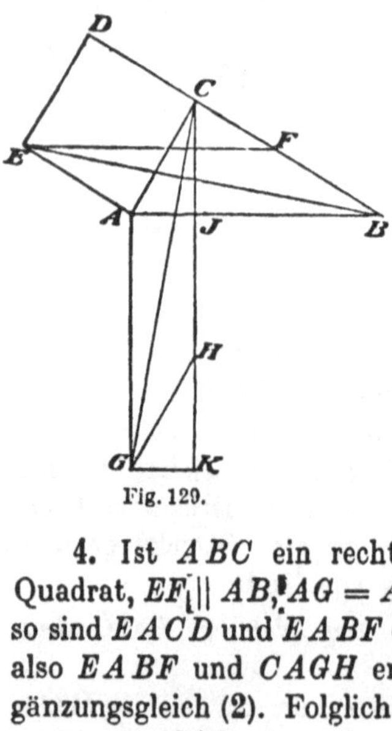

Fig. 129.

Satz von den Ergänzungsparallelogrammen: Zieht man in einem Parallelogramm durch einen Punkt einer Diagonale die Parallelen zu den Seiten, so sind die von der Diagonale nicht durchschnittenen Parallelogramme ergänzungsgleich.

4. Ist ABC ein rechtwinkliges Dreieck ($\sphericalangle C = 1R$), $ACDE$ ein Quadrat, $EF \parallel AB$, $AG = AB$, $CI \perp AB$, $GH \parallel AC$, $GK \parallel AI$ (Fig. 129), so sind $EACD$ und $EABF$ ergänzungsgleich (2). $\triangle EAB \cong \triangle CAG$ (I), also $EABF$ und $CAGH$ ergänzungsgleich. $CAGH$ und $IAGK$ sind ergänzungsgleich (2). Folglich ist das Quadrat $ACDE$ dem Rechteck $AGKI$ ergänzungsgleich.

Eukleidischer Lehrsatz (1. Form): Das Quadrat über einer Kathete eines rechtwinkligen Dreiecks ist dem Rechteck aus der Hypotenuse und der Projektion der Kathete auf die Hypotenuse ergänzungsgleich.

Wendet man den eukleidischen Lehrsatz auf die Quadrate über beiden Katheten zugleich an, so folgt der

Pythagoreische Lehrsatz (1. Form): Das Quadrat über der Hypotenuse eines rechtwinkligen Dreiecks ist der Summe der Quadrate über den Katheten ergänzungsgleich.

Man konstruiere über den Seiten des rechtwinkligen Dreiecks ABC die Quadrate $ABED$, $BCGF$, $ACHI$ (Fig. 130), ziehe $CKL \perp AB$, verlängere DA bis M, ziehe $CN \parallel AB$, $LO \parallel CM$, $KP \parallel CA$, mache $AQ = CM$, $QR \parallel AM$, mache $KS = RI$, $ST \parallel IQ$, verlängere EB bis U, ziehe $CV \parallel AB$, $KW \parallel CB$ und $LX \parallel AC$. Dann ist 1. $\triangle CBV \cong \triangle KBW$ (II), also $VB = BW$; 2. $\triangle UBF \cong \triangle ABC \cong \triangle KLX$ (II), also $BU = BA = KL = BE$ und $UV = WE$, $UF = KX$ und $UG = XW$; 3. $\triangle CUV \cong \triangle LWE$ (I); 4. $\triangle CUG \cong \triangle LWX$ (I). Demnach ist das Quadrat $BCGF$ dem Rechteck $KBEL$ zerlegungsgleich.

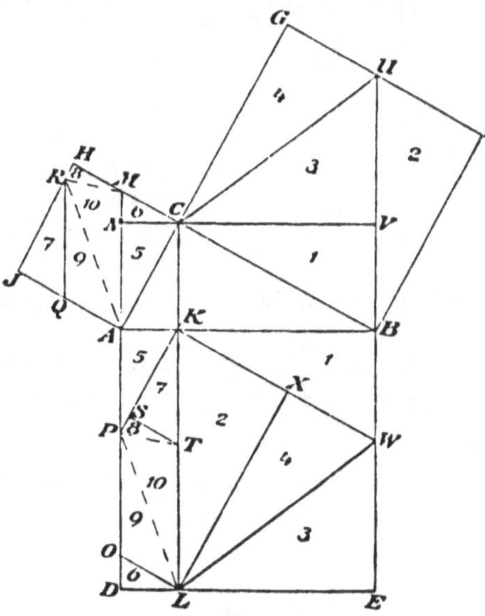

Fig. 130.

Ferner ist 5. $\triangle AKP \cong \triangle NCA$ (I), 6. $\triangle ODL \cong \triangle MNC$ (II), 7. $\triangle KST \cong \triangle RIQ$ (II), 8. $\triangle PST \cong \triangle RHM$ (I), 9. $\triangle OLP \cong \triangle QAR$ (II), 10. $\triangle PTL \cong \triangle RMA$ (II). Demnach ist auch das Quadrat $ACHI$ dem Rechteck $AKLD$ zerlegungsgleich, und das Quadrat $ABED$ ist der Summe der Quadrate $ACHI$ und $CBFG$ zerlegungsgleich. *In den Lehrsätzen von Eukleides und Pythagoras kann also auch die Ergänzungsgleichheit durch die Zerlegungsgleichheit ersetzt werden (eukleidischer und pythagoreischer Lehrsatz, 2. Form).*

Der pathagoreische Lehrsatz war schon vor Pythagoras (um 580 bis 501 v. Chr.) in einzelnen Beispielen in Indien und vielleicht auch in China bekannt. In der Schule des Pythagoras wurde wahrscheinlich zuerst die allgemeine Gültigkeit des Satzes festgestellt. Der Beweis mittels des eukleidischen Satzes rührt wahrscheinlich von Eukleides selbst her. Der Beweis der Zerlegungsgleichheit für den eukleidischen und den pythagoreischen Lehrsatz ist von Göpel (Arch. der Math. u. Phys. 4, 1844) angegeben worden. Will man nur den Beweis der Zerlegungsgleichheit für den pythagoreischen Lehrsatz führen, so kann man zeigen, daß das Quadrat über der Hypotenuse in sieben Dreiecke zerlegt werden kann, aus denen sich die beiden Quadrate über den Katheten zusammensetzen lassen. Dieser Beweis wurde schon um 900 n. Chr. von dem Araber Annairizi gefunden. Er ist der älteste und, wenn man die Einfachheit nach der Anzahl der bei der Zerlegung entstehenden Dreiecke beurteilt, zugleich der einfachste Zerlegungsbeweis für den pythagoreischen Lehrsatz.

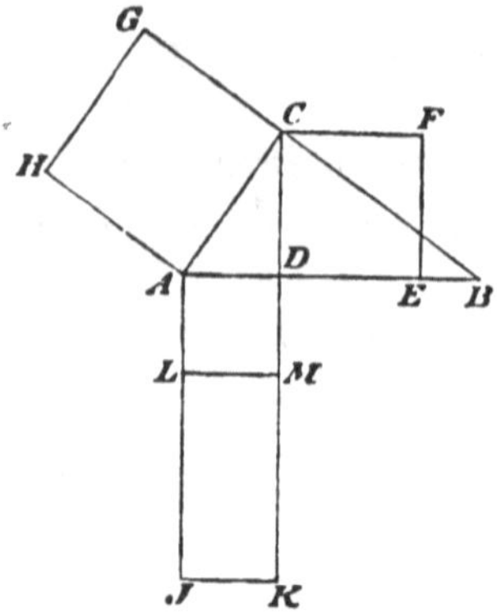

Fig. 131.

5. In dem rechtwinkligen Dreieck ABC (Fig. 131) sei $CDEF$ das Quadrat über der Höhe CD, $ACGH$ das Quadrat über der Kathete AC, $AIKD$ ein Rechteck mit der Seite $AI = AB$, $ALMD$ das Quadrat über AD. Dann ist das Quadrat $ACGH$ nach dem eukleidischen Lehrsatze dem Rechteck $AIKD$ und nach dem pythagoreischen Lehrsatze der Summe der Quadrate $CDEF$ und $ADML$ ergänzungsgleich, folglich ist $CDEF$ dem Rechteck $LMKI$ ergänzungsgleich.

Höhensatz: In jedem rechtwinkligen Dreieck ist das Quadrat über der Höhe gleich dem Rechteck aus den Projektionen der Katheten auf die Hypotenuse.

6. *Ein Viereck mit zwei parallelen Gegenseiten heißt Trapez.* In dem Trapez $ABCD$ (Fig. 132) sei $AB \parallel CD$, $CF = FB$, $EF \parallel AB$, $GH \parallel AD$.

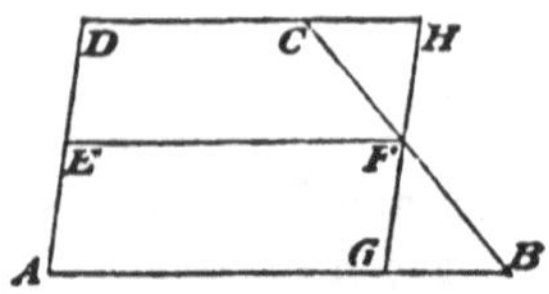

Fig. 132.

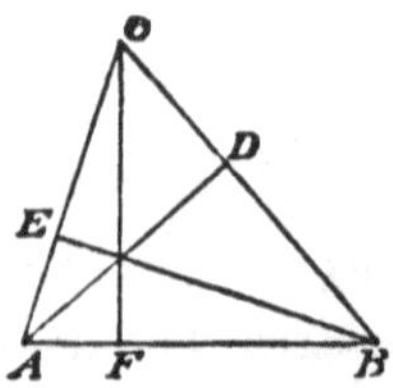

Fig. 133.

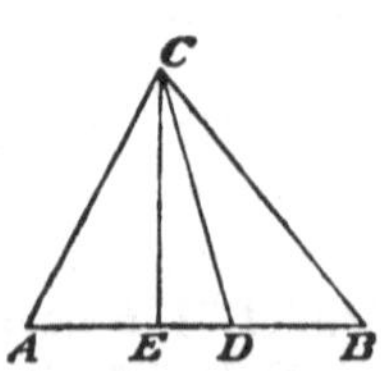

Fig. 134.

Dann ist $\triangle CFH \cong \triangle BFG$ (II), und $AGFCD$ sich selbst kongruent, also $ABCD$ zerlegungsgleich $AGHD$. $AG = AB - GB$, $AG = DH = DC + CH$, $CH = GB$, also $AG = EF = \frac{1}{2}(AB + CD)$.

Jedes Trapez ist einem Parallelogramm zerlegungsgleich, das die halbe Summe der parallelen Seiten des Trapezes zur Grundseite hat und mit dem Trapez einen Winkel an der Grundseite gemein hat. Die halbe Summe der parallelen Seiten des Trapezes ist gleich der Verbindungsstrecke der Mitten der nicht parallelen Seiten.

§ 32. Das Inhaltsmaß ebener Vielecke.

1. In einem beliebigen Dreieck ABC sei $AD \perp BC$ und $BE \perp AC$ (Fig. 133). Dann ist wegen der Gleichheit der Winkel $\triangle ACD \sim \triangle BCE$; daher verhält sich $BC : BE = AC : AD$, und es ist $BC \cdot AD = AC \cdot BE$. Ist CF die dritte Höhe des Dreiecks ABC, so erhält man ebenso $BC \cdot AD = AB \cdot CF$.

In jedem Dreieck sind die drei Produkte aus je einer Seite und der zugehörigen Höhe einander gleich. Das halbe Produkt aus einer Seite eines Dreiecks $\triangle$ *und der zugehörigen Höhe heißt das Inhaltsmaß des Dreiecks* $\triangle$ *und wird mit* $I(\triangle)$ *bezeichnet. Es ist also* $I(ABC) = \frac{1}{2} AB \cdot CF = \frac{1}{2} BC \cdot AD = \frac{1}{2} CA \cdot BE$. $I(ABC)$ *ist im Sinne der Hilbertschen Streckenmultiplikation als Strecke aufzufassen.*

2. In dem beliebigen Dreieck ABC werde die Ecke C mit einem beliebigen Punkte D der Seite AB verbunden und die Höhe CE gezogen (Fig. 134). Dann ist $I(ACD) = \frac{1}{2} AD \cdot CE$, $I(BDC) = \frac{1}{2} DB \cdot CE$, also $I(ACD) + I(BDC) = \frac{1}{2}(AD + DB)\, CE = \frac{1}{2} AB \cdot CE = I(ABC)$.

Eine Zerlegung eines Dreiecks durch eine Strecke (Transversale) von einer Ecke zu einem Punkte der Gegenseite heiße eine Querzerlegung des Dreiecks. Das Inhaltsmaß eines Dreiecks ist gleich der Summe der Inhaltsmaße der beiden durch eine Querzerlegung entstandenen Teildreiecke.

Wird ein Dreieck nacheinander durch eine Reihe von Querzerlegungen in beliebig viele Teildreiecke geteilt, so ist das Inhaltsmaß des Dreiecks gleich der Summe der Inhaltsmaße der Teildreiecke. Der Beweis ergibt sich durch wiederholte Anwendung des vorstehenden Satzes über eine einzige Querzerlegung.

3. Ein Dreieck ABC sei beliebig in eine endliche Anzahl von Teildreiecken zerlegt. Diese Zerlegung genüge den beiden Bedingungen, daß 1. keine Ecken von Teildreiecken im Innern des Dreiecks liegen, und daß 2. wenigstens eine Seite des Dreiecks von Ecken von Teildreiecken frei bleibe. Dies sei die Seite BC. Fallen sämtliche Ecken von Teildreiecken nur auf die eine der beiden andern Seiten, z. B. auf die Seite AC, so ist klar, daß die Zerlegung durch eine Reihe von Querzerlegungen von der Ecke B aus erhalten werden kann. Angenommen, auf den beiden Seiten AB und AC liegen Ecken von Teildreiecken (Fig. 135). B_1 sei die erste Ecke von B aus auf AB, C_1 die erste Ecke von C aus auf AC.

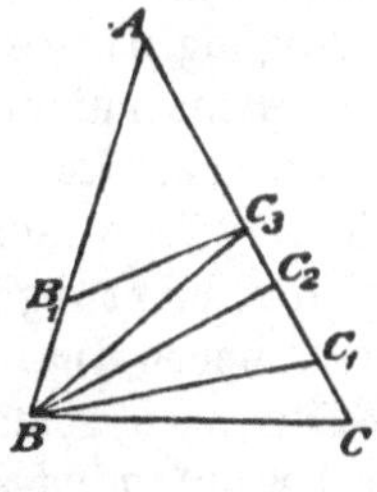

Fig. 135.

1. Ist B_1C eine Seite eines Teildreiecks, so wird durch B_1C die erste Querzerlegung in die beiden Dreiecke BB_1C und AB_1C hergestellt. Auf B_1C und im Innern des Dreiecks AB_1C liegen keine Ecken weiterer Teildreiecke. Das Dreieck AB_1C genügt also denselben beiden Bedingungen wie das ursprüngliche Dreieck ABC. Alle noch vorhandenen

Ecken von Teildreiecken liegen auf den Seiten AB_1 und AC, und sicher liegt auf AB_1 eine Ecke weniger als auf der Seite AB des ursprünglichen Dreiecks.

2. Ist B_1C_1 eine Seite eines Teildreiecks, so muß entweder BC_1 oder CB_1 ebenfalls Seite eines Teildreiecks sein. Ist z. B. BC_1 eine Seite eines Teildreiecks, so entsteht durch BC_1 die erste Querzerlegung in die beiden Teildreiecke BCC_1 und ABC_1, und durch B_1C_1 die zweite Querzerlegung des Dreiecks ABC_1 in die Teildreiecke BB_1C_1 und AB_1C_1. Auf B_1C_1 und im Innern des Dreiecks AB_1C_1 liegen keine weiteren Ecken von Teildreiecken. Das Dreieck AB_1C_1 genügt also denselben beiden Bedingungen wie das ursprüngliche Dreieck ABC. Alle noch vorhandenen Ecken von Teildreiecken liegen auf den Seiten AB_1 und AC_1, und auf jeder dieser Seiten liegt eine Teildreiecksecke weniger als auf den Seiten AB und AC des Dreiecks ABC.

3. Ist weder B_1C noch B_1C_1 eine Seite eines Teildreiecks, so sei etwa B_1C_3 eine solche. Dann müssen BC_1, BC_2 und BC_3 auch Seiten von Teildreiecken sein. BC_1, BC_2, BC_3 liefern drei aufeinanderfolgende Querzerlegungen, durch die nacheinander die Teildreiecke BCC_1, BC_1C_2, BC_2C_3, BC_3A entstehen. Durch B_1C_3 entsteht eine weitere Querzerlegung von BC_3A in die Teildreiecke BC_3B_1 und AB_1C_3. Auf B_1C_3 und im Innern des Dreiecks AB_1C_3 liegen keine weiteren Ecken von Teildreiecken. Das Dreieck AB_1C_3 genügt also denselben beiden Bedingungen wie das ursprüngliche Dreieck ABC. Alle noch vorhandenen Teildreiecksecken liegen auf den Seiten AB_1 und AC_3, und auf jeder dieser Seiten liegt mindestens eine Teildreiecksecke weniger als auf den Seiten AB und AC des ursprünglichen Dreiecks.

In jedem der drei möglichen Fälle 1, 2, 3 erhält man als letztes Teildreieck ein Dreieck mit der Ecke A, das so beschaffen ist, daß auf der Gegenseite zu A und im Innern des Dreiecks keine weiteren Ecken von Teildreiecken liegen. Das neue Dreieck genügt also denselben beiden Bedingungen wie das ursprüngliche Dreieck ABC. Außerdem liegt mindestens auf einer seiner von A ausgehenden Seiten mindestens eine Teildreiecksecke weniger als auf der entsprechenden Seite des Dreiecks ABC. Wendet man auf dieses neue Dreieck dasselbe Verfahren wie auf das ursprüngliche Dreieck an, so findet man als letztes Teildreieck dieses neuen Dreiecks wieder ein Dreieck mit der Ecke A, das denselben Bedingungen genügt wie das ursprüngliche Dreieck ABC, und bei dem wieder auf mindestens einer der von A ausgehenden Seiten mindestens eine Teildreiecksecke weniger liegt als auf dem zuletzt betrachteten Teildreieck von ABC. Da die Anzahl der Ecken von Teildreiecken endlich ist, so muß man durch Fortsetzung dieses Verfahrens schließlich zu einem Dreieck AB_nC_n gelangen, auf dessen Seiten und in dessen Innerem keine weiteren Ecken von Teildreiecken liegen. Das Ergebnis ist also:

Ist ein Dreieck in eine endliche Anzahl von Teildreiecken derart zerlegt, daß keine Ecken von Teildreiecken im Innern des Dreiecks liegen, und daß wenigstens eine Seite des Dreiecks von Ecken von Teildreiecken frei ist, so besteht diese Zerlegung aus einer endlichen Anzahl von Querzerlegungen.

Wendet man auf diese Zerlegung das Ergebnis von 2 an, so folgt: *Ist ein Dreieck in eine endliche Anzahl von Teildreiecken derart zerlegt, daß keine Ecken von Teildreiecken im Innern des Dreiecks liegen, und daß wenigstens eine Seite des Dreiecks von Ecken von Teildreiecken frei bleibt, so ist das Inhaltsmaß des Dreiecks gleich der Summe der Inhaltsmaße der Teildreiecke.*

4. Ist das Dreieck ABC durch beliebige Strecken in eine endliche Anzahl von Dreiecken $\triangle_k$ zerlegt, so ziehe man von einer Ecke, z. B. von A, aus durch jede Ecke jedes Dreiecks $\triangle_k$ eine Transversale bis zur Gegenseite BC. Diese Transversalen teilen das Dreieck ABC in Dreiecke $\triangle_t$. Die Teilstrecken der gegebenen Zerlegung teilen jedes der Dreiecke $\triangle_t$ in Dreiecke und Vierecke. Konstruiert man in jedem solchen Viereck eine Diagonale, so zerfällt jedes Dreieck $\triangle_t$ in Dreiecke $\triangle_{ts}$. In jedem Dreieck $\triangle_t$ sind das Innere und die der Ecke A gegenüberliegende Seite von weiteren Teilpunkten frei. Die Zerlegung jedes Dreiecks $\triangle_t$ in Dreiecke $\triangle_{ts}$ kann also durch eine Reihe von Querzerlegungen hergestellt werden (3).

Die Ecken jedes Dreiecks $\triangle_k$ sind durch Transversalen mit A verbunden. Liegt eine Seite eines Dreiecks $\triangle_k$ auf einer solchen Transversale, so bleibt diese Seite von weiteren Ecken von Dreiecken $\triangle_{ts}$ frei. Im Innern des Dreiecks $\triangle_k$ liegen auch keine Ecken von Dreiecken $\triangle_{ts}$. Liegt von einem Dreieck $\triangle_k$ keine Seite auf einer der von A aus gezogenen Transversalen, so teilt eine dieser Transversalen das Dreieck $\triangle_k$ in zwei Teildreiecke. Das in das Dreieck $\triangle_k$ fallende Stück dieser Transversale ist für jedes der beiden Teildreiecke eine von weiteren Ecken von Dreiecken $\triangle_{ts}$ freie Seite. Im Innern jedes der beiden Teildreiecke liegen ebenfalls keine Ecken von Dreiecken $\triangle_{ts}$. In jedem Fall läßt sich also die Zerlegung des Dreiecks $\triangle_k$ in Dreiecke $\triangle_{ts}$ auf Querzerlegungen zurückführen (3). Die Zerlegung jedes Dreiecks $\triangle_k$ in Dreiecke $\triangle_{ts}$ kann also durch eine Reihe von Querzerlegungen hergestellt werden.

Nach 3 ist also einerseits $I(ABC) = \sum I(\triangle_t) = \sum I(\triangle_{ts})$, andererseits auch $\sum I(\triangle_k) = \sum I(\triangle_{ts})$, wenn man mit dem Zeichen $\sum I$ jedesmal die Summe der Inhaltsmaße aller in der betreffenden Klammer stehenden Dreiecke bezeichnet. Daraus folgt endlich $I(ABC) = \sum I(\triangle_k)$.

Wenn ein Dreieck durch beliebige Strecken irgendwie in eine endliche Anzahl von Teildreiecken zerlegt wird, so ist das Inhaltsmaß des Dreiecks gleich der Summe der Inhaltsmaße der Teildreiecke.

5. Ein beliebiges ebenes Vieleck sei auf zwei verschiedene Arten durch Strecken in je eine endliche Anzahl von Dreiecken $\triangle_k$ bzw. $\triangle_l$ zerlegt. Die Teilstrecken der Zerlegung in die Dreiecke $\triangle_l$ teilen die Dreiecke $\triangle_k$ in Dreiecke und Vierecke, die Teilstrecken der Zerlegung in die Dreiecke $\triangle_k$ teilen ebenso die Dreiecke $\triangle_l$ in Dreiecke und Vierecke. Zieht man in jedem solchen Viereck eine Diagonale, so erhält man durch die Teilstrecken der Zerlegung in die Dreiecke $\triangle_k$ und die der Zerlegung in die Dreiecke $\triangle_l$ und durch die Diagonalen der Vierecke eine dritte Zerlegung in Dreiecke $\triangle_s$. Nach **4** ist das Inhaltsmaß jedes Dreiecks $\triangle_k$ und jedes Dreiecks $\triangle_l$ gleich der Summe der Inhaltsmaße der Dreiecke $\triangle_s$, die in das betreffende Dreieck fallen. Daher ist $\sum I(\triangle_k) = \sum I(\triangle_s)$ und $\sum I(\triangle_l) = \sum I(\triangle_s)$ und folglich auch $\sum I(\triangle_k) = \sum I(\triangle_l)$.

Die Summe der Inhaltsmaße der Dreiecke, in die ein ebenes Vieleck bei irgendeiner Zerlegung zerfällt, ist von der Art der Zerlegung unabhängig und daher durch das Vieleck selbst eindeutig bestimmt. Diese Summe heißt das Inhaltsmaß des Vielecks.

Sind V_1 und V_2 irgend zwei zerlegungsgleiche ebene Vielecke, so sind $I(V_1)$ und $I(V_2)$ beide gleich der Summe der Inhaltsmaße der paarweise kongruenten Dreiecke, in die sich V_1 und V_2 zerlegen lassen. Also ist $I(V_1) = I(V_2)$.

Zerlegungsgleiche ebene Vielecke haben gleiches Inhaltsmaß.

Besteht das ebene Vieleck V aus den beiden Vielecken V_1 und V_2, so ist $I(V) = I(V_1) + I(V_2)$.

Sind V_1 und V_2 irgend zwei ergänzungsgleiche ebene Vielecke, so gibt es zwei zerlegungsgleiche ebene Vielecke V_3 und V_4 von der Beschaffenheit, daß die zusammengesetzten Vielecke $V_1 + V_3$ und $V_2 + V_4$ zerlegungsgleich sind. Folglich ist einerseits $I(V_1 + V_3) = I(V_2 + V_4)$ oder $I(V_1) + I(V_3) = I(V_2) + I(V_4)$ und andererseits $I(V_3) = I(V_4)$. Daraus folgt $I(V_1) = I(V_2)$.

Ergänzungsgleiche ebene Vielecke haben gleiches Inhaltsmaß.

6. Sind die Dreiecke ABC und $A_1B_1C_1$ mit den Höhen AD und A_1D_1 ergänzungs- oder zerlegungsgleich, und besitzen sie gleiche Grundseiten BC und B_1C_1, so ist $\frac{1}{2} BC \cdot AD = \frac{1}{2} B_1C_1 \cdot A_1D_1$ (5) und $BC = B_1C_1$, daher auch $AD = A_1D_1$.

Wenn zwei ergänzungs- oder zerlegungsgleiche Dreiecke gleiche Grundseiten haben, so haben sie auch gleiche Höhen.

Daraus folgt: *Haben zwei Dreiecke gleiche Grundseiten und verschiedene Höhen, so haben sie ungleichen Flächeninhalt.* Wären sie nämlich ergänzungs- oder zerlegungsgleich, so müßten sie gleiche Höhen haben.

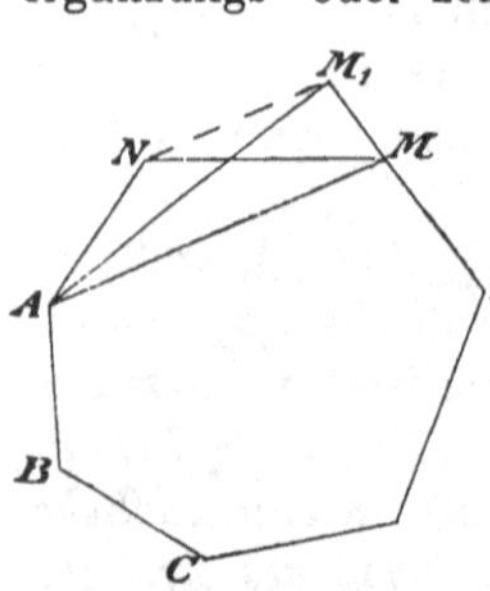

Fig. 136.

7. $ABC \ldots LMN$ sei ein beliebiges ebenes n-Eck. Man ziehe (Fig. 136) die Diagonale AM und zu dieser durch N die Parallele, welche die Verlängerung von LM in M_1 schneidet, und verbinde M_1 mit A. Dann ist $\triangle\, AMN$ ergänzungsgleich AMM_1, und daher ist das n-Eck

$ABC \ldots LMN$ dem $n-1$-Eck $ABC \ldots LM_1$ ergänzungsgleich. Wendet man auf das $n-1$-Eck dasselbe Verfahren an, so ergibt sich ein $n-2$-Eck, das ihm ergänzungsgleich ist. Durch Fortsetzung dieses Verfahrens ergibt sich schließlich:

Zu jedem ebenen n-Eck läßt sich ein ergänzungsgleiches Dreieck angeben.

8. Zieht man in dem beliebigen Dreieck ABC (Fig. 137) eine beliebige Transversale CB_1 und zu dieser durch B die Parallele, welche die Verlängerung von AC in C_1 schneidet, so ist das Dreieck B_1CB dem Dreieck B_1CC_1 ergänzungsgleich, und daher auch das Dreieck ABC dem Dreieck AB_1C_1 ergänzungsgleich. Ist insbesondere AB_1 gleich der Einheitsstrecke, so folgt:

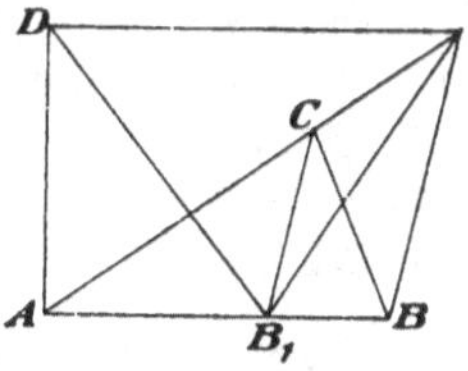

Fig. 137.

Zu jedem beliebigen Dreieck ABC gibt es ein ergänzungsgleiches Dreieck AB_1C_1, dessen Seite AB_1 gleich der Einheitsstrecke ist. Durch Verbindung mit 7 ergibt sich: *Zu jedem ebenen Vieleck gibt es ein ergänzungsgleiches Dreieck, dessen eine Seite gleich der Einheitsstrecke ist.*

9. Zieht man in der Fig. 137 durch C_1 die Parallele zu AB_1, die das in A auf AB_1 errichtete Lot in D trifft, so ist das Dreieck AB_1C_1 ergänzungsgleich dem Dreieck AB_1D. Durch Verbindung mit 8 folgt:

Zu jedem ebenen Vieleck gibt es ein ergänzungsgleiches rechtwinkliges Dreieck, dessen eine Kathete gleich der Einheitsstrecke ist.

10. V_1 und V_2 seien zwei ebene Vielecke mit gleichem Inhaltsmaß. V_1 sei dem rechtwinkligen Dreieck ABC_1 mit der Kathete $AB = 1$ und V_2 dem rechtwinkligen Dreieck ABC_2 ergänzungsgleich (**9**). Dann ist $I(V_1) = I(ABC_1)$ und $I(V_2) = I(ABC_2)$ (**5**), folglich $I(ABC_1) = I(ABC_2)$, d. h. $\frac{1}{2} AB \cdot AC_1 = \frac{1}{2} AB \cdot AC_2$. Daraus folgt $AC_1 = AC_2$, $\triangle ABC_1 \cong \triangle ABC_2$ (I). V_1 und V_2 sind also beide dem Dreieck ABC_1 und daher auch einander ergänzungsgleich.

Ebene Vielecke mit gleichem Inhaltsmaß sind ergänzungsgleich.

Zerlegt man ein ebenes Vieleck V irgendwie durch Strecken in n Dreiecke $\triangle_1, \triangle_2, \ldots \triangle_n$, so ist $I(V) = I(\triangle_1) + I(\triangle_2) + I(\triangle_3) + \ldots I(\triangle_n)$. *Läßt man von diesen n Dreiecken irgendein Dreieck weg, so kann man mit den übrigen $n-1$ Dreiecken bei keiner möglichen Anordnung das Vieleck ausfüllen (de Zoltscher Satz).* Wie man nämlich auch diese $n-1$ Dreiecke zusammensetzen mag, stets ergeben sie ein Vieleck mit kleinerem Inhaltsmaß als $I(V)$. Wäre dieses dem Vieleck V kongruent, so müßte sein Inhaltsmaß gleich $I(V)$ sein.

11. Sind V_1 und V_2 zwei nicht ergänzungsgleiche ebene Vielecke, und ist $I(V_1) > I(V_2)$, so nennt man V_1 inhaltsgrößer als V_2 ($V_1 > V_2$ oder $V_2 < V_1$). *Sind V_1 und V_2 irgend zwei ebene Vielecke, so gilt von den drei Beziehungen $V_1 > V_2$, $V_1 = V_2$, $V_1 < V_2$ stets eine und nur eine.* Denn für die beiden Strecken $I(V_1)$ und $I(V_2)$ muß eine und nur eine der drei Beziehungen $I(V_1) \gtreqless I(V_2)$ gelten.

12. Zieht man in dem Parallelogramm $ABCD$ die Diagonale AC, so ist $I(ABCD) = I(ABC) + I(ACD)$ (5). Ist h der Abstand der Parallelen AB und CD, so ist $I(ABC) = \frac{1}{2} AB \cdot h$, $I(ACD) = \frac{1}{2} CD \cdot h = \frac{1}{2} AB \cdot h$, also $I(ABCD) = AB \cdot h$.

Das Inhaltsmaß eines Parallelogramms ist gleich dem Produkt aus einer Seite und der zugehörigen Höhe. Daraus folgt sofort: *Das Inhaltsmaß eines Rechtecks ist gleich dem Produkt zweier anstoßender Seiten. Das Inhaltsmaß eines Quadrats ist gleich dem Quadrat einer Seite.* (Das Wort Quadrat an zweiter Stelle bedeutet hier eine Produktstrecke im Sinne der Hilbertschen Streckenmultiplikation.) *Das Inhaltsmaß eines Trapezes ist gleich dem Produkt aus der Höhe und der Verbindungsstrecke der Mitten der nicht parallelen Seiten.*

13. Ist $\triangle ABC \sim \triangle A_1B_1C_1$, $CD \perp AB$, $C_1D_1 \perp A_1B_1$, so ist $I(ABC) = \frac{1}{2} AB \cdot CD$, $I(A_1B_1C_1) = \frac{1}{2} A_1B_1 \cdot C_1D_1$, $CD : C_1D_1 = AB : A_1B_1$, $\frac{1}{2} AB \cdot CD : \frac{1}{2} A_1B_1 \cdot C_1D_1 = \frac{1}{2} AB^2 : \frac{1}{2} A_1B_1^2 = AB^2 : A_1B_1^2$.

Die Inhaltsmaße ähnlicher Dreiecke verhalten sich wie die Inhaltsmaße der Quadrate entsprechender Seiten.

Sind $V = ABC \ldots LMN$ und $V_1 = A_1B_1C_1 \ldots L_1M_1N_1$ ähnliche ebene Vielecke, so sind die Dreiecke, in die diese Vielecke durch die von A bzw. von A_1 ausgehenden Diagonalen zerlegt werden, einander paarweise ähnlich. Also ist $I(ABC) : I(A_1B_1C_1) = AB^2 : A_1B_1^2$, $I(ACD) : I(A_1C_1D_1) = AC^2 : A_1C_1^2 = AB^2 : A_1B_1^2$ usw. Setzt man $AB^2 : A_1B_1^2 = k$, so ist $I(ABC) = k \cdot I(A_1B_1C_1)$, $I(ACD) = k \cdot I(A_1C_1D_1) \ldots$, also $I(ABC) + I(ACD) + \ldots = k[I(A_1B_1C_1) + I(A_1C_1D_1) + \ldots]$ oder $I(V) = k \cdot I(V_1)$, $I(V) : I(V_1) = AB^2 : A_1B_1^2$.

Die Inhaltsmaße ähnlicher ebener Vielecke verhalten sich wie die Inhaltsmaße der Quadrate entsprechender Seiten.

§ 33. Die Flächenberechnung.

1. Um den Flächeninhalt einer ebenen Figur durch eine Zahl ausdrücken zu können, wählt man eine Flächeneinheit. *Die Flächeneinheit ist das Quadrat, dessen Seite die Längeneinheit ist. Den Längeneinheiten 1 km, 1 m, 1 cm, 1 mm entsprechen die Flächeneinheiten 1 qkm, 1 qm, 1 qcm, 1 qmm. Die Maßzahl einer Fläche ist die Zahl, die gleich dem Verhältnis des Inhaltsmaßes der Fläche zu dem Inhaltsmaß der Flächeneinheit ist.*

Das Inhaltsmaß der Flächeneinheit ist 1^2, wenn man mit 1 die Einheitsstrecke bezeichnet. Das Inhaltsmaß eines Quadrats mit der Seite a ist a^2. *Die Maßzahl eines Quadrats, dessen Seite a Längeneinheiten enthält, beträgt also a^2 Flächeneinheiten.*

2. Das Inhaltsmaß eines Rechtecks mit den Seiten a und b ist ab. *Die Maßzahl eines Rechtecks, dessen Seiten a und b Längeneinheiten enthalten, beträgt also ab Flächeneinheiten.*

Das Inhaltsmaß eines Parallelogramms mit der Grundseite g und der zugehörigen Höhe h ist gh. *Die Maßzahl eines Parallelogramms, dessen Grundseite g und dessen zugehörige Höhe h Längeneinheiten enthalten, beträgt also gh Flächeneinheiten.*

3. Das Inhaltsmaß eines Trapezes mit der Höhe h und der Mittenlinie (d. h. Verbindungsstrecke der Mitten der nicht parallelen Seiten) m ist mh. *Die Maßzahl eines Trapezes, dessen Höhe h und dessen Mittenlinie m Längeneinheiten enthalten, beträgt also mh Flächeneinheiten.*

Das Inhaltsmaß eines Dreiecks mit der Grundseite g und der zugehörigen Höhe h ist $\frac{1}{2}gh$. *Die Maßzahl eines Dreiecks, dessen Grundseite g und dessen zugehörige Höhe h Längeneinheiten enthalten, beträgt also* $\frac{1}{2}gh$ *Flächeneinheiten.*

Elftes Kapitel.

Flächeninhalt des Kreises.

§ 34. Kreisberechnung.

1. Bei Eukleides findet sich mit Bezug auf den Flächeninhalt des Kreises nur der Satz XII, 2: Kreise verhalten sich wie die Quadrate ihrer Durchmesser. Die Grundlage für die Kreisberechnung bildet die Abhandlung über die Kreismessung von Archimedes (Opera 1, S. 231). Diese enthält drei Sätze: 1. Der Flächeninhalt eines Kreises ist gleich dem Flächeninhalt eines rechtwinkligen Dreiecks, dessen eine Kathete dem Halbmesser und dessen andere Kathete dem Umfange des Kreises gleich ist. $F = \frac{1}{2} r p$. 2. Die Fläche des Kreises verhält sich zu dem Quadrat seines Durchmessers nahezu wie 11 : 14. $I : d^2 = 11 : 14$. 3. Der Umfang eines Kreises übertrifft das Dreifache des Durchmessers um weniger als $\frac{1}{7}$, aber um mehr als $\frac{10}{71}$ des Durchmessers. $p = \pi d$, $3\frac{1}{7} > \pi > 3\frac{10}{71}$. Bei dem Beweise des ersten Satzes benutzt Archimedes ausdrücklich die Annahme: Von allen Linien, die dieselben Endpunkte haben, ist die gerade Linie die kürzeste. Während er diese Annahme ausdrücklich formuliert, wird die folgende zweite Annahme stillschweigend angewendet: Die Summe der Tangenten in den Endpunkten eines Bogens (gemessen von den Berührungspunkten bis zu ihrem Schnittpunkte) ist größer als der Bogen selbst. Die zweite Annahme entspricht der allgemeineren Annahme in seiner ersten Abhandlung von der Kugel und dem Zylinder: Von andern (als geraden) Linien mit denselben Endpunkten in einer Ebene sind je zwei solche ungleich, die nach einerlei Seite hohl sind, wenn deren eine mit der die Endpunkte verbindenden Gerade die andere entweder ganz umschließt, oder sie zum Teil umschließt und zum Teil in sie fällt; und zwar ist die umschlossene die kürzere. In diesen beiden Annahmen liegt die Forderung, daß man die Länge einer krummen Linie als eine Größe betrachten darf, die mit einer geraden oder gebrochenen Linie verglichen werden kann.

Legendre macht die erste Annahme von Archimedes zur Definition der geraden Linie: Eine gerade Linie ist die kürzeste Verbindungslinie zweier Punkte. Er versucht die zweite Archimedische Annahme (von den umschlossenen Linien) mittels dieser Definition zu beweisen. Abgesehen davon, daß auch er ohne weiteres annimmt, daß man die Längen krummer und gerader Linien überhaupt vergleichen könne, scheitert sein Beweis daran, daß er den Nachweis der Existenz einer unteren Grenze mit dem Nachweis der Existenz eines Minimums verwechselt.

2. Es ist unmöglich, die Vergleichbarkeit der Länge einer bestimmten krummen Linie mit einer geraden zu beweisen, wenn man nicht die Vergleichbarkeit im allgemeinen schon durch vorangestellte Axiome fordert, wie es Archimedes tut. In diesen Axiomen liegt der Rückgang auf die Anschauung. Will man die Berufung auf die Anschauung vermeiden, so bleibt nur die Möglichkeit, als Länge einer krummen Linie eine gewisse bestimmte gerade Strecke zu definieren. Man kann etwa festsetzen: Unter der Länge eines Bogens versteht man die Grenze, der sich die Länge einer in diesen Bogen eingeschriebenen gebrochenen Linie nähert, wenn die einzelnen Teile dieser Linie bis zur Länge Null abnehmen, und die Zahl dieser Teile gleichzeitig über jede Grenze hinaus wächst. Man muß dann für jede betrachtete krumme Linie untersuchen, ob eine und nur eine Grenze dieser Art besteht, unabhängig von dem Gesetz, nach dem sich die Teile der gebrochenen Linie der Grenze Null nähern. Gibt es für eine bestimmte krumme Linie eine solche Grenze nicht, so verliert für diese Linie der Begriff der Länge seinen Sinn. Für den Kreis kann der Beweis geführt werden. Als Flächeninhalt des Kreises kann man dann die Grenze definieren, der sich der Inhalt eines eingeschriebenen Vielecks nähert, wenn die Seiten bis zur Länge Null abnehmen. Man gelangt so zu dem ersten Archimedischen Satze $F = \frac{1}{2} r p$.

3. Der zweite und der dritte Satz von Archimedes enthalten Näherungswerte für den Inhalt und den Umfang eines Kreises mit dem Durchmesser d, oder mit anderen Worten für die Zahl π. Die weitere wissenschaftliche Arbeit ging nach zwei Richtungen: 1. Berechnung von π mit weitergehender Genauigkeit, 2. Erforschung des Wesens der Zahl π. Es handelt sich um die viel erörterten Probleme der Quadratur und der Rektifikation des Kreises. Beide Probleme hängen aufs engste miteinander zusammen. Kann man den Umfang des Kreises rektifizieren, d. h. eine gerade Strecke konstruieren, die ihm gleich ist, so ist der Flächeninhalt des Kreises nach dem ersten Archimedischen Satze gleich einem Rechteck mit den Seiten p und $\frac{r}{2}$, und dieses Rechteck kann man in ein Quadrat verwandeln, womit die „Quadratur“ geleistet ist. Also handelt es sich um die Aufgabe, den Umfang durch eine gerade Strecke zu bestimmen, wenn man den Halbmesser r kennt, oder das Verhältnis des Umfangs zum Halbmesser bzw. zum Durchmesser, d. h. die Zahl π zu bestimmen. Die Näherungsbestimmung von π ist heute so weit getrieben, daß sie für alle Zwecke der Anwendung ausreicht. Die Bestimmung der wahren Natur von π ist also nur theoretisch von Belang.

Aus der Geschichte der Untersuchungen über das Wesen der Zahl π ist zu erwähnen, daß J. H. Lambert (Berl. Mem. von 1761; Beiträge zum Gebrauche der Mathematik und deren Anwendung, Berlin 1770, 2. Teil, S. 140) die Irrationalität von π, Legendre (Elemente, 1. Aufl. 1794, Anm. 4) die Irrationalität von π^2 bewies. Legendre sprach auch bereits die Vermutung aus, daß π überhaupt keine algebraische Zahl, d. h. keine Wurzel einer algebraischen Gleichung von einer endlichen Gliederanzahl und mit rationalen Koeffizienten sei. J. Liouville (Paris C. R. 18, 1844, S. 883) bewies die Existenz transzendenter, d. h. solcher Zahlen, die nicht Wurzeln irgendeiner algebraischen Gleichung mit rationalen Koeffizienten sind. G. Cantor gab (Crelles Journ. 77, 1873, S. 258) einen einfacheren, ganz elementaren Beweis dieser Tatsache. Ch. Hermite (Paris C. R. 77, 1873, S. 18, 74, 226, 285) bewies die Transzendenz der Zahl e, der Grundzahl der natürlichen Logarithmen, F. Lindemann (Math. Ann. 20, 1882, S. 213) folgerte aus den Hermiteschen Gedankengängen den Satz: Wenn eine Gleichung von der Form $C_0 + C_1 e^k + C_2 e^l + \ldots = 0$ vorliegt, so können die Exponenten und die Koeffizienten dieser Gleichung nicht sämtlich algebraische Zahlen sein. Da nun in der aus der Eulerschen Gleichung $e^{xi} = \cos x + i \sin x$ folgenden Gleichung $e^{i\pi} + 1 = 0$ die Koeffizienten algebraisch sind, so muß der Exponent π transzendent sein. Die Beweise für die Transzendenz von e und π sind später durch Hilbert, A. Hurwitz und P. Gordon wesentlich vereinfacht worden, so daß sie sich jetzt mit verhältnismäßig einfachen Mitteln darstellen lassen. Aus diesen Beweisen folgt, daß eine Strecke von der Länge π nicht mit Lineal und Zirkel allein konstruiert werden kann; denn dazu wäre erforderlich, wie aus der Natur der analytischen Gleichungen der geraden Linie und des Kreises hervorgeht, daß π Wurzel einer quadratischen Gleichung sei, die das letzte Glied einer Kette quadratischer Gleichungen von solcher Beschaffenheit bildet, daß die Koeffizienten der ersten Gleichung rationale Zahlen sind, während die Koeffizienten jeder folgenden Gleichung nur solche Irrationalitäten enthalten, die sich aus der Auflösung der vorhergehenden Gleichungen ergeben.

4. Die Aufgabe der Elementargeometrie kann es demnach nur sein, für die Quadratur und Rektifikation des Kreises Näherungslösungen zu geben. Das kann auf zwei verschiedenen Wegen geschehen: Durch Berechnung angenäherter Werte für π und durch Näherungskonstruktionen.

Die älteste, uns erhaltene systematische Berechnung eines Näherungswertes für das Verhältnis des Kreisumfangs zum Durchmesser gibt Archimedes in seiner Abhandlung über die Kreismessung. Archimedes berechnet, um den dritten Satz seiner Kreismessung zu begründen, aus der Seite des eingeschriebenen regelmäßigen Sechsecks nacheinander die Seiten des umgeschriebenen Sechsecks,

12-Ecks, 24-Ecks, 48-Ecks und 96-Ecks sowie der entsprechenden eingeschriebenen regelmäßigen Vielecke und leitet daraus das Verhältnis der Umfänge zum Durchmesser des Kreises her. Zur Berechnung der aufeinander folgenden Seiten halbiert er jedesmal den zu der halben Seite des vorhergehenden Vielecks gehörigen Mittelpunktswinkel und wendet den Satz an, daß die Halbierungslinie eines Dreieckswinkels die Gegenseite im Verhältnis der beiden andern Seiten teilt. Da nun die Länge des Kreisumfangs als die Grenze definiert worden ist, der sich die Umfänge beider Reihen von Vielecken mit wachsender Seitenzahl nähern, so hat man es in der Gewalt, durch Fortsetzung des Verfahrens das Verhältnis des Umfangs zum Durchmesser, d. h. die Zahl π, mit beliebiger Genauigkeit zu berechnen. In einer uns unbekannten Schrift soll übrigens Archimedes, wie Heron mitteilt, Grenzen für π angegeben haben, die, in Dezimalbrüche umgerechnet, eine Genauigkeit von 4 bis 5 Dezimalstellen ergeben. W. Snellius und Chr. Huygens verbesserten die klassische Archimedische Methode derart, daß z. B. bei Benutzung eines 60-Ecks sich die ersten 9 Dezimalstellen der Zahl π sicher ergeben, während man nach der Archimedischen Methode selbst mittels eines 96-Ecks nur die ersten 2 Dezimalstellen erhält. Eine Umgestaltung erfuhr die Archimedische Methode durch J. Gregory 1667, der statt der Umfänge die Flächeninhalte der Vielecke benutzte.

Während Archimedes und seine genannten Nachfolger von dem Umfang (bzw. dem Inhalt) eines gegebenen Kreises ausgingen und sich demselben durch ein- und umgeschriebene Vielecke von wachsendem bzw. abnehmendem Umfange (Inhalte) zu nähern suchten, kann man auch umgekehrt von einem gegebenen regelmäßigen Vieleck ausgehen und den Halbmesser eines Kreises zu bestimmen suchen, der denselben Umfang oder Inhalt hat. Die ersten Spuren dieser Betrachtungsweise finden sich schon in den indischen Çulvasûtras, geometrisch-theologischen Schriften aus dem Beginn unserer Zeitrechnung. Unabhängig von diesen ersten Versuchen wurde die Methode von dem Kardinal Nicolaus von Kues oder Cusanus (1401—1464) weiter ausgebildet. Er ging von einem gleichseitigen Dreieck zu einem isoperimetrischen (gleichumfängigen) regelmäßigen Vieleck von größerer Seitenzahl, von diesem wieder zu einem mit noch größerer Seitenzahl usw. und suchte sich so allmählich dem Kreise gleichen Umfangs zu nähern. Descartes entwickelte aus dieser Methode ein praktisch brauchbares Rechenverfahren. Er leitete aus einem Quadrat eine Reihe von regelmäßigen Vielecken gleichen Umfangs ab, in der jedes folgende Vieleck doppelt so viel Seiten wie das vorhergehende hat, und berechnete für jedes dieser Vielecke den Halbmesser des eingeschriebenen Kreises.

Statt wie Cusanus und Descartes den Umfang der Vielecke konstant zu lassen, kann man auch eine Reihe regelmäßiger Vielecke gleichen

Inhalts konstruieren, in der jedes folgende Vieleck doppelt so viel Seiten wie das vorhergehende hat. Diese Methode finden wir bei Legendre. Sind r_n und ϱ_n die Halbmesser des um- und eingeschriebenen Kreises eines regelmäßigen n-Ecks, r_{2n} und ϱ_{2n} die entsprechenden Halbmesser eines flächengleichen regelmäßigen $2n$-Ecks, so bestehen die Beziehungen $r_{2n} = \sqrt{r_n \varrho_n}$ und $\varrho_{2n} = \sqrt{\varrho_n \cdot \frac{r_n + \varrho_n}{2}}$. Legendre macht darauf aufmerksam, daß man, sobald zwei zusammengehörige Halbmesser in der Hälfte der verlangten Ziffern übereinstimmen, bei der weiteren Berechnung statt der geometrischen Mittel ohne merklichen Fehler die arithmetischen nehmen und dadurch die Rechnung abkürzen kann.

In den meisten Lehrbüchern der Elementargeometrie des 19. Jahrhunderts, besonders den deutschen, wird das von Chr. v. Wolff (Elementa Matheseos Universae 1, 1717, S. 175) angegebene Verfahren angewendet. Man berechnet wie Archimedes aus der Seite s_n eines eingeschriebenen regelmäßigen n-Ecks die Seite s_{2n} des eingeschriebenen $2n$-Ecks und die Seite S_n des umgeschriebenen n-Ecks, sodann ebenso s_{4n} und S_{2n} aus dem gefundenen Werte von s_{2n} usw. Man bedient sich bei diesem Verfahren aber meist nicht wie Archimedes des Satzes von der Winkelhalbierende, sondern des pythagoreischen Lehrsatzes. Eine Ausnahme macht Legendre, der außer der oben angegebenen Methode auch das Gregorysche Verfahren benutzt und dabei wie Archimedes den Satz von der Winkelhalbierende verwendet. Die Methode von Huygens findet sich nur sehr selten. Eine ausführlichere Darstellung derselben gibt z. B. van Swinden. Die „isoperimetrische" Methode von Cusanus und Descartes ist besonders in Frankreich weitergebildet und vereinfacht worden. J. Chr. Schwab (Éléments de Géométrie, Nancy 1813) beweist den Satz: Sind r_n und ϱ_n die Halbmesser des Um- und des Inkreises eines regelmäßigen n-Ecks, und r_{2n} und ϱ_{2n} die entsprechenden Halbmesser des isoperimetrischen $2n$-Ecks, so ist $\varrho_{2n} = \frac{1}{2}(r_n + \varrho_n)$ und $r_{2n} = \sqrt{r_n \varrho_{2n}}$. Indem Schwab von einem Quadrat mit dem Umfange 2 ausgeht, erhält er aus jenen Formeln den Lehrsatz: Die Zahl $\frac{1}{\pi}$ ist die Grenze, der sich die Reihe der Zahlen $0, \frac{1}{2}, \varrho_4, r_4, \varrho_8, r_8, \ldots$ nähert, die man erhält, wenn man von 0 und $\frac{1}{2}$ ausgeht und abwechselnd das arithmetische und das geometrische Mittel zwischen den beiden voraufgehenden Zahlen nimmt. Von zwei aufeinanderfolgenden Zahlen ϱ_{2n}, r_{2n} dieser Reihe ist immer $\varrho_{2n} < \frac{1}{\pi}$ und $r_{2n} > \frac{1}{\pi}$. Eine ausführliche Darstellung der isoperimetrischen Methode findet sich bei Rouché et de Comberousse, Traité de Géométrie 1, S. 197 und 210.

Die im folgenden dargestellte Berechnungsmethode schließt sich an das Verfahren von Snellius und Huygens an.

§ 35. Die Kreismessung.

1. AB sei eine Sehne eines Kreises mit dem Mittelpunkte M (Fig. 138), C der Schnittpunkt der Tangenten in A und B, B die Mitte von CD, E die Mitte von AB. Dann ist nach der Erklärung der Ähnlichkeit $\triangle AEM \sim \triangle CBM$, $\triangle ABM \sim \triangle CDM$. Ist $\sphericalangle AMB = \frac{360^0}{n}$ (n eine beliebige positive ganze Zahl), so ist $AB = s_1$ die Seite eines dem Kreise eingeschriebenen regelmäßigen n-Ecks v_1, $CD = S_1$ die Seite eines dem Kreise umgeschriebenen regelmäßigen n-Ecks V_1, und es ist $V_1 \sim v_1$. Sind U_1 und u_1 die Umfänge der Vielecke V_1 und v_1, so verhält sich wegen der Ähnlichkeit $U_1 : u_1 = S_1 : s_1$. Setzt man den Halbmesser $MB = r$ und $ME = r_1$, so verhält sich ferner $S_1 : s_1 = r : r_1$, folglich auch $U_1 : u_1 = r : r_1$, $(U_1 - u_1) : U_1 = (r - r_1) : r$. Setzt man $\frac{U_1}{r} = k_1$, so ist auch $U_1 - u_1 = k_1 (r - r_1)$. Aus dem Dreieck MEB ergibt sich $r - r_1 < EB$ oder $r - r_1 < \frac{1}{2} s_1$; folglich ist auch $U_1 - u_1 < \frac{1}{2} k_1 s_1$. Wegen $AC + CB > AB$ ist $U_1 > u_1$.

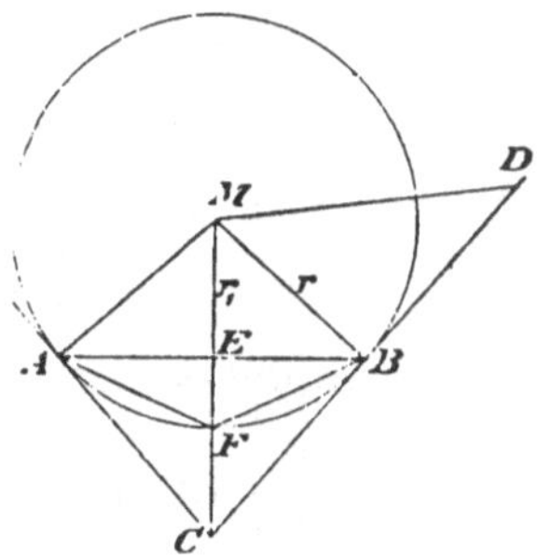

Fig. 138.

2. Verbindet man den Schnittpunkt F des Kreisbogens AB und der Strecke MC mit A und B, so ist $AF = s_2$ die Seite eines dem Kreise eingeschriebenen regelmäßigen $2n$-Ecks v_2. Ist u_2 dessen Umfang und U_2 der Umfang des umgeschriebenen regelmäßigen $2n$-Ecks V_2, so ist $U_2 - u_2 < \frac{1}{2} k_2 s_2$, $k_2 = \frac{U_2}{r}$, $U_2 > u_2$. Wegen $AF + FB > AB$ ist $u_2 > u_1$. Schneidet die durch F gelegte Tangente AC in G und CB in H, so ist $GH = S_2$ die Seite des umgeschriebenen regelmäßigen $2n$-Ecks. Wegen $GH < GC + CH$ ist auch $AG + GH + HB < AC + CB$ und daher $U_2 < U_1$.

Halbiert man den zu AF gehörigen Mittelpunktswinkel AMF, und verbindet man den Schnittpunkt I des Kreisbogens AF und dieser Halbierungslinie mit A, so ist $AI = s_3$ die Seite eines dem Kreise eingeschriebenen regelmäßigen $4n$-Ecks v_3. Ist u_3 dessen Umfang und U_3 der Umfang des umgeschriebenen regelmäßigen $4n$-Ecks V_3, so ist $U_3 - u_3 < \frac{1}{2} k_3 s_3$, $k_3 = \frac{U_3}{r}$, $U_3 > u_3$, $U_3 < U_2$.

Setzt man dieses Verfahren fort, und stellt man die Umfänge der dabei auftretenden regelmäßigen Vielecke sämtlich als Strecken auf einer Gerade g von einem Punkte O aus auf einer Seite von O dar, so erhält man auf g *zwei Klassen von Strecken* $u_1, u_2, u_3, \ldots$ *und* $U_1, U_2, U_3, \ldots$ *von folgenden Eigenschaften*: 1. $u_1 < u_2 < u_3 < \ldots < u_i < \ldots$,

$U_1 > U_2 > U_3 > \ldots > U_i > \ldots$, 2. $u_i < U_i$ (*für jedes positive ganzzahlige* i), 3. $U_i - u_i < \frac{1}{2} k_i s_i$, $k_i = \frac{U_i}{r} < \frac{U_1}{r}$, *also* $U_i - u_i < \frac{U_1}{2r} s_i$.

Zu jeder willkürlich gewählten, beliebig kleinen Strecke d kann immer eine positive ganze Zahl i derart bestimmt werden, daß $U_i - u_i < d$ ist. Um dies zu erkennen, bedenke man zunächst, daß n mindestens gleich 3 sein muß. Ist V_1 ein dem Kreise umgeschriebenes gleichseitiges Dreieck mit der Seite a und der Höhe h, so ist $U_1 = 3a$ und $r = \frac{h}{3}$, ferner $\frac{a}{2} < h$, $a < 2h$, also $a < 6r$, $U_1 < 18r$, $\frac{U_1}{2r} < 9$. Demnach ist jedenfalls $U_i - u_i < 9 s_i$. Ist d eine willkürlich gewählte, beliebig kleine Strecke, so trage man die Strecke $\frac{d}{9}$ als Sehne in den Kreis ein und bezeichne den zu dieser Sehne gehörigen Mittelpunktswinkel mit δ. Nach dem Axiom des Eudoxos gibt es eine Zahl 2^{i-1} von der Beschaffenheit, daß $2^{i-1}\delta > \frac{4R}{n}$, also $\delta > \frac{4R}{2^{i-1} n}$ ist. δ ist also größer als der Mittelpunktswinkel, der zu der Sehne s_i gehört. Zu dem größeren von zwei Mittelpunktswinkeln (unter 180°) gehört die größere Sehne. Also ist $s_i < \frac{d}{9}$ und $U_i - u_i < d$. Die Eigenschaft 3 der beiden Klassen von Strecken kann also ersetzt werden durch die Eigenschaft 3′: Nach Annahme einer beliebig kleinen Strecke d können stets zwei Strecken U_i und u_i angegeben werden, deren Differenz kleiner als d ist. *Nach dem Cantorschen Axiom gibt es daher eine Strecke p, die weder kleiner als irgendeine Strecke der ersten Klasse noch größer als irgendeine Strecke der zweiten Klasse ist.*

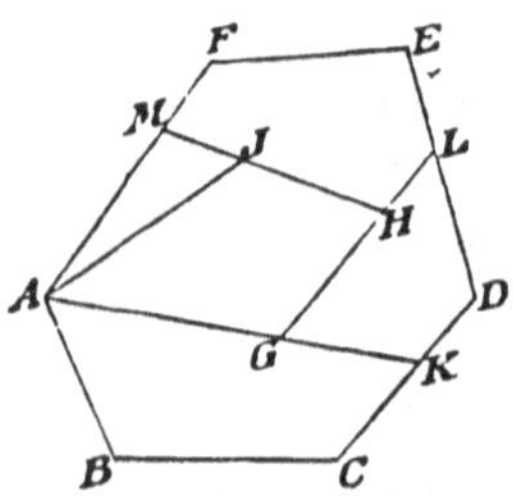

Fig. 139.

3. Umschließt das ebene Vieleck $ABCDEF$ das Vieleck $AGHI$ (die Anzahl der Seiten beider Vielecke ist beliebig), so ist (Fig. 139):

$$AB + BC + CK > AG + GK, \qquad GK + KD + DL > GH + HL,$$
$$HL + LE + EF + FM > HI + IM,$$

$IM + MA > IA$, also $AB + BC + CK + KD + DL + LE + EF + FM + MA > AG + GH + HI + IA$. *Der Umfang des umschließenden Vielecks ist also größer als der Umfang des umschlossenen Vielecks.*

Ist u der Umfang irgendeines dem Kreise mit dem Halbmesser r eingeschriebenen Vielecks und U_i der Umfang eines regelmäßigen, demselben Kreise umgeschriebenen Vielecks, der mit u eine Ecke gemein hat, so ist nach dem vorstehenden Hilfssatze $U_i > u$. Angenommen, es wäre $u > p$. Dann würde daraus folgen $U_i - p > u - p$. Wenn aber u_i den

Umfang des eingeschriebenen regelmäßigen Vielecks mit derselben Eckenzahl wie U_i bedeutet, so läßt sich immer die Zahl i so bestimmen, daß $U_i - u_i < u - p$ (2). Da p nicht kleiner als u_i ist, so ist bei dieser Wahl von i erst recht $U_i - p < u - p$. *Daher kann nicht* $u > p$ *sein.*

Ist U der Umfang irgendeines dem Kreise mit dem Halbmesser r umgeschriebenen Vielecks und u_i der Umfang eines regelmäßigen, demselben Kreise eingeschriebenen Vielecks, der mit U eine Ecke gemein hat, so ist nach dem Hilfssatze $U > u_i$. Angenommen, es wäre $p > U$. Dann würde daraus folgen $p - u_i > p - U$. Wenn aber U_i der Umfang eines umgeschriebenen regelmäßigen Vielecks mit derselben Eckenzahl wie u_i ist, so läßt sich immer die Zahl i so bestimmen, daß $U_i - u_i < p - U$ ist (2). Da p nicht größer als U_i ist, so ist bei dieser Wahl von i erst recht $p - u_i < p - U$. *Daher kann nicht* $p > U$ *sein.*

Zu jedem gegebenen Kreise gibt es also eine und nur eine Strecke p von der Beschaffenheit, daß die Umfänge aller dem Kreise eingeschriebenen Vielecke kleiner, die Umfänge aller dem Kreise umgeschriebenen Vielecke größer als p sind. Diese Strecke p heißt der Umfang des Kreises.

4. Betrachtet man in 2 statt der Umfänge der ein- und umgeschriebenen regelmäßigen Vielecke die Verhältnisse dieser Umfänge zu dem Halbmesser r des Kreises, so erhält man zwei Klassen von Strecken $\frac{u_i}{r}$ und $\frac{U_i}{r}$, die so beschaffen sind, daß es eine und nur eine Strecke $\frac{p}{r}$ gibt, die weder kleiner als irgendeine Strecke der ersten Klasse, noch größer als irgendeine Strecke der zweiten Klasse ist. In einen zweiten Kreis mit dem Halbmesser r' werde ebenfalls ein regelmäßiges n-Eck mit dem Umfang u_1' eingeschrieben und auf dieses dasselbe Verfahren wie auf u_1 angewendet. Dann erhält man ebenfalls zwei Klassen von Strecken $\frac{u_i'}{r'}$ und $\frac{U_i'}{r'}$ und eine Strecke $\frac{p'}{r'}$, die weder kleiner als irgendeine Strecke der ersten Klasse, noch größer als irgendeine Strecke der zweiten Klasse ist. Nun sind zwei regelmäßige Vielecke mit gleicher Eckenzahl einander ähnlich. Daher ist $\frac{u_i}{r} = \frac{u_i'}{r'}$ und $\frac{U_i}{r} = \frac{U_i'}{r'}$ (für jeden Wert von i). Die beiden Kreise mit den Halbmessern r und r' führen also auf dieselben beiden Klassen von Strecken $\frac{u_i}{r}$ und $\frac{U_i}{r}$, und daher muß auch $\frac{p}{r} = \frac{p'}{r'}$ sein.

In allen Kreisen ist das Verhältnis des Umfangs zum Halbmesser gleich einer und derselben Strecke; die Maßzahl dieser Strecke wird (nach Euler) 2π *genannt. Dann ist* $p = 2\pi r$. *Die Maßzahl des Umfangs eines Kreises mit dem Halbmesser r ist gleich dem Produkt aus* 2π *und der Maßzahl des Halbmessers.*

5. Ist U der Umfang eines dem Kreise mit dem Halbmesser r umgeschriebenen regelmäßigen Vielecks mit der Seite S, so hat ein Bestimmungsdreieck den Flächeninhalt $\frac{1}{2} Sr$. Hat das Vieleck n Seiten, so ist sein Flächeninhalt $\frac{1}{2} n S r = \frac{1}{2} U r$. Die Vielecke u_i und U_i von 1 führen zu zwei Klassen von Strecken $\frac{1}{2} u_i r$ und $\frac{1}{2} U_i r$ von solcher Beschaffenheit, daß eine und nur eine Strecke $\frac{1}{2} p r$ existiert, die weder kleiner als irgendeine Strecke der ersten Klasse noch größer als irgendeine Strecke der zweiten Klasse ist. Ist d eine willkürlich gewählte, beliebig kleine Strecke, so gibt es immer eine positive ganze Zahl i derart, daß $\frac{1}{2} U_i r - \frac{1}{2} p r < d$ ist. Die Strecke $\frac{1}{2} p r$ nennt man den Flächeninhalt des Kreises mit dem Halbmesser r.

Der Flächeninhalt eines Kreises mit dem Halbmesser r ist $F = \frac{1}{2} pr = \pi r^2$.

6. Gegeben sei ein Kreis mit dem Mittelpunkt M und die Seite $AB = s_1$ des eingeschriebenen regelmäßigen n-Ecks (Fig. 140). Man bestimme die Mitte C von AB, die Mitte D des Bogens AB, die Seite $EF = S_1$ des umgeschriebenen regelmäßigen n-Ecks, die parallel AB ist, die Mitte G der Seite $AD = s_2$ des eingeschriebenen regelmäßigen $2n$-Ecks, die Mitte H von BD und die Schnittpunkte I und K der Verlängerungen von MG und MH mit EF. Dann ist $\sphericalangle IMK = \sphericalangle AMD$, also $IK = S_2$ die Seite des umgeschriebenen regelmäßigen $2n$-Ecks. Verbindet man A mit I, so ist $\triangle MIA \cong \triangle MID$ (I), also $AI = ID$ und $\sphericalangle MAI = \sphericalangle MDI = 1 R$.

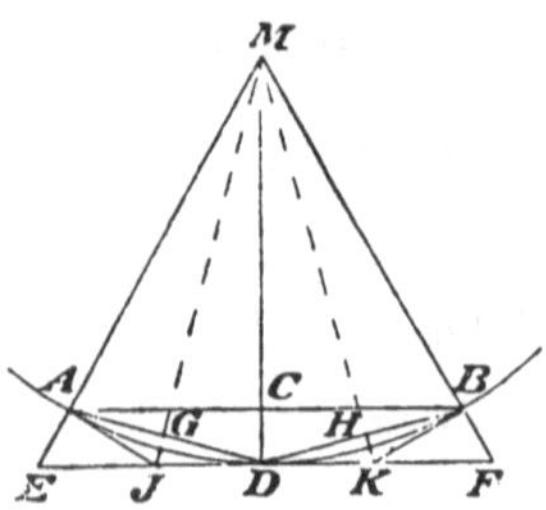

Fig. 140.

Ferner ist wegen der Winkelgleichheit $\triangle AIE \sim \triangle DME \sim \triangle CMA$; also verhält sich $EI : AI = AM : CM = DM : CM = ED : AC$, oder $\left(\frac{S_1}{2} - \frac{S_2}{2}\right) : \frac{S_2}{2} = \frac{S_1}{2} : \frac{s_1}{2}$. Daraus berechnet man $S_2 = \frac{S_1 s_1}{S_1 + s_1}$, $U_2 = \frac{2 U_1 u_1}{U_1 + u_1}$, $\frac{1}{U_2} = \frac{1}{2}\left(\frac{1}{u_1} + \frac{1}{U_1}\right)$. *Wenn zwischen drei Strecken a, b, c die Beziehung $\frac{1}{c} = \frac{1}{2}\left(\frac{1}{a} + \frac{1}{b}\right)$ besteht, so nennt man c das harmonische Mittel zwischen a und b. Der Umfang des einem Kreise umgeschriebenen regelmäßigen $2n$-Ecks ist das harmonische Mittel zwischen den Umfängen des ein- und des umgeschriebenen regelmäßigen n-Ecks.*

Aus der Ähnlichkeit der Dreiecke ACD und DGI folgt ferner $AC : AD = GD : ID$ oder $\frac{1}{2} s_1 : s_2 = \frac{1}{2} s_2 : \frac{1}{2} S_2$. Daraus ergibt sich weiter $u_2^2 = u_1 U_2$. *Der Umfang des einem Kreise eingeschriebenen regelmäßigen $2n$-Ecks ist das geometrische Mittel oder die mittlere Proportionale zwischen den Umfängen des eingeschriebenen regelmäßigen n-Ecks und des umgeschriebenen regelmäßigen $2n$-Ecks.*

7. In einem Kreise, dessen Halbmesser der Einheitsstrecke gleich ist, sei $AB = 1$ die Seite des eingeschriebenen regelmäßigen Sechsecks, EF die Seite des umgeschriebenen regelmäßigen Sechsecks (Fig. 141). Aus der Ähnlichkeit der Dreiecke MAB und MEF folgt $EF : AB = MD : MC$, oder $EF : 1 = 1 : MC$. Nach dem pythagoreischen Lehrsatze ist $MC = \sqrt{MA^2 - AC^2} = \sqrt{1 - \frac{1}{4}} = \frac{1}{2}\sqrt{3}$, also $EF = \frac{2}{3}\sqrt{3}$.

Wählt man als Ausgangsvieleck für die Berechnung der Umfänge der beiden Klassen von ein- und umgeschriebenen regelmäßigen Vielecken das eingeschriebene regelmäßige Sechseck, so ist (da der Halbmesser der Einheitsstrecke gleich ist) $u_1 = 6$ und $U_1 = 6\,EF = 4\sqrt{3}$. Berechnet man nach 6 hieraus U_2 und u_2, dann nach denselben Formeln aus u_2 und U_2 die Werte von u_3 und U_3 usw., so ergeben sich folgende Werte:

i	u_i	U_i
1	2·3,0000000	2·3,4641016
2	2·3,1058285	2·3,2153903
3	2·3,1326286	2·3,1596600
4	2·3,1393502	2·3,1460863
5	2·3,1410320	2·3,1427147
6	2·3,1414525	2·3,1418731
7	2·3,1415577	2·3,1416628
8	2·3,1415839	2·3,1416102
9	2·3,1415905	2·3,1415971

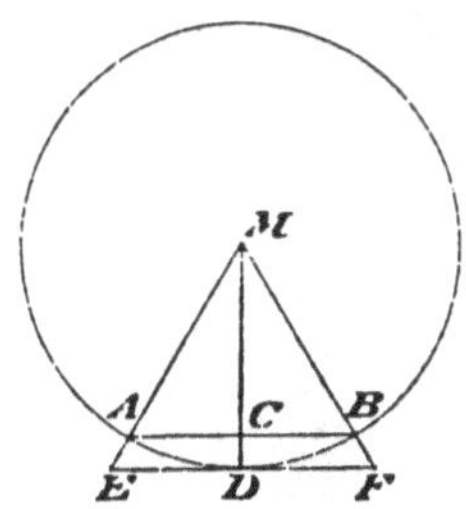

Fig. 141.

Die Zahl $p = 2\pi$ ist nach 4 weder kleiner als irgendeine der Zahlen u_i noch größer als irgendeine der Zahlen U_i dieser Tabelle. Durch die Werte von u_5 und U_5 ist also π bis auf zwei Dezimalstellen bestimmt, $\pi = 3{,}14$, durch die Werte von u_9 und U_9 ergibt sich

$$\pi = 3{,}14159.$$

8. Teilt man den Umfang eines Kreises mit dem Halbmesser r in 360 gleiche Teile, so gehört jeder Teil zu einem Mittelpunktswinkel von 1^0 und hat die Länge $b_1 = \frac{2\pi}{360} r = \frac{\pi}{180} r$.

Zu einem Mittelpunktswinkel von α^0 gehört daher der Bogen $b_\alpha = \frac{\pi\alpha}{180} r$.

Den zu einem Mittelpunktswinkel von α^0 in einem Kreise mit dem Halbmesser 1 gehörigen Bogen nennt man das Bogenmaß des Winkels α.

Das Bogenmaß des Winkels α^0 beträgt $\frac{\pi\alpha}{180}$ Längeneinheiten.

Die Teile, in die eine Kreisfläche durch zwei Halbmesser zerschnitten wird, heißen Kreisausschnitte oder Sektoren. Der Kreisausschnitt, dessen begrenzende Halbmesser einen Mittelpunktswinkel von 1^0 einschließen, ist der 360. Teil der ganzen Kreisfläche und hat daher den Flächeninhalt $A_1 = \frac{\pi}{360} r^2$.

Der Kreisausschnitt, der zu einem Mittelpunktswinkel von α^0 *gehört, hat den Inhalt* $A_\alpha = \frac{\pi \alpha}{360} r^2$.

Bezeichnet man das Bogenmaß des Winkels α mit (α), so ist $b_\alpha = (\alpha) r$ und $A_\alpha = \frac{1}{2} (\alpha) r^2$. Durch Elimination von (α) folgt daraus $A_\alpha = \frac{1}{2} b_\alpha r$.

Der Flächeninhalt eines Kreisausschnitts ist gleich dem Flächeninhalt eines Dreiecks, dessen Grundseite der zu dem Ausschnitt gehörige Bogen und dessen Höhe der Halbmesser des Kreises ist.

Vierter Abschnitt.

Körperlehre.

Zwölftes Kapitel.

Systematische Stereometrie: Beziehungen zwischen Geraden und Ebenen. Ecken.

§ 36. Geschichtliches.

1. Die älteste Quelle der systematischen Stereometrie sind die ersten 23 Sätze des elften Buches der Elemente von Eukleides. Während Platon (429—348) noch die Unwissenheit seiner Landsleute in der Stereometrie bedauert, haben seine Zeitgenossen, besonders Theaitetos († 369), Archytas von Tarent (430—365) und Menaichmos (um 350) in kurzer Zeit die Anfänge einer systematischen Darstellung der räumlichen Geometrie geschaffen, die dann von Eukleides zuerst zusammenfassend entwickelt wurde.

Die ersten drei Sätze des 11. Buches der Elemente sagen aus, daß eine Gerade, die mit einem Stück in einer Ebene liegt, ganz in die Ebene fällt, daß zwei sich schneidende gerade Linien in einer Ebene liegen, und daß zwei sich schneidende Ebenen eine gerade Linie gemein haben. Die Eukleidischen Beweise dieser Sätze sind wegen der mangelhaften axiomatischen Grundlage unzulänglich. Es folgen dann die wichtigen Sätze über das Senkrechtstehen einer Gerade und einer Ebene und zweier Ebenen und über die parallele Lage einer Gerade und einer Ebene und zweier Ebenen. Eukleides sondert hier nicht, wie in der Planimetrie, die Sätze, die vom Parallelenaxiom unabhängig sind, von denen, die nur unter der Voraussetzung dieses Axioms gelten. Auf die Sätze über das Senkrechtstehen und die Parallelität folgen einige Sätze über räumliche Ecken (oder, wie Eukleides sagt, über körperliche Winkel).

2. Eukleides gibt zwar unter den Erklärungen am Anfange des 11. Buches die Erklärungen für den Neigungswinkel einer Gerade gegen eine Ebene und für den Neigungswinkel zweier Ebenen, beschränkt sich aber nachher in den Lehrsätzen auf die senkrechte und die parallele Lage. Der allgemeine Fall des Flächenwinkels oder Neigungswinkels zweier

Ebenen wird erst fast am Ende des 18. Jahrhunderts in der Elementargeometrie beachtet. Die windschiefen Geraden werden von Eukleides übergangen. Sie werden zuerst von Legendre in seinen Elementen (1794, Anmerkung VI) befriedigend behandelt. Die Sonderung der vom Parallelenaxiom unabhängigen Sätze von den übrigen hat zuerst N. I. Lobatschefskij (Neue Anfangsgründe der Geometrie mit einer vollständigen Theorie der Parallellinien, 1835; Friedrich Engel, Nikolaj Iwanowitsch Lobatschefskij, Zwei geometrische Abhandlungen, Leipzig 1898, S. 118ff.) ausgeführt. Unsere Darstellung dieser Sätze folgt im wesentlichen K. Fladt in den von ihm herausgegebenen Vorlesungen von Max Simon, Nichteuklidische Geometrie in elementarer Behandlung, Leipzig 1925, § 38, sowie in K. Fladt, Elementarmathematik, Band I, Elementargeometrie, 2. Teil, 1928, S. 128ff.

§ 37. Das Senkrechtstehen von Geraden und Ebenen. Neigungswinkel.

1. Die Gerade AB stehe im Punkte B auf den beiden Geraden BC und BD der Ebene $\mathfrak{E}$ senkrecht (Fig. 142). Irgendeine dritte Gerade durch B in $\mathfrak{E}$ schneide CD in E. Gilt (ABF) und $AB = BF$, so ist $\triangle ABC \cong \triangle FBC$ (I), also $AC = FC$, und $\triangle ABD \cong \triangle FBD$ (I), also $AD = FD$. Daraus folgt $\triangle ACD \cong \triangle FCD$ (III) und $\sphericalangle ACD = \sphericalangle FCD$. Daher weiter $\triangle ACE \cong \triangle FCE$ (I) und $AE = FE$. Daraus folgt endlich $\triangle ABE \cong \triangle FBE$ (III) und $\sphericalangle ABE = \sphericalangle FBE$. Da außerdem diese beiden Winkel Nebenwinkel sind, so ist $\sphericalangle ABE = 1\,R$.

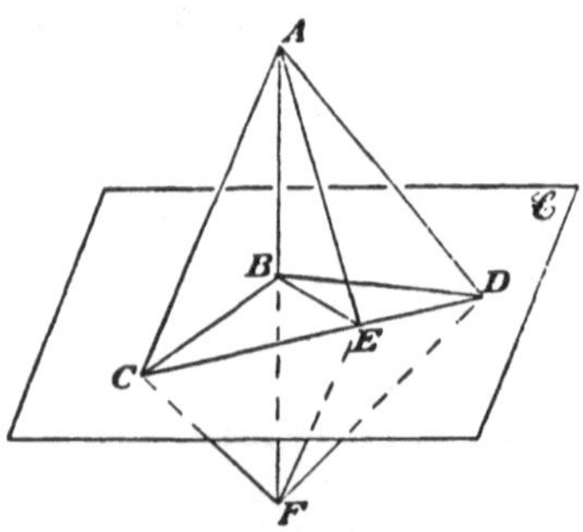

Fig. 142.

Trifft eine Gerade eine Ebene in einem Punkte, so heißt dieser der Spurpunkt der Gerade. Steht eine Gerade auf allen durch ihren Spurpunkt gehenden Geraden einer Ebene senkrecht, so heißt die Gerade ein Lot auf der Ebene und die Ebene eine Normalebene der Gerade. Man sagt auch, die Ebene und die Gerade stehen aufeinander senkrecht. Steht eine Gerade auf zwei durch ihren Spurpunkt gehenden Geraden einer Ebene senkrecht, so ist sie ein Lot auf der Ebene. Beweis von Cauchy (1789—1857).

2. Auf der Gerade AB mögen im Punkte B die drei Geraden BC, BD, BE senkrecht stehen. Dann bestimmen die beiden Geraden BC und BD eine Ebene $\mathfrak{E}$. Läge BE nicht auf dieser Ebene, so würde die durch AB und BE bestimmte Ebene die Ebene $\mathfrak{E}$ in einer von BE verschiedenen Gerade BF schneiden, und nach **1** wäre $\sphericalangle ABF = 1\,R$. Auf der Gerade AB gibt es aber in der Ebene ABE im Punkte B nur eine Senkrechte. Also liegt BE in der Ebene $\mathfrak{E}$.

Alle Geraden, die auf einer Gerade in einem und demselben Punkte senkrecht stehen, liegen in einer Ebene, der durch diesen Punkt gehenden Normalebene der Gerade.

3. Steht AB im Punkte B auf einer Ebene $\mathfrak{E}$ und BC in $\mathfrak{E}$ auf CD senkrecht (Fig. 143), und ist $CD = AB$, so ist $\triangle ABC \cong \triangle DCB$ (I), also $AC = DB$, ferner $\triangle ABD \cong \triangle DCA$ (III), also $\sphericalangle ACD = \sphericalangle DBA = 1R$.

Steht eine Gerade AB auf einer Ebene $\mathfrak{E}$ im Punkte B senkrecht, und fällt man vom Fußpunkte B auf eine nicht durch B gehende Gerade g von $\mathfrak{E}$ das Lot BC, so steht AC auf g senkrecht.

4. Steht AB im Punkte B auf einer Ebene $\mathfrak{E}$ und AC in C auf einer in $\mathfrak{E}$ liegenden, nicht durch B gehenden Gerade CD senkrecht, und ist $CD = AB$, so ist $\triangle ABD \cong \triangle DCA$ (IV), also $BD = AC$, und ferner $\triangle ABC \cong \triangle DCB$ (III), also $\sphericalangle BCD = \sphericalangle CBA = 1R$.

Steht eine Gerade AB auf einer Ebene $\mathfrak{E}$ im Punkte B senkrecht, und fällt man von A auf eine nicht durch B gehende Gerade g der Ebene $\mathfrak{E}$ das Lot AC, so steht BC auf g senkrecht.

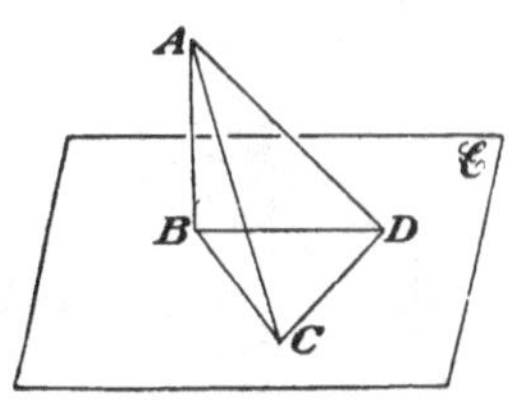

Fig. 143.

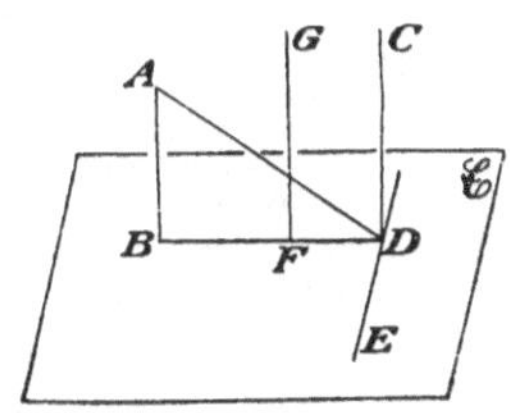

Fig. 144.

5. Stehen AB und CD in B und D auf einer Ebene $\mathfrak{E}$ und DE in der Ebene $\mathfrak{E}$ auf BD senkrecht (Fig. 144), so ist auch $\sphericalangle ADE = 1R$ (3). Die drei Geraden DC, DB, DA stehen in D auf DE senkrecht und liegen daher in der Normalebene zu DE in E (2). In dieser Ebene liegt auch AB.

Zwei Lote auf einer und derselben Ebene liegen in einer Ebene.

6. Ist FG ein Lot auf $\mathfrak{E}$ in irgendeinem Punkte F von BD (Fig. 144), so fällt die durch die Lote AB und FG bestimmte Ebene mit der Ebene durch AB und CD zusammen.

Alle Geraden, die auf einer Ebene in den Punkten einer Gerade senkrecht stehen, liegen in einer Ebene.

Würde das von einem Punkte G der Ebene ABD (Fig. 144) auf BD gefällte Lot GF nicht auf der Ebene $\mathfrak{E}$ senkrecht stehen, so gäbe es ein von GF verschiedenes Lot FH auf der Ebene $\mathfrak{E}$. Dieses müßte, wie soeben bewiesen, in der Ebene ABD liegen. Es müßte ferner nach der Erklärung des Lotes auf einer Ebene auf BF in F senkrecht stehen. Auf BF können aber in F nicht zwei verschiedene Geraden FG und FH senkrecht stehen. Also steht GF auf $\mathfrak{E}$ senkrecht.

Fällt man von irgendeinem Punkte der durch zwei Lote auf einer Ebene bestimmten zweiten Ebene das Lot auf die Schnittgerade der beiden Ebenen, so steht dieses auf der ersten Ebene senkrecht. Zwei Ebenen heißen zueinander senkrecht, wenn jede Gerade, die in der einen Ebene auf der

Schnittgerade der beiden Ebenen senkrecht steht, auch auf der anderen Ebene senkrecht steht.

7. Steht die Gerade AB in B auf einer Ebene $\mathfrak{E}$ senkrecht, und ist BC irgendeine Gerade durch B in $\mathfrak{E}$, so liegt das auf $\mathfrak{E}$ in C errichtete Lot in der Ebene ABC und steht in dieser Ebene auf BC senkrecht. Folglich steht die Ebene ABC senkrecht auf $\mathfrak{E}$.

Alle Ebenen, die man durch ein Lot auf einer Ebene legen kann, stehen auf dieser Ebene senkrecht.

Stehen die Ebenen $\mathfrak{E}_1$ und $\mathfrak{E}_2$ auf der Ebene $\mathfrak{E}$ senkrecht, und besitzen $\mathfrak{E}_1$ und $\mathfrak{E}_2$ eine Schnittgerade g, so muß diese auf $\mathfrak{E}$ senkrecht stehen. Stünde sie nämlich nicht auf $\mathfrak{E}$ senkrecht, so könnte man von irgendeinem Punkte A von g auf die Schnittgerade von $\mathfrak{E}$ und $\mathfrak{E}_1$ das von g verschiedene Lot AB und auf die Schnittgerade von $\mathfrak{E}$ und $\mathfrak{E}_2$ das ebenfalls von g verschiedene Lot AC fällen. Beide Lote müßten auf $\mathfrak{E}$ und daher auch auf der Verbindungslinie BC ihrer Fußpunkte senkrecht stehen. Man erhielte somit ein Dreieck ABC mit zwei rechten Winkeln. Das ist unmöglich. Also steht g auf $\mathfrak{E}$ senkrecht.

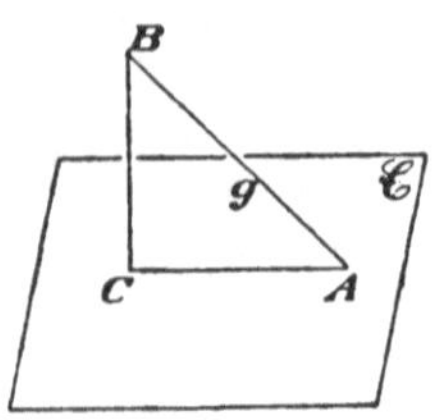

Fig. 145.

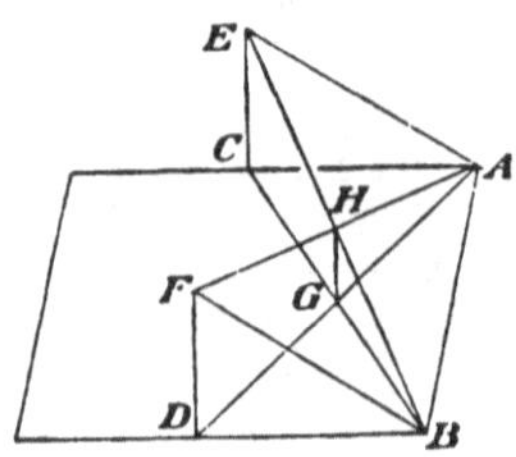

Fig. 146.

Stehen zwei sich schneidende Ebenen auf einer dritten senkrecht, so steht auch ihre Schnittgerade auf dieser Ebene senkrecht.

8. Eine Gerade g schneide eine Ebene $\mathfrak{E}$ in einem Punkte A. BC sei das Lot von einem von A verschiedenen Punkte B von g auf die Ebene $\mathfrak{E}$ (Fig. 145). Die Ebene ABC steht auf E senkrecht (7). Die Lote von den Punkten von g auf $\mathfrak{E}$ liegen in AC.

Die Verbindungsgerade des Spurpunktes einer die Ebene $\mathfrak{E}$ schneidenden Gerade g mit dem Fußpunkte des von einem beliebigen Punkte von g auf $\mathfrak{E}$ gefällten Lotes heißt die Projektion von g auf die Ebene $\mathfrak{E}$. Der Winkel zwischen einer die Ebene $\mathfrak{E}$ schneidenden Gerade g und ihrer Projektion auf die Ebene $\mathfrak{E}$ heißt der Neigungswinkel der Gerade g gegen die Ebene.

Gegeben seien zwei beliebige, nicht aufeinander senkrechte Ebenen $\mathfrak{E}$ und $\mathfrak{E}_1$, die sich in der Gerade AB schneiden (Fig. 146). Auf dieser sind in $\mathfrak{E}$ die Lote AC und BD, in $\mathfrak{E}_1$ die Lote AE und BF errichtet, und es ist $AC = BD$ und $AE = BF$. Aus der Kongruenz der Dreiecke ABC und BAD (I) folgt $AD = BC$, $\sphericalangle ADB = \sphericalangle BCA$, $\sphericalangle BAD = \sphericalangle ABC$, $\sphericalangle CAG = \sphericalangle DBG$. Daher ist $\triangle ACG \cong \triangle BDG$ (II), und $GA = GB$. Entsprechend ergibt sich $AF = BE$ und $HA = HB$. Also ist $\triangle AHG \cong \triangle BHG$ (III) und $\sphericalangle HAG = \sphericalangle HBG$. Weiter ist $\triangle AFD \cong \triangle BEC$ (I), also $DF = CE$. Endlich ist $\triangle ACE \cong \triangle BDF$ (III) und daher $\sphericalangle CAE = \sphericalangle DBF$.

Errichtet man in zwei sich schneidenden Ebenen auf ihrer Schnittgerade in zwei verschiedenen Punkten die Lote, so ist der Winkel zwischen den Loten in dem einen Punkte gleich dem Winkel zwischen den Loten in dem andern Punkte. Unter dem Neigungswinkel zweier sich schneidenden Ebenen versteht man den Winkel, den die in den beiden Ebenen auf ihrer Schnittgerade in einem beliebigen Punkte errichteten Lote miteinander bilden.

§ 38. Die parallele Lage von Geraden und Ebenen.

1. In einer Ebene $\mathfrak{E}$ liege eine beliebige Gerade a, und diese sei parallel einer Gerade b außerhalb $\mathfrak{E}$. Angenommen, b schneide die Ebene $\mathfrak{E}$ in einem Punkte B. Durch B gibt es nach dem Parallelenaxiom eine und nur eine Parallele zu a, und diese liegt mit a in einer Ebene. Diese durch a und B eindeutig bestimmte Ebene ist $\mathfrak{E}$. b müßte also gegen die Voraussetzung in $\mathfrak{E}$ liegen. Also kann b die Ebene $\mathfrak{E}$ nicht schneiden.

Eine Gerade und eine Ebene heißen parallel, wenn sie sich nicht schneiden. Eine Gerade ist zu einer Ebene parallel, wenn sie zu einer Gerade dieser Ebene parallel ist.

2. In einer Ebene $\mathfrak{E}$ liegen zwei sich schneidende Geraden a und b. Durch einen Punkt außerhalb von $\mathfrak{E}$ gehen zwei Geraden $c \parallel a$ und $d \parallel b$. Die Geraden c und d bestimmen eine Ebene $\mathfrak{E}_1$. Angenommen, $\mathfrak{E}_1$ schnitte $\mathfrak{E}$ in einer Gerade g. Dann liegt g mit c und d in einer Ebene. Da sich c und d schneiden, so können nach dem Parallelenaxiom nicht beide zu g parallel sein. Andererseits aber kann keine von ihnen g schneiden, da g eine Gerade von $\mathfrak{E}$ ist und c sowohl wie d zu $\mathfrak{E}$ parallel sind (**1**). Also kann $\mathfrak{E}_1$ nicht $\mathfrak{E}$ schneiden.

Zwei Ebenen heißen parallel, wenn sie keinen Punkt miteinander gemein haben. Sind zwei sich schneidende Geraden einer Ebene zwei Geraden einer andern Ebene parallel, so sind die Ebenen auch einander parallel.

3. Gegeben seien eine Gerade a und zwei Ebenen $\mathfrak{E}$ und $\mathfrak{E}_1$, die auf a senkrecht stehen. Jede Ebene durch a schneidet $\mathfrak{E}$ und $\mathfrak{E}_1$ in zwei auf a senkrecht stehenden und daher einander parallelen Geraden. Zwei verschiedene Ebenen durch a bestimmen daher in $\mathfrak{E}$ und $\mathfrak{E}_1$ zwei Paare paralleler Geraden. Daher ist $\mathfrak{E} \parallel \mathfrak{E}_1$ (**2**).

Ebenen, die auf derselben Gerade senkrecht stehen, sind parallel.

4. *Zwei parallele Ebenen werden von einer dritten Ebene in parallelen Geraden geschnitten.* Denn diese Schnittgeraden liegen in der dritten Ebene, müssen also entweder parallel sein oder sich in einem Punkte schneiden. Ihr Schnittpunkt würde aber in den beiden ersten Ebenen liegen, die keinen Punkt gemein haben.

5. Angenommen, durch einen Punkt A außerhalb einer Ebene $\mathfrak{E}$ gäbe es zwei zu $\mathfrak{E}$ parallele Ebenen $\mathfrak{E}_1$ und $\mathfrak{E}_2$. Dann ist durch A, einen Punkt B von $\mathfrak{E}$ und einen Punkt C von $\mathfrak{E}_1$, der nicht der Schnittgerade g

von $\mathfrak{E}_1$ und $\mathfrak{E}_2$ angehört, eine Ebene $\mathfrak{E}_3$ bestimmt, die $\mathfrak{E}_1$ und $\mathfrak{E}_2$ in zwei von g verschiedenen Geraden schneidet. Nach 4 müßten diese Schnittgeraden beide der Schnittgerade von $\mathfrak{E}$ und $\mathfrak{E}_3$ parallel sein. Das ist unmöglich.

Durch einen Punkt außerhalb einer Ebene gibt es zu dieser Ebene nur eine parallele Ebene.

Sind die Ebenen $\mathfrak{E}_1$ und $\mathfrak{E}_2$ beide der Ebene $\mathfrak{E}$ parallel, so können sie sich nicht schneiden. Denn durch einen Punkt der Schnittgerade gibt es nur eine parallele Ebene zu $\mathfrak{E}$.

Sind zwei Ebenen einer dritten parallel, so sind sie einander parallel.

6. Sind a und b zwei gerade Linien und $\mathfrak{E}$ eine Ebene, und ist $a \parallel \mathfrak{E}$ und $a \parallel b$, so bestimmen a und b eine Ebene $\mathfrak{E}_1$. Schnitte b die Ebene $\mathfrak{E}$ in einem Punkte B, so läge dieser in der Schnittgerade g der Ebenen $\mathfrak{E}$ und $\mathfrak{E}_1$. Da $a \parallel \mathfrak{E}$ ist, und g in $\mathfrak{E}$ liegt, so müßte $g \parallel a$ sein. Durch B würden also zwei Parallelen b und g zu a gehen. Das ist unmöglich. Also ist $b \parallel \mathfrak{E}$.

Sind eine Ebene und eine Gerade einer zweiten Gerade parallel, so sind die Ebene und die erste Gerade einander parallel.

7. Sind $\mathfrak{E}$ und $\mathfrak{E}_1$ zwei Ebenen und a eine gerade Linie, und ist $\mathfrak{E} \parallel \mathfrak{E}_1$ und $\mathfrak{E} \parallel a$, so lege man durch a und einen Punkt A von $\mathfrak{E}$ die Ebene $\mathfrak{E}_2$. Diese schneidet $\mathfrak{E}$ in einer Gerade $g \parallel a$. Angenommen, a schnitte $\mathfrak{E}_1$ in einem Punkte B. Dann schnitten sich die Ebenen $\mathfrak{E}_2$ und $\mathfrak{E}_1$ in einer durch B gehenden Gerade h. Da $\mathfrak{E} \parallel \mathfrak{E}_1$ ist, so können sich g und h nicht schneiden. Da g und h beide in der Ebene $\mathfrak{E}_2$ liegen und sich nicht schneiden, so müßte $g \parallel h$ sein. Daraus folgt $h \parallel a$. h ist eine Gerade von $\mathfrak{E}_1$. Also wäre $a \parallel \mathfrak{E}_1$ (1). Folglich kann a die Ebene $\mathfrak{E}_1$ nicht schneiden.

Sind eine Ebene und eine Gerade einer zweiten Ebene parallel, so sind die erste Ebene und die Gerade einander parallel.

8. Sind $\mathfrak{E}$ und $\mathfrak{E}_1$ zwei sich schneidende Ebenen und a eine gerade Linie, und ist $a \parallel \mathfrak{E}$ und $a \parallel \mathfrak{E}_1$, so lege man durch a und einen Punkt A der Schnittgerade g von $\mathfrak{E}$ und $\mathfrak{E}_1$ die Ebene $\mathfrak{E}_2$. Diese schneidet $\mathfrak{E}$ und $\mathfrak{E}_1$ in zwei durch A gehenden Geraden, die beide zu a parallel sind. Nach dem Parallelenaxiom fallen also diese beiden Schnittgeraden in eine Gerade zusammen. Da diese beiden Ebenen angehört, so ist sie die Gerade g.

Sind zwei sich schneidende Ebenen einer Gerade parallel, so ist auch ihre Schnittgerade dieser Gerade parallel.

9. Es seien drei Ebenen $\mathfrak{E}_1$, $\mathfrak{E}_2$, $\mathfrak{E}_3$ gegeben, die sich paarweise in drei geraden Linien schneiden. $\mathfrak{E}_2$ und $\mathfrak{E}_3$ schneiden sich in a, $\mathfrak{E}_3$ und $\mathfrak{E}_1$ in b, $\mathfrak{E}_1$ und $\mathfrak{E}_2$ in c. Angenommen, zwei von diesen drei Geraden, z. B. a und b, schneiden sich in einem Punkte C. Dann gehört dieser allen drei Ebenen an, liegt also auch auf c. Da je zwei Schnittgeraden

einer Ebene angehören, so schneiden sie sich entweder in einem Punkte, oder sie sind parallel. Entweder sind also alle drei Schnittgeraden parallel, oder sie schneiden sich in einem Punkte.

Wenn sich drei Ebenen in drei geraden Linien schneiden, so gehen diese Schnittgeraden entweder durch einen Punkt, oder sie sind parallel.

10. Gegeben seien zwei Strahlen a und b durch einen Punkt A und zwei Strahlen c und d durch einen Punkt B, und es seien einerseits a und c, andererseits b und d parallel und gleichgerichtet (Fig. 147). Man trage auf a und c die Strecken $AC = BD$ und auf b und d die Strecken $AE = BF$ ab und ziehe AB, CD, EF, CE, DF. Aus $AC \parallel BD$ und $AC = BD$ folgt $AB \parallel CD$ und $AB = CD$. Aus $AE \parallel BF$ und $AE = BF$ folgt $AB \parallel EF$ und $AB = EF$. Aus $AB \parallel CD$ und $AB \parallel EF$ folgt $CD \parallel EF$. Aus $AB = CD$ und $AB = EF$ folgt $CD = EF$. Aus $CD \parallel EF$ und $CD = EF$ folgt $CE = DF$. Demnach ist $\triangle ACE \cong \triangle BDF$ (III) und $\sphericalangle CAE = \sphericalangle DBF$.

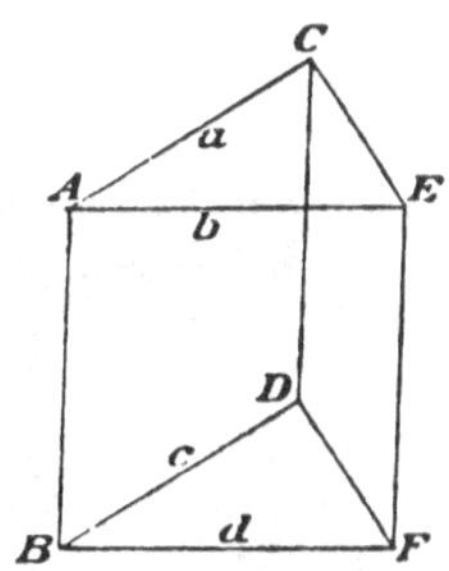

Fig. 147.

Winkel, deren Schenkel paarweise parallel und gleichgerichtet sind, sind einander gleich.

11. Sind a und b zwei parallele Gerade, von denen die erste auf einer Ebene $\mathfrak{E}$ senkrecht steht, so muß b die Ebene $\mathfrak{E}$ schneiden. Wäre nämlich $b \parallel \mathfrak{E}$, so wäre auch $a \parallel \mathfrak{E}$ (6); das widerspricht der Voraussetzung. Schneiden a und b die Ebene $\mathfrak{E}$ in A und B, und legt man in der Ebene $\mathfrak{E}$ durch A zwei gerade Linien c und d, durch B zwei gerade Linien $e \parallel c$ und $f \parallel d$, so ist $\sphericalangle ac = \sphericalangle ad = 1R$ nach der Voraussetzung, $\sphericalangle be = \sphericalangle ac$ und $\sphericalangle bf = \sphericalangle ad$ (10), also $\sphericalangle be = \sphericalangle bf = 1R$, d. h. b steht auf $\mathfrak{E}$ senkrecht.

Steht eine von zwei parallelen Geraden auf einer Ebene senkrecht, so steht auch die andere auf der Ebene senkrecht.

12. Sind a und b zwei Lote auf der Ebene $\mathfrak{E}$, so liegen a und b in einer Ebene. Da sie in dieser Ebene beide auf der Verbindungslinie ihrer Fußpunkte senkrecht stehen, so sind sie parallel.

Lote auf einer Ebene sind parallel.

Sind a und b zwei einander parallele Geraden und a' und b' ihre Projektionen auf eine sie schneidende Ebene $\mathfrak{E}$, so sind die Lote von einem Punkte A von a und von einem Punkte B von b auf die Ebene $\mathfrak{E}$ einander parallel. Folglich sind die Ebenen $a\,a'$ und $b\,b'$ einander parallel (2). Daraus folgt weiter $a' \parallel b'$ (4). Demnach ist $\sphericalangle a\,a' = \sphericalangle b\,b'$ (6).

Parallele Geraden bilden mit einer Ebene gleiche Neigungswinkel.

Sind $\mathfrak{E}$ und $\mathfrak{E}_1$ zwei parallele Ebenen, die von einer Gerade a geschnitten werden, und sind b und c die Projektionen von a auf $\mathfrak{E}$ und $\mathfrak{E}_1$, so ist $b \parallel c$, daher $\sphericalangle ab = \sphericalangle ac$.

Parallele Ebenen werden von einer Gerade unter gleichen Neigungswinkeln geschnitten.

Sind $\mathfrak{E}$ und $\mathfrak{E}_1$ zwei parallele Ebenen, die von einer dritten Ebene $\mathfrak{E}_2$ geschnitten werden, so sind die Schnittgeraden parallel. Ein Lot in $\mathfrak{E}_2$ auf einer dieser Schnittgeraden steht also auch auf der andern Schnittgerade senkrecht. Legt man durch dieses Lot eine Ebene senkrecht zu den Schnittgeraden, so schneidet diese Ebene $\mathfrak{E}$ und $\mathfrak{E}_1$ in zwei Parallelen, die mit dem gemeinsamen Lote gleiche Gegenwinkel bilden.

Parallele Ebenen bilden mit einer sie schneidenden Ebene gleiche Neigungswinkel.

§ 39. Windschiefe Geraden.

1. Eine Ebene $\mathfrak{E}$ werde von einer Gerade a in einem Punkte A geschnitten. b sei eine Gerade von $\mathfrak{E}$, die nicht durch A geht. Dann liegen a und b nicht in einer Ebene. Jede Ebene durch a und b wäre nämlich durch die Gerade b und den Punkt A eindeutig bestimmt, würde also mit $\mathfrak{E}$ zusammenfallen. a liegt aber nicht in $\mathfrak{E}$.

Zwei Geraden heißen windschief, wenn sie nicht in einer Ebene liegen. Von zwei windschiefen Geraden sagt man auch, daß sie sich kreuzen. Unter dem Winkel $\sphericalangle\, a\, b$ zweier windschiefen Geraden a und b versteht man den Winkel, den zwei durch einen Punkt gehende Parallelen zu den beiden windschiefen Geraden bilden.

Sind die Geraden a und b parallel und die Geraden a und c windschief, so ist $\sphericalangle\, a\, c = \sphericalangle\, b\, c$.

2. a und b seien zwei windschiefe Geraden. Durch einen Punkt A von a geht eine und nur eine Parallele zu b. Diese sei c. Die durch a und c bestimmte Ebene $\mathfrak{E}$ ist parallel b. Angenommen, durch a gehe noch eine zweite Ebene $\mathfrak{E}'$, die parallel b wäre. Dann müßte $b \parallel a$ sein. Das widerspricht der Voraussetzung. Also geht durch a nur eine Ebene, die b parallel ist.

Durch eine von zwei windschiefen Geraden geht nur eine Ebene, die der andern Gerade parallel ist.

3. Sind a und b zwei windschiefe Geraden, so gibt es eine Ebene $\mathfrak{A}$ durch a, die b parallel ist, und eine Ebene $\mathfrak{B}$ durch b, die a parallel ist. Die Parallele zu b durch einen beliebigen Punkt A von a liegt in $\mathfrak{A}$, und die Parallele zu a durch einen beliebigen Punkt B von b liegt in $\mathfrak{B}$ (2); folglich ist $\mathfrak{A} \parallel \mathfrak{B}$. Durch a geht eine Ebene $\mathfrak{A}' \perp \mathfrak{A}$, durch b eine Ebene $\mathfrak{B}' \perp \mathfrak{B}$. Nach § 38, 12 ist auch $\mathfrak{A}' \perp \mathfrak{B}$ und $\mathfrak{B}' \perp \mathfrak{A}$. $\mathfrak{A}'$ und $\mathfrak{B}'$ müssen sich schneiden (2). Ihre Schnittgerade c steht auf $\mathfrak{A}$ und $\mathfrak{B}$ senkrecht, folglich auch auf a und b. Gäbe es noch eine zweite Gerade d, die a und b unter rechten Winkeln schnitte, so würde d auch auf der durch ihren Schnittpunkt mit b gelegten Parallele zu a senkrecht stehen. Diese Parallele liegt aber in $\mathfrak{B}$ (2). d würde also auf $\mathfrak{B}$ senkrecht stehen. Mithin müßten c und d in einer Ebene liegen, und dasselbe würde daher im Widerspruch gegen die Voraussetzung von den von c und d geschnittenen Geraden a und b gelten.

Zwei windschiefe Geraden werden von einer und nur einer dritten Gerade unter rechten Winkeln geschnitten.

Diese dritte Gerade heißt das gemeinschaftliche Lot der beiden windschiefen Geraden.

4. a und b seien zwei windschiefe Geraden, AB ihr gemeinschaftliches Lot (Fig. 148), CD die Verbindungsstrecke irgendeines Punktes C von a mit irgendeinem Punkte D von b. Die Ebene durch a parallel zu b sei $\mathfrak{A}$, die Ebene durch b parallel zu a sei $\mathfrak{B}$, die Ebene senkrecht zu $\mathfrak{A}$ durch a sei $\mathfrak{A}'$. $\mathfrak{A}'$ schneidet $\mathfrak{B}$ in c, und es ist $c \parallel a$. Ist $CE \parallel AB$, so ist $\sphericalangle CED = 1\,R$, folglich $CE < CD$. Ferner ist $CE = AB$ (Gegenseiten im Parallelogramm), folglich auch $AB < CD$.

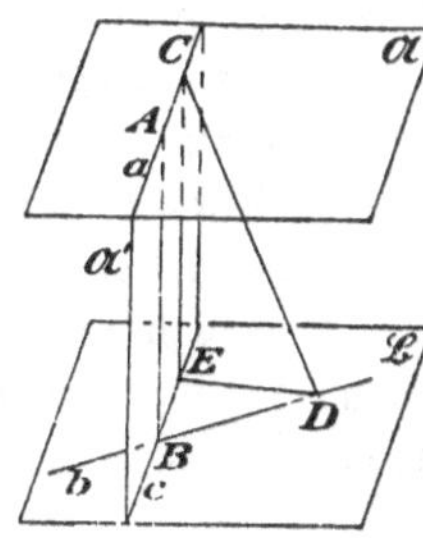

Fig. 148.

Das Stück des gemeinschaftlichen Lotes zweier windschiefen Geraden zwischen den beiden Schnittpunkten mit diesen ist die kürzeste Verbindungsstrecke zwischen den beiden Geraden.

Diese Strecke heißt der Abstand oder die Entfernung der beiden windschiefen Geraden.

§ 40. Von den Ecken.

1. *n von einem Punkte S ausgehende Strahlen $a, b, c, \ldots$, von denen keine drei in einer Ebene liegen, bestimmen mit den zwischen je zwei aufeinander folgenden von ihnen liegenden Winkeln eine n-seitige Ecke $S\,(abc\ldots)$. Der Ausgangspunkt der Strahlen heißt der Scheitel der Ecke, die Strahlen heißen die Kanten, die Winkel zwischen den aufeinander folgenden Kanten heißen die Kantenwinkel der Ecke. Das Innere eines Kantenwinkels heißt eine Fläche der Ecke. Die Ebene eines Kantenwinkels teilt den Raum in zwei Teile. Liegen die nicht diesen Kantenwinkel bildenden Kanten der Ecke alle auf einer und derselben Seite jener Ebene, und gilt dasselbe für die Ebenen aller Kantenwinkel, so heißt die Ecke konvex. Eine nicht konvexe Ecke heißt konkav. Je zwei aufeinander folgende Flächen einer konvexen Ecke bilden zwei Winkel miteinander. Der kleinere von diesen heißt ein Flächenwinkel der Ecke.*

Eine Ecke mit gleichen Kantenwinkeln und gleichen Flächenwinkeln heißt regelmäßig.

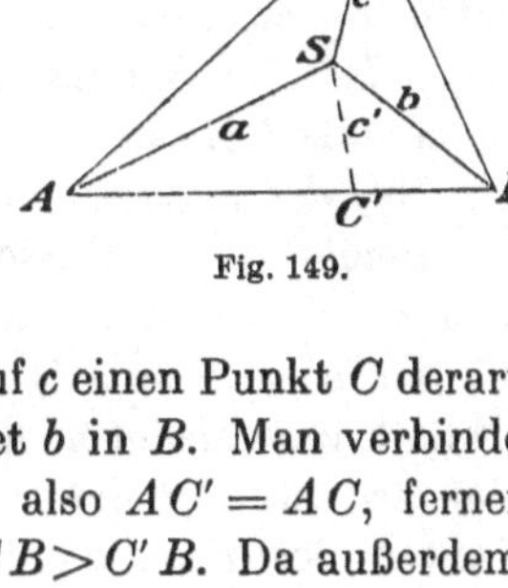

Fig. 149.

2. In der dreiseitigen Ecke $S\,(a\,b\,c)$ (Fig. 149) sei $\sphericalangle ab$ der größte Kantenwinkel. Man trage $\sphericalangle ac' = \sphericalangle ac$ in S an a innerhalb des Winkels ab an. Man nehme auf a einen beliebigen Punkt A, auf c' einen beliebigen Punkt C' und auf c einen Punkt C derart an, daß $SC = SC'$ ist. Die Gerade AC' schneidet b in B. Man verbinde C mit A und B. Dann ist $\triangle ASC' \cong \triangle ASC$, also $AC' = AC$, ferner $AC + CB > AB$ und $AB = AC' + C'B$, daher $CB > C'B$. Da außerdem

$SB = SB$ und $SC = SC'$ ist, so folgt $\sphericalangle CSB > \sphericalangle C'SB$. Also ist schließlich $\sphericalangle ASC + \sphericalangle CSB > \sphericalangle ASC' + \sphericalangle C'SB$ oder $\sphericalangle ASC + \sphericalangle CSB > \sphericalangle ASB$. Da nach der Voraussetzung $\sphericalangle ASB > \sphericalangle ASC$ ist, so ist erst recht $\sphericalangle ASB + \sphericalangle BSC > \sphericalangle ASC$. Und da nach der Voraussetzung auch $\sphericalangle ASB > \sphericalangle BSC$ ist, so ist erst recht $\sphericalangle ASB + \sphericalangle ASC > \sphericalangle BSC$.

Sind alle drei Kantenwinkel der Ecke einander gleich, oder sind zwei einander gleich und der dritte kleiner als jeder der beiden andern, so ist ebenfalls, wie man sofort sieht, die Summe je zweier von ihnen größer als der dritte.

In jeder dreiseitigen Ecke ist die Summe je zweier Kantenwinkel größer als der dritte.

3. $S(abc\ldots)$ sei eine beliebige konvexe n-seitige Ecke (Fig. 150). Man nehme auf a und b zwei beliebige Punkte A und B an. Die von a und b verschiedenen Kanten der Ecke liegen alle auf einer Seite der Ebene SAB. Durch AB läßt sich zu jeder dieser Kanten eine und nur eine parallele Ebene legen. Eine Ebene durch AB, die nicht mit einer

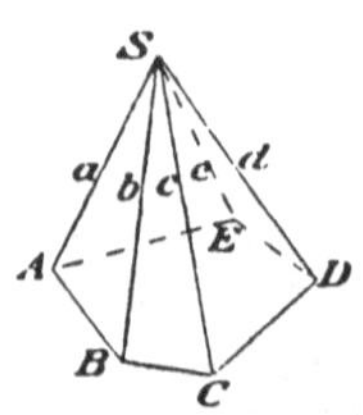

Fig. 150.

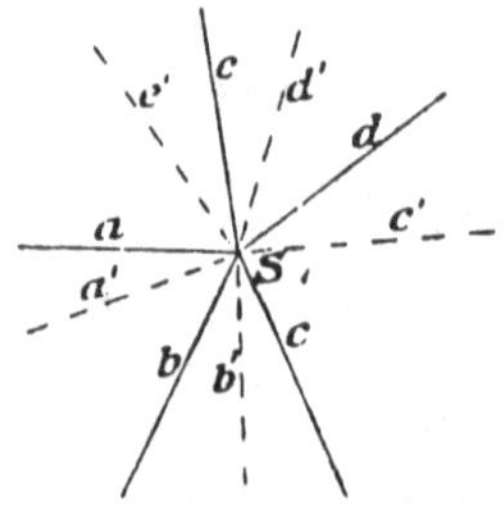

Fig. 151.

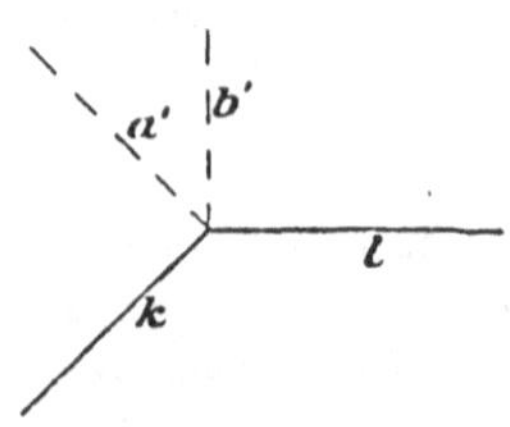

Fig. 152.

dieser parallelen Ebenen zusammenfällt, schneidet die von a und b verschiedenen Kanten $c, d, \ldots$ der Ecke in den Punkten $C, D, \ldots$.

Die Summe der Winkel der n Dreiecke SAB, SBC, SCD, ... ist $2nR$. Nun ist $\sphericalangle SAB + \sphericalangle SAE > \sphericalangle EAB$, $\sphericalangle SBC + \sphericalangle SBA > \sphericalangle ABC$ usw. (2). Also ist die Summe der $2n$ Winkel an den Grundseiten AB, BC, ... der n Dreiecke SAB, SBC, ... größer als die Summe der n Winkel des n-Ecks $ABCD\ldots$. Die Summe der Winkel dieses n-Ecks ist gleich $(2n - 4)R$. Also ist die Summe der Winkel an den Grundseiten in den Dreiecken SAB, SBC, ... größer als $(2n - 4)R$. Daraus folgt, daß die Summe der Winkel an der Spitze S in diesen Dreiecken kleiner als $4R$ ist.

In jeder konvexen Ecke ist die Summe der Kantenwinkel kleiner als $4R$.

Bemerkung: Eukleides beschränkt sich bei dem Beweise dieses Satzes auf eine dreiseitige Ecke.

4. Ist $S(abc\ldots)$ eine konvexe Ecke (Fig. 151), so liegen die von a und b verschiedenen Kanten $c, d, \ldots$ alle auf einer Seite der Ebene ab. Man errichte auf dieser Ebene in S nach der Seite, auf der die übrigen Kanten der Ecke nicht liegen, den senkrechten Strahl a'. Ebenso bestimme man den auf $b\,c$ senkrechten Strahl b', den auf $c\,d$ senkrechten Strahl c' usw.

Ist $a\,b$ irgendein Flächenwinkel einer konvexen Ecke, so nennt man die Seite der Ebene $a\,b$, auf der die von a und b verschiedenen Kanten der Ecke nicht liegen, die Außenseite der zugehörigen Fläche der Ecke.

Die Strahlen, die im Scheitel einer konvexen Ecke auf den Flächen der Ecke nach außen senkrecht stehen, bilden die Kanten der Polarecke der ursprünglichen Ecke.

Nach der Konstruktion ist $\sphericalangle a'a = \sphericalangle a'b = 1\,R$, $\sphericalangle a'c > 1\,R$, $\sphericalangle a'd > 1\,R$, usw., ebenso $\sphericalangle b'b = \sphericalangle b'c = 1\,R$, $\sphericalangle b'a > 1\,R$, $\sphericalangle b'd > 1\,R$, usw., $\sphericalangle c'c = \sphericalangle c'd = 1\,R$, $\sphericalangle c'a > 1\,R$, $\sphericalangle c'b > 1\,R$, usw. Also ist umgekehrt $\sphericalangle b\,a' = \sphericalangle b\,b' = 1\,R$, $\sphericalangle b\,c' > 1\,R$, $\sphericalangle b\,d' > 1\,R$ usw. Der Strahl b steht also im Scheitel der Ecke $S\,(a'b'c'\ldots)$ auf der Fläche $a'b'$ senkrecht. Die von a' und b' verschiedenen Kanten c', d' ... dieser Ecke bilden mit b stumpfe Winkel, liegen also auf der Seite der Ebene $a'b'$, auf der b nicht liegt. Alle von a' und b' verschiedenen Kanten der Polarecke liegen also auf einer Seite der Ebene $a'b'$. Ebenso beweist man, daß diese Eigenschaft für die Ebenen aller andern Kantenwinkel $b'c'$, $c'd'$, ... der Polarecke gilt.

Die Polarecke einer konvexen Ecke ist konvex.

Die Seite der Ebene $a'b'$, auf der die auf der Fläche $a'b'$ senkrechte Kante b der ursprünglichen Ecke liegt, ist die Außenseite der Fläche $a'b'$. Das entsprechende gilt von den übrigen Kanten der ursprünglichen Ecke: Jede von ihnen steht im Scheitel der Polarecke auf einer Fläche der Polarecke nach außen senkrecht.

Jede konvexe Ecke ist die Polarecke ihrer Polarecke.

Die Ebene $a'b'$ schneide die Ebene $a\,b$ in k, die Ebene $b\,c$ in l. Da a' auf der Ebene $a\,b$ senkrecht steht, ist $\sphericalangle a'k = 1\,R$. Ebenso ist $\sphericalangle b'l = 1\,R$. Daher ist (Fig. 152) $\sphericalangle a'b' = 2\,R - \sphericalangle k\,l$. Da die Ebene $a'b'$ auf b senkrecht steht, so stehen k und l auf b senkrecht. $\sphericalangle k\,l$ ist also der Flächenwinkel an der Kante b der ursprünglichen Ecke. Jeder Kantenwinkel der Polarecke ist also supplementar zu dem entsprechenden Flächenwinkel der ursprünglichen Ecke. Da aber die ursprüngliche Ecke die Polarecke ihrer Polarecke ist, so ist auch umgekehrt jeder Kantenwinkel der ursprünglichen Ecke supplementar zu dem entsprechenden Flächenwinkel der Polarecke.

Die Kantenwinkel einer konvexen Ecke sind den entsprechenden Flächenwinkeln der Polarecke, die Flächenwinkel einer konvexen Ecke den entsprechenden Kantenwinkeln der Polarecke supplementar.

5. Ist $S\,(a\,b\,c)$ eine dreiseitige Ecke mit den Flächenwinkeln α an der Kante a, β an der Kante b, γ an der Kante c, und ist $S\,(a'b'c')$ die Polarecke, so ist

$$\sphericalangle b'\,c' = 2\,R - \alpha\,, \qquad \sphericalangle a'\,c' = 2\,R - \beta\,, \qquad \sphericalangle a'\,b' = 2\,R - \gamma\,,$$

$$\text{also} \quad 2\,R - \alpha + 2\,R - \beta > 2\,R - \gamma\,, \quad \text{oder} \quad \alpha + \beta - \gamma < 2\,R\,.$$

Die Summe zweier Flächenwinkel einer dreiseitigen Ecke übertrifft den dritten Flächenwinkel um weniger als 2 R.

6. Jeder Flächenwinkel einer n-seitigen konvexen Ecke ergänzt den entsprechenden Kantenwinkel der Polarecke zu $2R$. Die Summe aller Flächenwinkel der ursprünglichen Ecke und aller Kantenwinkel der Polarecke beträgt also $2nR$. Die Summe der Kantenwinkel der Polarecke ist kleiner als $4R$ (3). Also ist die Summe der Flächenwinkel der ursprünglichen Ecke größer als $(2n-4)R$. Da andererseits jeder Flächenwinkel einer konvexen Ecke kleiner als $2R$ ist (1), so ist die Summe der Flächenwinkel kleiner als $2nR$.

Die Summe der Flächenwinkel einer n-seitigen konvexen Ecke ist größer als $(2n-4)R$ und kleiner als $2nR$.

7. Eine dreiseitige Ecke $S(abc)$ habe zwei gleiche Kantenwinkel $\sphericalangle ab = \sphericalangle bc$. Man trage auf den Kanten a, b, c die Strecken

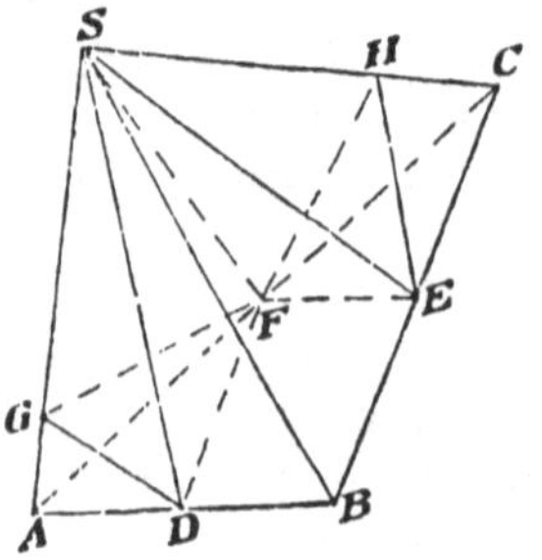

Fig. 153.

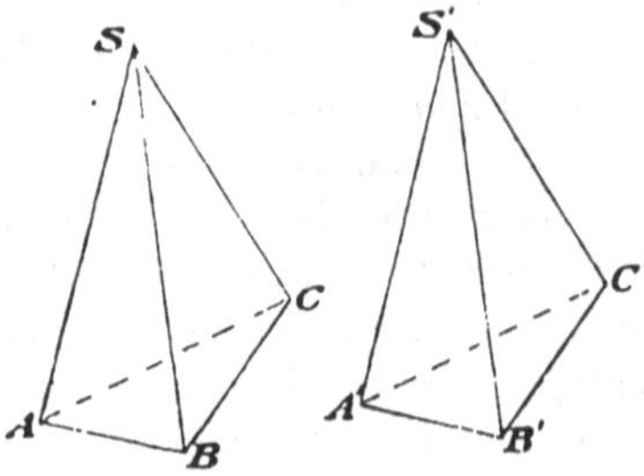

Fig. 154.

$SA = SB = SC$ ab und verbinde A mit B, B mit C, C mit A. Dann ist $\triangle SAB \cong \triangle SBC$ (Fig. 153), also $AB = BC$. Ist D die Mitte von AB, E die Mitte von BC und F die Mitte von CA, so ist $EF = FD$. Schneidet die Normalebene zu SA durch FD die Gerade SA in G, und die Normalebene zu SC durch EF die Gerade SC in H, so ist $\triangle SDG \cong \triangle SEH \cong \triangle SFH \cong \triangle SFG$, also $DG = EH = FH = FG$. Mithin ist $\triangle EFH \cong \triangle FDG$ und daher $\sphericalangle EHF = \sphericalangle FGD$.

Sind zwei Kantenwinkel einer dreiseitigen Ecke einander gleich, so sind auch die gegenüberliegenden Flächenwinkel einander gleich.

Daraus folgt sofort:

Eine dreiseitige Ecke mit gleichen Kantenwinkeln hat auch gleiche Flächenwinkel.

8. Zwei dreiseitige Ecken $S(abc)$ und $S'(a'b'c')$ sollen in den drei Kantenwinkeln übereinstimmen: $\sphericalangle bc = \sphericalangle b'c'$, $\sphericalangle ca = \sphericalangle c'a'$, $\sphericalangle ab = \sphericalangle a'b'$. Man trage (Fig. 154) auf a und a' die Strecken $SA = S'A'$ ab und lege durch A die Normalebene zu a, die b in B und c in C schneidet, und durch A' die Normalebene zu a', die b' in B' und c' in C' schneidet. Dann ist $\triangle SAB \cong \triangle S'A'B'$, $AB = A'B'$; $\triangle SAC \cong \triangle S'A'C'$,

$AC = A'C'$; $\triangle SBC \cong \triangle S'B'C'$, $BC = B'C'$; $\triangle ABC \cong \triangle A'B'C'$, $\sphericalangle BAC = \sphericalangle B'A'C'$.

Stimmen zwei dreiseitige Ecken in den Kantenwinkeln überein, so stimmen sie auch in den Flächenwinkeln überein.

9. Zwei dreiseitige Ecken $S(a\,b\,c)$ und $S'(a'b'c')$ sollen in zwei Kantenwinkeln und in dem eingeschlossenen Flächenwinkel übereinstimmen: $\sphericalangle ab = \sphericalangle a'b'$, $\sphericalangle ac = \sphericalangle a'c'$, $\sphericalangle a = \sphericalangle a'$ ($\sphericalangle a =$ Flächenwinkel an der Kante a). Man trage (Fig. 154) auf a und a' die Strecken $SA = S'A'$ ab und lege durch A die Normalebene zu a, die b in B und c in C schneidet, und durch A' die Normalebene zu a', die b' in B' und c' in C' schneidet. Dann ist $\triangle SAB \cong \triangle S'A'B'$, also $AB = A'B'$, und $\triangle SAC \cong \triangle S'A'C'$, also $AC = A'C'$. Mithin ist $\triangle ABC \cong \triangle A'B'C'$, also $BC = B'C'$, $\triangle SBC \cong \triangle S'B'C'$, $\sphericalangle bc = \sphericalangle b'c'$. Nun folgt aus dem vorigen Satze, daß auch $\sphericalangle b = \sphericalangle b'$ und $\sphericalangle c = \sphericalangle c'$ ist.

Stimmen zwei dreiseitige Ecken in zwei Kantenwinkeln und dem eingeschlossenen Flächenwinkel überein, so stimmen sie auch in dem dritten Kantenwinkel und den beiden andern Flächenwinkeln überein.

Die Sätze über die Kongruenz der Ecken sind zuerst von Menelaos (100 n. Chr.) in seiner Sphärik aufgestellt worden. Die Polarecke benutzte zuerst F. Viète (1593).

Dreizehntes Kapitel.

Der Eulersche Polyedersatz und die regelmäßigen Vielflache.

§ 41. Der Eulersche Polyedersatz.

1. *Wenn mehrere ebene konvexe Vielecke derart zusammenhängen, daß jede Seite eines Vielecks noch Seite eines zweiten Vielecks ist, und wenn irgend zwei eine Seite gemein habende Vielecke in verschiedenen Ebenen liegen, so heißt die Gesamtheit dieser Vielecke die Oberfläche eines Vielflachs oder eines Polyeders. Die Ecken der Vielecke heißen die Ecken des Vielflachs, die Seiten der Vielecke die Kanten und die Flächen der Vielecke selbst die Seitenflächen des Vielflachs. Ein Vielflach mit n Seitenflächen heißt ein n-Flach.*

Die Ebene einer Seitenfläche eines Vielflachs teilt den Raum in zwei Teile. Wenn alle nicht irgendeiner Seitenfläche angehörenden Punkte der Oberfläche des Vielflachs auf derselben Seite der Ebene dieser Seitenfläche liegen, so heißt die Oberfläche konvex.

Angenommen, die konvexe Oberfläche eines Vielflachs schneide eine gerade Linie g, die keiner Seitenfläche angehört, in drei Punkten A, B, C, für deren Lage (ABC) gilt. Dann würden durch A, B und C drei verschiedene Seitenflächen gehen. Die Punkte A und C würden auf verschiedenen Seiten der Ebene der durch B gehenden Seitenfläche liegen. Das widerspricht der Voraussetzung, daß die Oberfläche konvex sei.

Eine konvexe Oberfläche eines Vielflachs kann eine keiner Seitenfläche angehörende Gerade nicht in mehr als zwei Punkten schneiden.

Man verbinde eine Ecke A einer konvexen Oberfläche eines Vielflachs mit einem Punkte B einer nicht durch A gehenden Seitenfläche f und bestimme einen Punkt P derart, daß (APB) gilt. Ist C irgendeine von A verschiedene Ecke des Vielflachs, so schneidet die Ebene ACP die Seitenfläche f in einer Strecke, die den Umfang von f in zwei Punkten trifft. Jeder dieser beiden Punkte liegt noch in dem Umfang einer von f verschiedenen Seitenfläche des Vielflachs. Die Ebene ACP muß auch diese beiden von f verschiedenen Seitenflächen in je einer Strecke schneiden. Die Endpunkte dieser Strecken liegen wieder in zwei weiteren Seitenflächen des Vielflachs, die ebenfalls von der Ebene ACP geschnitten werden, usw. Die Ebene ACP trifft also die Oberfläche des Vielflachs in einem geschlossenen Streckenzuge.

Ist s irgendeine Strecke der Schnittfigur S der Ebene ACP und der Oberfläche O des Vielflachs, und f' die Seitenfläche, in der s liegt, so liegen alle nicht f' angehörenden Punkte von O auf derselben Seite von f' und daher alle nicht s angehörenden Punkte von S auf derselben Seite der s enthaltenden Gerade. Die Schnittfigur S ist also konvex. Es gibt demnach auf dem Umfange dieser Schnittfigur und somit auf der Oberfläche des Vielflachs einen Punkt D, für den (CPD) gilt.

Jeder Punkt einer Strecke, die eine Ecke einer konvexen Oberfläche eines Vielflachs mit einem Punkte einer nicht durch jene Ecke gehenden Seitenfläche verbindet, gehört auch einer Strecke an, die irgendeine andere Ecke des Vielflachs mit einem andern Punkte der Oberfläche verbindet.

Eine konvexe Oberfläche O eines Vielflachs teilt die Punkte des Raumes in zwei Teile. Zu dem einen Teile gehören die Punkte aller Strecken, die eine Ecke mit den Punkten aller Seitenflächen verbinden. Die Gesamtheit dieser Punkte heißt ein konvexes Vielflach mit der Oberfläche O. Die Punkte des Vielflachs heißen innere Punkte, die übrigen Punkte des Raumes heißen äußere Punkte in bezug auf das Vielflach.

2. Legt man durch die Ecken eines beliebigen ebenen n-Ecks $ABC\ldots N$ parallele, gleichgerichtete und gleiche Strecken AA_1, BB_1, CC_1, $\ldots NN_1$, die nicht in die Ebene des n-Ecks fallen, und verbindet man A_1 mit B_1, B_1 mit C_1, ..., N_1 mit A_1, so ist $A_1B_1 = || AB$, $B_1C_1 = || BC$, ..., $N_1A_1 = || NA$. Die Punkte A_1, B_1, C_1, ..., N_1 liegen also in einer zu ABC parallelen Ebene und bilden ein dem n-Eck $ABC\ldots N$ kongruentes n-Eck. ABB_1A_1, BCC_1B_1, ..., sind Parallelogramme.

Ein konvexes Vielflach, das von zwei kongruenten und in parallelen Ebenen liegenden n-Ecken und von n Parallelogrammen begrenzt wird, heißt ein n-seitiges Prisma. Die beiden n-Ecke heißen die Grund- und die Deckfläche, die Parallelogramme die Seitenflächen des Prismas. Der Abstand der Ebenen der beiden n-Ecke heißt die Höhe des Prismas. Das Prisma heißt schief oder gerade, je nachdem die Seitenparallelogramme schiefwinklig oder rechtwinklig sind. Ein gerades Prisma, dessen Grundfläche ein regelmäßiges Vieleck ist, heißt ein regelmäßiges Prisma. Ein vierseitiges Prisma, dessen Grundfläche ein Parallelogramm ist, heißt ein Spat (bei Eukleides Parallelepiped). Ein Spat wird von sechs Parallelogrammen begrenzt, von denen je zwei gegenüberliegende kongruent sind. Ein Quader ist ein von sechs Rechtecken begrenzter Spat. Sind die Begrenzungsflächen Quadrate, so heißt der Spat ein Würfel.

Verbindet man die Ecken und die Seiten eines beliebigen ebenen n-Ecks mit einem außerhalb der Ebene des n-Ecks liegenden Punkte S, so entsteht ein konvexes Vielflach, das von dem n-Eck und von n Dreiecken begrenzt wird.

Ein konvexes Vielflach, das von einem beliebigen ebenen n-Eck und von n Dreiecken begrenzt wird, heißt eine n-seitige Pyramide. Das n-Eck heißt die Grundfläche, die n Dreiecke heißen die Seitenflächen und die gemeinsame Ecke der Dreiecke heißt die Spitze der Pyramide. Der Abstand der Spitze von der Ebene der Grundfläche heißt die Höhe der Pyramide. Ist die Grundfläche ein regelmäßiges Vieleck, und fällt der Fußpunkt der Höhe mit dem Mittelpunkt der Grundfläche zusammen, so heißt die Pyramide regelmäßig.

3. Ein konvexes Vielflach besitze e Ecken, f Seitenflächen und k Kanten. Schneidet man aus der Oberfläche O des Vielflachs eine Seitenfläche heraus, so besitzt die übrigbleibende Fläche O_1 e Ecken, $f-1$ Seitenflächen und k Kanten.

Jede Seite des herausgeschnittenen Vielecks ist zugleich Seite eines zweiten Vielecks, das der Oberfläche O angehört. Wären zwei Seiten AB und BC des herausgeschnittenen Vielecks Seiten eines und desselben zweiten Vielecks der Oberfläche, so würden die beiden Vielecke derselben Ebene ABC angehören; das ist unmöglich. Also sind je zwei Seiten des herausgeschnittenen Vielecks Seiten von zwei verschiedenen andern Vielecken der Oberfläche.

Schneidet man aus der Fläche O_1 eine Seitenfläche heraus, die mit der zuerst entfernten Seitenfläche eine Kante gemein hat, so bleibt die Anzahl der Ecken unverändert, während die Anzahlen der Seitenflächen und der Kanten je um 1 abnehmen. Die übrigbleibende Fläche O_2 hat also $e_2 = e$ Ecken, $f_2 = f - 2$ Seitenflächen und $k_2 = k - 1$ Kanten, und es ist $e_2 + f_2 - k_2 = e + f - 2 - k + 1 = e + f - k - 1$.

Nimmt man vom Rande der Fläche O_2 ein Vieleck weg, so nimmt wieder die Anzahl der Seitenflächen um 1 ab. Die Anzahl der wegfallenden Kanten des Randes aber ist um 1 größer als die Anzahl der wegfallenden Ecken. Fallen x Ecken weg, so hat also die übrigbleibende Fläche O_3 noch $e_3 = e - x$ Ecken, $f_3 = f - 3$ Flächen und $k_3 = k - 1 - x - 1$ Kanten, und es ist $e_3 + f_3 - k_3 = e - x + f - 3 - k + 1 + x + 1 = e + f - k - 1$.

Nimmt man immer weiter vom Rande der jedesmal übrigbleibenden Fläche eine Seitenfläche weg, so bleibt stets die Zahl $e_i + f_i - k_i = e + f - k - 1$ unverändert. Besitzt die ursprüngliche Fläche O $n + 1$ Flächen, so bleibt schließlich nach n Schritten eine Fläche O_n übrig, die nur aus einer einzigen Seitenfläche von O besteht. Für diese aber ist $e_n = k_n$ und $f_n = 1$, also $e_n + f_n - k_n = 1$. Anderseits aber ist $e_n + f_n - k_n = e + f - k - 1$, also ist $e + f - k = 2$.

Eulerscher Polyedersatz: Die Summe der Anzahlen der Ecken und Flächen eines konvexen Vielflachs übertrifft die Anzahl der Kanten um 2.

4. Der Satz ist, wie R. Baltzer 1861 zuerst bemerkte, schon vor Euler von Descartes in einer nur durch eine lückenhafte Abschrift von Leibnitz erhaltenen und erst 1860 veröffentlichten Notiz ausgesprochen worden. Es ist sogar wahrscheinlich, daß schon Archimedes den Satz gekannt hat. Euler entdeckte ihn 1752 von neuem zunächst durch Induktion und veröffentlichte ihn zuerst ohne Beweis, holte diesen aber sehr bald nach.[1]) Der Satz gilt allgemeiner für solche Vielflache, deren Oberflächen einfach zusammenhängend sind. Die Untersuchung des Satzes und seiner Abänderungen für Vielflache allgemeinerer Art führt über den Rahmen der Elementargeometrie hinaus in das Gebiet der Topologie oder Analysis situs und muß hier übergangen werden.

An dieser Stelle soll nur ein einfaches Beispiel eines Vielflachs angegeben werden, für das der Eulersche Satz nicht gilt, bzw. abgeändert werden muß. Von dem Vierflach $ABCD$ (Fig. 155) werde durch die Ebene EFG das Vierflach $EFGD$ abgeschnitten. Aus dem übrigbleibenden Körper werde das Prisma $EFGHIK$ herausgeschnitten. Der Restkörper hat $e = 9$ Ecken, $f = 7$ Flächen und $k = 15$ Kanten. Für ihn ist also $e + f - k = 1$. Der Grund für diese Abweichung vom Eulerschen Satze liegt darin, daß die Oberfläche dieses Siebenflachs mehrfach zusammenhängend ist, d. h. daß man auf ihr in sich geschlossene Linien angeben kann, die sie nicht zerstückeln. Zieht man z. B. IB, und denkt man sich die Fläche längs der in sich geschlossenen Linie $FIBF$ aufgeschnitten, so zerfällt sie damit noch nicht in zwei Stücke; man kann vielmehr immer noch von jedem Punkte der Oberfläche zu jedem andern gelangen, ohne die Schnittlinie zu überschreiten. Verbindet man einen innern Punkt der Strecke AE mit einem innern Punkte der Strecke FB, diesen mit einem innern Punkte von GC und diesen endlich wieder mit dem Ausgangspunkte auf AE, so ergibt auch diese ebenfalls in sich geschlossene Linie einen Schnitt, der die Fläche nicht zerstückelt.

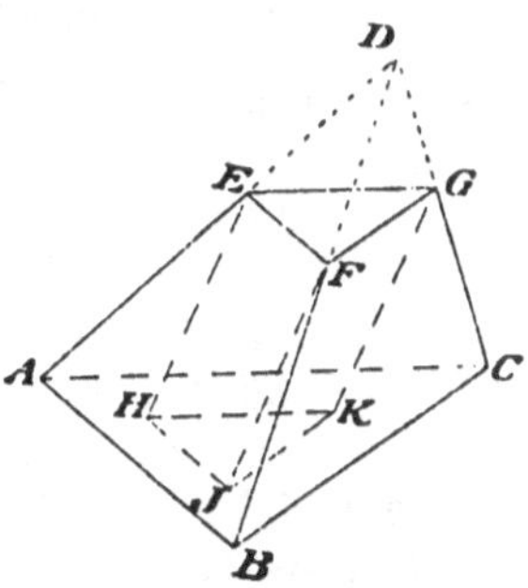

Fig. 155.

5. Ist s_i die Anzahl der Seiten der Seitenfläche F_i $(i = 1, 2, 3, \ldots f)$ eines konvexen f-Flachs, so ist $s_1 + s_2 + s_3 + \ldots + s_f = 2k$, da in dieser Summe jede Kante als Seite von zwei verschiedenen Flächen vorkommt. Die Winkelsumme des Vielecks F_i mit s_i Seiten und daher auch s_i Ecken ist $(2s_i - 4)R$. Die Summe aller Winkel aller Seitenflächen des f-Flachs ist also $w = (2s_1 - 4 + 2s_2 - 4 + \ldots + 2s_f - 4)R = (2s_1 + 2s_2 + \ldots + 2s_f - 4f)R = (4k - 4f)R = 4(k - f)R$. Nach dem Eulerschen Satze ist $k - f = e - 2$.

Also beträgt die Summe aller Winkel aller Seitenflächen eines konvexen Vielflachs mit e Ecken $w = 4(e - 2)R$.

Auch dieser Satz findet sich schon in der nachgelassenen Notiz von Descartes.

---

[1]) Descartes, Oeuvres inéd., Paris 1860, S. 214. Euler, Nov. Comm. Petr. (1752—1753) 4 (gedruckt 1758) S. 109 u. 140. Baltzer, Berl. Mon. Ber. 1861, S. 1043.

§ 42. Die regelmäßigen Vielflache.

1. *Ein Vielflach mit regelmäßigen Seitenflächen und regelmäßigen Ecken heißt regelmäßig.*

Ist AB eine Kante eines regelmäßigen Vielflachs, so ist AB Seite von zwei regelmäßigen Vielecken V_1 und V_2. Diese beiden Vielecke haben also gleich lange Seiten. Ist V_3 eine andere Begrenzungsfläche des Vielflachs, die mit einer Seite an V_2 anstößt, so haben auch V_3 und V_2 gleich lange Seiten. Durch Fortsetzung dieser Betrachtung ergibt sich:

Alle Kanten eines regelmäßigen Vielflachs sind einander gleich.

Ist V_1 ein regelmäßiges n-Eck, so ist der in V_1 liegende Kantenwinkel der Ecke A gleich $\frac{1}{n}(2n - 4)R$. Wegen der Regelmäßigkeit der Ecke A ist der in V_2 liegende Kantenwinkel der Ecke A ebenso groß. V_2 ist also auch ein regelmäßiges n-Eck. Da die Seitenlängen von V_1 und V_2 übereinstimmen, so ist $V_1 \cong V_2$. Ebenso zeigt man, daß $V_2 \cong V_3$ ist usw.

Alle Seitenflächen eines regelmäßigen Vielflachs sind kongruent.

Die Winkel A und B des regelmäßigen Vielecks V_1 sind Kantenwinkel der beiden Ecken A und B. Der Neigungswinkel der beiden Ebenen von V_1 und V_2 ist ein Flächenwinkel der Ecke A und zugleich ein Flächenwinkel der Ecke B. Zwei Ecken, deren Scheitel Endpunkte einer Kante des Vielflachs sind, stimmen also in den Kantenwinkeln und in den Flächenwinkeln überein. Ist BC irgendeine von B ausgehende andere Kante des Vielflachs, so stimmen auch die Ecken B und C in den Kanten- und Flächenwinkeln überein. Die Fortsetzung dieses Verfahrens ergibt:

Alle Ecken eines regelmäßigen Vielflachs stimmen in den Kanten- und Flächenwinkeln überein.

2. Wenn ein regelmäßiges Vielflach von gleichseitigen Dreiecken begrenzt wird, kann keine Ecke mehr als fünf Seitenflächen haben, da die Summe der Kantenwinkel kleiner als $4R = 6 \cdot 60^0$ sein muß.

a) Angenommen, ein regelmäßiges Vierflach werde von gleichseitigen Dreiecken begrenzt und habe e dreiseitige Ecken. Jede Ecke hat drei Kanten. Von allen e Ecken gehen also $3e$ Kanten aus. Da aber jede Kante zwei Ecken verbindet, ist in der Zahl $3e$ jede Kante doppelt gezählt, also $k = \frac{3e}{2}$. Jede Ecke hat drei Flächen. Von allen e Ecken zusammen gehen also $3e$ Flächen aus. Da aber jede Fläche drei Ecken verbindet, so ist in der Anzahl $3e$ jede Fläche dreimal gezählt, also $f = e$. Nach dem Eulerschen Satze ist also $e + e - \frac{3e}{2} = 2$, oder $e = 4$. Durch Einsetzen in die Formeln für f und k folgt $f = 4$, $k = 6$. Ein solcher regelmäßiger Körper heißt ein regelmäßiges Vierflach oder Tetraeder.

Ein regelmäßiges Vierflach wird von vier gleichseitigen Dreiecken begrenzt. In jeder Ecke stoßen drei Dreiecke zusammen. Es hat vier Ecken und sechs Kanten.

b) Angenommen, ein regelmäßiges Vielflach werde von gleichseitigen Dreiecken begrenzt, und habe e vierseitige Ecken. Jede Ecke hat vier Kanten. Von allen e Ecken zusammen gehen also $4e$ Kanten aus. Jede Kante wird doppelt gezählt, also ist $k = 2e$. Jede Ecke hat vier Flächen. Von allen e Ecken zusammen gehen also $4e$ Flächen aus. Jede Fläche wird dreimal gezählt, also ist $f = \frac{4e}{3}$. Der Eulersche Satz ergibt $e + \frac{4e}{3} - 2e = 2$, also $e = 6$. Durch Einsetzen in die Formeln für f und k folgt $f = 8$, $k = 12$. Ein solcher regelmäßiger Körper heißt ein regelmäßiges Achtflach oder Oktaeder.

Ein regelmäßiges Achtflach wird von acht gleichseitigen Dreiecken begrenzt. In jeder Ecke stoßen vier Dreiecke zusammen. Es hat sechs Ecken und zwölf Kanten.

c) Angenommen, ein regelmäßiges Vielflach werde von gleichseitigen Dreiecken begrenzt, und habe e fünfseitige Ecken. Jede Ecke hat fünf Kanten. Von allen e Ecken zusammen gehen also $5e$ Kanten aus. Jede Kante wird doppelt gezählt, also ist $k = \frac{5e}{2}$. Jede Ecke hat fünf Flächen. Von allen e Ecken zusammen gehen also $5e$ Flächen aus. Jede Fläche wird dreimal gezählt, also ist $f = \frac{5e}{3}$. Der Eulersche Satz ergibt $e + \frac{5e}{3} - \frac{5e}{2} = 2$, also $e = 12$. Durch Einsetzen in die Formeln für f und k folgt $f = 20$, $k = 30$. Ein solcher regelmäßiger Körper heißt ein regelmäßiges Zwanzigflach oder Ikosaeder.

Ein regelmäßiges Zwanzigflach wird von zwanzig gleichseitigen Dreiecken begrenzt. In jeder Ecke stoßen fünf Dreiecke zusammen. Es hat zwölf Ecken und dreißig Kanten.

d) Wenn ein regelmäßiges Vielflach von Quadraten begrenzt wird, kann keine Ecke mehr als drei Seitenflächen haben, da die Summe der Kantenwinkel kleiner als $4R$ sein muß. Angenommen, ein regelmäßiges Vielflach werde von Quadraten begrenzt und habe e dreiseitige Ecken. Jede Ecke hat drei Kanten. Von allen e Ecken zusammen gehen also $3e$ Kanten aus. Jede Kante wird doppelt gezählt, also ist $k = \frac{3e}{2}$. Jede Ecke hat drei Flächen. Von allen e Ecken zusammen gehen also $3e$ Flächen aus. Da aber jede Fläche vier Ecken verbindet, so ist in der Zahl $3e$ jede Fläche viermal gezählt, also $f = \frac{3e}{4}$. Der Eulersche Satz ergibt $e + \frac{3e}{4} - \frac{3e}{2} = 2$, also $e = 8$. Durch Einsetzen in die Formeln für f und k folgt $f = 6$, $k = 12$. Ein solcher regelmäßiger Körper heißt ein regelmäßiges Sechsflach oder Hexaeder (Würfel).

Ein regelmäßiges Sechsflach wird von sechs Quadraten begrenzt. In jeder Ecke stoßen drei Quadrate zusammen. Es hat acht Ecken und zwölf Kanten.

e) Wenn ein regelmäßiges Vielflach von regelmäßigen Fünfecken (mit Winkeln von 108^0) begrenzt wird, kann keine Ecke mehr als drei Seitenflächen haben, da die Summe der Kantenwinkel kleiner als $4R = 3 \cdot 108^0 + 36^0$ ist. Angenommen, ein regelmäßiges Vielflach werde von regelmäßigen Fünfecken begrenzt und habe e dreiseitige Ecken. Jede Ecke hat drei Kanten. Von allen e Ecken zusammen gehen also $3e$ Kanten aus. Jede Kante wird doppelt gezählt, also ist $k = \frac{3e}{2}$. Jede Ecke hat drei Flächen. Von allen e Ecken zusammen gehen also $3e$ Flächen aus. Da aber jede Fläche fünf Ecken verbindet, so ist in der Anzahl $3e$ jede Fläche fünfmal gezählt, also $f = \frac{3e}{5}$. Der Eulersche Satz ergibt $e + \frac{3e}{5} - \frac{3e}{2} = 2$, also $e = 20$. Durch Einsetzen in die Formeln für f und k folgt $f = 12$ und $k = 30$. Ein solcher regelmäßiger Körper heißt ein regelmäßiges Zwölfflach oder Dodekaeder.

Ein regelmäßiges Zwölfflach wird von zwölf regelmäßigen Fünfecken begrenzt. In jeder Ecke stoßen drei Fünfecke zusammen. Es hat zwanzig Ecken und dreißig Kanten.

Das Ergebnis dieser Betrachtungen ist:

Es kann nicht mehr als fünf regelmäßige Vielflache geben: Das Vierflach, das Sechsflach, das Achtflach, das Zwölfflach und das Zwanzigflach.

3. Im folgenden wird nachgewiesen, daß die fünf möglichen regelmäßigen Körper auch wirklich hergestellt werden können.

a) Man errichte auf der Ebene eines gleichseitigen Dreiecks ABC im Höhenschnittpunkte H das Lot HI und beschreibe in der Ebene AHI um A mit AB den Kreis, nenne den Schnittpunkt dieses Kreises und des Lotes D und verbinde D mit A, B und C. Wegen der Kongruenz der Dreiecke AHD, BHD und CHD sind $DA = DB = DC$; nach der Konstruktion ist $DA = AB$. Die vier Seitenflächen des konstruierten Körpers $ABCD$ sind also gleichseitige Dreiecke. Die vier dreiseitigen Ecken haben sämtlich gleiche Kantenwinkel (von 60^0). Die Ecken sind also regelmäßig.

$ABCD$ ist demnach ein regelmäßiges Vierflach.

b) Man errichte auf der Ebene eines Quadrates $ABCD$ in den vier Ecken die Lote $AE = BF = CG = DH = AB$ (Fig. 156) und verbinde E mit F, F mit G, G mit H und H mit E. Dann ist AE gleich und parallel BF, also $ABFE$ ein Parallelogramm, und zwar wegen $AE = AB$ und $\sphericalangle EAB = 1R$ ein Quadrat. Dasselbe gilt von den Vierecken $BCFG$,

$CDHG$ und $DAEH$. Daraus folgt weiter EF parallel und gleich AB, FG parallel und gleich BC, GH parallel und gleich CD, HE parallel und gleich DA. Also ist $EFGH$ ein gleichseitiges Parallelogramm. Da $\sphericalangle HEF = \sphericalangle DAB$ (als Winkel mit parallelen und gleichgerichteten Schenkeln), so ist $EFGH$ ein Quadrat. Die sechs Seitenflächen des Vielflachs sind also sämtlich Quadrate. Die acht dreiseitigen Ecken haben sämtlich gleiche Kantenwinkel (von 90^0). Die Ecken sind also regelmäßig.

Der Körper ist demnach ein regelmäßiges Sechsflach.

c) Man errichte auf der Ebene eines Quadrats $ABCD$ im Schnittpunkte S der Diagonalen das Lot, trage auf diesem auf beiden Seiten der Ebene die Strecken $SE = SF = SA$ ab (Fig. 157) und verbinde E und F mit A, B, C und D. Wegen der Kongruenz der Dreiecke SEA

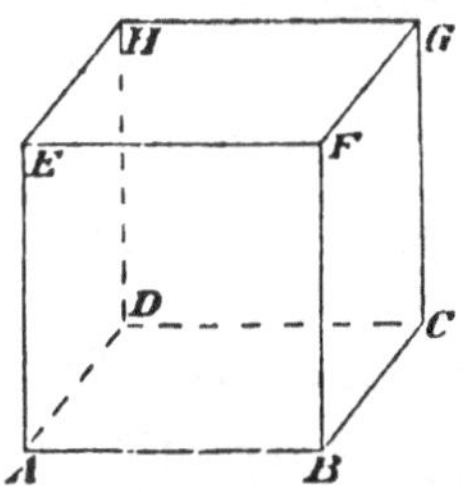

Fig. 156.

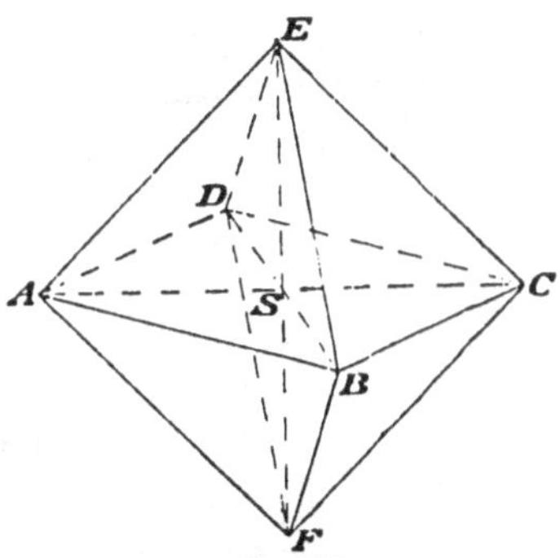

Fig. 157.

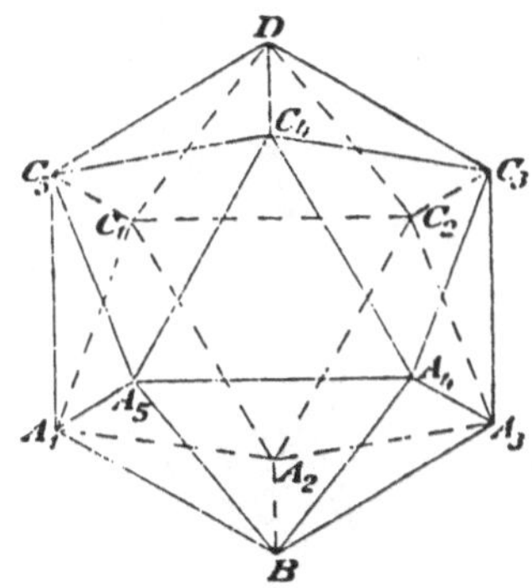

Fig. 158.

und SBA ist $EA = AB$. Ebenso ergibt sich $EB = EC = ED = FA = FB = FC = FD = AB$. Die acht Seitenflächen des konstruierten Vielflachs sind also gleichseitige Dreiecke. Die Kantenwinkel aller Ecken sind gleich (60^0). Verbindet man je zwei gegenüberliegende Ecken (also E und F, A und C, B und D) jedesmal mit den Mitten der vier nicht durch diese beiden Ecken gehenden Kanten, so entstehen lauter kongruente Dreiecke. Die Flächenwinkel aller Ecken des Vielflachs sind also einander gleich. Alle Ecken sind daher regelmäßig.

Der Körper ist demnach ein regelmäßiges Achtflach.

d) Einem Kreise mit dem Mittelpunkte M (Fig. 158) werde ein regelmäßiges Fünfeck $A_1A_2A_3A_4A_5$ eingeschrieben. Im Mittelpunkte M errichte man auf der Ebene des Kreises das Lot MX und beschreibe in der Ebene A_1MX um A_1 mit A_1A_2 den Kreis. Dieser treffe das Lot MX in B. Verbindet man B mit A_2, A_3, A_4, A_5, so sind A_1A_2B, A_2A_3B, ..., A_5A_1B fünf kongruente gleichseitige Dreiecke. Die fünfseitige Ecke B hat also gleiche Kantenwinkel. Wegen der Kongruenz der Dreiecke A_1A_3M und A_2A_4M ist $A_1A_3 = A_2A_4$. Ist U der Schnittpunkt von BA_2 mit der Normalebene zu BA_2 durch A_1A_3 und V der Schnittpunkt von BA_3 mit der Normalebene zu BA_3 durch A_2A_4, so sind als entsprechende

Seiten kongruenter Dreiecke $A_1U = UA_3 = A_2V = VA_4$. Daher ist $\triangle A_1A_3U \cong \triangle A_2A_4V$, folglich $\sphericalangle A_1UA_3 = \sphericalangle A_2VA_4$. Damit ist bewiesen, daß die Ecke B gleiche Flächenwinkel hat. Die Ecke B ist also regelmäßig. Die fünfseitige Pyramide $B(A_1A_2A_3A_4A_5)$ ist durch den Kantenwinkel 60^0, den Flächenwinkel α der regelmäßigen Ecke B und durch eine Kante eindeutig bestimmt.

Die beiden in A_1 zusammenstoßenden gleichseitigen Dreiecke A_1A_2B und A_1A_5B bilden miteinander den Flächenwinkel α. Man kann daher in A_1 die regelmäßige fünfseitige Pyramide $A_1(A_2BA_5C_5C_1)$ konstruieren. Die drei gleichseitigen Dreiecke A_2A_3B, A_2BA_1, $A_2A_1C_1$ stoßen längs A_2B und A_2A_1 unter dem Flächenwinkel α zusammen. Man kann daher in A_2 die regelmäßige fünfseitige Pyramide $A_2(A_3BA_1C_1C_2)$ konstruieren.

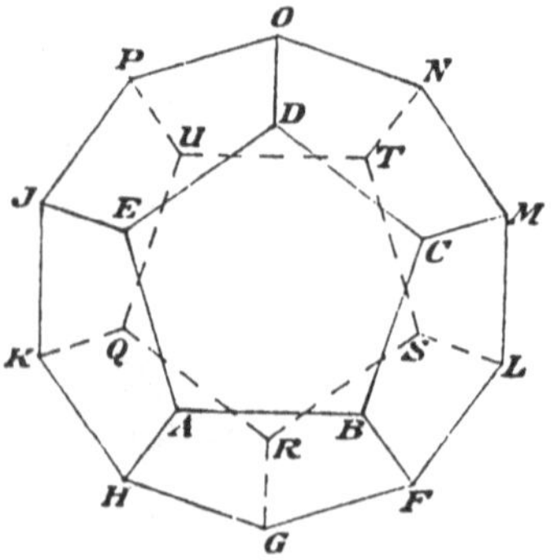

Fig. 159.

Die drei gleichseitigen Dreiecke A_3A_4B, A_3BA_2, $A_3A_2C_2$ stoßen längs A_3B und A_3A_2 unter dem Flächenwinkel α zusammen. Man kann daher in A_3 die regelmäßige fünfseitige Pyramide $A_3(A_4BA_2C_2C_3)$ konstruieren. Die drei gleichseitigen Dreiecke A_4A_5B, A_4BA_3, $A_4A_3C_3$ stoßen längs A_4B und A_4A_3 unter dem Flächenwinkel α zusammen. Man kann daher in A_4 die regelmäßige fünfseitige Pyramide $A_4(A_5BA_3C_3C_4)$ konstruieren. Die vier gleichseitigen Dreiecke $A_5C_5A_1$, A_5A_1B, A_5BA_4, $A_5A_4C_4$ stoßen längs A_5A_1, A_5B und A_5A_4 unter dem Flächenwinkel α zusammen. Daher ist $A_5(C_5A_1BA_4C_4)$ eine regelmäßige fünfseitige Ecke mit dem Flächenwinkel α und $A_5C_4C_5$ ein gleichseitiges Dreieck.

Die drei gleichseitigen Dreiecke $C_1C_2A_2$, $C_1A_2A_1$, $C_1A_1C_5$ stoßen längs C_1A_2 und C_1A_1 unter dem Flächenwinkel α zusammen. Man kann daher die regelmäßige fünfseitige Pyramide $C_1(C_2A_2A_1C_5D)$ konstruieren. Die vier gleichseitigen Dreiecke $C_2C_3A_3$, $C_2A_3A_2$, $C_2A_2C_1$, C_2C_1D stoßen längs C_2A_3, C_2A_2 und C_2C_1 unter dem Flächenwinkel α zusammen. Daher ist $C_2(C_3A_3A_2C_1D)$ eine regelmäßige fünfseitige Ecke mit dem Flächenwinkel α, und C_2DC_3 ist ein gleichseitiges Dreieck. Ebenso zeigt man weiter, daß C_3, C_4, C_5 und D die Scheitel regelmäßiger fünfseitiger Ecken mit dem Flächenwinkel α und C_3DC_4 und C_4DC_5 gleichseitige Dreiecke sind.

Die konstruierte Fläche wird von zwanzig gleichseitigen Dreiecken gebildet und besitzt zwölf regelmäßige Ecken. Sie ist demnach die Oberfläche eines regelmäßigen Zwanzigflachs.

e) Eine dreiseitige Ecke habe zu Seitenflächen die Flächen dreier regelmäßigen Fünfecke (Fig. 159) $ABCDE$, $ABFGH$, $AEIKH$. Da diese Ecke gleiche Kantenwinkel hat, so sind auch die drei Flächenwinkel gleich; die Ecke A ist also regelmäßig. Die Ecken $A(BEH)$ und $B(ACF)$ stimmen in zwei Kantenwinkeln und dem eingeschlossenen Flächenwinkel (an der gemeinsamen Kante AB) überein. Folglich stimmen auch die letzten Kantenwinkel überein. Also ist $\sphericalangle CBF = \sphericalangle EAH = 108^0$. Ferner stimmen die beiden Ecken in den übrigen Flächenwinkeln überein. Die Ecke $B(ACF)$ ist also regelmäßig, und ihre Kantenwinkel sind gleich 108^0. Man kann also den Streckenzug CBF zu dem ebenen regelmäßigen Fünfeck $CBFLM$ ergänzen.

Die Ecken $B(ACF)$ und $C(DBM)$ stimmen ebenfalls in zwei Kantenwinkeln und in dem eingeschlossenen Flächenwinkel überein. Man schließt daraus, daß auch die Ecke $C(DBM)$ regelmäßig ist, und ihre Kantenwinkel gleich 108^0 sind. Man kann also den Streckenzug DCM zu dem ebenen regelmäßigen Fünfeck $DCMNO$ ergänzen.

Ebenso schließt man, daß sich der Streckenzug EDO zu einem regelmäßigen Fünfeck ergänzen läßt. Dasselbe ergibt sich durch Vergleich der Ecken $A(EBH)$ und $E(ADI)$ auch für den Streckenzug DEI. Daraus, daß die beiden Ecken $E(ADI)$ und $D(CEO)$ in ihren Flächenwinkeln übereinstimmen, folgt, daß die beiden aus den Streckenzügen EDO und DEI hervorgehenden regelmäßigen Fünfecke in einer und derselben Halbebene liegen, also in ein Fünfeck $EDOPI$ zusammenfallen.

Aus dem Vergleich der Ecken $A(HBE)$ und $H(AGK)$ schließt man, daß sich der Streckenzug GHK zu einem regelmäßigen Fünfeck $GHKQR$ ergänzen läßt.

Der Vergleich der Ecken $H(AGK)$ und $G(FHR)$ lehrt, daß sich der Streckenzug FGR zu einem regelmäßigen Fünfeck ergänzen läßt. Der Vergleich der Ecken $B(FAC)$ und $F(BGL)$ lehrt, daß sich auch der Streckenzug LFG zu einem regelmäßigen Fünfeck ergänzen läßt. Da die beiden Ecken $G(FHR)$ und $F(GBL)$ in ihren Flächenwinkeln übereinstimmen müssen, so folgt, daß die beiden aus den Streckenzügen FGR und LFG hervorgehenden regelmäßigen Fünfecke in einer Halbebene liegen, also in ein Fünfeck $LFGRS$ zusammenfallen.

Ebenso läßt sich zeigen, daß sich die Streckenzüge MLS und NML zu einem regelmäßigen Fünfeck $NMLST$ und die Streckenzüge ONT und PON zu einem regelmäßigen Fünfeck $PONTU$ ergänzen lassen.

Der Vergleich der Ecken $O(PDN)$ und $P(OIU)$ zeigt, daß sich auch der Streckenzug IPU zu einem regelmäßigen Fünfeck ergänzen läßt. Der Vergleich der Ecken $P(OIU)$ und $I(EPK)$ läßt dasselbe von dem Streckenzuge KIP erkennen. Da die Ebenen der aus den Streckenzügen IPU und KIP hervorgehenden regelmäßigen Fünfecke gegen die den beiden Ecken P und I gemeinsame Seitenfläche $IPODE$ gleich geneigt sein müssen, so fallen die beiden regelmäßigen Fünfecke in das Fünfeck $KIPUQ$ zusammen.

Da die bisher konstruierten elf regelmäßigen Fünfecke alle in den Seitenlängen übereinstimmen, so ist $QR = RS = ST = TU = UQ$.

Da die beiden Ecken $G(RFH)$ und $R(GSQ)$ in zwei Kantenwinkeln und dem eingeschlossenen Flächenwinkel (an der gemeinsamen Kante GR) übereinstimmen, so stimmen sie auch in dem dritten Kantenwinkel überein. Also ist $\sphericalangle QRS = 108^0$. Dasselbe gilt von den Winkeln $\sphericalangle RST$, $\sphericalangle STU$, $\sphericalangle TUQ$, $\sphericalangle UQR$. Da ferner die Flächenwinkel der beiden Ecken $Q(RUK)$ und $R(QSG)$ übereinstimmen, so fallen die beiden Ebenen UQR und QRS zusammen. Dasselbe gilt von den Ebenen QRS und RST. $QRSTU$ ist also ein ebenes regelmäßiges Fünfeck.

Die konstruierte Fläche besteht aus zwölf regelmäßigen Fünfecken und besitzt zwanzig regelmäßige dreiseitige Ecken. Sie ist also die Oberfläche eines regelmäßigen Zwölfflachs.

Das Ergebnis vorstehender Untersuchungen kann in den Satz zusammengefaßt werden:

Es gibt fünf Arten regelmäßiger Vielflache: Das regelmäßige Vierflach, Sechsflach, Achtflach, Zwölfflach und Zwanzigflach.

4. $ABCD\ldots$ und $ABC'D'\ldots$ seien zwei in der Kante AB zusammenstoßende Seitenflächen eines regelmäßigen Vielflachs, und Z und Z' seien die Mitten der beiden regelmäßigen Vielecke. Die Lote von Z und Z' auf AB schneiden sich in der Mitte X von AB, und es ist $ZX = Z'X$. Errichtet man auf den beiden Seitenflächen in Z und Z' die Lote ZY und $Z'Y'$, so ist $YX \perp AB$ und $Y'X \perp AB$. ZY und $Z'Y'$ liegen also in der durch X gehenden Normalebene von AB. Da $\sphericalangle YXY' \neq 2R$ ist, schneiden sich ZY und $Z'Y'$ in einem Punkte M. Aus der Kongruenz der Dreiecke MXZ und MXZ' folgt $MZ = MZ'$. Weitere Kongruenzbetrachtungen ergeben $MA = MB = MC = MD = \ldots = MC' = MD' = \ldots$

Ist $CDPQ\ldots$ irgendeine an $ABCD\ldots$ anstoßende Seitenfläche des regelmäßigen Vielflachs, Z'' ihr Mittelpunkt und U die Mitte der Kante CD, so ist $\triangle MUZ'' \cong \triangle MUZ \cong \triangle MXZ$. Durch Fortsetzung des Verfahrens ergibt sich: Wenn man M mit der Mitte irgendeiner Seitenfläche des regelmäßigen Vielflachs und mit der Mitte irgendeiner Kante dieser Seitenfläche verbindet und die Verbindungsstrecke dieser beiden Mitten zieht, so entsteht jedesmal ein rechtwinkliges Dreieck, das dem Dreieck MXZ kongruent ist. Daraus folgt: Der Punkt M ist 1. von allen Ecken, 2. von allen Flächen und 3. von allen Kanten des regelmäßigen Vielflachs gleich weit entfernt.

Jedes regelmäßige Vielflach hat einen Mittelpunkt, d. h. einen Punkt, der 1. von allen Ecken, 2. von allen Flächen und 3. von allen Kanten gleich weit entfernt ist.

5. Verbindet man die Mitten je zweier aneinanderstoßenden Seitenflächen eines regelmäßigen Vielflachs miteinander und mit dem Mittelpunkt des Vielflachs, so entstehen gleichschenklige Dreiecke, deren Schenkel gleich der Entfernung des Vielflachmittelpunktes von den Flächen und deren Winkel an den Spitzen zu dem Flächenwinkel des

Vielflachs supplementar sind. Aus der Kongruenz dieser gleichschenkligen Dreiecke folgt:

Die Entfernungen der Mitten je zweier aneinanderstoßenden Seitenflächen eines regelmäßigen Vielflachs sind gleich.

Sind $P, Q, R, \ldots U$ die Mitten der in der Ecke A zusammenstoßenden Seitenflächen eines regelmäßigen Vielflachs mit dem Mittelpunkte M, so ist $\triangle MAP \cong \triangle MAQ \cong \triangle MAR \ldots$ Fällt man von $P, Q, R, \ldots U$ auf MA die Lote, so zeigen einfache Kongruenzbetrachtungen, daß diese Lote gleich lang sind und denselben Fußpunkt T besitzen. Die Dreiecke TPQ, TQR, ... sind also gleichschenklig und kongruent und liegen in einer Ebene, der Normalebene der Gerade MA im Punkte T.

Die Mitten der in einer Ecke A zusammenstoßenden Seitenflächen eines regelmäßigen Vielflachs sind die Ecken eines regelmäßigen Vielecks. Dieses Vieleck heiße das zu A polare Vieleck.

Die beiden Seitenflächen mit den Mitten P und Q haben eine Kante AB gemein. Die Mitten der in der Ecke B zusammenstoßenden Seitenflächen bilden das zu B polare Vieleck $PQR' \ldots U'$. Die Ebene dieses Vielecks steht auf MB senkrecht. Der Neigungswinkel der Ebenen der beiden zu A und B polaren regelmäßigen Vielecke ist also supplementar zu dem Winkel AMB. Sind C und D irgend zwei andere durch eine Kante verbundene Ecken des regelmäßigen Vielflachs, so ist $\triangle AMB \cong \triangle CMD$ und daher $\sphericalangle CMD = \sphericalangle AMB$. Die Ebenen der zu C und D polaren Vielecke haben also denselben Neigungswinkel wie die Ebenen der zu A und B polaren Vielecke.

Je zwei zu den Endpunkten einer Kante eines regelmäßigen Vielecks polare Vielecke sollen benachbarte polare Vielecke heißen.

Je zwei benachbarte polare Vielecke eines regelmäßigen Vielflachs stoßen unter demselben Flächenwinkel zusammen.

Die Mitten der Seitenflächen eines regelmäßigen Vielflachs sind die Ecken eines zweiten regelmäßigen Vielflachs. Jeder Fläche des ersten Vielflachs entspricht eine Ecke des zweiten, jeder Ecke des ersten Vielflachs eine Fläche des zweiten, jeder Kante des ersten eine Kante des zweiten. Die beiden regelmäßigen Vielflache haben denselben Mittelpunkt. Die Flächen des zweiten Vielflachs sind normal zu den Strecken, die den Mittelpunkt mit den Ecken des ersten Vielflachs verbinden.

Zwei in solcher Beziehung zueinander stehende regelmäßige Vielflache heißen dual. Dual sind 1. Sechsflach und Achtflach, 2. Zwölfflach und Zwanzigflach, 3. Vierflach und Vierflach.

6. Schon in der Schule des Pythagoras wurde die Frage nach der Möglichkeit und nach der Konstruktion regelmäßiger Vielflache aufgeworfen. Die Pythagoreer kannten das regelmäßige Vierflach, den Würfel und das Zwölfflach. Theaitetos, der Freund Platons, entdeckte das Achtflach und das Zwanzigflach, gab die allgemeine Definition eines regelmäßigen Körpers und bewies, daß es nicht mehr als fünf derartige

Körper geben könne. Platon setzt im Timaios die regelmäßigen Körper in Beziehung zu den Elementen oder Urbestandteilen der Welt. An Theaitetos schließt sich die Bearbeitung der regelmäßigen Körper durch Eukleides im 13. Buche der Elemente an. Er konstruiert jeden der fünf Körper und beweist, daß er einer Kugel eingeschrieben ist. In dem von Hypsikles (um 190 v. Chr.) verfaßten 14. Buche der Elemente werden einige Sätze über die Oberflächen und die Rauminhalte der regelmäßigen Körper abgeleitet. Das sog. 15. Buch der Elemente endlich, dessen Verfasser mehrere Jahrhunderte nach Christo gelebt haben muß, enthält Sätze über das Einschreiben eines regelmäßigen Körpers in einen andern, über die Anzahl der Kanten und Ecken und über die Neigungswinkel der Flächen. Pappos (um 295 n. Chr.) behandelt die Einzeichnung in eine gegebene Kugel, Heron (wahrscheinlich 2. Jahrh. n. Chr.) die Berechnung des Rauminhalts eines regelmäßigen Körpers aus der gegebenen Kante. Bei Heron kommt auch schon die Bezeichnung Platonische Körper für die regelmäßigen Vielflache vor, die später häufig gebraucht wurde.

Den von den Alten nicht vollständig erledigten Beweis, daß außer den fünf Platonischen Körpern keine andern regelmäßigen Körper möglich seien, hat zuerst A. M. Legendre im Anhang zum 6. und 7. Buche seiner Elemente geführt. Die Bestimmung der fünf regelmäßigen Körper mit Hilfe des Eulerschen Satzes rührt von S. Lhuilier (1812) her. Schon Maurolycus (1575) und später Cauchy (1848) wiesen auf die Dualität bei den regelmäßigen Körpern hin: Die Mitten der Flächen eines regelmäßigen Vielflachs sind die Ecken eines zu jenem dualen regelmäßigen Vielflachs.

Vierzehntes Kapitel.

Rauminhalt der Vielflache.

§ 43. Geschichtliches.[1])

1. Von der Vergleichung der Rauminhalte der Körper handeln das 11. und 12. Buch der Elemente von Eukleides. Eukleides geht von der Untersuchung der Spate aus. Er betrachtet zunächst zwei Spate mit derselben Grundfläche und gleichen Höhen unter der Annahme, daß die der gemeinsamen Grundfläche gegenüberliegenden Begrenzungsparallelogramme zwischen denselben beiden Parallelen liegen (XI, 29). In diesem Falle sind drei verschiedene Lagen der beiden Deckflächen möglich: Diese können sich teilweise überdecken, sie können in einer Seite zusammenstoßen, oder die eine von ihnen kann außerhalb der andern liegen, ohne mit ihr zusammenzustoßen. Eukleides beweist die Inhaltsgleichheit der beiden Spate nur für den ersten der drei Fälle und überläßt die Ergänzung des Beweises dem Leser. Überdecken sich die beiden Deckflächen teilweise, oder stoßen sie in einer Seite zusammen, so zerfällt jeder der beiden Spate in zwei Teile von der Beschaffenheit, daß jedem Teile des einen Spats ein kongruenter Teil des andern entspricht. Haben die beiden Deckflächen die dritte mögliche Lage, so kann man zu jedem Spat ein und dasselbe dreiseitige Prisma hinzufügen und sodann die beiden durch die Zusammensetzung entstandenen Körper in paarweise kongruente Teile zerlegen. Darin liegen die beiden verschiedenen Erklärungen der Rauminhaltsgleichheit (entsprechend der Zerlegungs- und Ergänzungsgleichheit ebener Vielecke): 1. Zwei Vielflache heißen zerlegungsgleich, wenn sie in eine endliche Anzahl von Teilvielflachen zerlegt werden können, die paarweise einander kongruent sind, und 2. zwei Vielflache heißen ergänzungsgleich, wenn es möglich ist, zu ihnen zerlegungsgleiche Vielflache von solcher Beschaffenheit hinzuzufügen, daß die beiden zusammengesetzten Vielflache einander zerlegungsgleich sind. Mit Hilfe dieser beiden Fälle von Rauminhaltsgleichheit, die jedoch von ihm nicht ausdrücklich formuliert werden, kommt Eukleides bis zu dem Doppelsatze (XI, 34): In gleichen Spaten

[1]) Vgl. Enzykl. III AB 9, S. 939.

stehen die Grundflächen im umgekehrten Verhältnis der Höhen; zwei Spate, deren Grundflächen im umgekehrten Verhältnis der Höhen stehen, sind gleich.

Die Vergleichung der Prismen, die auf die der Spate zurückgeführt werden kann, findet sich bei Eukleides nicht. Im 12. Buche wendet sich Eukleides der Untersuchung der Pyramiden zu. Schon Eudoxos (408—355) kannte, nach dem Zeugnis von Archimedes, den Satz, daß eine Pyramide der dritte Teil eines Prismas mit gleicher Grundfläche und gleicher Höhe sei. Er hatte bei dem Beweise dieses Satzes, wie Archimedes ebenfalls angibt, das heute nach ihm benannte Stetigkeitsaxiom benutzt. Man vermutet, daß der von Eukleides im 12. Buche gegebene Beweis der des Eudoxos sei. Eukleides zeigt, daß jedes dreiseitige Prisma in 3 dreiseitige Pyramiden zerlegt werden kann, die paarweise gleiche Grundfläche und gleiche Höhe haben. Sodann beweist er, daß zwei Pyramiden mit gleicher Grundfläche und gleicher Höhe gleichen Rauminhalt haben. Der Kern dieses Beweises ist der Nachweis, daß sich der Rauminhalt jeder der beiden Pyramiden von einer gewissen Summe eingeschriebener Prismen um so weniger unterscheidet, je weiter die Zerlegung getrieben, d. h. je größer die Zahl dieser Prismen wird. Mit jeder neuen Zerlegung kommen zu den schon vorhandenen Prismen neue mit kleinerem Inhalt hinzu. Durch diese wachsende Zahl von Prismen wird allmählich der Rauminhalt der Pyramide bis auf einen beliebig klein werdenden Rest „ausgeschöpft“. Gregorius von St. Vinzenz gebraucht 1647 in seinem Opus geometricum zuerst das Wort exhaurire (ausschöpfen) in diesem Sinne. Daraus ist dann später für dieses Verfahren die Bezeichnung Exhaustionsmethode gebildet worden. Man muß aber zwischen der antiken und der modernen Auffassung des Exhaustionsverfahrens unterscheiden. In der modernen Mathematik besteht das Exhaustionsverfahren ausdrücklich in einem Fortgang ins Unendliche. Der Rauminhalt des ausgeschöpften Körpers ist der Grenzwert einer konvergenten unendlichen Reihe. Eukleides aber läßt das Zerlegungsverfahren nach einer endlichen Anzahl von Schritten aufhören und beweist dann indirekt, daß ein Unterschied zwischen den Inhalten der Pyramiden nicht möglich sei. Zu diesem indirekten Schluß bedarf er des Axioms von Eudoxos. Bei dem modernen Grenzverfahren tritt an die Stelle des Axioms von Eudoxos der Grenzbegriff, der in der Anwendung der Forderung liegt: Größen, deren Unterschied kleiner als eine gewisse veränderliche Größe ist, die ihrerseits kleiner als jede beliebige noch so kleine Größe gemacht werden kann, sind gleich.

2. Neben den im Altertum allein als streng betrachteten Exhaustionsbeweis tritt der Beweis mit Benutzung des Unendlichkleinen, die Auffassung des Körpers als einer Summe von unendlich vielen, unendlich kleinen Körperelementen, die mehr oder weniger versteckte Zurückführung des Rauminhalts auf ein bestimmtes Integral. Dieser Beweis

durch elementare Integration findet sich gleichsam als Unterströmung neben der allein anerkannten Exhaustionsmethode schon im Altertum. So soll Demokritos den Kegel in unendlich dünne Scheiben zerlegt und vielleicht auf diesem Wege seinen Rauminhalt bestimmt haben. Die große Bedeutung dieser Unterströmung ist erst durch Entdeckungen neuerer Zeit recht hervorgetreten. Die im Jahre 1906 von J. L. Heiberg in Konstantinopel aufgefundene „Methodenlehre" von Archimedes, die wahrscheinlich nach der Abhandlung über die Quadratur der Parabel, aber vor der Schrift über Kugel und Zylinder geschrieben worden ist, zeigt, daß Archimedes seine später durch Exhaustion bewiesenen Quadraturen und Kubaturen wahrscheinlich zuerst alle durch gewisse Integralbetrachtungen entdeckt hat, die er aber selbst nicht für strenge Beweise auszugeben wagt. So setzt er z. B. die Kugel in Beziehung zu einem Zylinder und einem Kegel mit dem Grundkreishalbmesser $2r$: Er schneidet alle drei Körper durch eine zu der gemeinsamen Grundfläche parallele Ebene und gelangt von den Beziehungen der Schnittkreise zu denen der Rauminhalte der Körper, indem er sich Zylinder, Kegel und Kugel von Reihen zur Grundfläche paralleler Schnittkreise ausgefüllt denkt.

Wenige Jahre vor der Entdeckung der Methodenlehre wurde gleichfalls in Konstantinopel die Vermessungslehre von Heron aufgefunden. In diesem Werke wird u. a. die Berechnung des schiefen Prismas und Zylinders gelehrt. Nachdem Schnitte parallel der Grundfläche gelegt worden sind, wird geschlossen: Wenn alle diese Schnitte der Grundfläche gleich sind, so wird der Rauminhalt als Produkt aus der Grundfläche und der Höhe gefunden. Wenn dieser Satz auch nicht bewiesen wird, so kann man doch unschwer erkennen, daß auch hier, wie bei Archimedes, der Gedanke der Integration, der Zusammensetzung aus unendlich vielen, unendlich dünnen Scheiben zugrunde liegt.

Offenbar war es Archimedes nicht gelungen, diesen Gedanken mit einer seinen kritischen Scharfsinn befriedigenden strengen Begründung zu versehen. Darum beschäftigte er sich in der auf die Methodenlehre folgenden Zeit damit, für die in dieser Schrift kurz entwickelten Sätze strenge Exhaustionsbeweise aufzustellen. Dem Umstand, daß nur die diese Exhaustionsbeweise enthaltenden späteren Schriften von Archimedes bis vor kurzem bekannt waren, ist es wohl zuzuschreiben, daß das Integrationsverfahren der Methodenlehre keine weitere Ausbildung erfuhr, ja ganz in Vergessenheit geriet und im 17. Jahrhundert von neuem entdeckt werden mußte. J. Kepler zerlegte in seiner Stereometria doliorum 1615 den Kreis in unendlich viele, unendlich schmale gleichschenklige Dreiecke, die Kugel in unendlich viele kegelartige Gebilde, den Ringkörper in unendlich viele, unendlich dünne Scheiben usw. Noch größere Ähnlichkeit mit der Archimedischen Methodenlehre und dem angeführten Heronischen Schlußverfahren hat die Methode der

Indivisibilien, die B. Cavalieri in seiner Geometria indivisibilibus continuorum nova quadam ratione promota 1635 entwickelte. Er stellt Flächen ebener Figuren zwischen dieselben beiden parallelen Geraden, zwei Körper zwischen dieselben beiden parallelen Ebenen und denkt sich im ersten Falle die Flächen durch die Gesamtheit der parallelen Sehnen, im zweiten Falle durch die Gesamtheit paralleler Ebenen ausgefüllt. Er behauptet sodann, die beiden ebenen Figuren verhielten sich wie die Gesamtheiten der in ihnen enthaltenen Sehnen, die Körper wie die Gesamtheiten der sie erfüllenden Ebenen. Die Elemente dieser Gesamtheiten nennt er Indivisibilien, ohne sich klar darüber zu äußern, ob diese geradezu als Linien bzw. Ebenen, oder als unendlich schmale Flächenstreifen bzw. unendlich dünne Scheibchen angesehen werden sollen. Für die, denen diese Methode der Indivisibilien zu dunkel oder unfaßbar erscheine, entwickelt er im letzten Buche seines Werkes eine zweite Methode, deren Grundlage das bekannte, heute allgemein nach Cavalieri benannte Prinzip (Axiom) bildet: Flächen oder Körper sind inhaltsgleich, wenn die in gleicher Höhe geführten Schnitte gleiche Strecken bzw. gleiche Flächen ergeben.

3. Der allgemeine Gedanke, der dem bei der Vergleichung der Pyramiden angewendeten Grenzverfahren zugrunde liegt, besteht darin, daß Vielflache als gleich definiert werden, wenn sie Summen von unendlich vielen Teilvielflachen von der Beschaffenheit sind, daß jedem Teilvielflach der einen Summe ein kongruentes Teilvielflach der andern Summe entspricht. M. Dehn gab dieser dritten Definition der Rauminhaltsgleichheit 1911 die Fassung: Zwei Vielflache sind inhaltsgleich, wenn sie bis auf einen Rest, der in einen beliebigen gegebenen Körper eingeschlossen werden kann, zerlegungsgleich sind. Im Gegensatz zu dieser ein Grenzverfahren voraussetzenden dritten Definition werden die beiden Fälle der Zerlegungs- und Ergänzungsgleichheit jetzt gewöhnlich unter dem Namen Endlichgleichheit zusammengefaßt.

Schon von Gauss ist die Frage angeregt worden, ob zwei inhaltsgleiche Vielflache (Definition 3) stets endlichgleich (Definition 1 und 2) seien, oder mit anderen Worten: Ob der Grenzübergang beim Beweise der Inhaltsgleichheit von Pyramiden mit gleicher Grundfläche und gleicher Höhe im Wesen der Sache liegt oder durch Abänderung des Verfahrens auch umgangen werden kann. O. Rausenberger hat zuerst 1893 ohne Beweis den Gedanken ausgesprochen, daß Vielflache von gleichem Raumwert (d. h. Inhalt) sich nicht immer in kongruente Teile zerlegen lassen. R. Bricard stellte 1896 ohne Andeutung eines Beweises die Behauptung auf: Damit zwei Vielflache zerlegungsgleich seien, ist notwendig, daß eine gewisse lineare Funktion ihrer Flächenwinkel (d. h. der Winkel zwischen je zwei benachbarten Begrenzungsflächen) mit ganzen Koeffizienten ein Vielflaches von zwei Rechten sei. Er wies ferner nach, daß

z. B. bei einem Würfel und einem regelmäßigen Vierflach diese von ihm behauptete notwendige Bedingung nicht erfüllt sein könne. G. Sforza bewies 1897 das Bestehen jener Bedingung in einem einfachen besonderen Falle von Endlichgleichheit, bei dem über die Art des Aneinanderstoßens der Teilvielflache eine beschränkende Voraussetzung gemacht wird, ohne aber das Problem in seiner Allgemeinheit zu erledigen. D. Hilbert brachte 1900 die von Gauss angeregte Frage wieder in Erinnerung, sprach die Vermutung aus, daß nicht alle inhaltsgleichen Vielflache endlichgleich seien, und stellte die bestimmte Aufgabe, zwei Vierflache mit gleichen Grundflächen und gleichen Höhen anzugeben, die nicht endlichgleich sind. M. Dehn gelang es schon 1900, die Notwendigkeit der von Bricard vermuteten Beziehung allgemein zu beweisen und zu zeigen, daß es inhaltsgleiche Vielflache gibt, bei denen diese für die Endlichgleichheit notwendige Beziehung nicht besteht. Aus dieser Beziehung folgt insbesondere, daß ein regelmäßiges Vierflach und ein Quader nicht endlichgleich sind. Daher ist jeder Versuch, allgemein die Endlichgleichheit einer Pyramide mit einem Prisma nachzuweisen, vergeblich. Die Benutzung irgendeines Grenzverfahrens beim Beweise des Satzes, daß eine Pyramide der dritte Teil eines Prismas mit gleicher Grundfläche und gleicher Höhe sei, ist also nicht zu umgehen. Das ist ein grundlegender Unterschied gegenüber der Lehre vom Flächeninhalte ebener Vielecke, die zu ihrem Aufbau keines Grenzverfahrens bedarf.

4. Man kann in der Stereometrie ähnlich, wie es in der Planimetrie geschehen ist, die Lehre vom Inhaltsmaß rein formal begründen. Solche Begründungen sind von Veronese 1894—1895 und von S. O. Schatunovsky 1903 gegeben worden.

Wie Eukleides in dem planimetrischen Teile der Elemente keine einzige Formel zur Berechnung der Vielecke angibt, so verschmäht er es auch in der Stereometrie, auf die Ausmessung der Vielflache einzugehen, zu der er in seinen Sätzen über die Rauminhaltsvergleichung die nötigen Grundlagen geliefert hat. Für die Messung und Berechnung der Vielflache kommt, wie in der Planimetrie, von den griechischen Quellen in erster Linie Heron in Betracht. Bei ihm finden sich Regeln zur Berechnung des allgemeinen Prismas, des Quaders und des Würfels, der Pyramide und des Pyramidenstumpfes. Die heutige Formel für den Stumpf findet sich zuerst, wohl aus arabischer Quelle, 1220 bei Leonardo von Pisa.

§ 44. Vergleichung der Rauminhalte von Vielflachen.

1. Gegeben sei ein konvexes Vielflach v. Eine seiner Begrenzungsflächen sei f. Man verbinde einen Punkt des Umfangs von f durch eine Strecke s mit einem andern Punkte des Umfangs von f. Durch die die Strecke s tragende Gerade g und einen im Innern des Vielflachs liegenden Punkt P lege man die Ebene $\mathfrak{E}$. Diese schneidet die Oberfläche des

Vielflachs v in einem konvexen Vieleck und teilt das Vielflach v in zwei gleichfalls konvexe Teilvielflache v_1 und v_2. Man sagt, das Vielflach v zerfällt in die Vielflache v_1 und v_2, oder die Vielflache v_1 und v_2 setzen das Vielflach v zusammen.

Zwei konvexe Vielflache heißen kongruent, wenn die aus ihren Ecken gebildeten Raumfiguren kongruent sind.

Zwei konvexe Vielflache heißen zerlegungsgleich, wenn sie je in eine endliche Anzahl konvexer Vielflache zerlegt werden können, die paarweise einander kongruent sind. Zwei konvexe Vielflache heißen ergänzungsgleich, wenn es möglich ist, zu ihnen zwei zerlegungsgleiche konvexe Vielflache hinzuzufügen, so daß die beiden zusammengesetzten Vielflache zerlegungs-

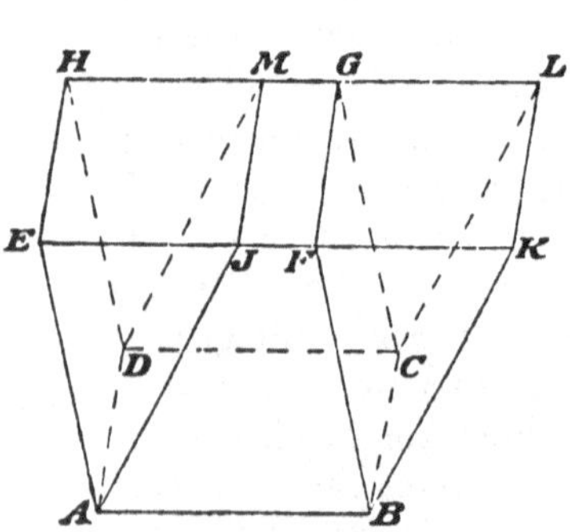

Fig. 160.

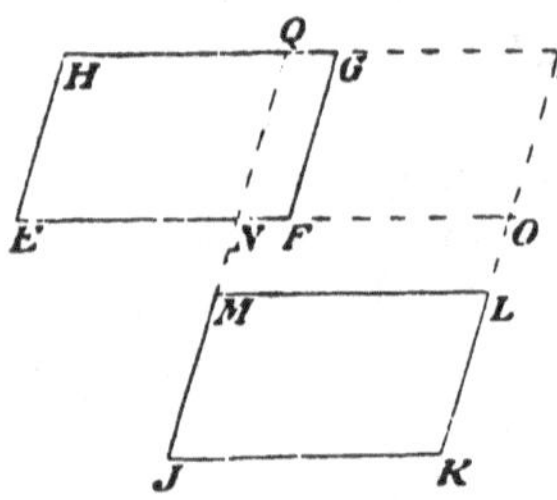

Fig. 161.

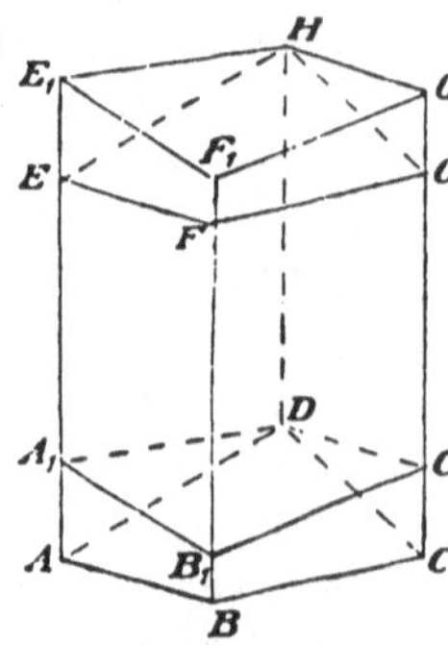

Fig. 162.

gleich sind. Zerlegungsgleiche und ergänzungsgleiche Vielflache heißen endlichgleich.

Ist v_1 zerlegungsgleich v_2 und v_3 zerlegungsgleich v_4, und fügt man v_3 zu v_1 und v_4 zu v_2 hinzu, so sind die zusammengesetztem Vielflache wieder zerlegungsgleich. Ist eins der beiden Paare von Vielflachen nur ergänzungsgleich, so sind auch die zusammengesetzten Vielflache ergänzungsgleich.

Sind v_1 und v_2 zerlegungsgleich, v_3 ein Teil von v_1, v_4 ein Teil von v_2 und v_3 und v_4 zerlegungsgleich, so sind die Vielflache v_5 und v_6, die entstehen, wenn man von v_1 den Teil v_3 und von v_2 den Teil v_4 wegnimmt, einander ergänzungsgleich. Denn aus v_5 und v_6 entstehen durch Hinzufügung der zerlegungsgleichen Vielflache v_3 und v_4 wieder die zerlegungsgleichen Vielflache v_1 und v_2.

Ist das Vielflach v_1 einem Teile von v endlichgleich, so sagt man, v_1 sei kleiner als v oder v sei größer als v_1.

Entsprechend wie in § 31, **1**, S. 135, beweist man:

Sind zwei konvexe Vielflache einem dritten zerlegungsgleich, so sind sie einander zerlegungsgleich. Sind zwei konvexe Vielflache einem dritten ergänzungsgleich, so sind sie einander ergänzungsgleich.

2. $ABCDEFGH$ oder kürzer $[AG]$ und $ABCDIKLM$ oder $[AL]$ seien zwei Spate über derselben Grundfläche $ABCD$, deren Deckflächen zwischen denselben parallelen Geraden EK und HL liegen (Fig. 160). Durch Zusammensetzung von $[AG]$ und $BFKCGL$ entsteht dasselbe Vielflach wie durch Zusammensetzung von $[AL]$ und $AEIDHM$. Da $BFKCGL$ und $AEIDHM$ kongruent sind, so sind $[AG]$ und $[AL]$ ergänzungsgleich (**1**).

Spate mit derselben Grundfläche und gleichen Höhen, deren Deckflächen zwischen denselben beiden Parallelen liegen, sind ergänzungsgleich.

3. $[AG]$ und $[AL]$ seien zwei Spate über derselben Grundfläche $ABCD$ und mit gleichen Höhen, deren Deckflächen $EFGH$ und $IKLM$ nicht zwischen denselben beiden Parallelen liegen (Fig. 161. Die Ebene der Zeichnung ist die Ebene der beiden Deckflächen). Die Geraden HG, EF, IM und KL schneiden sich in vier Punkten, N, O, P, Q. Dann ist $[AG]$ ergänzungsgleich $[AP]$ und $[AP]$ ergänzungsgleich $[AL]$ (**2**), daher auch $[AG]$ ergänzungsgleich $[AL]$ (**1**).

Spate mit derselben Grundfläche und gleichen Höhen sind ergänzungsgleich.

4. $ABCDEFGH$ sei ein beliebiges schiefes Prisma (Fig. 162). Durch D und H lege man die Ebenen $\perp DH$, die das Prisma in $A_1B_1C_1D$ und $E_1F_1G_1H$ schneiden. Dann ist $ABCDA_1B_1C_1 \cong EFGHE_1F_1G_1$, und daher das schiefe Prisma $ABCDEFGH$ zerlegungsgleich dem geraden Prisma $A_1B_1C_1DE_1F_1G_1H$ (**1**).

Ein auf den Seitenkanten eines Prismas senkrechter Querschnitt durch das Prisma heißt ein Normalschnitt.

Ein schiefes Prisma ist einem geraden Prisma zerlegungsgleich, dessen Grundfläche der Normalschnitt und dessen Höhe die Länge der Seitenkanten ist.

5. $ABCDEF$ sei ein dreiseitiges Prisma mit der Grundfläche ABC (Fig. 163). Die Parallele zu AB durch die Mitte P von BC schneide AC in Q und die Parallele zu AC durch B in R. Die Parallelen zu AD durch P, Q, R schneiden die Ebene DEF in S, T, U. Dann ist das dreiseitige Prisma $CPQFST$ zerlegungsgleich dem geraden Prisma, dessen Grundfläche der Normalschnitt und dessen Höhe PS ist (**4**). Das Entsprechende gilt von dem Prisma $BPRESU$. Die Normalschnitte dieser beiden Prismen sind kongruent, folglich auch die beiden geraden Prismen, deren Grundflächen die Normalschnitte sind. Die beiden dreiseitigen Prismen $CPQFST$ und $BPRESU$ sind also zerlegungsgleich (**1**). Daraus folgt die Zerlegungsgleichheit des dreiseitigen Prismas $ABCDEF$ und des Spates $[AU]$ (**1**).

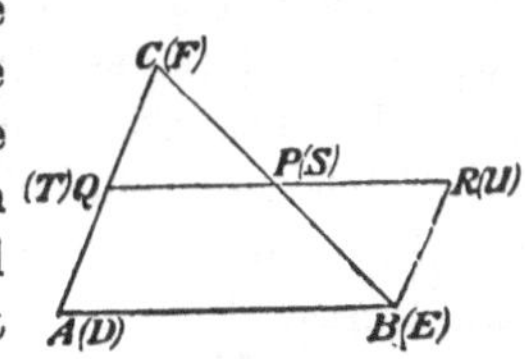

Fig. 163.

Ein dreiseitiges Prisma ist zerlegungsgleich einem Spat mit gleicher Höhe, dessen Grundfläche mit dem Grunddreieck des Prismas eine Seite gemein hat, während die andere Seite der Grundfläche mit einer halben Seite des Grunddreiecks zusammenfällt.

6. $ABCEFG$ und $ABCE_1F_1G_1$ seien zwei dreiseitige Prismen mit derselben Grundfläche und gleichen Höhen. Jedes dieser Prismen ist einem Spat von gleicher Höhe zerlegungsgleich, dessen Grundfläche die Seiten AB und AQ hat (Q die Mitte von AC). Diese beiden Spate sind ergänzungsgleich (**3**). Folglich sind auch die beiden dreiseitigen Prismen ergänzungsgleich.

Dreiseitige Prismen mit derselben Grundfläche und gleichen Höhen sind ergänzungsgleich.

7. Haben zwei n-seitige Prismen dieselbe Grundfläche und gleiche Höhen, so zerlege man die Grundfläche in Dreiecke und jedes der beiden Prismen in dreiseitige Prismen, die diese Dreiecke zu Grundflächen haben. Dann sind die dreiseitigen Teilprismen der beiden n-seitigen Prismen

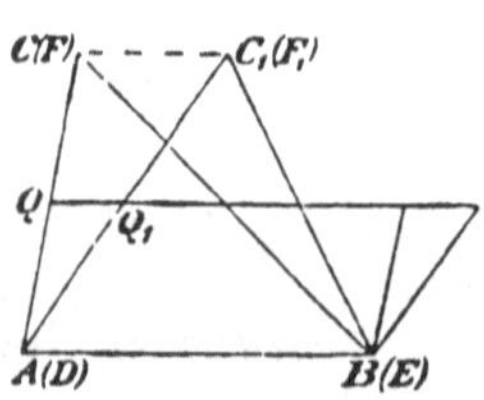

Fig. 164.

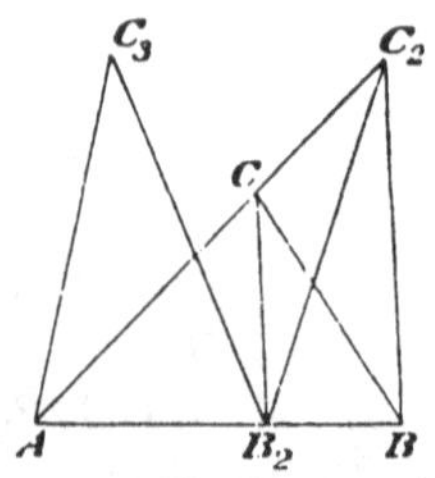

Fig. 165.

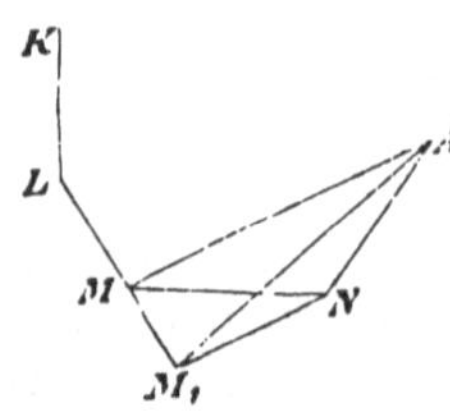

Fig. 166.

paarweise ergänzungsgleich (**6**), und dasselbe gilt demnach von den beiden n-seitigen Prismen selbst (**1**).

Prismen mit derselben Grundfläche und mit gleichen Höhen sind ergänzungsgleich.

8. $ABCDEF$ sei ein dreiseitiges Prisma mit der Grundfläche ABC. Man verwandle das Dreieck ABC in ein Dreieck ABC_1 mit derselben Grundseite AB und errichte über ABC_1 das dreiseitige Prisma ABC_1DEF_1 (Fig. 164). Ist Q die Mitte von AC, Q_1 die Mitte von AC_1, so sind die beiden Prismen zwei Spaten gleicher Höhe zerlegungsgleich, von deren Grundflächen die eine die Seiten AB und AQ, die andere die Seiten AB und AQ_1 hat. Diese beiden Spate haben die Fläche $ABED$ gemein. Nimmt man diese als gemeinsame Grundfläche, so sind die zugehörigen Höhen der beiden Spate gleich. Die Spate sind also ergänzungsgleich (**3**). Mithin gilt dasselbe von den beiden dreiseitigen Prismen.

Dreiseitige Prismen gleicher Höhe, deren Grunddreiecke eine Seite gemein haben und gleiche Höhen besitzen, sind ergänzungsgleich.

9. $ABCDEF$ und $A_1B_1C_1D_1E_1F_1$ seien zwei dreiseitige Prismen mit gleichen Grundflächen und gleichen Höhen. Ist $AB > A_1B_1$, so gibt es auf AB einen Punkt B_2 derart, daß $AB_2 = A_1B_1$ ist (Fig. 165). Zieht man CB_2 und durch B zu CB_2 die Parallele, so bestimmt diese auf der Verlängerung von AC den Punkt C_2 derart, daß die Dreiecke CB_2B und CB_2C_2 in der Seite CB_2 und der zugehörigen Höhe übereinstimmen.

Folglich ist das Prisma über CB_2B ergänzungsgleich dem Prisma über CB_2C_2 und demnach auch das Prisma über ABC ergänzungsgleich dem Prisma über AB_2C_2 (gleiche Höhen aller Prismen vorausgesetzt). Konstruiert man über AB_2 nach der Seite, auf der C_2 liegt, das Dreieck $AB_2C_3 \cong A_1B_1C_1$, so sind die Prismen über AB_2C_3 und $A_1B_1C_1$ (gleiche Richtung der Seitenkanten vorausgesetzt) kongruent und die Prismen über AB_2C_3 und AB_2C_2 ergänzungsgleich (**8**). Demnach sind auch die Prismen über ABC und $A_1B_1C_1$ ergänzungsgleich (**1**).

Dreiseitige Prismen mit gleichen Grundflächen und gleichen Höhen sind ergänzungsgleich.

10. $ABC \ldots LMN$ sei die Grundfläche eines n-seitigen Prismas. Man ziehe die Diagonale AM und durch N zu AM die Parallele (Fig. 166). Diese schneide die Verlängerung von LM in M_1. Verbindet man M_1 mit A, so stimmen die Dreiecke AMM_1 und AMN in der Seite AM und der zu dieser Seite gehörigen Höhe überein. Die über diesen Dreiecken errichteten dreiseitigen Prismen gleicher Höhe sind also ergänzungsgleich (**8**). Folglich gilt dasselbe von dem n-seitigen Prisma über $ABC \ldots LMN$ und dem $n-1$-seitigen Prisma über $ABC \ldots LM_1$ (**1**).

Jedes n-seitige Prisma ist ergänzungsgleich einem $n-1$-seitigen Prisma mit gleicher Höhe und Seitenkanten derselben Richtung, dessen Grundfläche durch Verwandlung der Grundfläche des n-seitigen Prismas in ein $n-1$-Eck gefunden wird.

Setzt man die Verwandlung fort, so ergibt sich:

Jedes n-seitige Prisma ist ergänzungsgleich einem dreiseitigen Prisma mit gleicher Höhe und Seitenkanten derselben Richtung, dessen Grundfläche durch Verwandlung der Grundfläche des n-seitigen Prismas in ein Dreieck gefunden wird.

11. Haben zwei beliebige Prismen gleiche Grundflächen und gleiche Höhen, so ist jedes von ihnen ergänzungsgleich einem dreiseitigen Prisma mit gleicher Grundfläche und gleicher Höhe (**10**). Diese dreiseitigen Prismen sind einander ergänzungsgleich (**9**). Folglich gilt dasselbe auch von den beiden gegebenen Prismen.

Prismen mit gleichen Grundflächen und gleichen Höhen sind ergänzungsgleich.

12. Zwei kongruente Quader lassen sich zu einem Quader mit derselben Grundfläche und doppelter Höhe zusammensetzen. Zwei Quader mit derselben Grundfläche und den Höhen h und h_1 lassen sich zu einem Quader mit derselben Grundfläche und der Höhe $h + h_1$ zusammensetzen.

Man bezeichnet das Vielflach, das aus zwei Vielflachen v_1 und v_2 zusammengesetzt ist, als die Summe $v_1 + v_2$, das Vielflach, das aus v_1 durch Wegnahme eines Teilvielflachs v_2 entsteht, als die Differenz $v_1 - v_2$ und das Vielflach, das aus n kongruenten Vielflachen v zusammengesetzt ist, als $n \cdot v$.

Man addiert oder subtrahiert zwei Quader mit derselben Grundfläche, indem man ihre Höhen addiert oder subtrahiert. Man multipliziert einen Quader mit einer Zahl n, indem man seine Höhe mit n multipliziert.

Unter dem Verhältnis zweier Quader mit derselben Grundfläche versteht man das Verhältnis ihrer Höhen.

Ist das Vielflach v_1 endlichgleich v_2 und v_3 endlichgleich v_4, so sagt man, es verhalte sich $v_1 : v_3 = v_2 : v_4$.

13. Bezeichnet man einen Quader mit den Kanten a, b, c mit $Q\,(a\,b\,c)$, so verhält sich

$$Q\,(abc) : Q\,(abd) = c : d \quad (\mathbf{12}),$$

$$Q\,(abd) : Q\,(aed) = b : e \quad (\mathbf{12}),$$

$$Q\,(aed) : Q\,(fed) = a : f \quad (\mathbf{12}),$$

also

$$Q\,(abc) : Q\,(fed) = abc : def.$$

Quader verhalten sich wie die Produkte aus den Längen dreier in einer Ecke zusammenstoßenden Kanten.

Sind S und S_1 zwei Spate mit den Grundflächen g und g_1 und den Höhen h und h_1, so sind S einem Quader $Q\,(a\,b\,h)$ und S_1 einem Quader $Q\,(d\,e\,h_1)$ ergänzungsgleich, und es ist $g = ab$ und $g_1 = de$ (**11**). Daher verhält sich

$$S : S_1 = Q\,(abh) : Q\,(deh_1) = abh : deh_1 = gh : g_1 h_1 \quad (\mathbf{12}).$$

Spate verhalten sich wie die Produkte aus ihren Grundflächen und Höhen.

Zwei Prismen mit den Grundflächen g und g_1 und den Höhen h und h_1 sind zwei Spaten mit gleichen Grundflächen und Höhen ergänzungsgleich (**11**). Diese verhalten sich wie die Produkte aus ihren Grundflächen und Höhen (**13**). Also gilt dasselbe von den beiden Prismen (**12**).

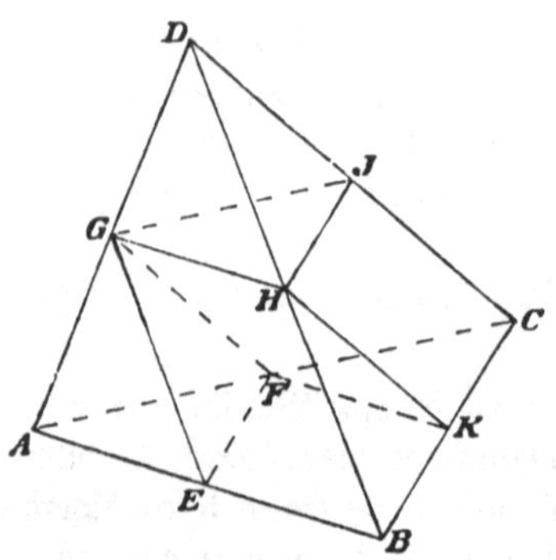

Fig. 167.

Prismen verhalten sich wie die Produkte aus ihren Grundflächen und Höhen.

14. In dem Vierflach $A\,B\,C\,D$ (Fig. 167) seien E, F, G, H, I, K die Mitten der Kanten. Man schneide durch die Ebenen EFG und GHI die dem großen Vierflach ähnlichen einander kongruenten kleinen Vierflache $AEFG$ und $GHID$ ab. Bezeichnet man den Rest des großen Vierflachs mit p_1, jedes der beiden kongruenten kleinen Vierflache mit v_1, das große Vierflach mit v, so ist

$$v = p_1 + 2v_1.$$

Zerlegt man ebenso die beiden kleinen Vierflache in einen Körper p_2 und zwei einander kongruente und zu v_1 ähnliche Vierflache v_2, so ist jedes der kleinen Vierflache $v_1 = p_2 + 2\,v_2$, also

$$2v_1 = 2p_2 + 4v_2 .$$

Verfährt man mit jedem der vier Vierflache v_2 wieder ebenso, so ergibt sich entsprechend

$$4v_2 = 4p_3 + 8v_3$$

usw. Nach dem k-ten Schritte dieses Verfahrens erhält man

$$2^{k-1}\,v_{k-1} = 2^{k-1}\,p_k + 2^k v_k .$$

Durch Addition dieser k Gleichungen erhält man

$$v = p_1 + 2p_2 + 4p_3 + \ldots + 2^{k-1}\,p_k + 2^k v_k .$$

Legt man durch das Vierflach v noch die Ebene $EFIH$, so bilden die beiden Vierflache v_1 einen Teil des dreiseitigen Prismas d_1 mit der Grundfläche AEF und der Seitenkante AD. Ist g die Grundfläche ABC und h die zugehörige Höhe des Vierflachs v, so hat das genannte Prisma d_1 die Grundfläche $\frac{1}{4}\,g$ und die Höhe h. Ebenso bilden die vier Vierflache v_2 einen Teil eines dreiseitigen Prismas d_2 mit der Seitenkante AD und einer Grundfläche, die aus AEF ebenso entsteht wie AEF aus ABC. Dieses dreiseitige Prisma d_2 hat also die Grundfläche $\frac{1}{4^2}\,g$ und die Höhe h. Desgleichen bilden die acht Vierflache v_3 einen Teil eines dreiseitigen Prismas d_3 mit der Grundfläche $\frac{1}{4^3}\,g$ und der Höhe h. Die 2^k Vierflache v_k endlich bilden einen Teil eines dreiseitigen Prismas d_k mit der Grundfläche $\frac{1}{4^k}\,g$ und der Höhe h.. In der Reihe dieser dreiseitigen Prismen ist jedes folgende viermal in dem vorhergehenden enthalten. Ist d das dreiseitige Prisma mit der Grundfläche ABC und der Seitenkante AD, so ist also $d_k = \frac{1}{4^k}\,d$ und $2^k v_k < \frac{1}{4^k}\,d$. Die Zahl $\frac{1}{4^k}$ nähert sich mit unbegrenzt wachsendem k der Grenze Null.

Ist ein Vielflach v_1 der n-te Teil eines gegebenen Vielflachs v, und wächst n über jede angebbare Grenze hinaus, so sagt man, v_1 werde beliebig klein oder nähere sich der Grenze Null.

Setzt man noch zur Abkürzung $p_1 + 2\,p_2 + 4\,p_3 + \ldots + 2^{k-1}\,p_k = q_k$ und $2^k v_k = r_k$, so ist also für jeden Wert von k

$$v = q_k + r_k ,$$

und r_k bildet einen Teil eines Körpers d_k, der mit wachsendem k beliebig klein wird.

Ist $A_1B_1C_1D_1$ ein zweites Vierflach mit der Höhe h, dessen Grund fläche $A_1B_1C_1$ im Flächeninhalt, aber i. a. nicht in der Gestalt mit ABC

übereinstimmt, so kann man dieses Vierflach entsprechend dem ersten zerlegen und erhält $p_1' + 2p_2' + 4p_3' + \ldots + 2^{k-1}p_k' = q_k'$, $2^k v_k' = r_k'$ und

$$v' = q_k' + r_k',$$

und r_k' bildet einen Teil eines Körpers d_k', der mit wachsendem k beliebig klein wird.

Der Körper $EBCFGHI = p_1$ zerfällt durch die Ebene $GJFKH$ in zwei dreiseitige Prismen. Ergänzt man das Dreieck EBC zu dem Parallelogramm $EBCL$ mit den Gegenseiten EB und LC, und errichtet man über diesem Parallelogramm den Spat mit der Seitenkante JC, so wird dieser durch die Schnittebene $GFKH$ in zwei kongrunte Spate zerlegt. Jedes der beiden dreiseitigen Prismen, in die p_1 zerschnitten wird, ist die Hälfte eines der beiden kongruenten Spate. Der Körper p_1 ist also einem der beiden Spate ergänzungsgleich. Jeder der beiden Spate hat die Grundfläche $\frac{1}{2}g$ und die Höhe $\frac{1}{2}h$. Der Körper p_1 ist also einem Spate mit der Grundfläche $\frac{1}{2}g$ und der Höhe $\frac{1}{2}h$ ergänzungsgleich.

Geht man von dem Körper p_1 zu einem der Körper p_2 über, so muß man g durch $\frac{1}{4}g$ und h durch $\frac{1}{2}h$ ersetzen. Der Körper p_2 ist also einem Spat mit der Grundfläche $\frac{1}{8}g$ und der Höhe $\frac{1}{4}h$ ergänzungsgleich. Allgemein ist p_k einem Spat mit der Grundfläche $\frac{1}{2\cdot 4^{k-1}}g$ und der Höhe $\frac{1}{2^k}h$ ergänzungsgleich.

Entsprechendes gilt von den Körpern $p_1', p_2', \ldots p_k'$. p_k' ist einem Spat mit der Grundfläche $\frac{1}{2\cdot 4^{k-1}}g$ und der Höhe $\frac{1}{2^k}\cdot h$ ergänzungsgleich. Prismen (also auch Spate) mit gleichen Grundflächen und gleichen Höhen sind ergänzungsgleich (**11**). Also ist auch p_k ergänzungsgleich p_k' (**1**). Demnach ist q_k ergänzungsgleich q_k' oder $v - r_k$ ergänzungsgleich $v' - r_k'$, wo die Reste r_k und r_k' in Körpern d_k und d_k' enthalten sind, die mit wachsendem k beliebig klein werden.

Zwei Vielflache heißen grenzgleich, wenn sie bis auf einen Rest, der in einen beliebig kleinen Körper eingeschlossen werden kann, endlichgleich sind. Endlichgleiche und grenzgleiche Vielflache heißen inhaltsgleich.

Aus der Erklärung folgt sofort:

Sind zwei Vielflache einem dritten inhaltsgleich, so sind sie auch einander inhaltsgleich.

Mit Hilfe der Erklärung der Grenzgleichheit kann das Ergebnis der Vergleichung der beiden Vierflache folgendermaßen ausgesprochen werden:

Vierflache mit gleichen Grundflächen und gleichen Höhen sind grenzgleich.

15. Durch das dreiseitige Prisma $ABCDEF$ mit der Grundfläche ABC lege man die Schnittebenen AEC und DEC (Fig. 168). Durch diese zerfällt das Prisma in die drei Vierflache $ABCE$, $ACDE$, $FCDE$. Von diesen haben $ACDE$ und $FCDE$ gleiche Grundflächen ACD und FCD und deselbe Spitze E, also auch dieselbe Höhe. Sie sind also grenzgleich (14). Sieht man in $ABCE$ und $FCDE$ die Dreiecke ABC und DEF als die Grundflächen an, so haben auch diese beiden Vierflache gleiche Grundflächen und gleiche Höhen; ihre Höhen sind nämlich der Höhe des Prismas gleich. Also sind auch diese beiden Vierflache grenzgleich.

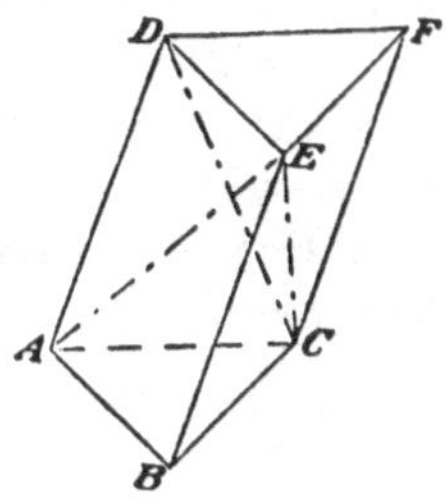

Fig. 168.

Ein dreiseitiges Prisma kann durch zwei Schnitte in drei grenzgleiche Vierflache geteilt werden.

Ist umgekehrt ein Vierflach $ABCE$ gegeben, so kann man dieses immer zu einem dreiseitigen Prisma $ABCDEF$ mit der Grundfläche ABC ergänzen. Der Körper, der zu dem Vierflach hinzugefügt wird, läßt sich in zwei zueinander und zu dem gegebenen Vierflach grenzgleiche Vierflache teilen.

Ein Vierflach ist dem dritten Teil eines dreiseitigen Prismas mit derselben Grundfläche und derselben Höhe grenzgleich.

16. Zerlegt man die Grundfläche einer n-seitigen Pyramide durch Diagonalen in Dreiecke, und verbindet man die zerlegenden Diagonalen mit der Spitze der Pyramide durch Ebenen, so zerschneiden diese die Pyramide in Vierflache. Jedes dieser Vierflache ist dem dritten Teil eines dreiseitigen Prismas mit derselben Grundfläche und derselben Höhe grenzgleich (15). Gibt man allen diesen dreiseitigen Prismen Seitenkanten von derselben Richtung, so ist ihre Summe ein n-seitiges Prisma, das dieselbe Grundfläche und dieselbe Höhe wie die n-seitige Pyramide hat.

Eine n-seitige Pyramide ist dem dritten Teil eines Prismas mit derselben Grundfläche und derselben Höhe grenzgleich.

Ist das Vielflach v_1 grenzgleich v_2 und v_3 grenzgleich v_4, so sagt man, es verhält sich $v_1 : v_3 = v_2 : v_4$.

Zwei n-seitige Pyramiden mit den Grundflächen g und g_1 und den Höhen h und h_1 verhalten sich wie die dritten Teile zweier Prismen mit den Grundflächen g und g_1 und den Höhen h und h_1, d.h. wie $\frac{1}{3}gh : \frac{1}{3}g_1h_1$.

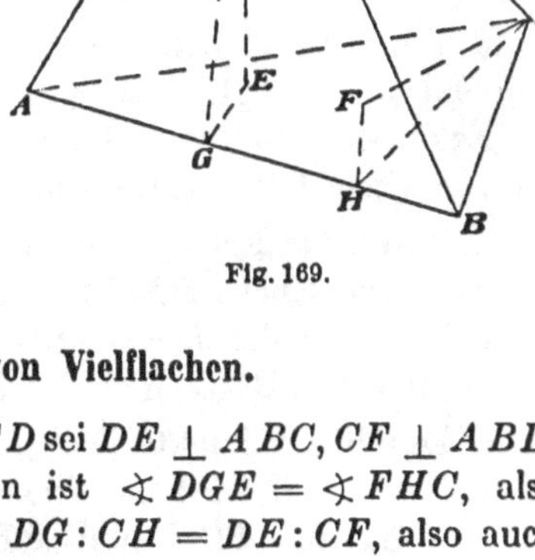

Fig. 169.

§ 45. Das Inhaltsmaß von Vielflachen.

1. In einem beliebigen Vierflach $ABCD$ sei $DE \perp ABC$, $CF \perp ABD$, $EG \perp AB$, $FH \perp AB$ (Fig. 169). Dann ist $\sphericalangle DGE = \sphericalangle FHC$, also $\triangle DGE \sim \triangle CHF$, und es verhält sich $DG : CH = DE : CF$, also auch

$\frac{1}{2} AB \cdot DG : \frac{1}{2} AB \cdot CH = DE : CF$. Bezeichnet man das Inhaltsmaß eines Dreiecks ABC mit $I(ABC)$, so ist also $I(ABC) \cdot DE = I(ABD) \cdot CF$.

In jedem Vierflach sind die Produkte aus dem Inhaltsmaß je einer Fläche und der zugehörigen Höhe (Produkte gleich Produktstrecken im Sinne der Hilbertschen Streckenmultiplikation) einander gleich.

Der dritte Teil des Produkts aus dem Inhaltsmaß einer Fläche eines Vierflachs $ABCD$ und der zugehörigen Höhe heißt das Inhaltsmaß $I(ABCD)$ des Vierflachs. Es ist also $I(ABCD) = \frac{1}{3} g h$, wenn man mit g das Inhaltsmaß einer beliebigen Fläche und mit h die zugehörige Höhe des Vierflachs bezeichnet.

2. In dem beliebigen Vierflach $ABCD$ werde die Kante AD mit einem beliebigen Punkte E der Gegenkante durch die Ebene ADE verbunden und die Höhe DF gezogen (Fig. 170). Dann ist $I(ABED) = \frac{1}{3} I(ABE) \cdot DF$ und $I(AECD) = \frac{1}{3} I(AEC) \cdot DF$, also $I(ABED) + I(AECD) = \frac{1}{3}[I(ABE) + I(AEC)] \cdot DF = \frac{1}{3} I(ABC) \cdot DF = I(ABCD)$.

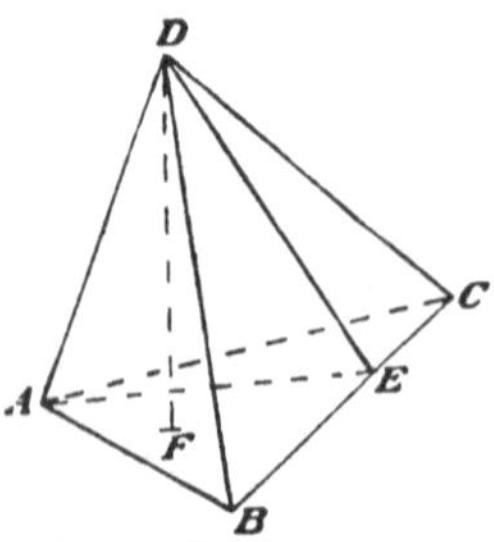

Fig. 170.

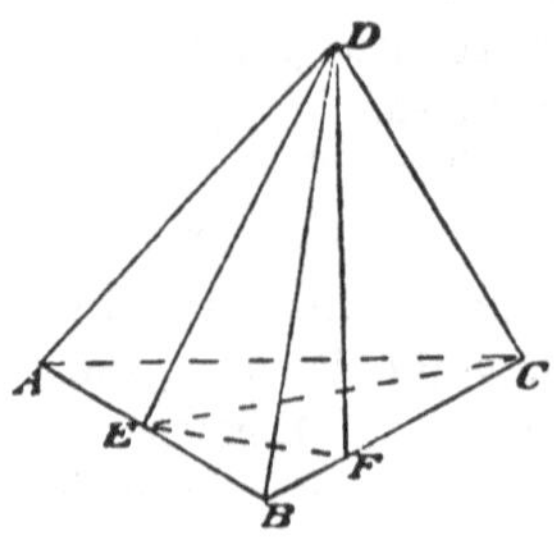

Fig. 171.

Eine Zerlegung eines Vierflachs durch eine Ebene von einer Kante zu einem Punkte der Gegenkante heißt eine Querzerlegung des Vierflachs.

Das Inhaltsmaß eines Vierflachs ist gleich der Summe der Inhaltsmaße der beiden durch eine Querzerlegung entstandenen Teilvierflache.

Wird ein Vierflach nacheinander durch eine Reihe von Querzerlegungen in beliebig viele Teilvierflache geteilt, so ist das Inhaltsmaß des Vierflachs gleich der Summe der Inhaltsmaße der Teilvierflache.

Der Beweis ergibt sich durch wiederholte Anwendung des vorhergehenden Satzes über eine einzige Querzerlegung.

3. Wird ein Vierflach durch eine Ebene, die nicht durch eine seiner Kanten geht, zerlegt, so sind drei Fälle möglich: Die Ebene geht durch eine Ecke, sie schneidet zwei Paare von Gegenkanten oder sie schneidet drei von einer Ecke ausgehende Kanten.

1. Durch die Ecke D wird die Ebene DEF gelegt (Fig. 171). Nimmt man noch die Ebene DEC hinzu, so kann man die Zerlegung durch die Ebene DEF auf die nacheinander auszuführenden Querzerlegungen DCE des Vierflachs $ABCD$ und DEF des Vierflachs $EBCD$ zurückführen.

2. Durch die Punkte E, F, G, H der beiden Gegenkantenpaare AD, BC und AC, BD wird die Ebene $EFGH$ gelegt (Fig. 172). Nimmt man noch die Ebenen ACH und BDG hinzu, so kann man die Zerlegung

durch die Ebene $EGFH$ auf die nacheinander ausgeführten Querzerlegungen ACH in dem Vierflach $ABCD$, BHG in $ABCH$, GHF in $GBCH$, DHG in $ACDH$ und GHE in $ADGH$ zurückführen.

3. Durch die Punkte E, F, G der in D zusammenstoßenden Kanten wird die Ebene EFG gelegt (Fig. 173). Nimmt man noch die Ebenen AFG und AFC hinzu, so kann man die Zerlegung durch die Ebene EFG auf die nacheinander ausgeführten Querzerlegungen ACF in dem Vierflach $ABCD$, AFG in $ACDF$ und FGE in $ADGF$ zurückführen.

Jede Zerlegung eines Vierflachs in zwei Teile durch eine Ebene kann auf eine Reihe von nacheinander ausgeführten Querzerlegungen zurückgeführt werden, wenn man zu der vorhandenen Schnittebene noch andere Ebenen hinzufügt.

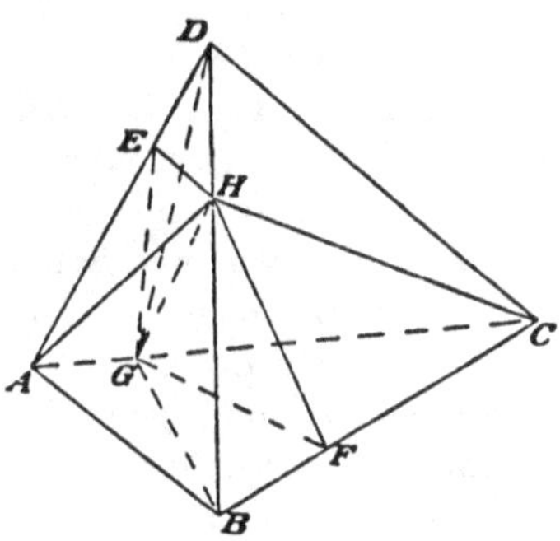

Fig. 172.

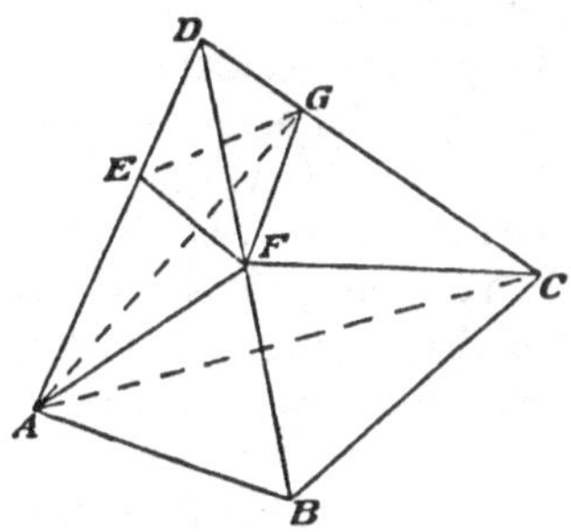

Fig. 173.

4. Ein gegebenes Vierflach v sei durch Ebenen in die Vierflache v_1, v_2, ... v_k zerlegt, und die Zerlegung bestehe nicht aus einer Anzahl von aufeinanderfolgenden Querzerlegungen. Ist f irgendeine Fläche von v_1, so teilt diese, gehörig erweitert, das gegebene Vierflach v in zwei Teile. Durch Hinzufügung von Schnittebenen läßt sich diese Teilung auf eine Reihe von Querzerlegungen in Teilvierflache v_{11}, v_{12}, ... $v_{1\lambda}$ zurückführen. Eine andere Fläche g von v_1 gehe durch die Vierflache v_{11}, v_{12}, ... $v_{1\alpha}$ aus der Reihe der soeben erhaltenen Teilvierflache v_{11}, v_{12}, ... $v_{1\lambda}$. Dann wird g, gehörig erweitert, diese Vierflache v_{11}, v_{12}, ... $v_{1\alpha}$ je in zwei Teile teilen, und diese Teilungen können durch Hinzufügung weiterer Schnittebenen auf Querzerlegungen zurückgeführt werden. Wendet man dieses Verfahren nacheinander auf alle Flächen von v_1, v_2, ... v_k an, so kommt man nach einer endlichen Zahl von Konstruktionen zu einer Unterteilung der gegebenen Teilung durch lauter Querzerlegungen.

Jede Zerlegung eines Vierflachs in Teilvierflache kann auf eine endliche Zahl von nacheinander ausgeführten Querzerlegungen zurückgeführt werden, wenn man zu den vorhandenen Teilungsebenen noch andere Ebenen hinzufügt.

Durch die Hinzufügung der neuen Ebenen wird jedes der ursprünglich vorhandenen Teilvierflache v_α durch Querzerlegungen in eine endliche Anzahl von Teilvierflachen $v_{\alpha 1}$, $v_{\alpha 2}$, ... $v_{\alpha\beta}$ geteilt. Daher ist

$$I(v_\alpha) = I(v_{\alpha 1}) + I(v_{\alpha 2}) + \dots + I(v_{\alpha\beta}) \qquad (\alpha = 1, 2, 3, \dots k).$$

Aber auch v selbst ist jetzt durch Querzerlegungen geteilt. Also ist

$$I(v) = \sum I(v_{\alpha\beta}),$$

wo die Summe über die Inhaltsmaße aller Teilvierflache aller Vierflache $v_1, v_2, \dots v_k$ zu erstrecken ist. Faßt man in dieser Summe immer die Inhaltsmaße der Teilvierflache eines der Vierflache v_α zusammen, so erhält man

$$I(v) = \sum I(v_\alpha) \qquad (\alpha = 1, 2, \dots, k).$$

Wird ein Vierflach in beliebig viele Teilvierflache zerlegt, so ist das Inhaltsmaß des Vierflachs gleich der Summe der Inhaltsmaße der Teilvierflache.

5. Ein beliebiges Vielflach v sei auf zwei verschiedene Arten durch Ebenen in je eine endliche Anzahl von Vierflachen v_k bzw. v_l zerlegt. Die Ebenen der Zerlegung in die Vierflache v_l teilen die Vierflache v_k je in zwei Teile, die Ebenen der Zerlegung in die Vierflache v_k teilen ebenso die Vierflache v_l je in zwei Teile. Durch Hinzufügung weiterer Schnittebenen kann man jede solche Teilung auf Querzerlegungen der Vierflache v_k und v_l zurückführen. Man erhält so eine dritte Zerlegung von v in Vierflache v_s. Das Inhaltsmaß jedes Vierflachs v_k und jedes Vierflachs v_l ist gleich der Summe der Inhaltsmaße der Vierflache v_s, die in das betreffende Vierflach fallen (4). Daher ist $\sum I(v_k) = \sum I(v_s)$ und $\sum I(v_l) = \sum I(v_s)$ und folglich auch $\sum I(v_k) = \sum I(v_l)$.

Die Summe der Inhaltsmaße der Vierflache, in die ein Vielflach v bei irgendeiner Zerlegung zerfällt, ist von der Art der Zerlegung unabhängig und daher durch das Vielflach selbst eindeutig bestimmt. Diese Summe heißt das Inhaltsmaß $I(v)$ des Vielflachs.

Besteht das Vielflach v aus den beiden Vielflachen v_1 und v_2, so ist $I(v) = I(v_1) + I(v_2)$.

Sind v_1 und v_2 irgend zwei zerlegungsgleiche Vielflache, so sind $I(v_1)$ und $I(v_2)$ beide gleich der Summe der Inhaltsmaße der paarweise kongruenten Vielflache, in die sich v_1 und v_2 zerlegen lassen. Also ist $I(v_1) = I(v_2)$.

Zerlegungsgleiche Vielflache haben gleiches Inhaltsmaß.

Sind v_1 und v_2 irgend zwei ergänzungsgleiche Vielflache, so gibt es zwei zerlegungsgleiche Vielflache v_3 und v_4 derart, daß die zusammengesetzten Vielflache $v_1 + v_3$ und $v_2 + v_4$ zerlegungsgleich sind. Folglich ist einerseits $I(v_1 + v_3) = I(v_2 + v_4)$ oder $I(v_1) + I(v_3) = I(v_2) + I(v_4)$ und andererseits $I(v_3) = I(v_4)$. Daraus folgt $I(v_1) = I(v_2)$.

Ergänzungsgleiche Vielflache haben gleiches Inhaltsmaß.

6. Sind die Vierflache $ABCD$ und $A_1B_1C_1D_1$ mit den Höhen DE und D_1E_1 endlichgleich, und besitzen ihre Grundflächen ABC und $A_1B_1C_1$ gleiche Inhaltsmaße, so ist $\frac{1}{3} I(ABC) \cdot DE = \frac{1}{3} I(A_1B_1C_1) \cdot D_1E_1$ (5) und $I(ABC) = I(A_1B_1C_1)$, daher auch $DE = D_1E_1$.

Wenn zwei endlichgleiche Vierflache Grundflächen gleichen Inhaltsmaßes besitzen, so haben sie gleiche Höhen.

Daraus folgt indirekt:

Haben zwei Vierflache Grundflächen gleichen Inhaltsmaßes und verschiedene Höhen, so sind sie nicht endlichgleich.

7. Zu jedem n-seitigen Prisma gibt es einen endlichgleichen Quader mit derselben Höhe; man erhält diesen Quader, indem man die Grundfläche des Prismas in ein Rechteck verwandelt und über diesem Rechteck den Quader mit der gegebenen Höhe konstruiert. Zu diesem Quader q_1 gibt es einen endlichgleichen Quader q_2 mit einer gegebenen Grundkante a; man erhält diesen neuen Quader, indem man das Grundrechteck des ersten Quaders in ein Rechteck mit der gegebenen Seite a verwandelt und über dem neuen Rechteck den Quader mit der gegebenen Höhe konstruiert. Zu diesem Quader q_2 mit der gegebenen Grundkante a gibt es einen endlichgleichen Quader q_3 mit den gegebenen Grundkanten a und b; man erhält diesen neuen Quader, indem man in q_2 eine der nicht a enthaltenden Seitenflächen als neue Grundfläche wählt, diese in ein Rechteck mit der Seite b verwandelt und über dieser neuen Grundfläche den Quader mit der Höhe a konstruiert.

Jedes n-seitige Prisma ist einem Quader mit zwei willkürlich gegebenen Kanten a und b endlichgleich.

Jede Summe von beliebigen Prismen ist einem Quader mit zwei willkürlich gegebenen Kanten a und b endlichgleich.

Man erhält diesen Quader, indem man zu jedem einzelnen Prisma den Quader mit den Kanten a und b konstruiert und diese einzelnen Quader aufeinanderstellt.

8. Jedes Vierflach ist dem dritten Teil eines dreiseitigen Prismas mit derselben Grundfläche und derselben Höhe inhaltsgleich. Also gilt:

Jedes Vierflach ist einem Quader mit zwei willkürlich gegebenen Kanten a und b inhaltsgleich (7).

Jede Summe beliebiger Vierflache ist einem Quader mit zwei willkürlich gegebenen Kanten a und b inhaltsgleich (7).

Jedes Vielflach kann durch Schnittebenen in eine Summe von Vierflachen zerlegt werden; also:

Jedes Vielflach ist einem Quader mit zwei willkürlich gegebenen Kanten a und b inhaltsgleich (7).

9. v_1 und v_2 seien zwei Vielflache mit gleichem Inhaltsmaß. v_1 sei dem Quader mit den Grundkanten 1 und 1 und der Höhe h_1, und v_2 sei dem Quader mit den Grundkanten 1 und 1 und der Höhe h_2 inhaltsgleich (8). Das Inhaltsmaß des ersten Quaders ist das Doppelte des Inhaltsmaßes eines geraden dreiseitigen Prismas, dessen Höhe h_1 und dessen Grundfläche das rechtwinklige Dreieck mit den Kanten 1 und 1 ist. Das Inhaltsmaß dieses dreiseitigen Prismas ist gleich dem dreifachen Inhaltsmaß der dreiseitigen Pyramide mit derselben Grundfläche und derselben Höhe, d. h. gleich $\frac{1}{2} h_1$. Folglich ist das Inhaltsmaß des ersten Quaders h_1 und entsprechend das Inhaltsmaß des zweiten Quaders h_2. Daher ist $I(v_1) = h_1$ und $I(v_2) = h_2$ (5), folglich wegen der Voraussetzung $h_1 = h_2$. Die beiden Quader sind demnach kongruent. v_1 und v_2 sindalso beide einem und demselben Quader inhaltsgleich und daher auch einander inhaltsgleich.

Vielflache mit gleichem Inhaltsmaß sind inhaltsgleich.

Zerlegt man ein Vielflach v irgendwie durch Ebenen in Vierflache $v_1, v_2, \ldots v_n$, so ist $I(v) = \sum I(v_k)$, $(k = 1, 2, \ldots n)$ (5).

Läßt man von den n Vierflachen, in die ein Vielflach geteilt ist, irgendeins weg, so kann man mit den übrigen $n-1$ Vierflachen bei keiner möglichen Anordnung das Vielflach ausfüllen (Satz von De Zolt).

Wie man nämlich auch diese $n-1$ Vierflache zusammensetzen mag, stets ergeben sie ein Vielflach mit kleinerem Inhaltsmaß als $I(v)$. Wäre dieses dem Vielflach v kongruent, so müßte sein Inhaltsmaß gleich $I(v)$ sein (5).

10. *Sind v_1 und v_2 zwei nicht inhaltsgleiche Vielflache, und ist $I(v_1) > I(v_2)$, so nennt man v_1 inhaltsgrößer als v_2 ($v_1 > v_2$ oder $v_2 < v_1$).*

Sind v_1 und v_2 irgend zwei Vielflache, so gilt von den drei Beziehungen

$$v_1 > v_2\,, \qquad v_1 = v_2\,, \qquad v_1 < v_2$$

stets eine und nur eine. Denn für die beiden Strecken $I(v_1)$ und $I(v_2)$ muß eine und nur eine der drei Beziehungen $I(v_1) \gtreqless I(v_2)$ gelten.

11. *Das Inhaltsmaß eines dreiseitigen Prismas, dessen Grundfläche das Inhaltsmaß g besitzt und dessen Höhe h ist, ist $g\,h$* (8).

Das Inhaltsmaß eines Spates, dessen Grundfläche das Inhaltsmaß g besitzt, und dessen Höhe h ist, ist $g\,h$.

Denn die Grundfläche des Spates zerfällt durch eine Diagonale in zwei Dreiecke mit dem Inhaltsmaß $\frac{1}{2}\,g$, und der Spat zerfällt demgemäß durch eine Diagonalebene in zwei endlichgleiche dreiseitige Prismen mit dem Inhaltsmaß $\frac{1}{2}\,g\,h$.

Das Inhaltsmaß eines Quaders ist gleich dem Produkt dreier in einer Ecke zusammenstoßender Kanten.

Das Inhaltsmaß eines Würfels ist gleich der dritten Potenz der Kante.

Das Inhaltsmaß einer Pyramide mit der Höhe h, deren Grundfläche das Inhaltsmaß g besitzt, ist $\frac{1}{3}\,g\,h$.

12. Sind die Vierflache $ABCD$ und $A_1B_1C_1D_1$ ähnlich, und sind DE und D_1E_1 ihre Höhen, so ist

$$I(ABCD) = \tfrac{1}{3}\,I(ABC)\cdot DE, \qquad I(A_1B_1C_1D_1) = \tfrac{1}{3}\,I(A_1B_1C_1)\cdot D_1E_1,$$
$$DE : D_1E_1 = AB : A_1B_1, \qquad I(ABC) : I(A_1B_1C_1) = AB^2 : A_1B_1^{\,2},$$
$$\text{also} \quad I(ABCD) : I(A_1B_1C_1D_1) = AB^3 : A_1B_1^{\,3}.$$

Die Inhaltsmaße ähnlicher Vierflache verhalten sich wie die dritten Potenzen entsprechender Kanten.

13. Sind die Vielflache v und v_1 ähnlich, so lassen sie sich durch entsprechende Schnittebenen in ähnliche Teilvierflache zerlegen. Ist t ein Teilvierflach von v und t_1 das entsprechende ähnliche Teilvierflach von v_1, so verhalten sich $I(t)$ und $I(t_1)$ wie die dritten Potenzen entsprechender Kanten von t und t_1. Bezeichnet man das Verhältnis der dritten Potenzen der entsprechenden Strecken der beiden ähnlichen Figuren v und v_1 mit k, so ist $I(t) = k \cdot I(t_1)$. Sind t' und t_1' zwei andere entsprechende Teilvierflache, so ist ebenso $I(t') = k \cdot I(t_1')$ usw. Summiert man alle diese Gleichungen, so ergibt sich $I(v) = k \cdot I(v_1)$ oder $I(v) : I(v_1) = k$. *Die Inhaltsmaße ähnlicher Vielflache verhalten sich wie die dritten Potenzen entsprechender Kanten.*

§ 46. Die Rauminhaltsberechnung.

1. *Um den Rauminhalt eines Vielflachs durch eine Zahl ausdrücken zu können, wählt man eine Raumeinheit.*

Die Raumeinheit ist der Würfel, dessen Kante die Längeneinheit ist. Den Längeneinheiten 1 km, 1 m, 1 cm, 1 mm entsprechen die Raumeinheiten 1 ckm, 1 cbm, 1 ccm, 1 cmm.

Die Maßzahl eines Vielflachs ist die Zahl, die gleich dem Verhältnis des Inhaltsmaßes des Vielflachs zu dem Inhaltsmaß der Raumeinheit ist.

2. Das Inhaltsmaß der Raumeinheit ist 1^3, wenn man mit 1 die Einheitsstrecke bezeichnet. Das Inhaltsmaß eines Würfels mit der Kante a ist a^3.

Die Maßzahl eines Würfels, dessen Kante a Längeneinheiten enthält, beträgt a^3 Raumeinheiten.

Das Inhaltsmaß eines Quaders mit den Kanten a, b, c ist $a\,b\,c$.

Die Maßzahl eines Quaders, dessen Kanten a, b und c Längeneinheiten enthalten, beträgt a b c Raumeinheiten.

Das Inhaltsmaß eines Prismas mit der Grundfläche g und der Höhe h ist $g\,h$.

Die Maßzahl eines Prismas, dessen Grundfläche g Flächeneinheiten und dessen Höhe h Längeneinheiten enthalten, beträgt g h Raumeinheiten.

3. Das Inhaltsmaß einer Pyramide mit der Grundfläche g und der Höhe h ist $\frac{1}{3}\,g\,h$.

Die Maßzahl einer Pyramide, deren Grundfläche g Flächeneinheiten und deren Höhe h Längeneinheiten enthalten, beträgt $\frac{1}{3}\,g\,h$ Raumeinheiten.

4. *Durch einen Schnitt parallel zur Grundfläche zerfällt eine Pyramide in zwei Körper, einen Pyramidenstumpf und seine Ergänzungspyramide. Die Grundfläche der Ergänzungspyramide heißt auch die Deckfläche des Stumpfes. Der senkrechte Abstand der Deckfläche von der Grundfläche heißt die Höhe des Stumpfes.*

Ist g die Maßzahl der Grundfläche, g_1 die Maßzahl der Deckfläche, h die Höhe des Stumpfes und h_1 die Höhe der Ergänzungspyramide

(Fig. 174), so ist die Maßzahl s des Stumpfes die Differenz der Maßzahlen der ganzen Pyramide und der Ergänzungspyramide, also

$$s = \tfrac{1}{3} g (h + h_1) - \tfrac{1}{3} g_1 h_1 = \tfrac{1}{3} g h + \tfrac{1}{3} h_1 (g - g_1) .$$

Sind $AB = a$ und $A_1 B_1 = a_1$ zwei entsprechende Seiten der Grundfläche und der Deckfläche, so verhält sich wegen der Ähnlichkeit der beiden Figuren

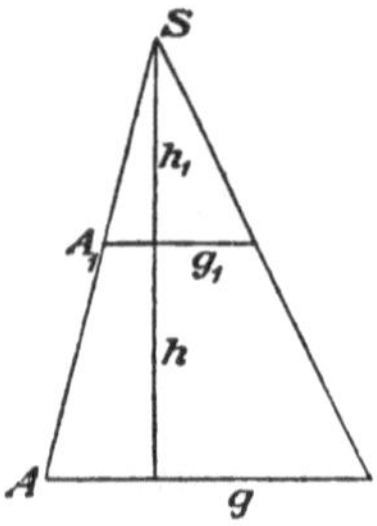

Fig. 174.

$$g : g_1 = a^2 : a_1^2 .$$

Aus dem Hauptsatz der Ähnlichkeitslehre folgt

$$a : a_1 = SA : SA_1 = (h + h_1) : h_1 ,$$

also

$$(h + h_1) : h_1 = \sqrt{g} : \sqrt{g_1} .$$

Daraus findet man

$$h_1 = \frac{h \sqrt{g_1}}{\sqrt{g} - \sqrt{g_1}} .$$

Setzt man diesen Wert in die Formel für den Stumpf s sein, so ergibt sich nach einigen Umformungen

$$s = \tfrac{1}{3} h (g + g_1 + \sqrt{g g_1}) .$$

Die Maßzahl eines Pyramidenstumpfes, dessen Grundfläche g, dessen Deckfläche g_1 Flächeneinheiten und dessen Höhe h Längeneinheiten enthalten, beträgt

$$\tfrac{1}{3} h (g + g_1 + \sqrt{g g_1})$$

Raumeinheiten.

Fünfzehntes Kapitel.

Bewegung, Symmetrie.

§ 47. Bewegung (Schiebung und Drehung) der Figuren.

1. Ist $ABC\ldots LM$ irgendeine Figur im Raume, und sind AA_1, BB_1, $CC_1, \ldots LL_1$, MM_1 gleiche, parallele und gleichgerichtete Strecken, so ist $ABC\ldots LM \cong A_1B_1C_1\ldots L_1M_1$.[1]) *Man sagt dann auch, die Figur $ABC\ldots LM$ sei durch die Schiebung AA_1 (oder BB_1, $CC_1, \ldots MM_1$) in die Lage $A_1B_1C_1\ldots L_1M_1$ gebracht worden. $ABC\ldots LM$ heißt die Anfangslage, $A_1B_1C_1\ldots L_1M_1$ die Endlage der Figur.*

2. Einem Winkel mit den Schenkeln a und b können zwei verschiedene Sinne oder Richtungen beigelegt werden. Je nachdem man die eine oder die andere Richtung meint, bezeichnet man den Winkel mit ab oder ba. Wird unter ab nicht der Winkel mit den Schenkeln a und b schlechthin, sondern der Winkel mit der durch die Buchstabenfolge festgelegten Richtung verstanden, so nennt man ab einen gerichteten Winkel. Sind ab und cd irgend zwei gerichtete Winkel einer Ebene mit gemeinsamem Scheitelpunkt, so sagt man, ab und cd haben dieselbe Richtung, wenn ihre Schenkel a, b, c, d oder ihre Verlängerungen auf einer nicht durch den Scheitelpunkt gehenden Gerade der Ebene zwei gleichgerichtete Strecken AB und CD ausschneiden. Sind AB und CD entgegengesetzt gerichtet, so sagt man, die Winkel ab und cd seien ebenfalls entgegengesetzt gerichtet.

Ist ab ein Winkel mit dem Scheitelpunkt S, so hat jeder andere Winkel cd desselben Scheitelpunktes und derselben Ebene entweder dieselbe Richtung wie ab oder die entgegengesetzte Richtung wie ab (d. h. dieselbe Richtung wie ba). Bezeichnet man die eine der beiden durch die Geraden a und b festgelegten Richtungen, z. B. die Richtung ab, willkürlich als positiv, und legt man jedem Winkel mit dem Scheitelpunkt S in der Ebene des Winkels ab das positive oder das negative Vorzeichen bei, je nachdem er dieselbe Richtung wie ab oder die entgegengesetzte Richtung wie ab besitzt, so nennt man den Büschel S einen gerichteten Büschel. Sind p und q irgend zwei Strahlen eines

---

[1]) Der Beweis auf Grund der Definition kongruenter Figuren bietet keine grundsätzlichen Schwierigkeiten und wird deshalb übergangen.

gerichteten Büschels, so hat also der gerichtete Winkel pq stets ein bestimmtes, durch die willkürlich angenommene positive Richtung im Büschel festgelegtes Vorzeichen.

Dem Neigungswinkel zweier Ebenen $\mathfrak{A}$ und $\mathfrak{B}$ können zwei verschiedene Sinne oder Drehrichtungen beigelegt werden. Je nachdem man die eine oder die andere Richtung meint, bezeichnet man den Winkel mit $\mathfrak{A}\,\mathfrak{B}$ oder $\mathfrak{B}\,\mathfrak{A}$. Wird unter $\mathfrak{A}\,\mathfrak{B}$ nicht der Winkel der Ebenen $\mathfrak{A}$ und $\mathfrak{B}$ schlechthin, sondern der Winkel mit der durch die Buchstabenfolge festgelegten Richtung verstanden, so nennt man $\mathfrak{A}\mathfrak{B}$ einen gerichteten Winkel.

Sind $\mathfrak{A}\,\mathfrak{B}$ und $\mathfrak{C}\,\mathfrak{D}$ irgend zwei gerichtete Winkel eines Ebenenbüschels, so sagt man, $\mathfrak{A}\,\mathfrak{B}$ und $\mathfrak{C}\,\mathfrak{D}$ haben dieselbe Richtung, wenn ihre Ebenen $\mathfrak{A}$, $\mathfrak{B}$, $\mathfrak{C}$, $\mathfrak{D}$ auf irgendeiner nicht durch die Achse des Büschels gehenden Gerade zwei gleichgerichtete Strecken AB und CD ausschneiden. Sind AB und CD entgegengesetzt gerichtet, so sagt man, die Winkel $\mathfrak{A}\,\mathfrak{B}$ und $\mathfrak{C}\,\mathfrak{D}$ seien ebenfalls entgegengesetzt gerichtet.

Ist $\mathfrak{A}\,\mathfrak{B}$ ein Ebenenwinkel mit der Achse s, so hat jeder andere Ebenenwinkel $\mathfrak{C}\,\mathfrak{D}$ derselben Achse entweder dieselbe Richtung wie $\mathfrak{A}\,\mathfrak{B}$ oder die entgegengesetzte Richtung wie $\mathfrak{A}\,\mathfrak{B}$ (d. h. dieselbe Richtung wie $\mathfrak{B}\,\mathfrak{A}$). Bezeichnet man die eine der beiden durch die Ebenen $\mathfrak{A}$ und $\mathfrak{B}$ festgelegten Richtungen, z. B. die Richtung $\mathfrak{A}\,\mathfrak{B}$, willkürlich als positiv und legt man jedem Ebenenwinkel mit der Achse s das positive oder das negative Vorzeichen bei, je nachdem er dieselbe Richtung wie $\mathfrak{A}\,\mathfrak{B}$ oder die entgegengesetzte Richtung wie $\mathfrak{A}\,\mathfrak{B}$ besitzt, so nennt man den Ebenenbüschel s einen gerichteten Büschel. Sind $\mathfrak{P}$ und $\mathfrak{Q}$ irgend zwei Ebenen eines gerichteten Büschels, so hat also der gerichtete Winkel $\mathfrak{P}\,\mathfrak{Q}$ stets ein bestimmtes, durch die willkürliche Annahme der positiven Richtung im Büschel festgelegtes Vorzeichen.

3. $ABC \ldots LM$ sei irgendeine Figur und s irgendeine Gerade im Raume. Die Lote von den Punkten der Figur auf s haben die Fußpunkte A_0, B_0, C_0, $\ldots L_0$, M_0. Die Halbebenen des Büschels s durch die Punkte der Figur seien $\mathfrak{A}$, $\mathfrak{B}$, $\mathfrak{C}$, $\ldots \mathfrak{L}$, $\mathfrak{M}$. Die Normalebenen zu s durch die Punkte der Figur seien $\mathfrak{A}_n$, $\mathfrak{B}_n$, $\mathfrak{C}_n$, $\ldots \mathfrak{L}_n$, $\mathfrak{M}_n$. Man bestimme die Halbebenen $\mathfrak{A}_1$, $\mathfrak{B}_1$, $\mathfrak{C}_1$, $\ldots \mathfrak{L}_1$, $\mathfrak{M}_1$ des Büschels s derart, daß die Winkel $\mathfrak{A}\,\mathfrak{A}_1$, $\mathfrak{B}\,\mathfrak{B}_1$, $\mathfrak{C}\,\mathfrak{C}_1$, $\ldots \mathfrak{L}\,\mathfrak{L}_1$, $\mathfrak{M}\,\mathfrak{M}_1$ gleich und gleichgerichtet sind. Auf den Strahlen $\mathfrak{A}_1\,\mathfrak{A}_n$, $\mathfrak{B}_1\,\mathfrak{B}_n$, $\mathfrak{C}_1\mathfrak{C}_n$, $\ldots \mathfrak{L}_1\,\mathfrak{L}_n$, $\mathfrak{M}_1\,\mathfrak{M}_n$ bestimme man die Punkte A_1, B_1, C_1, $\ldots L_1$, M_1 derart, daß $A_0A_1 = A_0A$, $B_0B_1 = B_0B$, $C_0C_1 = C_0C$, $\ldots L_0L_1 = L_0L$, $M_0M_1 = M_0M$ ist. Dann ist die Figur $A_1B_1C_1 \ldots L_1M_1 \cong ABC \ldots LM$.[1]) *Man sagt dann, die Figur* $ABC \ldots LM$ *sei durch die Drehung* AA_0A_1 *(oder* BB_0B_1 *oder* CC_0C_1, $\ldots$ *oder* MM_0M_1*) um die Achse* s *in die Lage* $A_1B_1C_1 \ldots L_1M_1$ *gebracht worden.* $ABC \ldots LM$ *heißt die Anfangslage,* $A_1B_1C_1 \ldots L_1M_1$ *die Endlage der gedrehten Figur.* AA_0A_1 *heißt der Drehwinkel.*

---

[1]) Siehe Fußnote S. 203.

$ABC \ldots LM$ sei irgendeine ebene Figur und s irgendeine auf der Ebene dieser Figur im Punkte S senkrecht stehende Gerade. Man bestimme den Punkt A_1 in der Ebene außerhalb des Strahles SA von S so, daß $A_1S = AS$ ist, und bringe die Figur $ABC \ldots LM$ durch die Drehung ASA_1 um die Achse s in die Lage $A_1B_1C_1 \ldots L_1M_1$. *Man sagt dann, die ebene Figur $ABC \ldots LM$ sei in ihrer Ebene durch die Drehung ASA_1 um den Punkt S in die Lage $A_1B_1C_1 \ldots L_1M_1$ gebracht worden.*

4. Eine Figur $ABC \ldots M$ sei durch die Schiebung AA_1 in die Endlage $A_1B_1C_1 \ldots M_1$ gebracht worden (**1**). A_2 sei irgendein Punkt zwischen A und A_1 und $A_2B_2C_2 \ldots M_2$ die Endlage, in welche die Figur $ABC \ldots M$ durch die Schiebung AA_2 gelangt. Dann nennt man $A_2B_2C_2 \ldots M_2$ eine Zwischenlage der Figur. *Die Gesamtheit der Punkte aller Zwischenlagen der verschobenen Figur heißt die von dieser bei der Schiebung AA_1 beschriebene oder erzeugte Figur.*

Ist insbesondere die gegebene Figur eine Strecke AB, so erfüllen die Zwischenlagen zwischen AB und A_1B_1 die Fläche des Parallelogramms ABB_1A_1. *Dieses Parallelogramm heißt die bei der Schiebung von der Strecke AB beschriebene oder erzeugte Figur.*

Ist ferner die gegebene Figur ein konvexes Vieleck $ABC \ldots M$, so erfüllen die Zwischenlagen zwischen $ABC \ldots M$ und $A_1B_1C_1 \ldots M_1$ ein Prisma mit der Grundfläche $ABC \ldots M$ und den Seitenkanten AA_1, $BB_1, \ldots, MM_1$. *Dieses Prisma heißt die bei der Schiebung erzeugte oder beschriebene Figur.*

Eine Figur $ABC \ldots M$ sei durch die Drehung AA_0A_1 um die Achse s in die Endlage $A_1B_1C_1 \ldots M_1$ gebracht worden (3). $A_0A_2 = AA_0$ sei irgendeine Strecke zwischen A_0A und A_0A_1 und $A_2B_2C_2 \ldots M_2$ die Endlage, in welche die Figur $ABC \ldots M$ durch die Drehung AA_0A_2 um die Achse s gelangt. Dann nennt man $A_2B_2C_2 \ldots M_2$ eine *Zwischenlage* der Figur. *Die Gesamtheit der Punkte aller Zwischenlagen der gedrehten Figur heißt die von dieser bei der Drehung beschriebene oder erzeugte Figur.*

Die von einem Punkte B bei der Drehung beschriebene oder erzeugte Figur ist ein Kreisbogen, dessen Mittelpunkt B_0 auf s liegt, und dessen Ebene auf s senkrecht steht.

Ist AB eine gerade oder krumme Linie, die mit s in einer Ebene liegt, so heißt die von der Linie bei der Drehung um s beschriebene oder erzeugte Figur eine Drehfläche und die Linie eine Erzeugende der Drehfläche. Ist der Drehwinkel $AA_0A_1 = 4R$, so fällt die Endlage der erzeugenden Linie mit ihrer Anfangslage zusammen, und die Drehfläche ist geschlossen.

§ 48. Symmetrie.

1. Eine gerichtete Gerade g teilt eine Ebene in zwei Halbebenen. Von diesen werde die eine willkürlich als die positive, die andere als die negative bezeichnet. (Man denke sich z. B. auf der Ebene stehend, das Gesicht in die positive Richtung der Gerade g gekehrt, und bezeichne die zur Linken befindliche Halbebene als positiv.) *Nach Festsetzung der Vorzeichen der beiden Halbebenen heißt die Ebene gerichtet.* In der gerichteten Ebene liege ein konvexes Vieleck $ABC \ldots LMN$. Diesem können zwei verschiedene Umlaufssinne beigelegt werden. Je nachdem man den einen oder den andern Umlaufssinn meint, bezeichnet man das Vieleck mit $ABC \ldots LMN$ (bzw. einer daraus durch zyklische Vertauschung hervorgehenden Buchstabenfolge, z. B. $BC \ldots LMNA$ oder $LMNABC \ldots$) oder mit $NML \ldots CBA$ (bzw. einer durch zyklische Vertauschung hervorgehenden Folge wie $ML \ldots BAN$ oder $BAN \ldots C$). Wird unter $ABC \ldots LMN$ nicht das Vieleck schlechthin, sondern das Vieleck mit dem durch die Buchstabenfolge festgelegten Umlaufssinn verstanden, so nennt man es ein gerichtetes Vieleck. In jedem gerichteten Vieleck ist jede Seite gerichtet: Ihre Richtung wird durch die Buchstabenfolge in dem Symbol des Vielecks bezeichnet.

Man bringe das gerichtete Vieleck $ABC \ldots LMN$ durch eine Bewegung in seiner Ebene in eine solche Lage, daß die Seite AB in die positive Richtung von g fällt. Je nachdem das Vieleck dann in der positiven oder in der negativen Halbebene liegt, nennt man seinen Umlaufssinn positiv oder negativ. Dreht man das Vieleck um B, so daß BC in die positive Richtung von g fällt, so bleiben wegen der Konvexität des Vielecks alle Ecken in derselben Halbebene. Der Umlaufssinn des gerichteten Vielecks ist also unabhängig von der Wahl der Seite, die man mit der positiven Richtung von g zusammenfallen läßt.

2. Eine gerichtete Ebene $\mathfrak{E}$ (mit der richtenden Gerade g) teilt den Raum in zwei Halbräume. Von diesen werde der eine willkürlich als der positive, der andere als der negative bezeichnet. (Man denke sich z. B. auf der gerichteten Ebene stehend, das Gesicht in die positive Richtung der Gerade g gekehrt, und bezeichne den über der Halbebene befindlichen Halbraum als den positiven.) *Nach Festsetzung der Vorzeichen der beiden Halbräume heißt der Raum gerichtet.* In dem gerichteten Raume liege ein Vierflach $ABCD$. Diesem können zwei verschiedene Windungssinne beigelegt werden. Je nachdem man den einen oder den andern Windungssinn meint, muß man die Buchstabenfolge geeignet wählen. Man bringe das Vierflach $ABCD$ durch eine Bewegung in eine solche Lage, daß die gerichtete Kante AB in die positive Richtung von g und C in die positive Halbebene von $\mathfrak{E}$ fällt. Je nachdem das Vierflach dann in dem positiven oder in dem negativen Halbraume liegt, nennt man seinen Windungssinn positiv oder negativ.

Bezeichnet man das Vierflach mit dem Symbol $BCAD$, so hat man auf Grund obiger Vorschrift BC in die positive Richtung von g und A in die positive Halbebene von $\mathfrak{E}$ zu bringen. Diese Lage entsteht aus der Lage von $ABCD$ durch eine Drehung um eine auf $\mathfrak{E}$ in B senkrechte Achse. Dabei bleibt D in demselben Halbraume. *$ABCD$ und $BCAD$ bezeichnen also denselben Windungssinn.*

Vertauscht man in $ABCD$ die Buchstaben D und C, so entsteht das Symbol $ABDC$. Die zugehörige Stellung des Vierflachs entsteht aus der Stellung von $ABCD$ dadurch, daß D in die positive Halbebene von $\mathfrak{E}$ gebracht wird, also durch eine Drehung um AB. Durch diese Drehung gelangt C in den Halbraum, in dem sich vor der Drehung D nicht befand. *Der Windungssinn $ABDC$ ist also dem Windungssinn $ABCD$ entgegengesetzt.*

Durch Zusammensetzung von Vertauschungen der beiden vorstehend betrachteten beiden Arten (zyklische Vertauschung der drei ersten Buchstaben, Vertauschung der beiden letzten Buchstaben miteinander) kann man aus $ABCD$ jede andere Anordnung der vier Buchstaben erhalten. *Man kann also von jeder möglichen Anordnung feststellen, ob sie denselben Windungssinn wie $ABCD$ oder den entgegengesetzten Windungssinn bezeichnet.*

3. Haben zwei Punkte auf verschiedenen Seiten einer Gerade in einer Ebene eine solche Lage, daß ihre Verbindungsstrecke auf der Gerade senkrecht steht und von ihr halbiert wird, so nennt man die Punkte symmetrisch zueinander in bezug auf die Gerade, und die Gerade heißt die Symmetrieachse der beiden Punkte. Jeder Punkt der Symmetrieachse ist zu sich selbst symmetrisch.

Ist ABC ein beliebiges Dreieck und C_1 der zu C symmetrische Punkt in bezug auf die Gerade AB, so ist $ABC \cong ABC_1$. Auf derselben Seite der Gerade AB, auf der C liegt, gibt es keinen zweiten Punkt D derart, daß $ABD \cong ABC$ wäre.

Zu einem Dreieck ABC gibt es in seiner Ebene über der Seite AB stets ein und nur ein kongruentes Dreieck ABC_1. Dieses liegt zu dem gegebenen in bezug auf die Gerade AB symmetrisch und hat entgegengesetzten Umlaufssinn wie das gegebene Dreieck. Durch Bewegungen (Schiebungen und Drehungen) innerhalb seiner Ebene kann ein Dreieck ABC nicht mit dem zu ihm symmetrischen Dreieck ABC_1 zur Deckung gebracht werden. Erteilt man aber dem Dreieck eine Drehung von 180^0 um die Achse AB, so kommt es mit seinem symmetrischen Dreieck zur Deckung.

4. Haben zwei Punkte auf verschiedenen Seiten einer Ebene eine solche Lage, daß ihre Verbindungsstrecke auf der Ebene senkrecht steht und von ihr halbiert wird, so nennt man die Punkte symmetrisch zueinander in bezug auf die Ebene, und die Ebene heißt die Symmetrieebene der beiden Punkte. Jeder Punkt der Symmetrieebene ist zu sich selbst symmetrisch.

Ist $ABCD$ ein beliebiges Vierflach und D_1 der zu D symmetrische Punkt in bezug auf die Ebene ABC, so ist $ABCD_1 \cong ABCD$. Angenommen, es gebe auf derselben Seite der Ebene ABC, auf der D liegt, einen Punkt E derart, daß $ABCE \cong ABCD$ wäre. Dann müßte die Halbebene EAB gegen die Ebene ABC unter demselben Winkel geneigt sein, wie die Halbebene DAB. Die Halbebene DAB müßte also den

Punkt E enthalten. Dasselbe müßte auch von den Halbebenen DBC und DCA gelten. Das ist aber nicht möglich, da diese drei Halbebenen nur den einen Schnittpunkt D haben.

Zu einem Vierflach $ABCD$ gibt es über derselben Grundfläche ABC stets ein und nur ein kongruentes Vierflach. Dieses liegt zu dem gegebenen in bezug auf die Ebene ABC symmetrisch und hat entgegengesetzten Windungssinn wie das gegebene Vierflach. Es kann nicht durch eine Bewegung mit dem gegebenen Vierflach zur Deckung gebracht werden.

5. $ABC \dots LM$ und $A_1B_1C_1 \dots L_1M_1$ seien irgend zwei kongruente Figuren in derselben Ebene. Die erste Figur werde durch die Schiebung AA_1 in die Lage $A_1B_2C_2 \dots L_2M_2$ und sodann durch die Drehung $B_2A_1B_1$ um den Punkt A_1 in die Lage $A_1B_1C_3 \dots L_3M_3$ gebracht. Vermöge der Voraussetzung sowie der Erklärungen der Schiebung und Drehung ist $A_1B_1C_1 \dots L_1M_1 \cong A_1B_1C_3 \dots L_3M_3$. *Man sagt, die ebene Figur $ABC \dots LM$ sei durch eine Bewegung in ihrer Ebene in die Lage $A_1B_1C_3 \dots L_3M_3$ gebracht worden. $ABC \dots LM$ heißt die Anfangslage, $A_1B_1C_3 \dots L_3M_3$ die Endlage der bewegten Figur. Von jedem Punkte der Anfangslage sagt man, er sei durch die Bewegung mit dem entsprechenden Punkte der Endlage zur Deckung gebracht worden. Eine Bewegung in einer Ebene kann aus Schiebungen und Drehungen zusammengesetzt werden.*

Durch eine Bewegung in der Ebene können zwei beliebige Punkte A, B einer ebenen Figur $ABC \dots LM$ mit den entsprechenden Punkten A_1, B_1 einer kongruenten Figur $A_1B_1C_1 \dots L_1M_1$ derselben Ebene zur Deckung gebracht werden. Je nachdem die beiden kongruenten Dreiecke ABC und $A_1B_1C_1$ denselben oder den entgegengesetzten Umlaufssinn haben, kommen die beiden kongruenten Figuren $ABC \dots LM$ und $A_1B_1C_1 \dots L_1M_1$ nach der Bewegung zur Deckung oder liegen symmetrisch in bezug auf A_1B_1. *Liegen die beiden Figuren nach der Bewegung symmetrisch in bezug auf A_1B_1, so können sie durch Bewegungen innerhalb ihrer Ebene nicht zur Deckung gebracht werden. Erteilt man aber der einen Figur eine Drehung von 180^0 um die Achse A_1B_1, so kommt sie mit ihrer symmetrischen zur Deckung.*

6. $ABC \dots LM$ und $A_1B_1C_1 \dots L_1M_1$ seien irgend zwei kongruente Figuren. Die erste Figur werde durch die Schiebung AA_1 in die Lage $A_1B_2C_2 \dots L_2M_2$ gebracht. Dann gibt es eine und nur eine Gerade s, die auf der Ebene $A_1B_1B_2$ in A_1 senkrecht steht. Man drehe die Figur $A_1B_2C_2 \dots L_2M_2$ um die Achse s um den Winkel $B_2A_1B_1$. Die Endlage der gedrehten Figur sei $A_1B_1C_3 \dots L_3M_3$. $\mathfrak{E}_1$ sei die Ebene $A_1B_1C_1$, $\mathfrak{E}_3$ die Ebene $A_1B_1C_3$. Man drehe die Figur $A_1B_1C_3 \dots L_3M_3$ um die Achse A_1B_1 um den Winkel $\mathfrak{E}_3\mathfrak{E}_1$ (1). Die Endlage der gedrehten Figur sei $A_1B_1C_1D_4 \dots L_4M_4$. Vermöge der Voraussetzung sowie der Erklärungen der Schiebung und Drehung ist $A_1B_1C_1D_1 \dots L_1M_1 \cong A_1B_1C_1D_4 \dots L_4M_4$.

Man sagt, die Figur $ABC\ldots LM$ sei durch eine Bewegung in die Lage $A_1B_1C_1D_4\ldots L_4M_4$ gebracht worden. $ABC\ldots LM$ heißt die Anfangslage, $A_1B_1C_1D_4\ldots L_4M_4$ die Endlage der bewegten Figur. Von jedem Punkte der Anfangslage sagt man, er sei durch die Bewegung mit dem entsprechenden Punkte der Endlage zur Deckung gebracht worden. Eine Bewegung kann aus Schiebungen und Drehungen zusammengesetzt werden.

Durch eine Bewegung können drei beliebige Punkte A, B, C einer räumlichen Figur $ABCD\ldots LM$ mit den drei entsprechenden Punkten A_1, B_1, C_1 einer kongruenten Figur $A_1B_1C_1D_1\ldots L_1M_1$ zur Deckung gebracht werden. Je nachdem die beiden kongruenten Vierflache $ABCD$ und $A_1B_1C_1D_1$ denselben oder den entgegengesetzten Windungssinn haben, kommen die beiden kongruenten Figuren $ABCD\ldots LM$ und $A_1B_1C_1D_1\ldots L_1M_1$ nach der Bewegung zur Deckung oder liegen symmetrisch in bezug auf die Ebene $A_1B_1C_1$. *Liegen die beiden räumlichen Figuren nach der Bewegung symmetrisch in bezug auf die Ebene $A_1B_1C_1$, so können sie durch keine Bewegung zur Deckung gebracht werden.*

7. $ABC\ldots LMN$ sei eine beliebige räumliche Figur und S ein beliebiger Punkt. Man bestimme die Figur $A_1B_1C_1\ldots L_1M_1N_1$ derart, daß S die Strecke zwischen je zwei entsprechenden Punkten A und A_1, B und B_1, ... halbiert. Dann ist $ABC\ldots LMN \cong A_1B_1C_1\ldots L_1M_1N_1$, und je zwei entsprechende Vierflache, z. B. $ABCD$ und $A_1B_1C_1D_1$, der beiden Figuren haben entgegengesetzten Windungssinn. Die beiden Figuren können also durch keine Bewegung zur Deckung gebracht werden.

Sind $ABC\ldots LMN$ und $A_1B_1C_1\ldots L_1M_1N_1$ zwei Figuren einer Ebene, die eine solche Lage haben, daß die Strecke zwischen je zwei entsprechenden Punkten durch einen und denselben Punkt S halbiert werden, so haben je zwei entsprechende Dreiecke, z. B. ABC und $A_1B_1C_1$ denselben Umlaufssinn. Die beiden Figuren können dadurch zur Deckung gebracht werden, daß die eine Figur um den Punkt S in der Ebene um 180^0 gedreht wird.

Haben zwei kongruente ebene oder räumliche Figuren eine solche Lage, daß die Verbindungsstrecke zwischen je zwei entsprechenden Punkten durch einen und denselben Punkt S halbiert wird, so heißen die beiden Figuren zentralsymmetrisch in bezug auf das Symmetriezentrum S. Zwei zentralsymmetrische Figuren einer Ebene kommen durch die Drehung der einen von ihnen um das Zentrum um 180^0 zur Deckung. Zwei zentralsymmetrische räumliche Figuren können durch keine Bewegung zur Deckung gebracht werden.

8. Eukleides definiert kongruente Figuren als solche Figuren, die sich decken. Der hier benutzte Kongruenzbegriff von Hilbert (Ein-eindeutiges Entsprechen der Punkte, Gleichheit der entsprechenden Strecken und Winkel zweier Figuren) ist weiter. Er umfaßt außer der Kongruenz im Eukleidischen Sinne auch die Symmetrie.

Gestattet man ebenen Figuren nur Bewegungen innerhalb ihrer Ebene, so läßt sich die Symmetrie nicht auf Eukleidische Kongruenz zurückführen. Dieses gelingt nur durch Hinausgehen aus der Ebene in den Raum, nämlich durch eine Drehung von 180° um die Achse. Da ein Hinausgehen aus dem Raume in eine höhere Dimension nicht möglich ist, so kann die räumliche Symmetrie (in bezug auf eine Ebene) durch keine Bewegung auf Eukleidische Kongruenz zurückgeführt werden. Dagegen kann man auf verschiedene Weise zwei symmetrische Vierflache (und damit auch Vielflache) in paarweise kongruente Teile zerlegen. Symmetrische Vielflache sind also zwar nicht im ganzen kongruent im Eukleidischen Sinne, aber doch in Eukleidisch kongruente Teile zerlegbar.

Sechzehntes Kapitel.

Das Möbiussche Vorzeichenprinzip für Flächen- und Rauminhalte.

§ 49. Flächeninhalte.

1. Die Ausbildung der Koordinatengeometrie hat zu einer Erweiterung der Begriffe des Flächen- und Rauminhalts geführt, die auch für die Elementargeometrie nutzbringend geworden ist. In der Geometrie der Alten ist der Inhalt einer Fläche und das Volumen eines Körpers ebenso wie die Länge einer Strecke eine ihrem Wesen nach absolute Größe. Negative Strecken, Flächen- und Rauminhalte haben für Eukleides keinen Sinn. Die auf Descartes' „Geometrie" (1637) zurückgehende analytische Geometrie aber verlangt, daß die analytische Lösung einer Aufgabe von der besonderen Lage der Teile der Figur unabhängig sei, daß eine und dieselbe Formel für die Länge einer Strecke, für den Inhalt eines Dreiecks oder eines Vierflachs gelte, wie auch die Endpunkte der Strecke oder die Ecken der Figur zueinander und zu den Koordinatenachsen liegen mögen.

Diese Forderung des Analytikers, seine Formel solle allgemein, d. h. unabhängig von der Lage der Punkte seiner Figur, gelten, führt notwendig zu der Vorstellung, die Streckenlängen, Flächen- und Rauminhalte seien relative Größen, die je nach der Lage der Punkte positive oder negative Werte oder auch den Wert Null annehmen können.

Es unterliegt keinem Zweifel, daß die Koordinatengeometrie gerade dieser Erweiterung des Strecken- und Inhaltsbegriffs einen großen Teil ihrer Einfachheit und Geschlossenheit verdankt. Während die alte Geometrie bei dem Beweise ihrer Sätze je nach der Anordnung der Teile der Figur oft eine ganze Reihe verschiedener Fälle unterscheiden muß, beherrscht der Analytiker mit seiner allgemeingültigen Formel mit einem Schlage alle Fälle, die bei den verschiedenen Lagen seiner Figur vorkommen können. In neuerer Zeit hat sich aber auch die Elementargeometrie dieses Vorzuges bemächtigt, indem sie die von August Ferdinand Möbius (1790—1868) in die Geometrie eingeführte Auffassung der Strecken, Winkel, Flächeninhalte und Rauminhalte als relativer Größer oder, wie man kurz sagt, das Möbiussche Vorzeichenprinzip angenommen hat.

Hierher gehören die schon an früheren Stellen dieses Buches gebrachten Begriffe der gerichteten Gerade, Strecke, des gerichteten Geradenbüschels und Ebenenenbüschels, der gerichteten Ebene und des Umlaufssinnes eines konvexen Vielecks, des gerichteten Raumes und des Windungssinnes eines Vierflachs. Auf Grund dieser früheren Untersuchungen kann jeder Strecke, jedem Winkel, jedem ebenen konvexen Vieleck und jedem Vierflach ein positiver oder negativer Sinn beigelegt werden.

2. Sind A und B irgend zwei Punkte, so gilt die Gleichung

$$AB + BA = 0 .$$

Sind A, B und C irgend drei Punkte einer Gerade, so gilt bei jeder möglichen Anordnung

$$AB + BC = AC .$$

Die entsprechenden Gleichungen gelten für Winkel zwischen Geraden oder Ebenen.

Sind A, B, C die Ecken eines Dreiecks, so sind die Umlaufssinne ABC und ACB entgegengesetzt, da die Strecken BC und CB entgegengesetzte Richtungen haben.

Je nachdem ABC den positiven oder den negativen Umlaufssinn bezeichnet, soll unter dem Zeichen ABC der Flächeninhalt des Dreiecks mit positivem oder negativem Vorzeichen verstanden werden.

Es ist also jedenfalls

$$ABC = -ACB ,$$

dagegen

$$ABC = BCA = CAB .$$

Sind A, B, C, D die Ecken eines Vierflachs, so sind, wie früher gezeigt, die Windungssinne $ABCD$ und $ABDC$ entgegengesetzt, dagegen die Windungssinne $ABCD$ und $BCAD$ einander gleich. Vertauschung der beiden letzten Buchstaben ändert den Windungssinn, eine zyklische Vertauschung der drei ersten Buchstaben ändert den Windungssinn nicht. Es ist also jedenfalls

$$ABCD = -ABDC ,$$
$$ABCD = BCAD = CABD .$$

Indem man zunächst nur Vertauschungen der beiden letzten Buchstaben und zyklische Vertauschungen der drei ersten Buchstaben zuläßt, findet man weiter

$$ABCD = -ABDC = -DABC = +DACB = +ACDB = -ACBD = -CBAD = -BACD ,$$

d. h. Vertauschung des 2. mit dem 3., des 1. mit dem 3. und des 1. mit dem 2. Buchstaben ändern das Vorzeichen. Ferner ist

$$ABCD = BCAD = -BCDA = -DBCA ,$$
$$ABCD = CABD = -CADB = -ADCB ,$$

d. h. Vertauschung des 1. mit dem 4. und des 2. mit dem 4. Buchstaben ändern ebenfalls das Vorzeichen.

Der Windungssinn des Vierflachs $ABCD$ ändert bei jeder Vertauschung zweier Buchstaben sein Vorzeichen.

Je nachdem $ABCD$ den positiven oder den negativen Windungssinn bezeichnet, soll unter dem Zeichen $ABCD$ der Rauminhalt des Vierflachs mit positivem oder negativem Vorzeichen verstanden werden.

3. *Sind A, B, C irgend drei Punkte einer Gerade und O ein außerhalb der Gerade liegender Punkt, so ist bei jeder Anordnung der Punkte*

$$OAB + OBC = OAC\,.$$

Gilt zunächst (ABC), so liegt OB in dem Dreieck OAC und teilt dieses in die Dreiecke OAB und OBC. Da die Strecken AB, BC und AC dieselbe Richtung haben, sind die Umlaufssinne und damit die Vorzeichen der Dreiecksinhalte dieselben. Die Gleichung ist also mit den Vorzeichen richtig.

Gilt (ACB), so ist

$$OAC + OCB = OAB\,.$$

Addiert man beiderseits OBC, so ergibt sich

$$OAC + OCB + OBC = OAB + OBC\,.$$

Wegen $OCB = -OBC$ ist also

$$OAB + OBC = OAC\,.$$

Ebenso kann die Richtigkeit der Gleichung für die übrigen Fälle bewiesen werden.

Addiert man beiderseits OCA, so nimmt die Gleichung die Form an:

$$OAB + OBC + OCA = 0.$$

4. *Sind A, B, C die Ecken eines Dreiecks und O irgendein Punkt der Ebene dieses Dreiecks, so ist bei jeder möglichen Lage*

$$ABC = OAB + OBC + OCA\,.$$

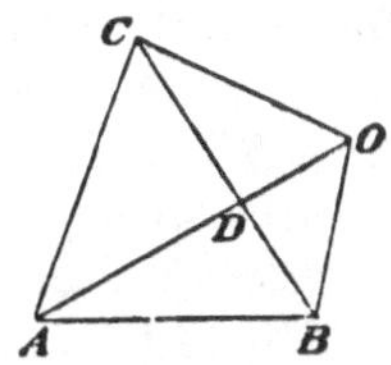

Fig. 175.

Fällt zunächst O mit einer Ecke des Dreiecks, z. B. mit A, zusammen, so ist $OAB = OCA = 0$, $OBC = ABC$. Die Gleichung ist also erfüllt.

Liegt O auf einer Seite des Dreiecks oder ihrer Verlängerung, z. B. auf BC, ohne mit einer Ecke zusammenzufallen, so ist

$$ABC = ABO + AOC \quad (3)\,.$$

Da $ABO = OAB$, $AOC = OCA$ (2) und nach der Voraussetzung $OBC = 0$ ist, so ist die obige Gleichung ebenfalls erfüllt.

Endlich liege O nicht auf einer der durch die Ecken des Dreiecks bestimmten Geraden. Die Gerade OA schneide die Gerade BC in D (Fig. 175). Dann ist nach 3

$$ABC+ACD+ADB=0\,,$$
$$OCB+OBD+ODC=0\,,$$
$$BAO+BOD+BDA=0\,,$$
$$COA+CAD+CDO=0\,.$$

Durch Addition ergibt sich

$$ABC+OCB+BAO+COA=0.$$

Addiert man beiderseits $OBC+OCA+OAB$, so erhält man schließlich wieder

$$ABC=OBC+OCA+OAB\,.$$

5. *Die Folge von Strecken AB, BC, CD, $\ldots LM$, MN, NA, in der der Endpunkt jeder Strecke Anfangspunkt einer zweiten Strecke der Folge ist, heiße ein Vieleck $ABC\ldots LMN$. Ein Vieleck* (im Möbiusschen Sinne) *ist hiernach eine geschlossene, d.h. in sich zurückkehrende gebrochene Linie, die sich selbst einmal oder mehrere Male durchschneiden darf. Liegen alle Strecken der Folge in einer Ebene, so heißt das Vieleck ein ebenes Vieleck.*

In der Ebene des Vielecks $ABC\ldots MN$ seien zwei verschiedene Punkte O und O_1 gegeben. Dann ist unabhängig von jeder einschränkenden Voraussetzung über die Lage der Punkte nach 4

$$O_1AB=OO_1A+OAB+OBO_1\,,$$
$$O_1BC=OO_1B+OBC+OCO_1\,,$$
$$\ldots\ldots\ldots\ldots\ldots\ldots\ldots\ldots$$
$$O_1MN=OO_1M+OMN+ONO_1\,,$$
$$O_1NA=OO_1N+ONA+OAO_1\,.$$

Durch Addition folgt

$$O_1AB+O_1BC+\ldots+O_1MN+O_1NA=OAB+OBC+\ldots+OMN+ONA.$$

Die Summe $OAB+OBC+\ldots+OMN+ONA$ hat also einen von der Lage des Punktes O in der Ebene des Vielecks unabhängigen Wert. Ist $ABC\ldots MN$ ein konvexes Vieleck und O ein Punkt in seinem Innern, so stellt diese Summe den Flächeninhalt des Vielecks im gewöhnlichen Eukleidischen Sinne dar.

Ist $ABC\ldots LMN$ irgendein ebenes Vieleck (im weiteren, Möbiusschen, Sinne) und O ein Punkt seiner Ebene, so versteht man unter dem Flächeninhalt des Vielecks den Ausdruck

$$\sum O=OAB+OBC+\ldots+OMN+ONA\,.$$

6. Beispiele. 1. Ist $ABCD$ ein überschlagenes Viereck, dessen Seiten BC und DA sich in E schneiden (Fig. 176), so ist zunächst allgemein der Flächeninhalt $ABCD=\sum O=OAB+OBC+OCD+ODA$. Fällt O mit E zusammen, so ist $EBC=EDA=0$, also $ABCD=EAB$

$+ ECD$. Da die Dreiecke EAB und ECD entgegengesetzte Vorzeichen haben, setzt man $ECD = -EDC$ und erhält so

$$ABCD = EAB - EDC.$$

Haben die beiden Dreiecke EAB und EDC im Eukleidischen Sinne gleichen Flächeninhalt, so ist $ABCD = 0$. Ist der Flächeninhalt des Dreiecks EDC absolut genommen größer als der des Dreiecks EAB, so ist $ABCD < 0$.

2. Ist ferner $ABCDEF$ ein zweimal überschlagenes ebenes Sechseck (Fig. 177), bei dem sich AF und BC in G und CD und EF in H schneiden, so ist zunächst allgemein $ABCDEF = \sum O = OAB +$

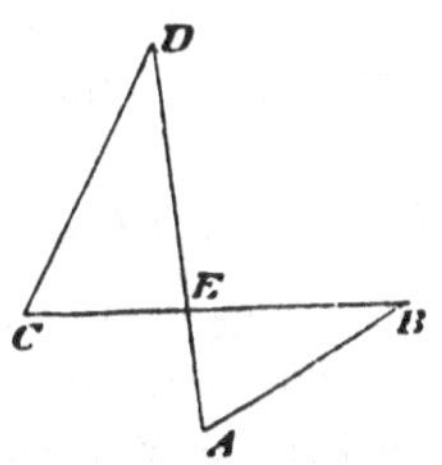

Fig. 176.

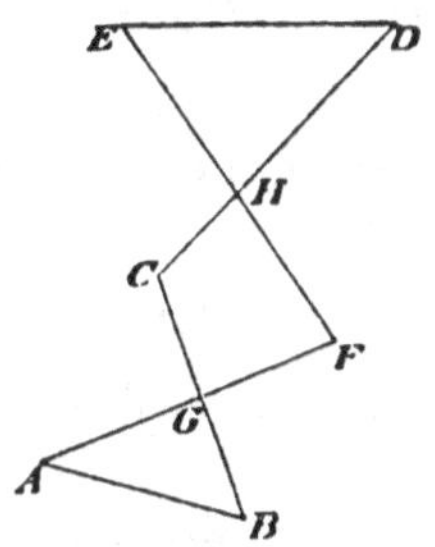

Fig. 177.

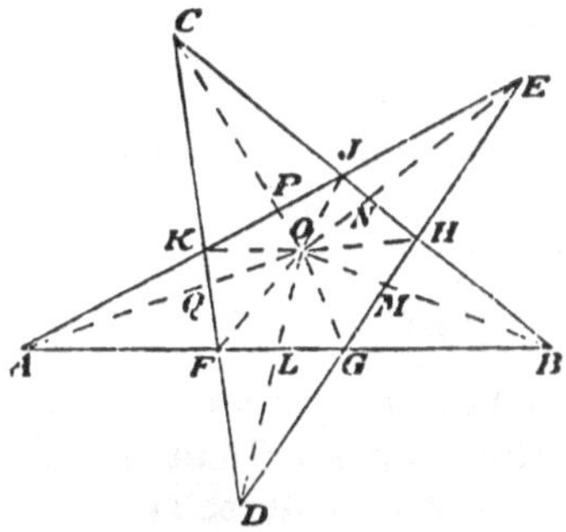

Fig. 178.

$OBC + OCD + ODE + OEF + OFA$. Fällt O mit G zusammen, so ist $OBC = OFA = 0$, also $ABCDEF = GAB + GCD + GDE + GEF$. Ferner ist

$$GCD = GCH + GHD \quad (3),$$
$$GEF = GEH + GHF \quad (3),$$
$$GDE = HGD + HDE + HEG \quad (4),$$

also

$$ABCDEF = GAB + GCH + GHD + HGD + HDE + HEG + GEH + GHF$$

oder

$$ABCDEF = GAB + GCH + HDE + GHF.$$

Der Inhalt des Vierecks $GCHF$ ist allgemein

$$GCHF = OGC + OCH + OHF + OFG.$$

Fällt O mit G zusammen, so ist

$$GCHF = GCH + GHF.$$

Berücksichtigt man diese Gleichung, so ist schließlich

$$ABCDEF = GAB + GCHF + HDE.$$

Damit die Vorzeichen der drei Figuren der rechten Seite übereinstimmen, setze man $GCHF = -GFHC$, dann ist

$$ABCDEF = GAB - GFHC + HDE.$$

Auch hier besteht die Möglichkeit, daß der Flächeninhalt des Sechsecks Null oder negativ ist.

3. Ist endlich $ABCDE$ ein Sternfünfeck, dessen Seiten sich in F, G, H, I, K durchschneiden (Fig. 178), und O ein Punkt im Innern des Kernfünfecks $FGHIK$, so ist zunächst wieder allgemein

$$ABCDE = \sum O = OAB + OBC + OCD + ODE + OEA.$$

Nun ist

$$OAB = OAF + OFG + OGB,$$
$$OAF = FOA = FOQ + FQA,$$
$$OGB = GBO = GBM + GMO,$$

also

$$OAB = FOQ + FQA + OFG + GBM + GMO.$$

Formt man auf entsprechende Weise die vier andern in $\sum O$ vorkommenden Dreiecksinhalte um, so ergibt sich bei gehöriger Zusammenfassung

$$ABCDE = AFK + DGF + BHG + EIH + CKI + 2\cdot FGHIK.$$

Zur Erklärung des auffälligen Faktors 2 bei dem Inhalt des Kernfünfecks denke man sich O mit A verbunden und lasse A den ganzen Umfang des Sternfünfecks durchlaufen. Dann überstreicht der Strahl OA während dieses Umlaufs jede der fünf äußeren Dreiecksflächen einmal, die Fläche des Kernfünfecks aber zweimal.

§ 50. Rauminhalte.

1. *Sind A, B, C irgend drei Punkte einer Gerade g umd O und O_1 zwei Punkte einer zu g windschiefen Gerade, so ist*

$$O_1AB + O_1BC = O_1AC.$$

Die Ebene O_1AB teilt den Raum in zwei Halbräume. Die drei Vierflache OO_1AB, OO_1BC und OO_1AC liegen in demselben Halbraume. Gilt zunächst (ABC), so teilt O_1B das Dreieck O_1AC in die Dreiecke O_1AB und O_1BC, also die Ebene OO_1B das Vierflach OO_1AC in die Vierflache OO_1AB und OO_1BC. Da die Strecken AB, BC und AC gleichgerichtet sind, haben die Dreiecke O_1AB, O_1BC und O_1AC gleichen Umlaufssinn, die Vierflache OO_1AB, OO_1BC und OO_1AC also gleichen Windungssinn.

Demnach gilt mit Berücksichtigung der Vorzeichen die Gleichung

$$OO_1AB + OO_1BC = OO_1AC.$$

Gilt aber (ACB), so ist zunächst

$$OO_1AC + OO_1CB = OO_1AB.$$

Addiert man beiderseits OO_1BC, so ergibt sich

$$OO_1AC + OO_1CB + OO_1BC = OO_1AB + OO_1BC\,.$$

Wegen $OO_1CB = -OO_1BC$ ist also wieder

$$OO_1AB + OO_1BC = OO_1AC\,.$$

Auf entsprechende Weise zeigt man das Bestehen dieser Gleichung für die andern möglichen Fälle.

2. Sind A, B, C, D irgend vier Punkte einer Ebene, so ist bei jeder möglichen Lage

$$ABC = DAB + DBC + DCA$$

oder

$$BCD - CDA + DAB - ABC = 0\,.$$

Ist O irgendein Punkt des Raumes, der von der Ebene der vier Punkte den Abstand h hat, *so ist*

$$\tfrac{1}{3}h\cdot BCD - \tfrac{1}{3}h\cdot CDA + \tfrac{1}{3}h\cdot DAB - \tfrac{1}{3}h\cdot ABC = 0\,,$$

d. h.

$$OBCD - OCDA + ODAB - OABC = 0\,.$$

3. *Sind A, B, C, D die Ecken eines Vierflachs, so ist*

$$ABCD = OBCD - OCDA + ODAB - OABC\,.$$

Die Richtigkeit dieser Gleichung muß für die verschiedenen möglichen Lagen des Punktes O bewiesen werden.

1. Fällt O mit einer Ecke des Vierflachs, z. B. mit A, zusammen, so ist $OBCD = ABCD, OCDA = ODAB = OABC = 0$. Die Gleichung ist also erfüllt.

2. Liegt O auf der Gerade CD, aber nicht in einer Ecke, so ist

$$ABCD = ABCO + ABOD \quad (1)\,.$$

Nun ist $ABCO = CABO = -OABC$ und $ABOD = -OBAD = +ODAB$. Ferner ist wegen der Lage von O $OBCD = OCDA = 0$. Mithin gilt die Gleichung

$$ABCD = OBCD - OCDA + ODAB - OABC\,.$$

3. Liegt O in einer Ebene des Vierflachs, z. B. in BCD, aber nicht in einer Kante, so ist zunächst

$$ABCD - ACDO + ADOB - AOBC = 0 \quad (2)\,.$$

Nun ist $ACDO = -OCDA$, $ADOB = -ODAB$, $AOBC = -OABC$ und $OBCD = 0$, also

$$ABCD = OBCD - OCDA + ODAB - OABC\,.$$

4. In dem allgemeinen Falle endlich, wenn O in keiner Ebene des Vierflachs liegt, sei E der Schnittpunkt der Gerade OA mit der Ebene BCD. Dann ist, da A, E und O in einer Gerade liegen,

$$BCAE + BCEO + BCOA = 0 \quad (1),$$
$$CDAE + CDEO + CDOA = 0 \quad (1),$$
$$DBAE + DBEO + DBOA = 0 \quad (1).$$

Ferner ist, da die vier Punkte B, C, D, E in einer Ebene liegen,

$$ABCD - ACDE + ADEB - AEBC = 0 \quad (2),$$
$$-OBCD + OCDE - ODEB + OEBC = 0 \quad (2).$$

Addiert man die linken Seiten der fünf Gleichungen, so erhält man unter Berücksichtigung der Windungssinne der Vierflache

$$ABCD - OBCD + BCOA + CDOA + DBOA = 0.$$

Unter Beachtung der Vorzeichen ergibt sich schließlich wieder

$$ABCD = OBCD - OCDA + ODAB - OABC.$$

4. *Ein Vielflach (im Möbiusschen Sinne) ist eine Gesamtheit von ebenen Vielecken von der Beschaffenheit, daß jede Seite eines dieser Vielecke zugleich Seite eines andern Vielecks der Gesamtheit ist, und nicht alle Vielecke in einer Ebene liegen. Die Vielecke heißen die Flächen, ihre Seiten die Kanten des Vielflachs. Die Summe der Vielecke bildet die Oberfläche des Vielflachs. Ob das Vielflach in jedem Falle einen bestimmten, angebbaren Raumteil umschließt oder abgrenzt, bleibe dahingestellt. Die Oberfläche des Vielflachs kann sich auch einmal oder mehrere Male selbst durchschneiden.*

Ist $OABC \ldots LMN$ eine n-seitige Pyramide mit der Spitze O, deren Grundfläche das konvexe Vieleck $ABC \ldots LMN$ ist, und ist P ein Punkt im Innern der Grundfläche, so ist der Flächeninhalt der Grundfläche im Eukleidischen Sinne

$$ABC \ldots MN = PAB + PBC \ldots + PMN + PNA$$

und der Rauminhalt der Pyramide im Eukleidischen Sinne

$$OAB \ldots MN = OPAB + OPBC + \ldots + OPMN + OPNA.$$

Ist $ABC \ldots MN$ ein allgemeines ebenes Vieleck im Möbiusschen Sinne und P ein beliebiger Punkt seiner Ebene, so stellt die Summe

$$PAB + PBC + PCD + \ldots + PMN + PNA$$

unabhängig von der Lage des Punktes P den Flächeninhalt des Vielecks dar. *In diesem allgemeineren Falle definiert man als Rauminhalt der Pyramide $OABC \ldots MN$ die Summe der Vierflache*

$$OPAB + OPBC + \ldots + OPMN + OPNA.$$

Diese Summe ist gleich $\frac{1}{3} h (PAB + PBC + \ldots + PMN + PNA)$, wenn man den Abstand des Punktes O von der Grundfläche mit h bezeichnet, und ist somit von der Lage des Punktes P in der Ebene der Grundfläche unabhängig.

5. Ein allgemeines Vielflach (im Möbiusschen Sinne) habe eine Fläche $ABC\ldots FG$ und eine Nachbarfläche $ABH\ldots KL$. Man nehme im Raume einen beliebigen Punkt O an und bilde für die erste Fläche $ABC\ldots FG$ den Pyramideninhalt $OABC\ldots FG$, für die zweite den Pyramideninhalt $OBAL\ldots H$ und so fort für sämtliche Flächen des Vielflachs unter Beachtung der Forderung, daß bei der Bildung der Ausdrücke für je zwei benachbarte Pyramiden die Grundflächen jedesmal mit solchen Umlaufssinnen genommen werden sollen, daß die gemeinsame Kante (also für die beiden ersten Flächen die Kante AB) in beiden Grundflächen in entgegengesetzten Richtungen durchlaufen wird. Von dem Vielflach muß demnach gefordert werden, daß es dem sog. Möbiusschen Kantengesetze gehorcht: *Es soll möglich sein, jeder einzelnen Begrenzungsfläche einen solchen Umlaufssinn beizulegen, daß jede Kante in den beiden in ihr zusammenstoßenden Flächen in entgegengesetzter Richtung durchlaufen wird.*

Mit $\sum O$ werde die Summe der nach obiger Vorschrift für alle Flächen des Vielflachs gebildeten Pyramideninhalte bezeichnet.

Diese Pyramidensumme $\sum O$ ändert ihren Wert nicht, wenn man den Punkt O durch irgendeinen andern Punkt O_1 ersetzt.

Es ist nämlich

$$OAB\ldots FG = OPAB + OPBC + \ldots + OPFG + OPGA\,,$$
$$O_1AB\ldots FG = O_1PAB + O_1PBC + \ldots + O_1PFG + O_1PGA\,,$$

wenn man mit P einen beliebigen Punkt der Ebene ABC bezeichnet (4). Nun ist

$$OPAB = -APOB = +ABOP$$
$$O_1PAB = -APO_1B = +ABO_1P = -ABPO_1\,,$$

daher

$$OPAB - O_1PAB = ABOP + ABPO_1\,.$$

Ist P insbesondere der Schnittpunkt der Gerade OO_1 mit der Ebene ABC, so ist

$$ABOP + ABPO_1 = ABOO_1 \quad (1)\,, \quad \text{also}$$
$$OPAB - O_1PAB = ABOO_1\,.$$

Mithin ergibt sich

$$OAB\ldots FG - O_1AB\ldots FG = ABOO_1 + BCOO_1 + \ldots + FGOO_1 + GAOO_1\,.$$

Ebenso gilt für die zweite Fläche $ABH\ldots KL$

$$OBAL\ldots IH - O_1BAL\ldots IH = BAOO_1 + ALOO_1 + \ldots + IHOO_1 + HBOO_1\,.$$

Die Differenz der beiden Pyramidensummen $\sum O - \sum O_1$ läßt sich auf diese Weise in eine Summe von Vierflachen umwandeln, die sämtlich die Kante OO_1 besitzen. Die Gegenkante von OO_1 in jedem solchen Vierflach ist eine Kante des gegebenen Vielflachs. Jede Kante des Vielflachs tritt als Gegenkante von OO_1 in zwei solchen Vierflachen auf, und zwar jedesmal mit entgegengesetzter Richtung. So ist AB in den beiden Vierflachen $ABOO_1$ und $BAOO_1$ enthalten. Zwei solche Vierflache haben die Summe Null. Die sämtlichen Teilvierflache heben sich also paarweise auf, und es ist $\sum O - \sum O_1 = 0$ oder

$$\sum O = \sum O_1 .$$

Die unter Berücksichtigung des Möbiusschen Kantengesetzes gebildete Pyramidensumme $\sum O$ hat also einen von der Lage des Punktes O unabhängigen Wert. Dieser Wert kann nur von dem gegebenen Vielflach selbst abhängen.

Unter dem Rauminhalt eines dem Kantengesetz gehorchenden Vielflachs versteht man die Pyramidensumme $\sum O$.

6. Hat man es mit einem gewöhnlichen konvexen Vielflach zu tun, und ist O irgendein Punkt im Innern dieses Vielflachs, so stimmt die neue Möbiussche Inhaltsdefinition mit der alten Eukleidischen Definition des von der Oberfläche des Vielflachs begrenzten Raumteils überein. Die neue Definition ist aber weiter. Sie erstreckt sich auch auf Fälle, in denen die alte Definition versagt, z. B. auf Vielflache mit Selbstdurchschnitt.

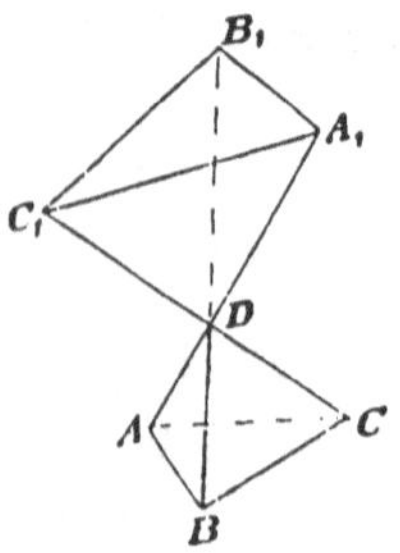

Fig. 179.

Man verlängere z. B. die Kanten AD, BD, CD eines Vierflachs $ABCD$ (Fig. 179) über D hinaus bis zu den beliebig angenommenen Punkten A_1, B_1, C_1 und betrachte die Gesamtheit der fünf ebenen Vielecke ABC, ABB_1A_1, BCC_1B_1, CAA_1C_1 und $A_1B_1C_1$. Jede Seite eines dieser Vielecke ist zugleich Seite eines und nur eines zweiten Vielecks der Gesamtheit. Die fünf Vielecke bilden also ein Vielflach im Möbiusschen Sinne. Dieses Vielflach genügt auch dem Möbiusschen Kantengesetz. Wählt man etwa für das Dreieck ABC den Umlaufssinn ABC, so muß man die drei überschlagenen Vierecke folgendermaßen umlaufen: BAA_1B_1, CBB_1C_1, ACC_1A_1. Für das zweite Dreieck ergibt sich dann der Umlaufssinn $B_1A_1C_1$. Um den Rauminhalt zu bestimmen, lasse man den willkürlichen Punkt O mit D zusammenfallen. Dann wird

$$\sum O = DABC + DBAA_1B_1 + DCBB_1C_1 + DACC_1A_1 + DB_1A_1C_1 .$$

Die drei vierseitigen Pyramiden haben den Rauminhalt Null, weil ihre Spitze D in den Grundflächen liegt. Es bleibt somit übrig

$$\sum O = DABC + DB_1A_1C_1 .$$

Die beiden Vierflache haben denselben Windungssinn und daher dasselbe Vorzeichen des Rauminhalts.

7. Für den Beweis des Satzes, daß $\sum O$ einen von der Lage des Punktes O unabhängigen Wert besitzt, ist die Voraussetzung wesentlich, daß die einzelnen Pyramidengrundflächen dem Möbiusschen Kantengesetz entsprechend umlaufen werden. Denn nur unter dieser Voraussetzung treten in der Differenz $\sum O - \sum O_1$ die Paare von Vierflachen mit zwei vertauschten Ecken (wie $ABOO_1$ und $BAOO_1$) auf, deren Inhalte sich gegenseitig aufheben. Nur unter dieser Voraussetzung also hat die Summe der Pyramiden mit der Spitze O einen von der Lage des Punktes O unabhängigen Wert, der als Rauminhalt des Vielflachs definiert werden kann. Die in der elementaren Stereometrie betrachteten Körper genügen sämtlich dem Möbiusschen Kantengesetz.

Es gibt aber auch Vielflache im Möbiusschen Sinne, die dem Kantengesetz nicht genügen. Möbius hat selbst Beispiele von Vielflachen angegeben, bei denen das Kantengesetz nicht erfüllt ist. Für solche Vielflache läßt sich die Summe $\sum O$ nicht auf die oben angegebene Weise als ein von der Lage des Punktes O unabhängiger Ausdruck bilden. Der Begriff des Rauminhalts verliert für derartige Vielflache also überhaupt seinen Sinn.

8. Ein Vielflach, das dem Möbiusschen Kantengesetze nicht gehorcht, ist z. B. die folgende Gesamtheit von zehn Dreiecken, deren Ecken sechs Punkte A, B, C, D, E, F sind (Fig. 180):

$$ABC, BCD, CDE, DEA, EAB;$$
$$FAC, FBD, FCE, FDA, FEB.$$

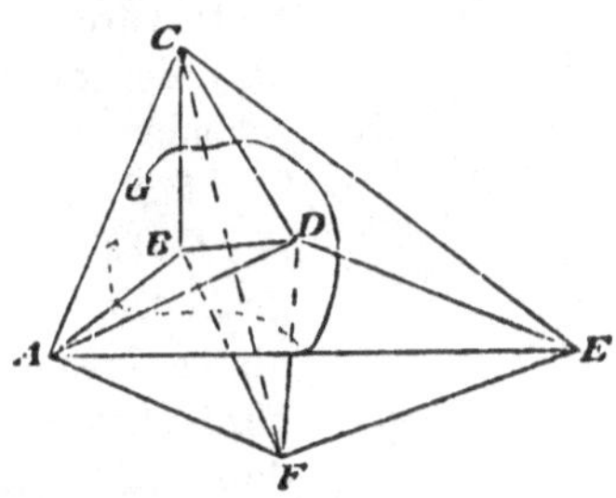

Fig. 180.

Die Gesamtheit der zehn Dreiecke genügt der Möbiusschen Definition eines Vielflachs, denn jede Kante kommt in zwei und nur in zwei Dreiecken der Gesamtheit vor. Versucht man aber, den Flächen solche Umlaufssinne beizulegen, die dem Kantengesetz genügen, so erweist sich das schon bei den fünf Dreiecken der ersten Reihe als unmöglich. Beginnt man etwa bei dem ersten Dreieck mit dem Umlaufssinn ABC, so ergeben sich für die vier andern Dreiecke notwendig der Reihe nach folgende Umlaufssinne: DCB, CDE, AED, EAB. Die Kante AB würde also im ersten und im letzten Dreieck beide Male in derselben Richtung durchlaufen. Das Vielflach genügt daher dem Möbiusschen Kantengesetz nicht und besitzt demzufolge keinen angebbaren Rauminhalt.

Der tiefere Grund für dieses merkwürdige Verhalten des betrachteten Vielflachs wird erkennbar, wenn man an die Grundeigenschaft eines Vielflachs im engeren Eukleidischen Sinne anknüpft. Die Oberfläche eines solchen Vielflachs teilt den Raum in zwei Teile, das Innere des Körpers und seine äußere Umgebung. Dementsprechend kann man an der Oberfläche zwei Seiten unterscheiden, die Innen- und die Außenseite. Die Innenseite ist dem Innern des Körpers zugekehrt, die Außenseite der äußern Umgebung. Man kann z. B. auf der Außenseite eines Würfels, von irgendeinem Punkte A ausgehend, eine Linie ziehen, die nach Überschreiten beliebig vieler Kanten schließlich auf die Ausgangsfläche und zu dem Ausgangspunkte A zurückkehrt. Die Linie verläuft vollständig auf der Außenseite der Würfeloberfläche. Es ist ausgeschlossen, daß sie etwa durch Überschreiten einer Kante von der Außenseite auf die Innenseite gelange. Entsprechendes gilt von der Innenseite. *Eine Oberfläche dieser Art nennt man zweiseitig.*

Man nehme nun entsprechend bei dem von Möbius angegebenen, dem Kantengesetz nicht gehorchenden Zehnflach $ABCDEF$ auf der einen Seite des Dreiecks ABC (z. B. auf der uns zugewandten Seite der Dreiecksfläche in der Fig. 180) einen Punkt G an und ziehe von ihm aus eine Linie, die der Reihe nach die Kanten BC, CD, DE, EA und AB überschreitet. Die Linie kehrt zwar auf das Ausgangsdreieck ABC zurück, aber auf die andere Seite (die uns abgewandte Seite) dieser Fläche. Man kann also auf der Oberfläche Linien ziehen, die, auf einer Seite einer Fläche beginnend, nach Überschreiten einer Anzahl von Kanten auf die Ausgangsfläche, aber auf deren andere Seite zurückkehren. Innen- und Außenseite lassen sich also bei dieser Oberfläche schlechterdings nicht unterscheiden. *Solche Flächen nennt man einseitig.*

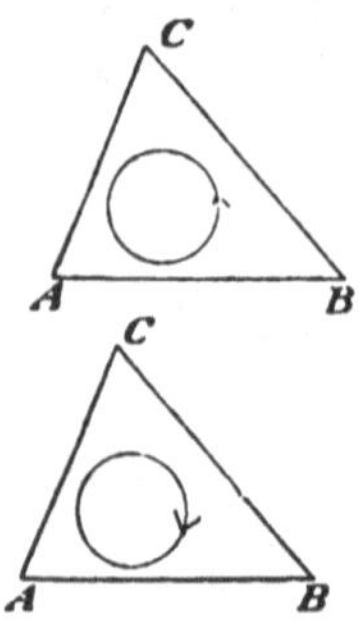

Fig. 181.

Mit der Einseitigkeit des Möbiusschen Zehnflachs $ABCDEF$ hängt es zusammen, daß dessen Oberfläche dem Möbiusschen Kantengesetz nicht gehorcht. Um diesen Zusammenhang einzusehen, denke man sich den Umlaufssinn des Dreiecks ABC dadurch bestimmt, daß man auf die eine Seite des Dreiecks (z. B. die in der Figur uns zugewandte Seite) einen Ring mit einer Pfeilspitze legt, die den Sinn des Umlaufs ABC andeutet (Fig. 181). Schiebt man dann den Ring über die Kante BC hinweg auf das nächste Dreieck BCD hinüber, so bestimmt er dort einen solchen Umlauf, daß die den beiden Dreiecken gemeinsame Kante BC jetzt in umgekehrter Richtung wie bei dem ersten Dreieck (d. h. von C nach B) durchlaufen wird. Schiebt man den Ring weiter von Fläche zu Fläche über die Trennungskanten hinweg, so bestimmt er jedesmal die Umlaufssinne zweier Nachbarflächen so, daß die gemeinsame Kante in beiden Flächen in entgegengesetzten Richtungen durchlaufen wird. Die durch den Ring bestimmten Umlaufssinne sind also derart, wie man sie wählen müßte, wenn man dem Möbiusschen Kantengesetze genügen wollte. Da die Fläche einseitig ist, so kann man den Ring so bewegen, daß er schließlich auf die andere (von uns abgewandte) Seite des Ausgangsdreiecks gelangt. Er bestimmt jetzt den Umlauf CBA. Die Kante AB wird jetzt in umgekehrter Richtung wie bei dem ursprünglichen Umlauf des ersten Dreiecks durchlaufen. Der Ring sei durch Überschreiten der

Kante AB, also von dem Dreieck EAB kommend, auf das Ausgangsdreieck zurückgekehrt. Da er in zwei aufeinanderfolgenden Dreiecken immer solche Umlaufssinne bestimmt, daß die gemeinsame Kante in entgegengesetzten Richtungen durchlaufen wird, so muß der durch den Ring bestimmte Umlaufssinn des Dreiecks EAB also derart sein, daß bei ihm die Kante AB in der Richtung von A nach B durchlaufen wird. Das ist aber dieselbe Richtung, in der diese Kante bei dem ursprünglich durch den Ring bestimmten Umlaufssinne des ersten Dreiecks ABC durchlaufen wird. Das widerspricht dem Möbiusschen Kantengesetze. *Die Einseitigkeit der Oberfläche des Zehnflachs macht es also unmöglich, die Umlaufssinne für die Flächen des Zehnflachs dem Kantengesetze gemäß zu bestimmen.*

Der Möbiussche Rauminhaltsbegriff erstreckt sich demnach nur auf die zweiseitigen Vielflache. *Die einseitigen Vielflache genügen dem Möbiusschen Kantengesetze nicht*; *für sie verliert der Möbiussche Begriff des Rauminhalts seinen Sinn. Während in der Ebene jedes Vieleck im Möbiusschen Sinne einen wohlbestimmten Inhalt besitzt, gibt es eine ganze Klasse von Vielflachen, für die der Begriff des Rauminhalts überhaupt nicht existiert.*

Siebzehntes Kapitel.

Rauminhalt und Oberfläche des Zylinders, des Kegels und der Kugel.

§ 51. Geschichtliches.[1])

1. Von krummflächig begrenzten Körpern werden in der Geometrie der Alten hauptsächlich der Zylinder, der Kegel und Kegelstumpf, die Kugel und Teile derselben, sowie die Drehkörper der Kegelschnitte behandelt. Die Hauptquellen für diesen Teil der griechischen Raumlehre sind neben dem 12. Buche der Elemente von Eukleides mehrere Schriften von Archimedes.

Eukleides beweist zunächst mit Hilfe eines Grenzverfahrens den (nach Archimedes schon Demokritos und Eudoxos bekannten) Satz: Jeder Kegel ist der dritte Teil eines Zylinders mit gleicher Grundfläche und gleicher Höhe. Die weitere Untersuchung mündet in dem Doppelsatze aus: In gleichen Kegeln und Zylindern verhalten sich die Grundflächen umgekehrt wie die Höhen; Kegel und Zylinder, deren Grundflächen sich umgekehrt wie die Höhen verhalten, sind gleich. Die Lehre von der Kugel beschränkt sich auf den Satz: Kugeln verhalten sich wie die Kuben ihrer Durchmesser. Berechnungen der Oberflächen und Rauminhalte fehlen.

2. Von den Schriften von Archimedes ist zunächst die Abhandlung „Von der Kugel und dem Zylinder" zu erwähnen. Sie zerfällt in zwei Bücher, von denen das zweite hauptsächlich Anwendungen der Sätze des ersten enthält. Archimedes schickt den Lehrsätzen des 1. Buches fünf Axiome voraus: 1. Von den Linien, die dieselben Endpunkte haben, ist am kürzesten die gerade Linie. 2. Von anderen Linien mit denselben Endpunkten in einer Ebene sind je zwei solche ungleich, die nach einerlei Seite hohl sind, wenn deren eine mit der die Endpunkte verbindenden Gerade die andere entweder ganz umschließt oder zum Teil umschließt und zum Teil in sie fällt; auch ist die umschlossene die kleinere. 3. Von den Flächen, die eine ebene Figur zur Grenze haben, ist die Ebene die kleinste. 4. Von den übrigen Flächen mit derselben ebenen Grenzfigur sind je zwei solche ungleich, die nach derselben Seite hohl sind, wenn

---

[1]) Vgl. Enzykl. III AB 9, S. 958ff.

deren eine entweder ganz umschlossen wird von der anderen und der Ebene, die mit ihr dieselbe Begrenzung hat, oder nur zum Teil von diesen umschlossen ist, zum Teil aber mit ihnen zusammenfällt; und zwar ist die umschlossene die kleinere. (Dadurch wird die Vergleichbarkeit einer krummen Fläche mit einer ebenen gefordert.) 5. Das Axiom des Eudoxos, ausgesprochen für Linien, Flächen und Körper.

Aus diesen Annahmen werden zunächst mehrere Hilfssätze über einem Kreise ein- und umgeschriebene Vielecke entwickelt, die schließlich zu den Sätzen 14—17 führen, in denen die Gleichheit des Mantels eines geraden Zylinders, geraden Kegels und geraden Kegelstumpfes mit gewissen ebenen Flächen gelehrt wird. Darauf folgt die Berechnung der Oberfläche und des Rauminhalts einer Kugel, deren Ergebnisse in folgender Form ausgedrückt werden: Die Oberfläche einer Kugel ist gleich dem Vierfachen eines Hauptkreises (Satz 35). Jede Kugel ist viermal so groß wie ein Kegel, dessen Grundfläche gleich einem Hauptkreise und dessen Höhe gleich dem Halbmesser der Kugel ist (36). Daraus folgt: Jeder Zylinder, der zur Grundfläche einen Hauptkreis der Kugel und zur Höhe den Durchmesser der Kugel hat, ist einundeinhalbmal so groß wie die Kugel; und seine Oberfläche ist auch einundeinhalbmal so groß wie die der Kugel (37). Die Figur dieses letzten Satzes ließ Archimedes bekanntlich an seinem Grabdenkmal anbringen.

Archimedes beweist diese Sätze mittels des Exhaustionsverfahrens, indem er einem Hauptkreis der Kugel ein regelmäßiges $2n$-Eck einbeschreibt und ein ähnliches $2n$-Eck umbeschreibt und den Hauptkreis um einen Durchmesser, der zugleich Diagonale des eingeschriebenen Vielecks ist, rotieren läßt. Dabei beschreiben die beiden Vielecke ein- und umbeschriebene Körper, deren Oberflächen sich aus Kegel- und Kegelstumpfmänteln zusammensetzen. Vergrößert man die Zahl der Vieleckseiten hinreichend, so kann man zeigen, daß die Annahme eines endlichen Unterschiedes zwischen der Kugeloberfläche und dem Vierfachen eines Hauptkreises zu einem Widerspruch führt. Es folgen noch die Sätze: Die Oberfläche eines Kugelabschnitts ist gleich einem Kreise, dessen Halbmesser gleich der Verbindungsstrecke des Scheitels des Abschnitts mit einem Punkte des Umfangs seines Grundkreises ist (48). Ein Kugelausschnitt ist gleich einem Kegel, dessen Grundfläche die Kugelkappe und dessen Höhe der Kugelhalbmesser ist (50).

In der Schrift „Von den Konoiden und Sphäroiden" werden ebenfalls mittels des Exhaustionsverfahrens die Volumina der durch Drehung der Kegelschnitte um ihre Achsen entstehenden Paraboloide, Hyperboloide und Ellipsoide berechnet.

3. Während man früher glaubte, der in den genannten Schriften gebrauchte Exhaustionsbeweis sei die ursprüngliche Form, in der Archimedes seine Entdeckungen begründete, müssen wir gegenwärtig, auf Grund der diesen Schriften zeitlich vorangehenden „Methodenlehre", diese Ansicht dahin berichtigen, daß die ursprüngliche Archimedische Beweisform ein an Cavalieris Methode der Indivisibilien erinnerndes verstecktes Integrationsverfahren war, das aber Archimedes so wenig streng erschien, daß er es später durch Exhaustionsbeweise ersetzen zu müssen glaubte.

Auf den Archimedischen Sätzen beruhen die meisten von Heron überlieferten Berechnungen an dem geraden Zylinder, dem Kegel, dem geraden Kegelstumpf und der Kugel.

4. Die von Archimedes mit der Berechnung der Konoide und Sphäroide begonnene Berechnung der Drehflächen und Drehkörper wurde von Kepler 1615 in seiner Stereometrie der Fässer fortgesetzt. Für die Ausbildung allgemeiner Methoden zur Berechnung krummflächiger Körper kommt auch Cavalieri in Betracht, da die Methode der Indivisibilien für Körper mit beliebigen Seitenflächen gilt. Cavalieri berechnete nach dieser Methode viele schon von Kepler untersuchte Körper, insbesondere solche, die durch die Umdrehung eines Kegelschnitts um eine beliebige Gerade seiner Ebene entstehen. Ebenso führte er die Berechnung des Kugelinhalts mittels seiner Methode aus, indem er ein Quadrat $ABCD$ mit einer Diagonale AC und einem eingeschriebenen Kreisquadranten BD (mit dem Mittelpunkt A) um die Seite AB rotieren ließ und zeigte, daß die von dem Viertelkreise beschriebene Halbkugel in jeder beliebigen Höhe einen Querschnitt von demselben Inhalt besitzt wie der in derselben Ebene liegende Schnitt des Restkörpers, den man erhält, wenn man aus dem durch das Quadrat erzeugten Zylinder den durch das Dreieck ABC beschriebenen Kegel herausschneidet. Chr. Wolff und J. A. Segner nahmen diesen Beweis in ihre Unterrichtswerke auf, der später vornehmlich durch Baltzer in viele deutsche Lehrbücher Eingang fand.

5. Die allgemeine Begründung der Lehre vom Rauminhaltsmaß macht bei krummflächig begrenzten Körpern erheblich größere Schwierigkeiten als bei Vielflachen und geht über den Rahmen der Elementargeometrie hinaus, da eine erschöpfende Behandlung der Frage auf die Erörterung des allgemeinen Begriffs der Fläche führen muß.

Ebensowenig kann die allgemeine Theorie des Inhaltsmaßes krummer Oberflächen in der Elementargeometrie behandelt werden. Hier soll nur auf einen Punkt hingewiesen werden, der für die Elementargeometrie wichtig ist. In manchen Lehrbüchern wird für die Berechnung der Kugeloberfläche folgendes, auf Kepler zurückgehendes Verfahren angewendet: Man denkt sich die Oberfläche mit einem Netz von Punkten überzogen und je drei benachbarte zu einem ebenen Dreieck verbunden. Als Inhalt der Kugeloberfläche wird dann der Grenzwert definiert, dem die Oberfläche des dadurch entstehenden eingeschriebenen Vielflachs zustrebt, wenn die Dreiecke unbegrenzt an Größe abnehmen. Daß jene Definition nicht allgemein für eine krumme Oberfläche zulässig ist, hat

H. A. Schwarz 1883 nachgewiesen und an einem einfachen Beispiel erläutert. Das Verfahren führt nur dann zum richtigen Ergebnis, wenn der Grenzübergang, der von dem Verhältnis zweier veränderlichen Größen abhängt, so eingerichtet wird, daß die Ebenen der Dreiecke in der Grenze in die Berührungsebenen der Oberfläche übergehen.

§ 52. Zylinder, Kegel und Kegelstumpf.

1. *Die Gesamtheit der Punkte einer Parallelenschar, die durch die Punkte einer Kreislinie unter einem beliebigen von Null verschiedenen Winkel gegen die Ebene des Kreises gelegt wird, bildet eine krumme Oberfläche, die als Kreiszylinderfläche bezeichnet wird. Die Parallelen heißen die Erzeugenden, die Kreislinie die Leitlinie der Zylinderfläche. Der Körper, der von zwei zu der Ebene der Leitlinie parallelen Ebenen und dem zwischen diesen liegenden Stück der Zylinderfläche begrenzt wird, heißt ein Kreiszylinder. Das Stück der Zylinderfläche zwischen den beiden Schnittebenen heißt die Mantelfläche des Zylinders. Die beiden Kreise, in denen die begrenzenden Ebenen die Zylinderfläche schneiden, heißen Grundkreis und Deckkreis des Zylinders. Der Abstand der Deckfläche von der Grundfläche heißt die Höhe des Zylinders. Die Verbindungsstrecke der Mittelpunkte der beiden Kreise heißt die Achse des Zylinders. Ist die Achse gegen die Grundfläche geneigt, so heißt der Zylinder schief. Steht die Achse auf der Grundfläche senkrecht, so heißt der Zylinder gerade.*

In den Grundkreis eines Zylinders mit dem Halbmesser r sei ein regelmäßiges n-Eck eingeschrieben. Über diesem n-Eck als Grundfläche stehe ein Prisma, dessen Seitenkanten Erzeugende der Zylinderfläche sind, und dessen Höhe der Zylinderhöhe h gleich sei.

a) Der Zylinder sei gerade. Jede Grundkante des Prismas habe die Länge a. Der Flächeninhalt einer Seitenfläche des Prismas ist $a\,h$, die Summe der Inhalte aller Seitenflächen $S = n \cdot a \cdot h$. Der Umfang der Grundfläche des Prismas ist $u = n\,a$, also ist $S = u \cdot h$. Der Umfang u der Grundfläche des Prismas nähert sich mit unbegrenzt wachsender Zahl der Seiten der Grundfläche dem Umfang $2\pi r$ des Grundkreises des Zylinders. Die Summe S der Inhalte aller Seitenflächen des Prismas hat also den Grenzwert $2\pi r h$.

Unter dem Inhalt der Mantelfläche eines geraden Zylinders versteht man den Grenzwert, dem die Summe der Inhalte der Seitenflächen eines dem Zylinder eingeschriebenen geraden regelmäßigen Prismas zustreben, wenn die Anzahl der Grundkanten des Prismas über jede angebbare Grenze hinaus wächst. Sind r der Halbmesser des Grundkreises und h die Höhe des Zylinders, so ist der Inhalt der Mantelfläche

$$M = 2\pi r h\,.$$

b) Die Stellung der Zylinderachse gegen die Grundfläche sei beliebig. Der Inhalt g der Grundfläche des eingeschriebenen Prismas nähert sich mit unbegrenzt wachsender Zahl der Seiten der Grundfläche dem Inhalt πr^2 des Grundkreises des Zylinders. Der Rauminhalt $g \cdot h$ des Prismas nähert sich bei diesem Grenzübergange dem Werte $\pi r^2 h$.

Unter dem Rauminhalt eines Kreiszylinders versteht man den Grenzwert, dem der Rauminhalt eines dem Zylinder eingeschriebenen regelmäßigen Prismas zustrebt, wenn die Anzahl der Grundkanten des Prismas über jede angebbare Grenze hinaus wächst. Sind r der Halbmesser des Grundkreises und h die Höhe des Zylinders, so ist der Rauminhalt des Zylinders

$$v = \pi r^2 h .$$

2. *Die Gesamtheit der Punkte aller Geraden, welche die Punkte einer Kreislinie mit einem nicht in der Ebene der Kreislinie liegenden Punkte verbinden, bildet eine krumme Oberfläche, die als Kreiskegelfläche bezeichnet wird. Die Geraden heißen die Erzeugenden, ihr gemeinsamer Schnittpunkt die Spitze, die Kreislinie die Leitlinie der Kegelfläche. Der Körper, der durch eine zu der Ebene der Leitlinie parallele Ebene und das zwischen dieser Ebene und der Spitze liegende Stück der Kegelfläche begrenzt wird, heißt ein Kreiskegel. Das Stück der Kegelfläche zwischen der begrenzenden Ebene und der Spitze heißt die Mantelfläche des Kegels. Der Kreis, in dem die begrenzende Ebene die Kegelfläche schneidet, heißt der Grundkreis des Kegels. Der Abstand der Spitze von der Grundfläche heißt die Höhe des Kegels. Die Verbindungsstrecke der Spitze mit der Mitte des Grundkreises heißt die Achse des Kegels. Ist die Achse gegen die Grundfläche geneigt, so heißt der Kegel schief. Steht die Achse auf der Grundfläche senkrecht, so heißt der Kegel gerade. Die Verbindungsstrecke der Spitze mit einem Punkte des Umfangs des Grundkreises heißt eine Seitenlinie des Kegels.*

In den Grundkreis eines Kreiskegels mit dem Halbmesser r sei ein regelmäßiges n-Eck eingeschrieben. Über diesem n-Eck als Grundfläche stehe eine Pyramide, deren Spitze mit der Spitze des Kegels zusammenfällt.

a) Der Kegel sei gerade. Jede Grundkante der Pyramide habe die Länge a, jedes Seitendreieck die Höhe h_1. Der Flächeninhalt eines Seitendreiecks ist $\frac{1}{2} a h_1$, die Summe der Inhalte aller Seitendreiecke $S = \frac{1}{2} n a h_1$. Der Umfang u der Grundfläche der Pyramide ist $u = n a$, also ist $S = \frac{1}{2} u h_1$. Der Umfang u der Grundfläche der Pyramide nähert sich mit unbegrenzt wachsender Zahl der Seiten der Grundfläche dem Umfang $2\pi r$ des Grundkreises des Kegels. Die Höhe h_1 der Seitendreiecke der Pyramide nähert sich bei diesem Grenzübergange der Länge der Seitenlinie s des Kegels. Die Summe S der Inhalte aller Seitenflächen der Pyramide hat also den Grenzwert $\pi r s$.

Unter dem Inhalt der Mantelfläche eines geraden Kreiskegels versteht man den Grenzwert, dem die Summe der Inhalte der Seitenflächen einer dem Kegel eingeschriebenen regelmäßigen Pyramide zustrebt, wenn die Anzahl der Grundkanten der Pyramide über jede angebbare Grenze hinaus wächst.

Sind r der Halbmesser des Grundkreises und s die Seitenlinie des Kegels, so ist der Inhalt der Mantelfläche

$$M = \pi r s .$$

Zwischen der Seitenlinie s, der Höhe h und dem Grundkreishalbmesser r eines geraden Kreiskegels besteht nach dem Pythagoreischen Lehrsatze die Beziehung

$$s^2 = r^2 + h^2 .$$

b) Die Stellung der Kegelachse gegen die Grundfläche sei beliebig. Der Inhalt g der Grundfläche der Pyramide nähert sich mit unbegrenzt wachsender Zahl der Seiten der Grundfläche dem Inhalt πr^2 des Grundkreises des Kegels. Der Rauminhalt $\frac{1}{3} g h$ der Pyramide nähert sich bei diesem Grenzübergange dem Werte $\frac{1}{3}\pi r^2 h$.

Unter dem Rauminhalt eines Kreiskegels versteht man den Grenzwert, dem der Rauminhalt einer dem Kegel eingeschriebenen regelmäßigen Pyramide zustrebt, wenn die Anzahl der Grundkanten der Pyramide über jede angebbare Grenze hinaus wächst. Sind r der Halbmesser des Grundkreises und h die Höhe des Kegels, so ist der Rauminhalt des Kegels

$$v = \frac{1}{3}\pi r^2 h .$$

3. *Durch einen Schnitt parallel zur Grundfläche zerfällt ein Kreiskegel in zwei Körper, einen Kegelstumpf und seinen Ergänzungskegel. Die Grundfläche des Ergänzungskegels heißt auch Deckfläche des Stumpfes. Das Stück der Mantelfläche des ganzen Kegels zwischen der Grundfläche und der Deckfläche des Stumpfes heißt die Mantelfläche des Kegelstumpfes. Der senkrechte Abstand der Deckfläche von der Grundfläche heißt die Höhe des Stumpfes. Das Stück der Seitenlinie des ganzen Kegels zwischen der Deckfläche und der Grundfläche des Stumpfes heißt die Seitenlinie des Stumpfes. Die Verbindungsstrecke der Mitten des Grundkreises und des Deckkreises heißt die Achse des Kegelstumpfes. Ist die Achse gegen die Grundfläche geneigt, so heißt der Kegelstumpf schief. Steht die Achse auf der Grundfläche senkrecht, so heißt der Kegelstumpf gerade.*

Ein Kegelstumpf habe den Grundkreishalbmesser r und den Deckkreishalbmesser r_1. In den Grundkreis sei ein regelmäßiges n-Eck eingeschrieben. Über diesem n-Eck als Grundfläche stehe ein Pyramidenstumpf, dessen Seitenkanten mit Erzeugenden des Kegels zusammenfallen, und dessen Höhe gleich der Höhe h des Kegelstumpfes ist.

a) Der Kegelstumpf sei gerade. Die Länge einer Grundkante des Pyramidenstumpfes sei a, die Länge einer Deckkante a_1; die Höhe einer Seitenfläche des Pyramidenstumpfes sei h_1. Dann ist der Flächeninhalt eines Seitentrapezes des Pyramidenstumpfes $\frac{1}{2} h_1 (a + a_1)$ und die Summe der Inhalte aller Seitenflächen des Pyramidenstumpfes $S = \frac{1}{2} n h_1 (a + a_1)$. Der Umfang der Grundfläche des Pyramidenstumpfes ist $u = n a$, der Umfang der Deckfläche $u_1 = n a_1$. Also ist $S = \frac{1}{2} h_1 (u + u_1)$. Die Umfänge u und u_1 der Grundfläche und der Deckfläche des Pyramidenstumpfes nähern sich mit unbegrenzt wachsender Zahl der Seiten der Grundfläche den Umfängen $2\pi r$ und $2\pi r_1$ des Grundkreises und des Deckkreises des Kegelstumpfes. Die Höhe h_1 der Seitenflächen des Pyramidenstumpfes nähert sich bei diesem Grenzübergange der Länge s der Seitenlinie des Kegelstumpfes. Die Summe S der Inhalte aller Seitenflächen des Pyramidenstumpfes hat also den Grenzwert $\frac{1}{2} s (2\pi r + 2\pi r_1) = \pi s (r + r_1)$.

Unter dem Inhalt der Mantelfläche eines geraden Kreiskegelstumpfes versteht man den Grenzwert, dem die Summe der Inhalte der Seitenflächen eines dem Kegelstumpf eingeschriebenen geraden regelmäßigen Pyramidenstumpfes zustrebt, wenn die Anzahl der Grundkanten des Pyramidenstumpfes über jede angebbare Zahl hinaus wächst. Sind r der Halbmesser des Grundkreises, r_1 der des Deckkreises und s die Seitenlinie des Kegelstumpfes, so ist der Inhalt der Mantelfläche

$$M = \pi s (r + r_1).$$

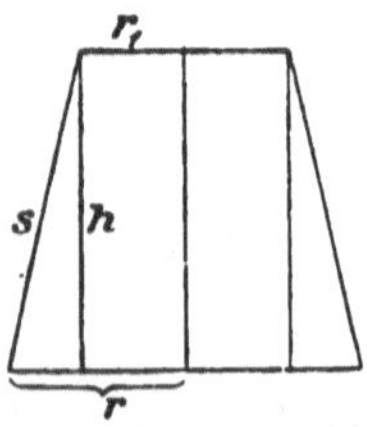

Fig. 182.

Zwischen der Seitenlinie s, dem Halbmesser r des Grundkreises, dem Halbmesser r_1 des Deckkreises und der Höhe h eines geraden Kegelstumpfes besteht nach dem pythagoreischen Lehrsatze die Beziehung (Fig. 182)

$$s^2 = (r - r_1)^2 + h^2.$$

b) Die Stellung der Achse des Kegelstumpfes gegen die Grundfläche sei beliebig. Die Inhalte g und g_1 der Grundfläche und Deckfläche des Pyramidenstumpfes nähern sich mit unbegrenzt wachsender Zahl der Seiten der Grundfläche den Inhalten πr^2 und πr_1^2 des Grundkreises und Deckkreises des Kegelstumpfes. Der Rauminhalt $\frac{1}{3} h (g + g_1 + \sqrt{g g_1})$ des Pyramidenstumpfes nähert sich bei diesem Grenzübergange dem Werte $\frac{1}{3} h (\pi r^2 + \pi r_1^2 + \sqrt{\pi^2 r^2 r_1^2}) = \frac{1}{3} \pi h (r^2 + r_1^2 + r r_1)$.

Unter dem Rauminhalt eines Kreiskegelstumpfes versteht man den Grenzwert, dem der Rauminhalt eines dem Kegelstumpf eingeschriebenen regelmäßigen Pyramidenstumpfes zustrebt, wenn die Anzahl der Grundkanten des Pyramidenstumpfes über jede angebbare Grenze hinaus wächst. Sind r der Halbmesser des Grundkreises, r_1 der des Deckkreises und h die Höhe des Kegelstumpfes, so ist der Rauminhalt des Kegelstumpfes

$$v = \frac{1}{3} \pi h (r^2 + r_1^2 + r r_1).$$

§ 53. Kugel.

1. Ein ebener Schnitt durch die Achse eines geraden Kreiskegels ergibt ein gleichschenkliges Dreieck ABC mit der Höhe CD (Fig. 183). E sei die Mitte von AC. Die Achse CD werde von dem auf AC in E errichteten Lote in F, von der Parallele zu AB durch E in G geschnitten.

Es ist dann $EG = \frac{1}{2} r$. Ferner ist $\triangle ACD \sim \triangle FEG$; also verhält sich $s : CD = EF : EG$. Nach dem Produktsatze ist daher $\frac{1}{2} r s = CD \cdot EF$ und der Inhalt der Mantelfläche

$$M = \pi r s = 2\pi \cdot CD \cdot EF \,.$$

Der Inhalt der Mantelfläche eines geraden Kreiskegels ist gleich dem Produkt aus 2π, der Länge der Kegelachse und dem zwischen der Seitenlinie und der Achse liegenden Stück der auf der Seitenlinie errichteten Mittelsenkrechte.

Ein ebener Schnitt durch die Achse EF eines geraden Kreiskegelstumpfes ergibt ein gleichschenkliges Trapez $ABCD$. G sei die Mitte von AD (Fig. 184). Die Achse EF werde von dem in G auf AD errichteten Lote in H, von der Parallele zu AB durch G in I geschnitten.

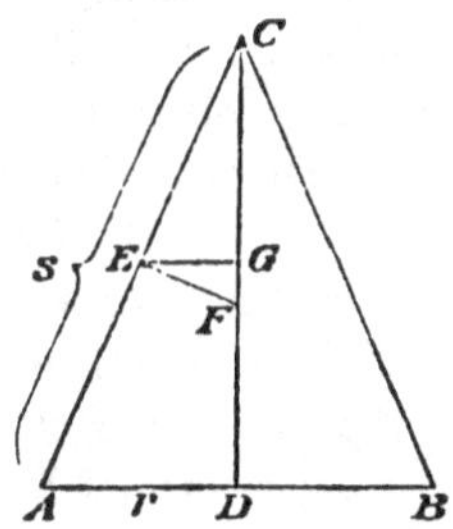

Fig. 183.

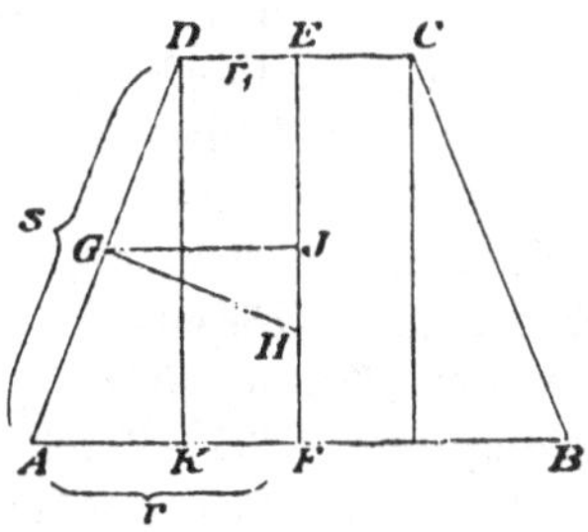

Fig. 184.

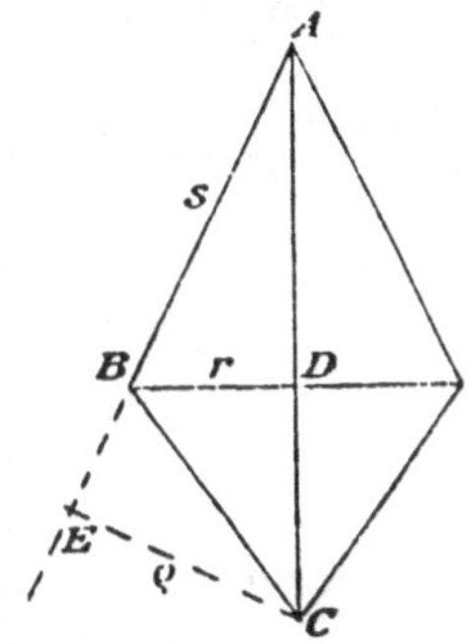

Fig. 185.

DK sei das Lot von D auf AB. Es ist dann $GI = \frac{1}{2}(r + r_1)$. Ferner ist $\triangle GHI \sim \triangle DAK$; daher verhält sich $s : DK = GH : GI$. Nach dem Produktsatze ist also $\frac{1}{2} s (r + r_1) = DK \cdot GH$ und der Inhalt der Mantelfläche des Stumpfes

$$M = \pi s (r + r_1) = 2\pi \cdot DK \cdot GH = 2\pi \cdot EF \cdot GH \,.$$

Der Inhalt der Mantelfläche eines geraden Kreiskegelstumpfes ist gleich dem Produkt aus 2π, der Länge der Stumpfachse und dem zwischen der Seitenlinie und der Achse liegenden Stück der auf der Seitenlinie errichteten Mittelsenkrechte.

2. Ein Dreieck ABC mit den spitzen Winkeln A und C drehe sich um die Seite AC (Fig. 185). AB und BC beschreiben dabei die Mantelflächen zweier Kegel mit gemeinsamem Grundkreise. BD sei das Lot von B auf AC. Der durch die Umdrehung des Dreiecks ABC entstehende Doppelkegel habe den Rauminhalt (ABC), die von AB beschriebene Mantelfläche den Flächeninhalt (AB). Das Lot CE von C auf die Gerade AB habe die Länge ϱ. Der Grundkreishalbmesser BD habe die Länge r. Dann ist

$$(ABC) = \tfrac{1}{3}\pi r^2 \cdot AD + \tfrac{1}{3}\pi r^2 \cdot DC = \tfrac{1}{3}\pi r^2 \cdot AC \,.$$

Ferner ist $\triangle ABD \sim \triangle ACE$; also verhält sich $AB : BD = AC : CE$. Nach dem Produktsatz ist daher $BD \cdot AC = AB \cdot CE$ oder $r \cdot AC = s \cdot \varrho$. Daraus folgt $(ABC) = \frac{1}{3} \pi r s \varrho$ oder $(ABC) = \frac{1}{3} \varrho \cdot (AB)$.

Dreht sich ein Dreieck ABC mit den spitzen Winkeln A und C um die Seite AC, so ist der Rauminhalt des entstehenden Doppelkegels gleich dem dritten Teile des Produkts aus dem Flächeninhalt der von AB beschriebenen Kegelmantelfläche und dem Lot von C auf AB.

Ein Dreieck ABC drehe sich um eine durch C gehende, die Dreiecksfläche nicht treffende Gerade g der Dreiecksebene (Fig. 186). D und E seien die Fußpunkte der von A und B auf g gefällten Lote, F der Fußpunkt des von C auf AB gefällten Lotes, G der Schnittpunkt von BA und g. CF habe die Länge ϱ.

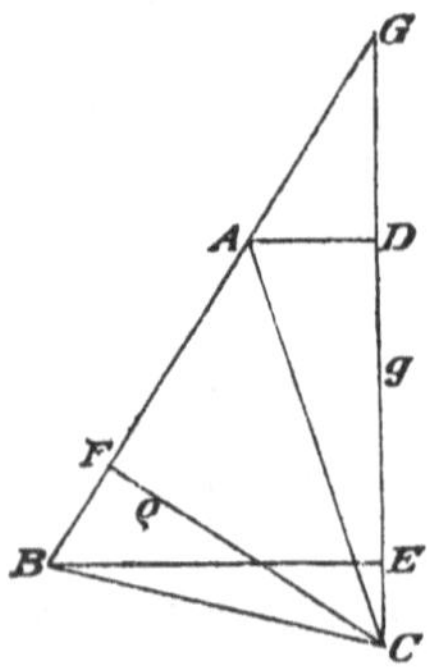

Fig. 186.

Durch die Drehung der Dreiecke GBC und GAC entstehen zwei Doppelkegel, von denen der zweite ganz in dem ersten enthalten ist. Zieht man den Rauminhalt des zweiten Doppelkegels von dem Rauminhalt des ersten ab, so bleibt der Rauminhalt des Körpers mit dem Achsenschnitt ABC übrig, d. h. des durch die Drehung des Dreiecks ABC entstehenden Körpers. Die Rauminhalte der beiden Doppelkegel seien (GBC) und (GAC), der Rauminhalt des durch die Drehung von ABC entstehenden Körpers sei (ABC). (GB), (GA) und (AB) seien die Inhalte der durch die Drehung der Strecken GB, GA und AB beschriebenen Mantelflächen. Dann ist

$$(GBC) = \tfrac{1}{3} \varrho \cdot (GB)\,,$$
$$(GAC) = \tfrac{1}{3} \varrho \cdot (GA)\,,$$

folglich

$$(GBC) - (GAC) = \tfrac{1}{3} \varrho \cdot [(GB) - (GA)]\,.$$

Nun ist $(GBC) - (GAC) = (ABC)$ und $(GB) - (GA) = (AB)$, also

$$(ABC) = \tfrac{1}{3} \varrho \cdot (AB)\,.$$

Dreht sich ein Dreieck ABC um eine durch seine Spitze gehende, seine Fläche nicht schneidende Gerade seiner Ebene, so ist der Rauminhalt des entstehenden Körpers gleich dem dritten Teile des Produkts aus dem Flächeninhalt der von der Grundseite beschriebenen Kegelmantelfläche und der zugehörigen Höhe des Dreiecks.

3. *Die Gesamtheit der Punkte, die von einem Punkte M die Entfernung r haben, bildet eine krumme Fläche, die als Kugeloberfläche bezeichnet wird. Der Punkt M heißt der Mittelpunkt, die Strecke r der Halbmesser der Kugeloberfläche.*

Eine Ebene durch den Mittelpunkt schneidet die Kugeloberfläche in einem Kreise; denn die Punkte einer Ebene, die von einem Punkte M

dieser Ebene die Entfernung r haben, bilden die Kreislinie um diesen Punkt mit dem Halbmesser r.

Ein Punkt M sei der Mittelpunkt einer Kugeloberfläche O mit dem Halbmesser r. Eine Ebene $\mathfrak{E}$ habe von M die Entfernung $d < r$. Das Lot von M auf $\mathfrak{E}$ habe den Fußpunkt A. Eine Ebene durch MA schneide O in dem Kreise k und $\mathfrak{E}$ in der Gerade g (Fig. 187). Dann hat g von M den Abstand d. Da $d < r$ ist, schneidet g den Kreis k in zwei Punkten B und C, und es ist $AB = \sqrt{r^2 - d^2}$. Dreht sich die Ebene des Kreises k um MA, so dreht sich g in $\mathfrak{E}$ um den Punkt A. Die Schnittpunkte B und C der Gerade g mit der Kugeloberfläche behalten bei der Drehung um A von A den Abstand $\sqrt{r^2 - d^2}$. Sie durchlaufen also eine Kreislinie in der Ebene $\mathfrak{E}$.

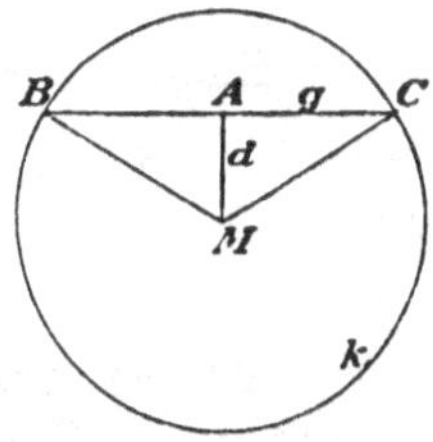

Fig. 187.

Eine Ebene, die von dem Mittelpunkte einer Kugeloberfläche mit dem Halbmesser r einen Abstand $d < r$ besitzt, schneidet die Kugeloberfläche in einer Kreislinie mit dem Halbmesser $\sqrt{r^2 - d^2}$. Der Schnittkreis ist um so größer, je kleiner der Abstand der Ebene vom Mittelpunkt der Kugeloberfläche ist. Die größten Schnittkreise einer Kugeloberfläche sind die Kreise, deren Ebenen durch den Mittelpunkt der Kugeloberfläche gehen. Diese Kreise heißen die Hauptkreise der Kugeloberfläche. Alle andern Schnittkreise heißen Nebenkreise.

Eine Ebene, die von dem Mittelpunkte einer Kugeloberfläche einen Abstand gleich dem Halbmesser besitzt, hat mit der Kugeloberfläche einen Punkt gemein. Sie heißt eine Berührungsebene der Kugeloberfläche, und der gemeinsame Punkt heißt der Berührungspunkt. Eine Berührungsebene steht auf dem Halbmesser durch ihren Berührungspunkt senkrecht.

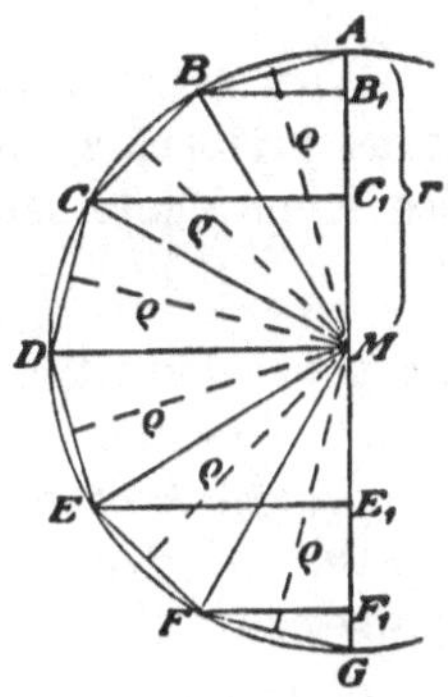

Fig. 188.

4. Einem Kreise mit dem Halbmesser r und dem Mittelpunkt M sei ein regelmäßiges $2n$-Eck eingeschrieben. AG sei ein durch zwei Gegenecken des Vielecks gelegter Durchmesser des Kreises. $ABCDEFG$ sei die auf der einen Seite dieses Durchmessers liegende Hälfte des Vielecks (Fig. 188). Der Halbmesser des dem Vieleck eingeschriebenen Kreises sei ϱ. Dreht sich der Kreis um den Durchmesser AG, so beschreiben AB und FG die Mantelflächen von geraden Kreiskegeln, die übrigen Seiten des Vielecks die Mantelflächen gerader Kreiskegelstümpfe. Die Inhalte der von den Strecken AB, BC, ... FG beschriebenen Mantelflächen seien (AB), $BC)$, ..., (FG). Bezeichnet man die Fußpunkte der von B, C, E, F auf den Durchmesser AG gefällten Lote mit B_1, C_1, E_1, F_1, so ist

$$(AB) = 2\pi\varrho \cdot AB_1 \quad (1)\,,$$
$$(BC) = 2\pi\varrho \cdot B_1C_1 \quad (1)\,,$$
$$\cdots\cdots\cdots\cdots$$
$$(FG) = 2\pi\varrho \cdot F_1G_1 \quad (1)\,,$$

also die Summe der Inhalte aller Mäntel

$$S = 2\pi\varrho \cdot (AB_1 + B_1C_1 + \ldots + E_1F_1 + F_1G_1)$$

oder

$$S = 4\pi\varrho r\,.$$

Wächst die Anzahl der Seiten des eingeschriebenen Vielecks über jede angebbare Grenze hinaus, so nähert sich die Länge des Inkreishalbmessers ϱ der Grenze r und die Summe der Inhalte aller Mäntel S der Grenze $4\pi r^2$.

Einem Hauptkreise einer Kugeloberfläche werde ein regelmäßiges $2n$-Eck eingeschrieben. Durch Drehung dieses Vielecks um einen durch zwei Gegenecken gehenden Kugeldurchmesser entsteht ein der Kugeloberfläche eingeschriebener Körper, dessen Oberfläche sich aus den Mantelflächen gerader Kreiskegelstümpfe und zweier geraden Kreiskegel zusammensetzt. Unter dem Inhalt der Kugeloberfläche versteht man den Grenzwert, dem die Summe der Inhalte dieser Mantelflächen zustrebt, wenn die Anzahl der Seiten des dem Hauptkreise eingeschriebenen Vielecks über jede angebbare Grenze hinaus wächst. Ist r der Halbmesser der Kugeloberfläche, so ist der Inhalt der Kugeloberfläche

$$O = 4\pi r^2\,.$$

Wird der Kugeloberfläche mit dem Halbmesser r ein gerader Zylinder umgeschrieben, so ist sein Grundkreishalbmesser r und seine Höhe $2r$, also seine Mantelfläche

$$M = 4\pi r^2\,.$$

Die ganze Oberfläche des Zylinders besteht aus der Mantelfläche, dem Grundkreise und dem Deckkreise. Jeder dieser Kreise hat den Flächeninhalt πr^2. Also ist die Oberfläche des Zylinders gleich $6\pi r^2 = 1\frac{1}{2}\,O$.

Die Oberfläche des einer Kugeloberfläche umgeschriebenen geraden Zylinders ist eineinhalbmal so groß wie die Kugeloberfläche.

5. *Unter einem Kugelkörper oder einer Kugel versteht man die Gesamtheit der Punkte, deren Entfernungen vom Mittelpunkte der Kugeloberfläche nicht größer als der Halbmesser sind. Den Halbmesser und den Mittelpunkt der Kugeloberfläche nennt man auch den Halbmesser und den Mittelpunkt der Kugel.*

Bezeichnet man die Rauminhalte der durch die Dreiecke ABM, BCM, ... FGM (Fig. 188) bei der Drehung um AG erzeugten Körper mit (ABM), (BCM), ... (FGM), so ist nach 2

$$(ABM) = \frac{1}{3}\varrho\cdot(AB)\,,$$
$$(BCM) = \frac{1}{3}\varrho\cdot(BC)\,,$$
$$\cdots\cdots\cdots\cdots\cdots$$
$$(FGM) = \frac{1}{3}\varrho\cdot(FG)\,.$$

Bezeichnet man die Summe der Rauminhalte der Körper mit v_1, die Summe der Inhalte der Mantelflächen mit S, so ergibt die Addition der Gleichungen

$$v_1 = \frac{1}{3}\varrho\cdot S\,.$$

Wächst die Anzahl der Seiten des dem Hauptkreise eingeschriebenen Vielecks über jede angebbare Grenze hinaus, so nähert sich ϱ dem Grenzwerte r, S dem Grenzwerte O (4), mithin hat v_1 den Grenzwert $\frac{1}{3}rO = \frac{4}{3}\pi r^3$.

Einem Hauptkreise einer Kugeloberfläche werde ein regelmäßiges 2n-Eck eingeschrieben. Durch Drehung dieses Vielecks um einen durch zwei Gegenecken gehenden Kugeldurchmesser entsteht ein der Kugeloberfläche eingeschriebener Körper, dessen Oberfläche sich aus den Mantelflächen gerader Kreiskegelstümpfe und zweier geraden Kreiskegel zusammensetzt. Unter dem Rauminhalt der Kugel versteht man den Grenzwert, dem der Rauminhalt jenes eingeschriebenen Körpers zustrebt, wenn die Anzahl der Seiten des dem Hauptkreise eingeschriebenen regelmäßigen Vielecks über jede angebbare Grenze hinaus wächst. Ist r der Halbmesser der Kugel, so ist der Rauminhalt der Kugel

$$v = \frac{4}{3}\pi r^3\,.$$

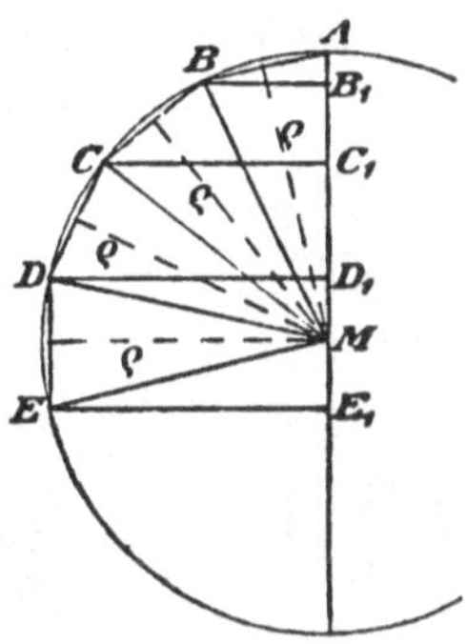

Fig. 189.

Wird der Kugel mit dem Halbmesser r ein gerader Zylinder umgeschrieben, so ist sein Grundkreishalbmesser r und seine Höhe $2r$, also sein Rauminhalt gleich $2\pi r^3 = 1\frac{1}{2}\,v$.

Der Rauminhalt des einer Kugel umgeschriebenen geraden Zylinders ist eineinhalbmal so groß wie der Rauminhalt der Kugel.

6. *Schneidet eine Ebene die Kugeloberfläche, so teilt sie diese in zwei Kugelkappen und die Kugel selbst in zwei Kugelabschnitte. Der Schnittkreis heißt der Grundkreis jeder der beiden Kappen und jedes der beiden Abschnitte. Der Punkt einer Kugelkappe oder eines Kugelabschnitts, der von dem Grundkreise den größten Abstand hat, heißt der Scheitel der Kappe oder des Abschnitts. Der Abstand des Scheitels von der Grundkreisebene heißt die Höhe der Kappe oder des Abschnitts.*

In den Kreisbogen AE (Fig. 189) seien die gleichen Sehnen AB, BC, CD, DE eingeschrieben. B_1, C_1, D_1, E_1 seien die Fußpunkte der von B, C, D, E auf den durch A gehenden Durchmesser gefällten Lote. ϱ sei die Länge der vom Mittelpunkte auf die gleichen Sehnen gefällten Lote. k_1 sei die Summe der Inhalte der von den Strecken AB, BC, CD

DE bei der Drehung um den Durchmesser beschriebenen Mantelflächen, AE_1 sei gleich h, die Inhalte der Mantelflächen seien (AB), (BC), ..., (DE). Dann ist nach (1)

$$(AB) = 2\pi\varrho\cdot AB_1\,,$$
$$(BC) = 2\pi\varrho\cdot B_1C_1\,,$$
$$\dots\dots\dots\dots\dots\dots$$
$$(DE) = 2\pi\varrho\cdot D_1E_1\,.$$

Durch Addition ergibt sich

$$k_1 = 2\pi\varrho h\,.$$

Wächst die Anzahl der dem Bogen AE eingeschriebenen gleichen Sehnen über jede angebbare Grenze hinaus, so nähert sich ϱ dem Grenzwerte r.

Man lege durch den Scheitel einer Kugelkappe einen Hauptkreis und trage in den Bogen dieses Hauptkreises zwischen dem Scheitel und dem Grundkreise der Kappe einen aus gleichen Sehnen bestehenden Streckenzug ein. Durch Drehung dieses Streckenzuges um den durch den Scheitel der Kappe gehenden Durchmesser entsteht eine der Kappe eingeschriebene Fläche, die sich aus den Mantelflächen gerader Kreiskegelstümpfe und eines geraden Kreiskegels zusammensetzt. Unter dem Flächeninhalt der Kugelkappe versteht man den Grenzwert, dem die Summe der Inhalte dieser Mantelflächen zustrebt, wenn die Anzahl der gleichen Sehnen über jede angebbare Grenze hinaus wächst. Sind r der Halbmesser der Kugel und h die Höhe der Kappe, so ist der Flächeninhalt der Kappe

$$k = 2\pi r h\,.$$

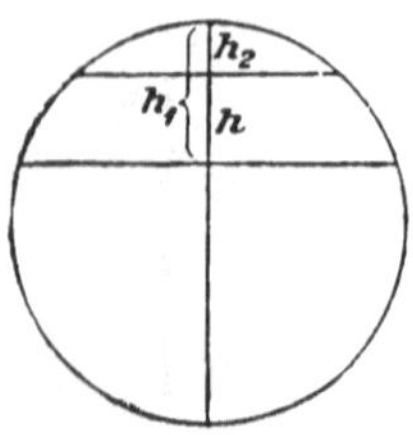

Fig. 190.

Eine Kugelzone ist der zwischen zwei parallelen Schnittebenen liegende Teil einer Kugeloberfläche. Die beiden Schnittkreise heißen die Begrenzungskreise der Zone, der Abstand der beiden Schnittebenen heißt die Höhe der Zone.

Der Flächeninhalt einer Kugelzone ist die Differenz der Flächeninhalte zweier Kugelkappen (Fig. 190). Sind k_1 und h_1 Inhalt und Höhe der ersten Kappe, k_2 und h_2 Inhalt und Höhe der zweiten Kappe und z und h Inhalt und Höhe der Zone, so ist

$$k_1 = 2\pi r h_1\,,$$
$$k_2 = 2\pi r h_2\,,$$
$$z = k_1 - k_2 = 2\pi r(h_1 - h_2)\,,$$
$$z = 2\pi r h\,.$$

Der Flächeninhalt einer Zone mit der Höhe h auf einer Kugeloberfläche mit dem Halbmesser r ist

$$z = 2\pi r h\,.$$

7. *Die Kegelmantelfläche, die einen Schnittkreis einer Kugeloberfläche zum Grundkreis und den Mittelpunkt der Kugel zur Spitze hat, teilt die Kugel in zwei Kugelausschnitte. Der Schnittkreis heißt der Grundkreis jedes Kugelausschnitts. Der Scheitel der den Ausschnitt begrenzenden Kugelkappe heißt auch der Scheitel des Kugelausschnitts. Die Höhe der Kappe heißt auch die Höhe des Ausschnitts.*

Dreht sich der Kreisausschnitt AEM (Fig. 191) um einen seiner Halbmesser, z. B. um AM, so entsteht ein Kugelausschnitt. Der Rauminhalt des durch die Drehung der dem Kreisausschnitt eingeschriebenen Figur $ABCDEM$ um AM entstehenden Körpers sei a_1, die Rauminhalte der bei der Drehung von den Dreiecken ABM, BCM, ..., DEM beschriebenen Körper seien (ABM), (BCM), ..., (DEM), die Flächeninhalte der von den Strecken AB, BC, ..., DE beschriebenen Mäntel seien (AB), (BC), ..., (DE), die Höhe AE_1 des bei der Drehung von AEE_1 beschriebenen Kugelabschnitts sei h, die Summe aller Mäntel sei k_1. Dann ist nach (2)

$$(ABM) = \tfrac{1}{3}\varrho\cdot(AB)\,,$$
$$(BCM) = \tfrac{1}{3}\varrho\cdot(BC)\,,$$
$$\cdots\cdots\cdots\cdots$$
$$(DEM) = \tfrac{1}{3}\varrho\cdot(DE)\,,$$

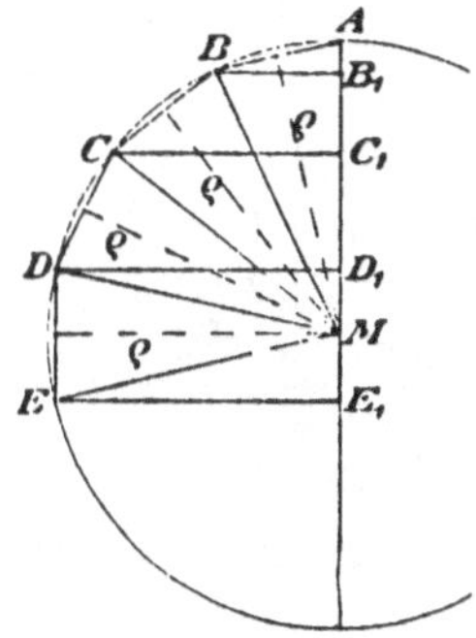

Fig. 191.

also

$$a_1 = \tfrac{1}{3}\varrho\cdot[(AB) + (BC) + \ldots + (DE)] = \tfrac{1}{3}\varrho\cdot k_1.$$

Wächst die Anzahl der dem Bogen AE eingeschriebenen gleichen Sehnen über jede angebbare Grenze hinaus, so nähert sich ϱ dem Grenzwerte r. k_1 hat als Grenzwert den Flächeninhalt k der Kugelkappe mit der Höhe h. Der Grenzwert von a_1 ist also $\tfrac{1}{3}rk = \tfrac{2}{3}\pi r^2 h$.

Man lege durch den Scheitel eines Kugelausschnitts einen Hauptkreis, trage in den Bogen dieses Hauptkreises zwischen dem Scheitel und dem Grundkreise des Ausschnitts einen aus gleichen Sehnen bestehenden Streckenzug ein und verbinde dessen beide Endpunkte mit dem Mittelpunkte der Kugel. Durch Drehung der von dem Streckenzuge und den beiden Halbmessern begrenzten ebenen Fläche um den durch den Scheitel des Ausschnitts gehenden Durchmesser entsteht ein Körper, dessen Oberfläche sich aus den Mantelflächen gerader Kreiskegelstümpfe und zweier gerader Kreiskegel zusammensetzt. Unter dem Rauminhalt des Kugelausschnitts versteht man den Grenzwert, dem der Rauminhalt dieses Körpers zustrebt, wenn die Anzahl der gleichen Sehnen über jede angebbare Grenze hinaus wächst. Sind r der Halbmesser der Kugel und h die Höhe des Ausschnitts, so ist der Rauminhalt des Ausschnitts

$$a = \tfrac{2}{3}\pi r^2 h\,.$$

8. Ist die Höhe h eines Kugelausschnitts kleiner als der Kugelhalbmesser (Fig. 192), so wird der Ausschnitt durch die Fläche des Grundkreises in einen geraden Kegel mit der Höhe $r - h$ und einen Kugelabschnitt mit der Höhe h geteilt. Ist a' der Rauminhalt des Abschnitts, und ϱ der Halbmesser des Grundkreises, so ist also

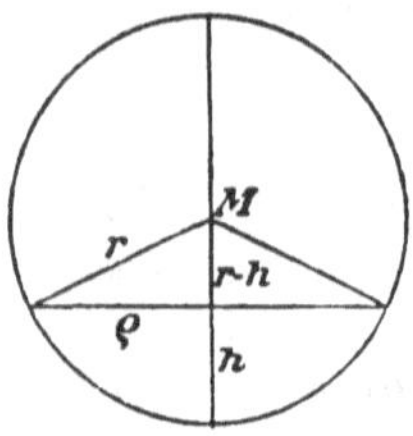

Fig. 192.

$$a' = \tfrac{2}{3}\pi r^2 h - \tfrac{1}{3}\pi\varrho^2(r - h).$$

$$\varrho^2 = r^2 - (r - h)^2 = 2rh - h^2 = h(2r - h),$$

$$a' = \tfrac{2}{3}\pi r^2 h - \tfrac{1}{3}\pi h(2r - h)(r - h).$$

Ist die Höhe eines Kugelausschnitts größer als der Kugelhalbmesser (Fig. 193), so wird der Ausschnitt durch einen geraden Kegel mit der Höhe $h - r$ zu einem Kugelabschnitt mit der Höhe h ergänzt. Ist a' der Rauminhalt dieses Abschnitts und ϱ der Halbmesser des Grundkreises, so ist also

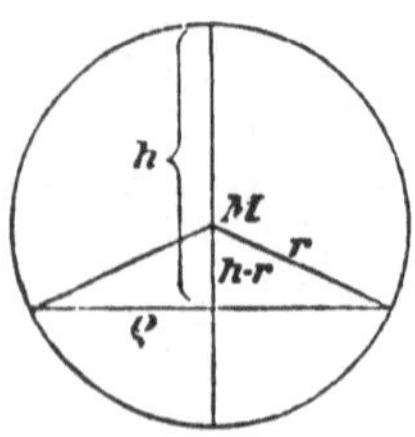

Fig. 193.

$$a' = \tfrac{2}{3}\pi r^2 h + \tfrac{1}{3}\pi\varrho^2(h - r),$$

$$\varrho^2 = r^2 - (h - r)^2 = 2rh - h^2 = h(2r - h),$$

$$a' = \tfrac{2}{3}\pi r^2 h + \tfrac{1}{3}\pi h(2r - h)(h - r),$$

$$a' = \tfrac{2}{3}\pi r^2 h - \tfrac{1}{3}\pi h(2r - h)(r - h).$$

In beiden Fällen ergibt sich durch Ausmultiplizieren und Zusammenfassen

$$a' = \tfrac{1}{3}\pi h^2(3r - h).$$

Ist h die Höhe eines Abschnitts einer Kugel mit dem Halbmesser r, so ist der Rauminhalt des Abschnitts

$$a' = \tfrac{1}{3}\pi h^2(3r - h).$$

Achtzehntes Kapitel.

Sphärik. Stereographische Projektion.

§ 54. Geschichtliches.[1]

1. Die Geometrie auf der Kugel oder die Sphärik ist aus den Bedürfnissen der Astronomie und der Geographie erwachsen, und ihre ersten Anfänge gehen wie die der Astronomie bis auf die Babylonier und die Ägypter zurück. Von diesen kam die Kenntnis dieses Zweiges der Geometrie zu den Griechen, die das Überlieferte zusammenfaßten und selbständig weiterbildeten. Das älteste uns erhaltene Werk über die Geometrie auf der Kugel stammt von Autolykos (um 330 v. Chr.) und führt den Titel „Über die sich bewegende Kugel". Die Sätze des Autolykos benutzt vielfach Eukleides in seiner Schrift „Phänomena". Die erste Sphärik ohne astronomische Einkleidung schrieb Theodosios von Tripolis (um 55 v. Chr.). Der Begriff des sphärischen Dreiecks tritt zuerst in der Sphärik von Menelaos (um 98 n. Chr.) auf. Er hat die Sätze, daß die Summe zweier Seiten größer als die dritte, die Summe der Winkel größer als $2R$ ist, und kennt die Ungleichheitsbeziehungen zwischen zwei Seiten und ihren Gegenwinkeln. Bei ihm finden sich ferner alle Kongruenzsätze, auch mit gewissen beschränkten Bedingungen in den Fällen mit Doppeldeutigkeit. Er führt den Satz von den Basiswinkeln im gleichschenkligen Dreieck an und kennt den Schnittpunkt der drei Mittelsenkrechten und den der drei Winkelhalbierenden.

2. Unter den bis zur Mitte des 18. Jahrhunderts auftretenden neuen Sätzen der Sphärik ist vor allem das von Viète (Vieta, 1593) bei der Dreiecksberechnung angewandte Dualitätsgesetz zu nennen: Aus jedem sphärischen Satze erhält man einen neuen, den polaren oder dualen, wenn man jeden Hauptkreis durch seinen Pol, jeden Punkt durch seine Polare ersetzt. Vieta findet so das zu jedem sphärischen Dreieck gehörige Polardreieck, das der Perser Nasir Eddin Tusi (1201—1274) schon gelegentlich bei dem Falle der Bestimmung des Dreiecks durch die Winkel benutzt hatte. Eine zweite wichtige Entdeckung ist der Satz vom Flächeninhalt des sphärischen Dreiecks, den Th. Harriot 1603 aufstellte und A. Girard 1629 mit einem auf Unendlichkeitsbetrachtungen

---

[1]) Vgl. Enzykl. III AB 9, S. 1036.

beruhenden Beweise veröffentlichte. Den modernen einfachen Beweis gab Cavalieri 1632. F. Maurolycus ergänzte 1558 die von ihm übersetzte Sphärik von Menelaos durch den Nachweis, daß die Winkelsumme des Dreiecks kleiner als $6R$ ist.

3. Die Behandlung der Sphärik im Beginn des 19. Jahrhunderts beruht besonders auf den Untersuchungen von L. Euler und Lexell. Euler ging in seiner ersten großen Arbeit über die Geometrie auf der Kugel von den kürzesten Linien auf krummen Flächen aus und gelangte dann durch Spezialisierung zu den Hauptkreisen auf der Kugel. Eine unmittelbare Darstellung der Sphärik gab er in der Trigonometria sphaerica universa 1782. Er entwickelte den Begriff des sphärischen Dreiecks, wie er bis in das 19. Jahrhundert hinein in Geltung blieb: Seiten und Winkel eines Dreiecks liegen zwischen 0 und π; drei Punkte der Kugel, von denen keine zwei Endpunkte eines Durchmessers sind, bestimmen demnach unter den acht an sich möglichen ein und nur ein Dreieck. Die Summe der Seiten liegt zwischen 0 und 2π, die der Winkel zwischen π und 3π; dem größeren Winkel liegt die größere Seite, gleichen Seiten liegen gleiche Winkel gegenüber. Lexell bewies den später nach ihm benannten Satz: Der geometrische Ort der Spitzen aller sphärischen Dreiecke, die eine gemeinsame Grundlinie und gleiche Winkelsumme besitzen, ist ein Nebenkreis, der durch die Gegenpunkte der Endpunkte der Grundseite geht (1784). Lexell bewies analytisch, daß im sphärischen Kreisviereck die Summe zweier Gegenwinkel gleich der Summe der beiden andern ist, woraus durch Dualität der Satz vom Tangentenviereck folgt.

4. An die Arbeiten von Euler und Lexell knüpft beim Beginn des 19. Jahrhunderts Legendre an, der die Sphärik im 7. Buche seiner Elemente eingehend behandelt. Steiner führte für die Kreise, deren Ebenen durch den Mittelpunkt der Kugel gehen, den Namen Hauptkreise ein. Er verallgemeinerte die Sätze vom Sehnen- und Tangentenviereck auf ein- und umgeschriebene $2n$-Ecke. Den Satz von Lexell benutzte er zur Lösung der Aufgabe: Ein sphärisches Vieleck in ein Dreieck oder Zweieck zu verwandeln, sowie zu vielen andern Verwandlungs- und Teilungsaufgaben. C. F. Gauß wies darauf hin, daß man die beiden Pole eines Hauptkreises durch ihre Lage zu dem in einem bestimmten Sinne durchlaufenen (orientierten) Hauptkreise unterscheiden müsse, was bis dahin nicht immer folgerichtig geschehen war (1828).

Unter den ersten selbständigen deutschen Lehrbüchern der Sphärik ist besonders das von K. F. Schulz (1828) hervorzuheben. Er gibt eine systematische Darstellung der Dreieckslehre und behandelt wie Menelaos die sechs Kongruenzfälle vollständig. Chr. Gudermann (1830) gab durch die Einführung der Kugelkoordinaten den Anstoß zu einer analytischen Behandlung der Geometrie auf der Kugel, für deren weitere Ausbildung besonders Möbius und R. Heger zu nennen sind. Aber auch die elementargeometrische, konstruktive Behandlung der Sphärik hat Gudermann viel zu verdanken. A. F. Möbius führte eine genaue Vorzeichenbestimmung ein und befreite den Begriff des sphärischen Dreiecks von den ihm durch Euler auferlegten Beschränkungen, wodurch erst eine vollkommene Übereinstimmung zwischen den Formeln und Konstruktionen erreicht wird. Möbius läßt Seiten und Winkel von beliebiger Größe zu, sieht jedoch solche Seiten und Winkel, die sich um ganze Vielfache von 2π unterscheiden, als gleich an. Um Seiten und Winkel trotz dieser Verallgemeinerung eindeutig bestimmen zu können, werden Festsetzungen über den positiven Drehungssinn auf der Kugel und die positive Richtung eines Hauptkreises erforderlich. Drei Punkte der Kugelfläche bestimmen jetzt 16 Dreiecke, da der positive Sinn jeder der Seiten und der positive Drehungssinn auf der Kugel willkürlich gewählt werden können.

5. Ein vielgebrauchtes Hilfsmittel zur Ableitung von Sätzen der Sphärik ist die stereographische Projektion, d. h. die Projektion der Punkte einer Kugelfläche aus einem derselben, dem Zentrum, auf eine zu dem zugehörigen Durchmesser senkrechte Ebene. Da diese Abbildung für astronomische Zwecke von Bedeutung ist, so begegnen wir ihr schon bei Ptolemaios. Der von Ptolemaios bewiesene Satz, daß die Kreise der Kugel als Kreise in der Ebene abgebildet werden, soll von dem alexandrinischen Astronomen Hipparchos (um 150 v. Chr.) herrühren. Der Name der Projektion wurde von F. von Aiguillon 1613 eingeführt. Der Satz, daß die stereographische Abbildung winkeltreu ist, findet sich zuerst in dem Astrolabium von Clavius (1593).

§ 55. Die Geometrie auf der Kugel.

1. *Zwei Punkte A und A_1 einer Kugel*[1]), *die Endpunkte eines Kugeldurchmessers sind, heißen Gegenpunkte.* Zwei Punkte A und B einer Kugel, die nicht Gegenpunkte sind, bestimmen mit dem Mittelpunkte M die Durchmesserebene MAB und durch deren Schnitt mit der Kugel den Hauptkreis AB. Auf diesem Hauptkreise liegen auch die Gegenpunkte A_1 und B_1.

Zwei Punkte A und B einer Kugel, die nicht Gegenpunkte sind, teilen den durch sie bestimmten Hauptkreis in zwei Bogen. Mit AB sei, wenn nichts anderes gesagt wird, stets der kleinere dieser Bogen bezeichnet.

Durch zwei Punkte A und B einer Kugel, die nicht Gegenpunkte sind, sei der Hauptkreis AB und irgendein Nebenkreis mit dem Mittelpunkte O gelegt. Die Ebene dieses Nebenkreises werde um die Gerade AB derart umgelegt, daß sie mit der Ebene des Hauptkreises zusammenfällt,

[1]) In diesem Kapitel bedeutet Kugel, wenn nichts anderes gesagt wird, stets eine Kugelfläche.

und daß O in den Ausschnitt MAB des Hauptkreises fällt (Fig. 194). Die Verlängerung von MO schneide den Hauptkreisbogen AB in C, den Nebenkreisbogen in D. In dem Dreieck MOA ist $OA > MA - MO$, also ist $OD > MC - MO$ oder $OD > OC$. Der Nebenkreisbogen ADB liegt also außerhalb des Hauptkreisausschnitts MAB. Man nehme auf dem Bogen ACB eine beliebige Anzahl von Punkten $E, F, \ldots, L$ an, verbinde sie mit M und verlängere die Verbindungsstrecken, bis sie den Nebenkreisbogen ADB in $E_1, F_1, \ldots, L_1$ schneiden. Dann ist der umschlossene Streckenzug $AE + EF \ldots + LB$ kleiner als der umschließende Streckenzug $AE_1 + E_1F_1 + \ldots + L_1B$. Wächst die Anzahl der Strecken der beiden Linienzüge über jede Grenze hinaus, während gleichzeitig die Länge jeder einzelnen Strecke unbegrenzt abnimmt, so haben die Längen der beiden Streckenzüge zu Grenzwerten die Längen der beiden Kreisbogen ACB und ADB. Also ist $\widehat{ACB} < \widehat{ADB}$.

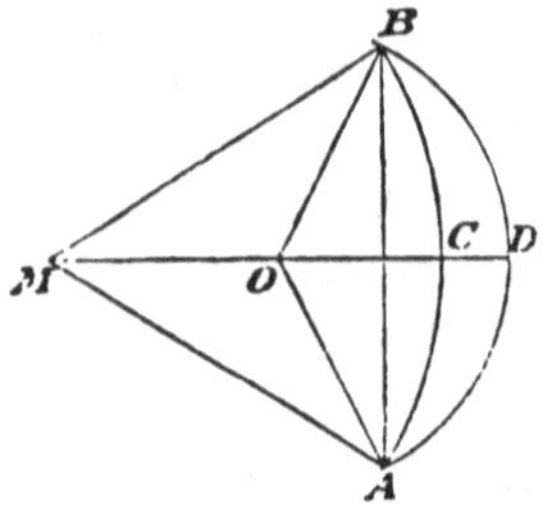

Fig. 194.

Verbindet man zwei Punkte einer Kugel, die nicht Gegenpunkte sind, durch den Hauptkreisbogen und einen beliebigen Nebenkreisbogen, so ist der Hauptkreisbogen kürzer als der Nebenkreisbogen.

Unter der sphärischen Entfernung zweier Punkte A und B einer Kugel versteht man den Hauptkreisbogen AB.

2. Die Ebenen zweier Hauptkreise a und b einer Kugel schneiden sich in einem Durchmesser, der die Kugel in zwei Gegenpunkten trifft. Zwei Hauptkreise a und b bestimmen also einen Punkt ab und seinen Gegenpunkt.

Zwei Hauptkreise teilen die Kugel in vier Kugelzweiecke. Ein Kugelzweieck ist ein Teil einer Kugel, der von zwei halben Hauptkreisen begrenzt wird. Unter dem Winkel eines Kugelzweiecks versteht man den Neigungswinkel der beiden Halbkreisflächen.

Ist der Winkel eines Zweiecks gleich 1^0, so ist das Zweieck der 360. Teil der Kugel. Beträgt der Winkel eines Zweiecks α^0, so ist das Zweieck gleich $\frac{\alpha}{360}$ der Kugel.

Der Flächeninhalt eines Kugelzweiecks mit dem Winkel α^0 auf einer Kugel mit dem Halbmesser r cm ist

$$Z = \frac{\alpha}{360} 4\pi r^2 \text{ qcm} = \frac{\alpha \pi r^2}{90} \text{ qcm}.$$

3. Drei Punkte A, B, C einer Kugel, die nicht auf einem Hauptkreise liegen, bestimmen drei Durchmesserebenen MAB, MBC, MCA, die eine dreikantige Ecke $MABC$ mit dem Scheitel M bilden. *Die drei Bogen AB, BC, CA bilden das sphärische Dreieck ABC. Unter den*

Winkeln eines sphärischen Dreiecks versteht man die Flächenwinkel der Ecke $MABC$. *Die Seiten eines sphärischen Dreiecks sind die Längen der die Ecken verbindenden Hauptkreisbogen. Da diese Längen bei gleichbleibendem Kugelhalbmesser den entsprechenden Kantenwinkeln der Ecke proportional sind, so bezeichnet man im uneigentlichen Sinne auch diese Kantenwinkel als die Seiten des Dreiecks. Wenn im folgenden nichts anderes angegeben wird, so sind unter den Seiten des Dreiecks stets die Kantenwinkel verstanden.* Werden um den Mittelpunkt M mit verschiedenen Halbmessern Kugelflächen beschrieben, so stimmen die durch die Ecke $MABC$ auf diesen Kugeln ausgeschnittenen sphärischen Dreiecke in den Seiten und Winkeln überein. *Wenn nichts anderes angegeben wird, so werden alle Seiten und alle Winkel kleiner als* 180^0 *angenommen.*

Ist ABC *ein sphärisches Dreieck, und sind* A_1, B_1, C_1 *die Gegenpunkte von* A, B, C, *so heißen* $A_1B_1C_1$ *das Scheiteldreieck und* A_1BC, AB_1C *und* ABC_1 *die Nebendreiecke des Dreiecks* ABC. *Drei Hauptkreise einer Kugel bestimmen acht sphärische Dreiecke, die vier Paare von Scheiteldreiecken bilden: 1.* ABC *und* $A_1B_1C_1$, *2.* A_1BC *und* AB_1C_1, *3.* AB_1C *und* A_1BC_1, *4.* ABC_1 *und* A_1B_1C.

Sind a, b, c *die Seiten und* α, β, γ *die Winkel des Dreiecks* ABC, *so sind* $180^0 - a$, $180^0 - b$, c *die Seiten und* $180^0 - \alpha$, $180^0 - \beta$ *und* γ *die Winkel des Nebendreiecks* ABC_1.

4. Durch Übertragung von der dreikantigen Ecke (§ 40, S. 165) auf das sphärische Dreieck erhält man unmittelbar die Sätze:

In jedem sphärischen Dreieck ist die Summe zweier Seiten größer als die dritte.

In jedem sphärischen Dreieck ist die Summe der drei Seiten kleiner als $4R$.

Errichtet man auf den Ebenen MAB, MBC, MCA *der zu dem sphärischen Dreieck gehörigen Ecke nach außen die Lote, so treffen diese die Kugel in den Ecken des Polardreiecks. Die Seiten des Dreiecks sind den entsprechenden Winkeln des Polardreiecks, die Winkel des Dreiecks den entsprechenden Seiten des Polardreiecks supplementar.*

Die Summe zweier Winkel eines sphärischen Dreiecks übertrifft den dritten Winkel um weniger als $2R$. $\alpha + \beta - \gamma < 2R$.

Die Summe der Winkel eines sphärischen Dreiecks ist größer als $2R$ *und kleiner als* $6R$.

Sind zwei Seiten eines sphärischen Dreiecks einander gleich, so sind auch die gegenüberliegenden Winkel einander gleich.

Ein sphärisches Dreieck mit gleichen Seiten hat auch gleiche Winkel.

Stimmen zwei sphärische Dreiecke in den Seiten überein, so stimmen sie auch in den Winkeln überein.

Stimmen zwei sphärische Dreiecke in zwei Seiten und dem eingeschlossenen Winkel überein, so stimmen sie auch in der dritten Seite und den beiden andern Winkeln überein.

5. Sind in einem sphärischen Dreieck zwei Winkel gleich, so sind in dem Polardreieck die entsprechenden Seiten gleich. Folglich sind in dem Polardreieck die diesen Seiten gegenüberliegenden Winkel gleich (4). Daraus folgt weiter, daß in dem ursprünglichen Dreieck die den gleichen Winkeln gegenüberliegenden Seiten gleich sind.

Sind zwei Winkel eines sphärischen Dreiecks einander gleich, so sind auch die gegenüberliegenden Seiten einander gleich.

Ein sphärisches Dreieck mit gleichen Winkeln hat auch gleiche Seiten.

Mit Hilfe der Polardreiecke erhält man zu den beiden Kongruenzsätzen am Schluß von 4 die polaren Kongruenzsätze:

Stimmen zwei sphärische Dreiecke in den Winkeln überein, so stimmen sie auch in den Seiten überein.

Stimmen zwei sphärische Dreiecke in einer Seite und den beiden anliegenden Winkeln überein, so stimmen sie auch in dem dritten Winkel und in den beiden andern Seiten überein.

Ist in dem sphärischen Dreieck ABC $BC > AC$, so bestimme man auf CB den Punkt D so, daß $CD = CA$ ist, und lege durch A und D den Hauptkreis. Dann ist $\sphericalangle ADC = \sphericalangle DAC = \delta$ (4). In dem Dreieck A_1BD ist dann (4)

$$\delta + (180^0 - \beta) + (\alpha - \delta) > 180^0 , \quad \text{also} \quad \alpha > \beta .$$

Der größeren von zwei Seiten eines sphärischen Dreiecks liegt der größere Winkel gegenüber.

Ist in dem sphärischen Dreieck ABC $\sphericalangle BAC > \sphericalangle ABC$, so ist auch $BC > AC$. Wäre nämlich $AC > BC$, so müßte auch nach dem soeben bewiesenen Satze $\sphericalangle ABC > \sphericalangle BAC$ sein. Wäre $AC = BC$, so müßte (4) $\sphericalangle BAC = \sphericalangle ABC$ sein. Beides widerspricht der Voraussetzung.

Dem größeren von zwei Winkeln eines sphärischen Dreiecks liegt die größere Seite gegenüber.

Je nachdem in einem sphärischen Dreieck $a + b \gtreqless 180^0$ *ist, ist auch* $\alpha + \beta \gtreqless 180^0$.

Beweis für den ersten Fall: Aus $AC + CB > 180^0$ und $AC + CA_1 = 180^0$ folgt $CB > CA_1$. In dem Nebendreieck A_1BC ist also $\alpha > 180^0 - \beta$, mithin $\alpha + \beta > 180^0$. Die beiden andern Fälle lassen sich entsprechend beweisen.

Indirekt beweist man die Umkehrung:

Je nachdem in einem sphärischen Dreieck $\alpha + \beta \gtreqless 180^0$ *ist, ist auch* $a + b \gtreqless 180^0$.

6. Dreht man das sphärische Dreieck ABC um den auf der Ebene MAB senkrechten Durchmesser als Achse um einen Winkel von 180^0, so fallen A mit A_1 und B mit B_1 zusammen, aber nicht C mit C_1. Die Umlaufssinne der beiden Scheiteldreiecke ABC und $A_1B_1C_1$ sind entgegengesetzt.

Zwei Scheiteldreiecke können im allgemeinen nicht zur Deckung gebracht werden.

Ist ABC ein gleichschenkliges Dreieck mit den Schenkeln AC und BC, so ist auch $A_1B_1C_1$ gleichschenklig, und die Dreiecke ABC und $A_1C_1B_1$ stimmen in zwei Seiten und dem eingeschlossenen Winkel und in dem Umlaufssinne überein. Man kann daher ABC auf der Kugel so bewegen, daß A auf B_1, B auf A_1 und C auf C_1 fällt.

Ein gleichschenkliges sphärisches Dreieck kann mit seinem Scheiteldreieck zur Deckung gebracht werden.

Ist ABC ein beliebiges, nicht gleichschenkliges Dreieck, so ziehe man durch M den Durchmesser, der auf der Ebene ABC senkrecht steht und die Fläche des sphärischen Dreiecks ABC in D, die Fläche des Scheiteldreiecks in D_1 trifft, und bestimme die Hauptkreisbogen DA, DB, DC, D_1A_1, D_1B_1, D_1C_1. Dann lassen sich die gleichschenkligen Dreiecke DAB und $D_1A_1B_1$, DBC und $D_1B_1C_1$, DCA und $D_1C_1A_1$ paarweise zur Deckung bringen. Die Flächen der beiden Dreiecke ABC und $A_1B_1C_1$ sind also einander gleich.

Ein sphärisches Dreieck hat denselben Flächeninhalt wie sein Scheiteldreieck.

7. Ist ABC ein beliebiges sphärisches Dreieck und $\triangle ABC$ sein Flächeninhalt, so ist

$$\triangle ABC + \triangle A_1BC = \frac{\alpha\pi r^2}{90},$$

$$\triangle ABC + \triangle AB_1C = \frac{\beta\pi r^2}{90},$$

$$\triangle ABC + \triangle ABC_1 = \frac{\gamma\pi r^2}{90}$$

nach dem Satze von dem Flächeninhalt eines Zweiecks; also

$$3\triangle ABC + \triangle A_1BC + \triangle AB_1C + \triangle ABC_1 = \frac{\pi r^2}{90}(\alpha + \beta + \gamma).$$

$$\triangle ABC_1 = \triangle A_1B_1C \quad (6)$$

$\triangle ABC + \triangle A_1BC + \triangle AB_1C + \triangle A_1B_1C = 2\pi r^2$ (Flächeninhalt der Halbkugel), folglich

$$2\triangle ABC + 2\pi r^2 = \frac{\pi r^2}{90}(\alpha + \beta + \gamma),$$

und daher

$$\triangle ABC = \frac{\pi r^2}{180}(\alpha + \beta + \gamma - 180^0).$$

Der Überschuß der Winkelsumme eines sphärischen Dreiecks über 180^0 heißt der sphärische Exzeß des Dreiecks.

Der Flächeninhalt eines sphärischen Dreiecks ist dem sphärischen Exzeß des Dreiecks proportional.

Sphärische Dreiecke mit gleichen Winkeln stimmen also nicht nur in den entsprechenden Seiten, sondern auch im Flächeninhalt überein. Je nachdem ihre Umlaufssinne gleich oder entgegengesetzt sind, können sie zur Deckung gebracht oder in die Lage von Scheiteldreiecken gebracht werden.

Es gibt auf der Kugel keine ähnlichen (d. h. in den Winkeln, aber nicht im Flächeninhalt übereinstimmenden) Figuren.

8. Die Durchmesserebenen, die auf der Ebene eines Hauptkreises senkrecht stehen, schneiden sich in dem Durchmesser, der auf der Hauptkreisebene senkrecht steht. Dieser trifft die Kugel in einem Paare von Gegenpunkten. Setzt man eine der beiden möglichen Richtungen auf dem Hauptkreise als die positive fest, so nennt man denjenigen der beiden Endpunkte des auf dem Hauptkreise senkrechten Durchmessers, der bei positivem Durchlaufen des Hauptkreises zur Linken liegt, den Pol des Hauptkreises. Setzt man ferner fest, daß der Winkel zweier Hauptkreise durch eine Drehung links herum beschrieben werden soll, so folgt leicht:

Der Winkel zweier Hauptkreise ist gleich dem Mittelpunktswinkel des Bogens zwischen ihren Polen.

Jeder Nebenkreis einer Kugel bestimmt einen zu ihm parallelen Hauptkreis. Der Pol dieses Hauptkreises heißt der sphärische Mittelpunkt des Nebenkreises. Die Hauptkreisbogen, die den sphärischen Mittelpunkt mit den Punkten des Nebenkreises verbinden, heißen sphärische Halbmesser des Nebenkreises.

9. In einem sphärischen Dreieck ABC sei D der sphärische Mittelpunkt des Umkreises, δ die Größe des Basiswinkels des Dreiecks DAB, ε die Größe des Basiswinkels des Dreiecks DBC und ζ die Größe des Basiswinkels des Dreiecks DCA. Dann ist $\alpha + \beta - \gamma = \delta + \zeta + \delta + \varepsilon - (\varepsilon + \zeta) = 2\,\delta$. Hält man AB und den Umkreis fest, und läßt man C den Umkreis durchlaufen, so bleibt δ und damit auch $\alpha + \beta - \gamma$ konstant.

In dem sphärischen Dreieck ABC ist $\sphericalangle ACB = \sphericalangle A_1CB_1$, $\sphericalangle CAB = 2R - \sphericalangle CA_1B_1$, $\sphericalangle CBA = 2R - \sphericalangle CB_1A_1$. Also

$$\sphericalangle CAB + \sphericalangle CBA + \sphericalangle ACB = 4R - (\sphericalangle CA_1B_1 + \sphericalangle CB_1A_1 - \sphericalangle A_1CB_1).$$

Bewegt sich der Punkt C auf der Kugel so, daß in dem Dreieck ABC die Winkelsumme konstant bleibt, so bleibt also in dem Dreieck A_1B_1C

$$\sphericalangle CA_1B_1 + \sphericalangle CB_1A_1 - \sphericalangle A_1CB_1$$

konstant, d. h. C bewegt sich auf dem Umkreise des Dreiecks A_1B_1C.

Lexellscher Satz: Der Ort der Spitzen aller sphärischen Dreiecke mit gemeinsamer Grundseite und gleicher Winkelsumme (oder gleichem Flächeninhalt) ist ein Nebenkreis der Kugel, der durch die Gegenpunkte der Endpunkte der Grundseite geht.

10. *Liegen die Ecken eines sphärischen Vierecks auf einem Kreise, so heißt das Viereck ein Sehnenviereck. In jedem sphärischen Sehnenviereck ist die Summe zweier gegenüberliegenden Winkel gleich der Summe der beiden andern Winkel.*

Beweis durch Zerlegung des Vierecks in vier gleichschenklige Dreiecke mittels der sphärischen Halbmesser des Umkreises.

Ein Hauptkreis einer Kugel, der auf einem sphärischen Halbmesser eines Nebenkreises in seinem Endpunkte senkrecht steht, heißt eine Tangente des Nebenkreises. Sind die Seiten eines sphärischen Vierecks Tangenten eines Nebenkreises, so heißt das Viereck ein Tangentenviereck. In jedem sphärischen Tangentenviereck ist die Summe zweier Gegenseiten gleich der Summe der beiden andern Seiten.

Beweis entsprechend dem Beweise des planimetrischen Satzes.

§ 56. Die stereographische Projektion.

1. SAB (Fig. 195) sei ein Achsenschnitt eines schiefen Kreiskegels, S die Spitze, AB ein Durchmesser des Grundkreises. Dem Dreieck SAB sei der Kreis mit dem Mittelpunkt M umgeschrieben, dessen auf AB senkrechter Halbmesser MD ist. Jeder Schnitt parallel zu dem Grundkreise ist dem Grundkreise ähnlich, also wieder ein Kreis. Der Kegel hat aber außer den zur Grundfläche parallelen Kreisen noch eine zweite Schar von Kreisschnitten.

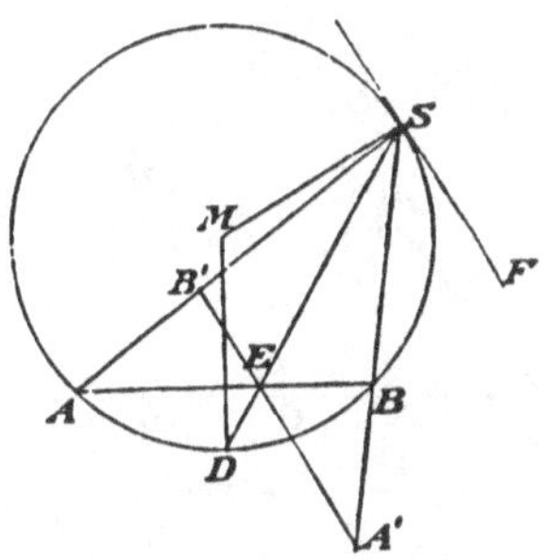

Fig. 195.

Verbindet man S mit D, so ist $\sphericalangle ASD = \sphericalangle BSD$ als Umfangswinkel über gleichen Bogen. Berührt SF den Kreis, so ist $\sphericalangle FSE = 90^0 - \sphericalangle MSD = 90^0 - \sphericalangle MDS = \sphericalangle AED$. Eine Drehung der Kegelfläche um SD um 180^0 bringt also den Durchmesser AB in eine solche Lage $A'B'$, daß 1. B' auf der Gerade SA und A' auf der Gerade SB liegt und 2. $\sphericalangle A'ED = \sphericalangle AED = \sphericalangle FSE$, d. h. $B'A' \parallel SF$ ist.

Die Drehung um SD um 180^0 führt also den Grundkreis des Kegels in einen Kreis über, dessen in der Ebene SAB liegender Durchmesser $A'B'$ der Tangente SF an den Umkreis des Dreiecks SAB parallel ist. Denkt man sich diesen Umkreis als Schnitt der Ebene SAB mit der Kugel, die durch die Spitze S des Kegels und durch den Umkreis seiner Grundfläche geht, und SF als Schnitt der Ebene SAB mit der Berührungsebene der Kugel in S, so ergibt sich:

Legt man an die Kugel, die durch die Spitze und den Umfang des Grundkreises eines schiefen Kreiskegels gelegt ist, in der Kegelspitze die Berührungsebene, so ist jeder Schnitt des Kegels parallel zu dieser Berührungsebene ein Kreis. Ein solcher Kreis heißt ein Wechselschnitt des Kegels.

2. S und S_1 seien zwei Gegenpunkte einer Kugel, $\mathfrak{E}$ die Berührungsebene der Kugel im Punkte S_1. Ist P irgendein von S verschiedener Punkt der Kugel, so trifft die Gerade SP die Ebene $\mathfrak{E}$ in einem Punkte P' (Fig. 196).

Ordnet man jedem Punkte P des Raumes den Schnittpunkt P' zu, in dem die Verbindungsgerade des Punktes mit einem festen Punkte S des Raumes eine feste Ebene $\mathfrak{E}$ schneidet, so nennt man diese Zuordnung eine Zentralprojektion. S heißt das Projektionszentrum, SP ein Projektionsstrahl, $\mathfrak{E}$ die Bildebene, P' das Bild von P.

Unter der stereographischen Projektion einer Kugel versteht man eine solche Zentralprojektion der Kugelpunkte, bei der das Projektionszentrum ein beliebiger Punkt der Kugel und die Bildebene die Berührungsebene an die Kugel im Gegenpunkte des Zentrums (oder eine zu dieser Berührungsebene parallele Ebene) ist.

3. Durchläuft der Punkt P auf der Kugel einen durch das Projektionszentrum gehenden Kreis, so bewegt sich der Projektionsstrahl SP in der durch S gehenden Ebene dieses Kreises und das Bild P' in der Schnittgerade g der Kreisebene mit der Bildebene. Die Kreisebene schneidet die in S an die Kugel gelegte Berührungsebene in der Tangente des Kreises. Da die beiden Berührungsebenen in S und S_1 einander parallel sind, so sind auch die Schnittgeraden der Kreisebene mit diesen beiden Ebenen einander parallel.

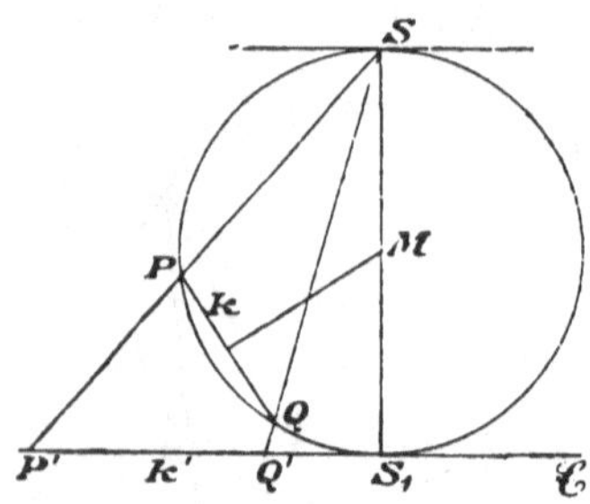

Fig. 196.

Das Bild eines durch das Projektionszentrum gehenden Kreises ist eine gerade Linie, die der Tangente des Kugelkreises in S parallel ist.

Sind k und k_1 zwei durch S gehende Kugelkreise, so sind ihre Bilder zwei gerade Linien g und g_1, die den Tangenten der Kreise in S parallel sind. Der Winkel $g\,g_1$ ist also gleich dem Winkel dieser beiden Tangenten.

Schneiden sich zwei Kurven, so versteht man unter ihrem Winkel im Schnittpunkte den Winkel, den ihre Tangenten in diesem Punkte bilden.

Die Bilder zweier durch das Projektionszentrum gehenden Kugelkreise schneiden sich unter demselben Winkel wie die Kreise.

4. Sind k und k_1 irgend zwei sich schneidende Kurven auf der Kugel und t und t_1 ihre Tangenten in einem von S verschiedenen Schnittpunkte, so schneiden die Projektionsebenen St und St_1 die Kugel in zwei durch S gehenden Kreisen mit den Tangenten t und t_1, die Bildebene aber in zwei Geraden t' und t_1'. Der Winkel $t'\,t_1'$ ist gleich dem Winkel der beiden durch S gehenden Kreise (3). Dieser aber ist gleich dem Winkel $t\,t_1$ ihrer beiden Tangenten.

Die Bilder irgend zweier Kurven der Kugel schneiden sich unter demselben Winkel wie die Kurven selbst.

Eine Projektion, bei der sich die Bilder je zweier Linien unter demselben Winkel wie die Linien selbst schneiden, heißt winkeltreu.

Die stereographische Projektion ist winkeltreu.

5. Ist k ein nicht durch das Projektionszentrum S gehender Kugelkreis, so bilden die Projektionsstrahlen die Fläche eines schiefen Kreiskegels (Fig. 196). Das Bild von k ist ein Wechselschnitt dieses Kegels, da die Bildebene $\mathfrak{E}$ der Berührungsebene der Kugel in S parallel ist (**1**).

Das Bild eines nicht durch das Projektionszentrum gehenden Kugelkreises ist ein Kreis.

Sind P ein von S_1 verschiedener Punkt eines nicht durch das Projektionszentrum gehenden Kugelkreises k, t die Tangente an k in P, t_1 die Tangente in P an den k in P senkrecht schneidenden Hauptkreis und t' und t_1' die Bilder von t und t_1, so ist $\sphericalangle t' t_1' = \sphericalangle t t_1 = 1 R$. t' ist die Tangente an das Bild k' von k in P', t_1' enthält also den Mittelpunkt des Bildkreises k'. Durchläuft P den Kugelkreis k, so durchläuft t_1 als Erzeugende die Fläche des Kegels, der die Kugel in k berührt. Die Bilder der Erzeugenden dieses Kegels sind Örter für den Mittelpunkt des Bildkreises k'.

Der Mittelpunkt des Bildkreises eines nicht durch das Projektionszentrum gehenden Kugelkreises ist das Bild der Spitze des Kegels, der die Kugel in dem Kugelkreise berührt.

Literaturverzeichnis.

Adler, A., Theorie der geometrischen Konstruktionen, Leipzig 1906.
Baltzer, R., Die Elemente der Mathematik. 2. Bd., 6. Aufl., Leipzig 1883.
Beck, H., Elementargeometrie, Leipzig 1929.
Berkhan-Meyer, Neuere Dreiecksgeometrie. Enzykl. III AB 10.
Enriques, F., Fragen der Elementargeometrie. 1. Teil: Die Grundlagen der Geometrie, Leipzig 1911. 2. Teil: Die geometrischen Aufgaben, Leipzig 1907.
Fladt, K., Elementarmathematik. Band I, Elementargeometrie, 2. Teil, Leipzig 1928.
Hilbert, D., Grundlagen der Geometrie. 6. Aufl., Leipzig 1923.
Killing, W., und H. Hovestadt, Handbuch des mathematischen Unterrichts. Leipzig, 1. Bd. 1910; 2. Bd. 1913.
Klein, F., Elementarmathematik vom höheren Standpunkte aus. 2. Bd. Geometrie, 3. Aufl., Berlin 1925.
Simon, M., Euclid und die sechs planimetrischen Bücher, Leipzig 1901.
—, Über die Entwicklung der Elementar-Geometrie im XIX. Jahrhundert, Leipzig 1906.
Sommer, J., Elementare Geometrie vom Standpunkte der neueren Analysis aus. Enzykl. III AB 8.
Thieme, H., Die Elemente der Geometrie, Leipzig 1909.
Tropfke, J., Geschichte der Elementar-Mathematik. 4. Bd.: Ebene Geometrie. 7. Bd.: Stereometrie. Berlin 1923—24.
Weber, H., und J. Wellstein, Encyklopädie der Elementar-Mathematik. 2. Bd.: Elemente der Geometrie. 3. Aufl., Leipzig 1915.
Zacharias, M., Elementargeometrie und elementare nicht-euklidische Geometrie in synthetischer Behandlung. Enzykl. III AB 9.

Namenverzeichnis.[1])

[1]) Vgl. zur Ergänzung die im Inhaltsverzeichnis vorkommenden Namen.

Sachverzeichnis.[1]

[1]) Das Sachverzeichnis ist nicht vollständig; es dient nur zur Ergänzung des ausführlichen Inhaltsverzeichnisses.

FSC
www.fsc.org
MIX
Papier | Fördert
gute Waldnutzung
FSC® C083411

Zeitfracht Medien GmbH
Ferdinand-Jühlke-Straße 7
99095 Erfurt, Deutschland
produktsicherheit@kolibri360.de